职业情景再现系列

现代办公·Excel 2007 情景案例教学

汪 仕 编著

电子工业出版社

Publishing House of Electronics Industry

北京·BEIJING

本书属于《职场情景再现系列》中的一本，主要针对公司日常工作过程中需要的基本 Excel 办公技能而作，将 Excel 2007 在公司招聘、人事管理、考勤、市场与销售管理、财务管理等方面的应用置于一个实际的日常工作情景之中，使得读者能够在清晰的使用环境中轻松学习如何高效使用 Excel 处理自己经常面临的种种电子表格和数据处理任务。这一模式不仅最终解决 Excel 软件如何使用的问题，更重要的是能够告诉读者某一项功能最适合在什么时候使用。

本书特别为刚刚走出校门，虽具有一定的 Excel 操作基础，但缺乏实际工作经验、职场变通技巧和就业竞争力的职场新人而作。同时对那些经常需要使用电子表格进行数据整理、统计和分析的在职人员提高自身数据处理效率具有实践性指导意义，也是以实用性教育为宗旨、提倡"行动领域教学模式"的高职高专类学校和电脑培训班理想的实训教材。

图书在版编目（CIP）数据

现代办公·Excel 2007 情景案例教学/汪仕编著.—北京：电子工业出版社，2009.4

（职场情景再现系列）

ISBN 978-7-121-08432-4

Ⅰ．现… Ⅱ.汪… Ⅲ.电子表格系统，Excel 2007 Ⅳ.TP391.13

中国版本图书馆 CIP 数据核字（2009）第 028552 号

责任编辑：姜　影
特约编辑：卢国俊
印　　刷：北京天竺颖华印刷厂
装　　订：三河市鑫金马印装有限公司
出版发行：电子工业出版社
　　　　　北京市海淀区万寿路 173 信箱　邮编：100036
　　　　　北京市海淀区翠微东里甲 2 号　邮编：100036
开　　本：787×1092　1/16　印张：18.75　字数：480 千字
印　　次：2009 年 4 月第 1 次印刷
定　　价：35.00 元

凡所购买电子工业出版社图书有缺损问题，请向购买书店调换。若书店售缺，请与本社发行部联系。联系及邮购电话：(010) 88254888。

质量投诉请发邮件至 zlts@phei.com.cn，盗版侵权举报请发邮件至 dbqq@phei.com.cn。

服务热线：(010) 88258888。

前言

金融危机已成定局，就业压力陡增，失业威胁暗涌，职场瞬间变得风声鹤唳！在这种情势下，我们如何应对？

不错，学习。

身处现代职场，我们任何时候都应该审时度势，通过快速充电的方式提高自己的实践力、就业力、竞争力。这更是金融风暴袭来时的"过冬"良策。

因此，为了能够选择适合自己的充电方式，你应该首先来审视一下自己：

你是否即将毕业，或是职场新人？或者是一个已在职多年，但感觉自身能力确实越来越不能适应目前的职位要求？

在目前频频传来企业裁员消息的形势下，你却幸运地获得了面试机会。但是否被一些与实际工作经验相关的问题问得哑口无言？

当你怀着充电的决心购买了一些职业 IT 技能书籍，是否发现在学完之后，在面对工作任务时却仍旧不知如何运用？

如果，你对这几个问题持肯定的回答，那么，你可能真的需要本书！

《职场情景再现系列》在编写模式上的革新

强调计算机应用技能的合理性，创新的内容组织模式令人耳目一新。力求模拟实践力，营造就业力，提高竞争力。

旧有的计算机书籍在编写方式上习惯于单纯讲解软件操作方法，没有站在实际工作岗位的角度去探究哪种技术、哪个功能更适合我们所面对的典型的工作任务。从而导致不能学以致用或难以致用的问题。

针对这一问题，本丛书采用创新编写模式，兼顾"职场素质、IT 技能、情景设定"三个层面，形成了非常鲜明的特色：

（1）提供一个职场空间，将 IT 应用案例置于现实的工作情景当中，教给读者如何利用掌握的计算机技能应对瞬息万变的工作任务。

（2）选例精良，再现了常见的典型工作情景。虽然丛书的每个案例均是实际工作中经常需要面对的典型问题，但处理这些问题所涉及到的具体技术细节和职业性变通技能等却是大多数没有工作经验的读者根本想象不到的。

（3）创新地解决了讲解软件新版本时不能兼顾仍然使用旧版本用户的通病：置于情景当中的案例使用新版本实现，然后以"拓展训练"的方式，提供使用旧版本完成类似任务的操作对比，实现了在一本书中对新旧版本软件进行有效的比较，帮助读者更加深入地认识新版本。

关于本书

本书通过将最新版本 Excel 2007 在公司招聘、人事管理、考勤、市场与销售管理、财务管理等方面的工作任务置于一个实际的日常工作情景之中，使得读者能够在清晰的使用环境中轻松学习如何高效使用 Excel 处理自己经常面临的种种电子表格和数据处理任务。这一模式最终不仅解决 Excel 软件如何使用的问题，更重要的是告诉读者某一项功能最适合在什么时候使用。

从结构上看，本书采用全新的编写模式，通过不同的环节突出职业情景和案例分析，弥补了单纯的软件操作步骤讲解方式在就业、工作指导性上的不足。

"情景再现"：在每个案例的开始之前先将读者置身于一个真实的、极具空间感和时间感的企业日常工作情景当中，使后面的软件操作讲解完全服务于该情景所描述的目标。这样，将读者学习目标转化为亲身参与的动力，避免学习过程中不假思索地盲从于操作步骤。

"任务分析"：从上一环节的情景描述中提炼出所接受任务的类型、目标以及上司或者工作本身的需求，使案例目标更加清晰。

"流程设计"：对上一环节中分析结论的细化，整理出要完成各项数据处理任务的大体思路，即先完成什么、再完成什么，最后达到什么效果。

"任务实现"：具体讲解使用 Excel 2007 进行操作的步骤，其中的应用技巧都是作者多年工作经验的高度结晶。

"知识点总结"：总结任务实现过程中所用到的 Excel 2007 的重要（主要）知识点以及操作中容易出现的问题。这是任何学习过程中都必需的回顾环节，可以让读者在回顾的过程中更加清晰地理出 Excel 2007 在实际工作中最常用的功能及技巧。

"拓展训练"：这是一个写法上的创新性设计——为了兼顾仍旧使用 Excel 2007 之前版本的用户，特意给出使用 Excel 2003 来完成一个类似任务的关键步骤，以对比新旧版本在功能和易用性、工作效率上的不同，从而进一步加深对新版本知识点的掌握。

"职业快餐"：讲解一些与案例任务相关的软件操作技能之外的职业知识，如人才招聘和管理、市场和销售管理以及财务管理等方面需要注意的事项，从而提高职业素养。

本书特别为刚刚走出校门，虽具有一定的 Excel 操作基础，但缺乏实际工作经验、职场变通技巧和就业竞争力的职场新人而作。同时对那些经常需要使用电子表格进行数据整理、统计和分析的在职人员提高自身数据处理效率也具有实践性指导意义，也是以实用性教育为宗旨、提倡"行动领域教学模式"的高职高专类学校和电脑培训班理想的实训教材。

致谢

本书由卢国俊全程策划，并得到资深 IT 出版策划人莫亚柏的很多建设性意见，最后由汪仕主笔，张磊、周小船、游刚、杨仁毅、罗韬、荣青、石云、窦鸿、张洁、段丁友、任飞、王阳、黄成勇、张昭、胡乔等也为本书的出版付出了大量的劳动，对此表示深深的谢意。另外，在本书的策划和编写过程中，得到了北京美迪亚电子信息有限公司各位老师以及成都意聚扬帆科技有限公司的大力支持，在此一并表示感谢。

为了方便读者阅读，本书配套资料请登录"华信教育资源网"（http://www.hxedu.com.cn），在"资源下载"频道的"图书资源"栏目下载。

目录

案例1　企业招聘管理 1

情景再现 1

任务分析 2

流程设计 2

任务实现 3

　　新建"应聘人员登记"工作簿 3

　　创建"应聘人员登记表"

　　工作表 5

　　在工作表中输入数据 5

　　格式化工作表 10

　　页面设置 14

　　打印工作表 16

知识点总结 17

拓展训练 18

职业快餐 20

　　了解面试的来龙去脉 20

案例2　企业人事管理 22

情景再现 22

任务分析 23

流程设计 23

任务实现 24

　　制作"员工信息登记"工作表 24

　　制作"员工信息统计"工作表 32

　　制作"员工信息查询"工作表 37

　　制作"员工内部调动"工作表 40

　　制作"员工离职退休信息"工作表 42

　　制作"员工培训安排"工作表 43

　　制作"员工培训成绩统计"工作表 45

　　制作"人事管理系统"主界面 49

知识点总结 55

拓展训练 59

职业快餐 62

　　了解你是否适合做人事管理工作 62

案例3　加班与考勤管理 64

情景再现 64

任务分析 65

流程设计 65

任务实现 66

　　制作"员工值班安排"工作表 66

　　通过规划求解来安排员工值班 68

　　制作"员工加班记录"工作表 71

　　统计员工加班费 75

　　制作"员工考勤记录"工作表 78

　　格式化员工考勤记录工作表 83

　　统计员工的出勤记录 87

　　保存工作簿为模板 89

知识点总结 90

拓展训练 95

职业快餐 96

　　提高人力资源管理（人事管理）

　　能力需要面对的问题 96

案例4　市场管理应用 98

情景再现 98

任务分析 99

流程设计 99

任务实现 100

　　制作"客户资料"工作表 100

　　划分客户等级 104

　　设计消费者调查问卷 108

　　统计消费者调查问卷结果 113

调查结果的样本结构分析 117
性别与购物频率的相关性分析 120
收入状况与购物频率的相关性分析 122
知识点总结 124
拓展训练 127
职业快餐 128
市场管理中开发客户的经验 128

案例5 销售管理应用 130
情景再现 130
任务分析 131
流程设计 131
任务实现 132
导入月销售数据 132
筛选数据 134
按销售日期汇总与统计销售金额 136
按客户汇总与统计销售金额 138
按品名汇总与统计数量与销售金额 139
建立客户汇总数据透视表 141
建立产品汇总数据透视表 146
利用折线图分析日销售额 149
利用柱形图分析客户月销售额 154
利用数据透视图分析销售数据 160
销售预测分析 163
贷款与还款计划分析 173
知识点总结 178
拓展训练 183
职业快餐 185
学会科学的销售预测 185

案例6 薪资管理应用 188
情景再现 188
任务分析 189
流程设计 189
任务实现 190
建立基础数据表 190
制作工资明细表 193
制作并打印工资汇总表 203

制作并打印工资报表 212
制作并打印工资条 224
通过电子邮件批量发送工资单 226
管理工作表 231
知识点总结 233
拓展训练 237
职业快餐 239
辞退福利的处理原则 239

案例7 财务管理应用 241
情景再现 241
任务分析 242
流程设计 242
任务实现 243
设计会计科目 243
制作记账凭证 245
录入凭证 251
生成科目汇总表 257
制作总分类账 260
知识点总结 263
拓展训练 264
职业快餐 267
关于会计差错分析 267

案例8 制作会计报表 269
情景再现 269
任务分析 270
流程设计 270
任务实现 271
建立总账 271
编制资产负债表 273
保护资产负债表 282
编制利润表 283
管理工作簿 287
知识点总结 290
拓展训练 291
职业快餐 292
掌握报表的横向分析 292

案例 1

企业招聘管理

源文件：\Excel 2007 实例\应聘人员登记.xlsx

情景再现

今天已经是周五了，窗外淅淅沥沥下着小雨。如此天气真适合呆在家里，看看书，听听音乐……哦，再睡个懒觉。还好今天是周五了，我这样想着，冷不丁一个声音响起，打断了我的思绪。

"小王，你赶紧做个表格出来，打印 20 份交给我！"人事部的李经理风风火火冲进办公室，路过我的办公桌时抛下一句话。

"什么表格，李经理？"在李经理快进入经理办公室前，我急忙喊住他。李经理是人事部的经理，正是我这个人事部助理的顶头上司，我已经习惯了他这种跳跃式的思维，不过工作上的问题还是得问清楚。

哦，是这样的，下周一有个招聘会，我们公司要参加。"李经理停下脚步，想了想，说："你做个给应聘者填的表格。"

"包括些什么内容呢？"我问他。

"主要包括应聘者的基本信息、学历、工作经历、职业技能什么的，你清楚的。"李经理说。

"好的，知道了，下班前给你。"我回答完，李经理已经进了他的办公室。

看来我得抓紧了，争取下班前把这个任务完成了，加班可不是件让人舒服的事情。

雨一直下，气氛还算融洽……

任务分析

使用 Excel 2007 建立 个名为"应聘人员登记"的电子表格，要求如下：

● 该表格包括应聘者的基本资料、工作经历、受教育程度、职业技能等信息。

● 用 A4 纸打印 20 份"应聘人员登记表"。

流程设计

设计应聘人员登记表，可按以下流程进行：

建立一个名为"应聘人员登记"的工作簿，再创建"应聘人员登记表"工作表，在工作表中输入相关数据，然后对工作表进行美化，再对工作表进行页面设置，并打印 20 份工作表。

应聘人员登记表

任务实现

新建"应聘人员登记"工作簿

新建"应聘人员登记"工作簿①的操作步骤如下：

（1）单击"开始>所有程序>Microsoft Office"，选择"Microsoft Office Excel 2007"命令，此时将启动 Excel 2007。一般情况下，当启动 Excel 软件后，Excel 就默认为用户新建了一个名为"Book1"的空白工作簿，如图 1-1 所示。

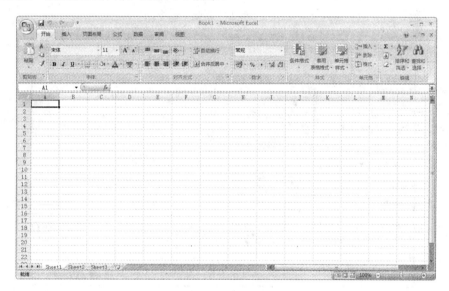

图 1-1　空白工作簿

（2）当建好了一个工作簿文件后，如果需要再新建一个空白工作簿文件，则可单击"Office"按钮②，打开 Excel 2007 的主菜单，单击其中的"新建"命令，如图 1-2 所示。

（3）此时将打开"新建工作簿"对话框，选择"空白文档和最近使用的文档"下的"空工作簿"选项，然后单击"创建"按钮，如图 1-3 所示，即可创建一个新的空工作簿。

（4）单击"Office"按钮，在打开 Excel 2007 主菜单中单击"保存"命令③，此时将打开"另存为"对话框，单击"保存位置"右边的列表框，选择文件保存位置，在"文件名"文本框中输入保存文件的名称"应聘人员登记"，在"保存类型"下拉列表框中选择保存类型为"Excel 工作簿（*.xlsx）"④，然后单击"保存"按钮即可，如图 1-4 所示。

---

① 新建空白工作簿。

② 用户也可直接按"Ctrl＋N"组合键快速新建一个空白工作簿。

③ 保存工作簿。技巧：也可单击"Office"按钮 旁"快速访问工具栏"中的"保存"按钮 或按"Ctrl＋S"组合键进行保存操作。

④ Excel 2007 兼容以前版本生成的工作簿，但 Excel 2007 以前的版本（Excel 97～2003）却不支持 Excel 2007 格式的文档，必须在保存时将工作簿保存为"*.xls"类型，才能在低版本的 Excel 中打开。

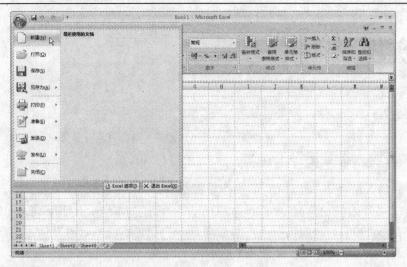

图 1-2　单击"新建"命令

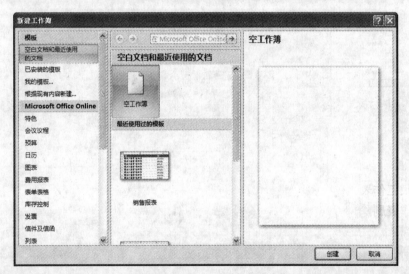

图 1-3　"新建工作簿"对话框

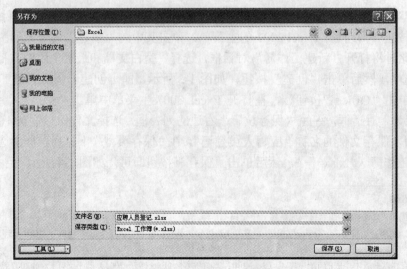

图 1-4　"另存为"对话框

创建"应聘人员登记表"工作表

创建名为"应聘人员登记表"工作表的操作步骤如下：

（1）新创建的工作簿包含 3 张工作表，分别以"Sheet 1"、"Sheet 2"和"Sheet 3"命名，可通过单击工作表标签栏中相应的标签进行切换。右键单击工作表标签栏的"Sheet 1"标签，在弹出的快捷菜单中选择"重命名"命令①，如图 1-5 所示。

图 1-5　选择"重命名"命令

（2）此时标签"Sheet 1"将呈黑色显示，如图 1-6 所示；直接输入工作表的名称"应聘人员登记表"，按"Enter"键或单击工作表其他地方，即可将该工作表重新命名，如图 1-7 所示。

（3）删除多余工作表。按住"Ctrl"键，单击标签"Sheet 2"和"Sheet 3"，此时将同时选中这两张工作表，在标签上单击鼠标右键，从弹出的快捷菜单中选择"删除"命令②即可将选中的工作表删除。

图 1-6　编辑状态

图 1-7　重命名后的工作表

（4）重命名工作表和删除多余工作表后，单击"快速访问工具栏"上的"保存"按钮 ，进行保存。

（5）单击 Excel 标题栏靠右的"关闭"按钮 ，或者单击"Office"按钮 ，在打开 Excel 2007 主菜单中单击"退出 Excel"命令③，退出 Excel 2007。

在工作表中输入数据

工作簿和工作表建立好后，即可在工作表的单元格④中输入数据了，其操作步骤如下：

---

① 重命名工作表。

② 删除工作表。

③ 退出 Excel 2007。

④ 单元格是工作表的"存储单元"，在工作表中表现为长方形的矩形格子。单元格由它们所在行和列的位置来命名，如单元格 A2 表示第 A 列与第 2 行的交叉点上的单元格。在 Excel 中，当前选择的单元格称为当前活动单元格，在窗口"编辑栏"左边的"名称"框中，将会显示出该单元格的名称，若该单元格中有内容，则会将该单元格中的内容显示在"编辑栏"中。

（1）启动 Excel 2007，单击"Office"按钮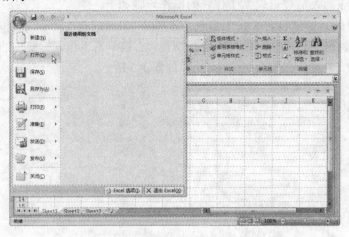，在打开 Excel 2007 主菜单中单击"打开"命令①，如图 1-8 所示。

图 1-8　单击"打开"命令

（2）此时将弹出"打开"对话框，找到并选中"应聘人员登记".xlsx 工作簿，单击"打开"按钮，如图 1-9 所示。

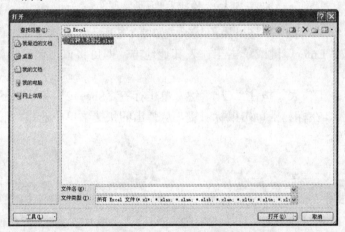

图 1-9　"打开"对话框

（3）此时将打开"应聘人员登记"工作簿。单击选中 A1 单元格，按住鼠标左键横向拖动鼠标指针到 I1 单元格，松开鼠标左键，即可选中 A1 到 I1 单元格；单击"开始"选项卡"对齐方式"组中的"合并后居中"按钮，在弹出的下拉菜单中选择"合并后居中"命令，将单元格合并为一个，如图 1-10 所示。

（4）双击合并后的单元格，输入文字"应聘人员登记表"，效果如图 1-11 所示。

（5）使用同样的方法，合并 A2:C2 单元格区域②，输入文字"申请职位（可多填）"；合并 D2:E2 单元格，输入"1、"；合并 F2:G2 单元格，输入"2、"；合并 H2:I2 单元格，输入"3、"。

① 打开工作簿。
② 单元格区域是指多个单元格的集合，它是由许多个单元格组合而成的一个范围，可分为连续单元格区域和不连续单元格区域。如 A2:D6 表示 A2 单元格到 D6 单元格之间的所有单元格，而"A2,D6"则只表示 A2 和 D6 两个单元格。前者为连续单元格区域，后者为不连续的单元格区域。

再选中 D2:I2 单元格，单击"开始"选项卡"对齐方式"组中的"文本左对齐"按钮，将被选中单元格中的文本左对齐[①]。效果如图 1-12 所示。

图 1-10　选择"合并后居中"命令

图 1-11　输入文字"应聘人员登记表"

图 1-12　输入第 2 行文字

（6）合并 A3:B3 单元格，输入"姓名"（为和四个字对齐，通常在两个字的中间再空两个字）；在 D3 单元格中输入"性别"，在 F3 单元格输入"出生日期"，在 H3 单元格输入"婚姻状况"；合并 A4:B4 单元格，输入"民族"；在 D4 单元格输入"政治面貌"，在 F4 单元格输入"户籍"；合并 G4:I4 单元格。效果如图 1-13 所示。

图 1-13　输入第 3 行文字

---

① 设置单元格的对齐方式。

（7）合并 A5:B5 单元格，输入"学历"；在 C5 单元格输入"日期"；合并 D5:E5，输入"学校"；合并 F5:G5，输入"专业"；合并 H5:I5，输入"学位"；合并 A6:B6 单元格，合并 D6:E6 单元格，合并 F6:G6 单元格，合并 H6:I6 单元格；然后参照第 6 行的格式，合并第 7 行相关单元格。最终效果如图 1-14 所示。

图 1-14 输入第 4 行文字

（8）合并 A8:A13 单元格，输入"工作经历"，然后选中该单元格区域，单击"开始"选项卡"对齐方式"组中的"方向"按钮 ，从下拉菜单中选择"竖排文字"命令，如图 1-15 所示。

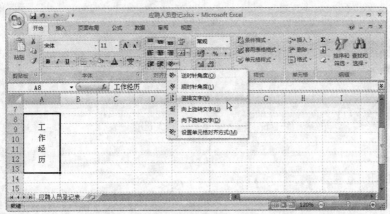

图 1-15 改变文字方向

（9）合并 B8:C8 单元格，输入"时间"；合并 D8:E8 单元格，输入"单位"；在 F8 单元格输入"职务"，在 G8 单元格输入"离职原因"，在 H8 单元格输入"证明人"，在 I8 单元格输入"联系电话"；参照第 8 行的格式，合并第 9～13 行的对应单元格，效果如图 1-16 所示。

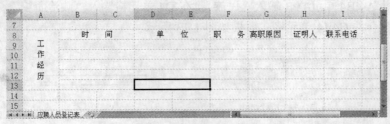

图 1-16 输入工作经历相关文字

（10）合并 A14:A17 单元格，输入"职业证书"，参照"工作经历"的设置方法将其设置为竖排文字；合并 B14:C14 单元格，输入"获得时间"；合并 D14:I14 单元格，输入"证书名称"；参照第 14 行的格式，合并第 15～17 的对应单元格，效果如图 1-17 所示。

图 1-17 输入职业证书相关文字

（11）合并 A18:I19 单元格，再分别单击"开始"选项卡"对齐方式"组中的"顶端对齐"按钮■和"文本左对齐"按钮■，使其输入的文本靠左上对齐，然后输入"主要成就："。参照这种对齐方式，合并 A20:I21 单元格，输入"性格特点："；合并 A22:I23 单元格，输入"爱好与兴趣："；合并 A24:I25 单元格，输入"求职动机："；合并 A26:I27 单元格，输入"本人需要说明的其他情况："，效果如图 1-18 所示。

图 1-18 输入第 18～27 行文字

（12）合并 A28:I31 单元格，单击"开始"选项卡"对齐方式"组中的"文本左对齐"按钮■，使输入的文本靠左、上下居中对齐，输入"本人声明：以上所填写的内容均属实，如上述所填写的内容有不实之处，可作为招聘方解除劳动关系的理由"。因为输入的文本过长，默认情况下超出单元格长度的文本将不被显示，因此需要使该文本在单元格中自动换行。选中 A28:I31 单元格区域，单击"开始"选项卡"对齐方式"组中的"自动换行"按钮即可让单元格中的文本自动换行①，效果如图 1-19 所示。

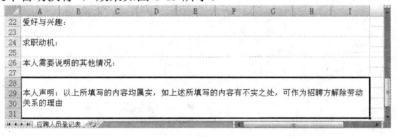

图 1-19 输入第 28～31 行文字

（13）在 E32 单元格中输入"签字："，在 H32 单元格中输入"日期："。至此，完成表格中文本的输入，最终效果如图 1-20 所示。

（14）单击"保存"按钮■保存工作表。

---

① 技巧：在单元格中输入内容后按下 Alt＋Enter 组合键可以在单元格中强制换行。

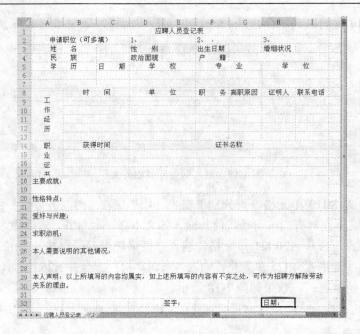

图 1-20　输入文字后的最终效果

格式化工作表

工作表中的文本输入完毕后，还需要对其格式进行设置，包括单元格中标题对齐方式的设置、字体和字号设置、工作表边框的设置、行高列宽的设置等工作，其操作步骤如下：

（1）为了美观，表格中的各项标题大都设置为居中对齐，这步操作在输入文本时基本都设置完成了，如还剩余个别的单元格没有设置，可选中需要设置居中的单元格，单击"开始"选项卡"对齐方式"组中的"居中"按钮 。

（2）设置表标题"应聘人员登记表"的字体和字号。选中 A1 单元格，切换到"开始"选项卡，在"字体"组的"字体"下拉列表框中选择"华文彩云"，在"字号"下拉列表框中选择"24"，效果如图 1-21 所示。

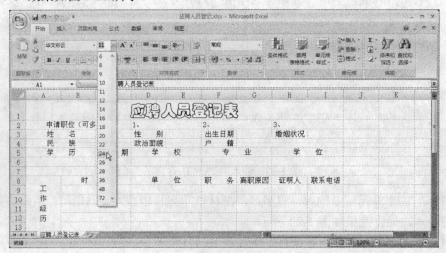

图 1-21　设置标题字体、字号

（3）设置工作表其他字段的字体和字号。选择 A2:I32 单元格区域，将其字体设置为"方正仿宋简体"，字号设置为"11"，效果如图 1-22 所示。

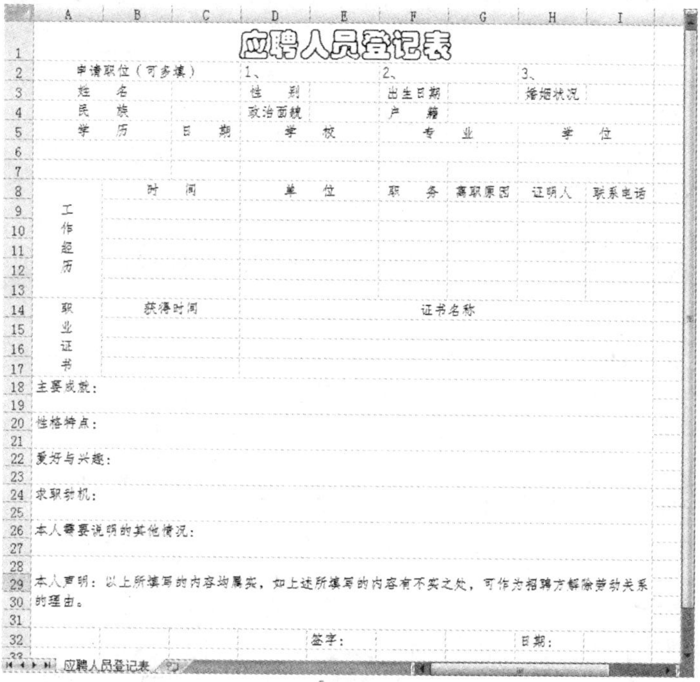

图 1-22　设置工作表其他字段的字体和字号

（4）设置工作表的边框。选中 A2:I32 单元格区域，切换到"开始"选项卡，在"字体"组中单击"边框"按钮 的下拉按钮，在打开的下拉菜单中选择"其他边框"命令，如图 1-23 所示。

（5）此时将打开"设置单元格格式"对话框，在"线条样式"列表框中选择细实线的样式，单击"预置"组中的"内部"按钮，将内部框线设置为细实线，可在其下的预览框中进行预览；在线条"样式"列表框中选择粗实线的样式，单击"预置"组中的"外边框"按钮，将外框线设置为粗实线，如图 1-24 所示。

（6）单击"确定"按钮，设置完成后的效果如图 1-25 所示。

（7）擦除多余框线。选中 A32:D32 单元格区域，按上述方法打开"设置单元格格式"对话框，选中与要删除框线对应的线条样式，然后单击"边框"选项组中对应的按钮即可，如单击按钮 即可删除选中单元格区域中的内部框线，如图 1-26 所示。

（8）采用相同的方法删除 F32:G32 单元格区域的内部框线，最终效果如图 1-27 所示。

（9）调整工作表的行高和列宽。将鼠标指针定位在行与行的交界处，当鼠标指针变成"↨"样式时，按住鼠标左键不放进行拖动即可调整行高，如图 1-28 所示；指针指向列与列的交界处，当鼠标指针变成"↔"样式时，按住鼠标左键不放进行拖动即可调整列宽，如图 1-29 所示。

（10）单击"保存"按钮 保存工作表。为了更好地观察其格式化后的效果，可将工作表中的网格线隐藏：切换到"视图"选项卡，在"显示/隐藏"组中取消 网格线 的选中状态。此时再来查看工作表的格式化效果，如图 1-30 所示。

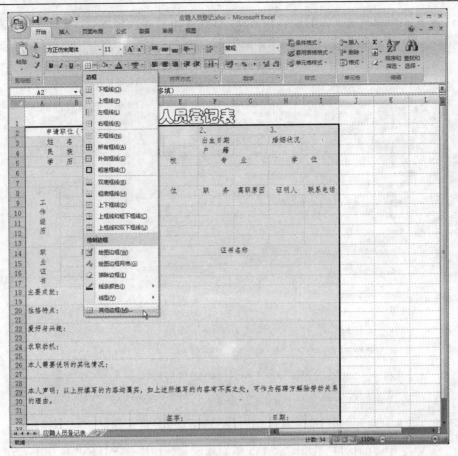

图 1-23　设置工作表的边框

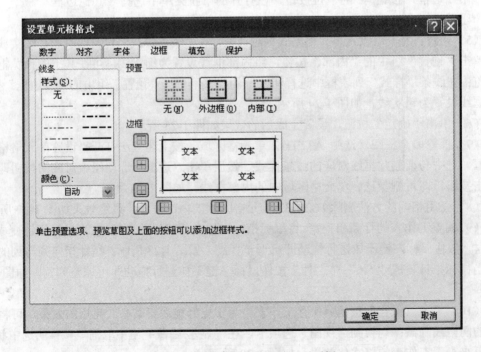

图 1-24　"设置单元格格式"对话框

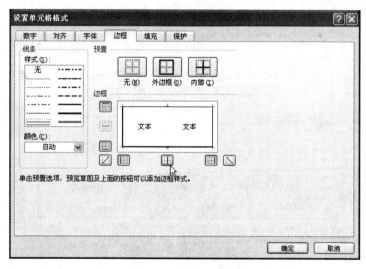

图 1-25　边框设置效果

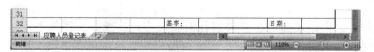

图 1-26　擦除多余框线

图 1-27　擦除多余框线效果

图 1-28　调整行高

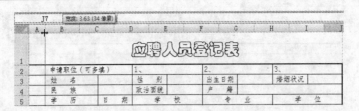

图 1-29　调整列宽

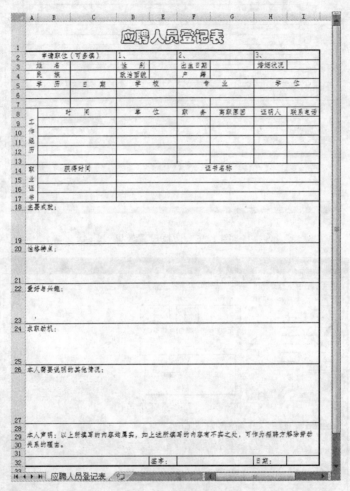

图 1-30　隐藏网格线

页面设置

在打印工作表之前，还需对工作表进行页面设置，其操作步骤如下：

（1）切换到"页面布局"选项卡，在"页面设置"组中单击"纸张大小"按钮，从下拉列表框中选择纸张类型，此处选择"A4"，如图 1-31 所示。

（2）此时工作表中出现横、竖两条虚线示意打印区域。单击"页面设置"组中的"页边距"按钮，从下拉列表框中选择"窄"，如图 1-32 所示。

（3）设置完纸张大小和页边距后，再对行高、列宽进行调整，使其最大程度地占满页面空间，但不超出虚线的范围。

（4）单击"页面设置"选项组的按钮，打开"页面设置"对话框，切换到"页边距"

选项卡，在"居中方式"下选中"水平"和"垂直"两个复选项，如图 1-33 所示。

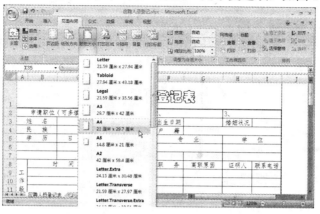

图 1-31　选择纸张类型

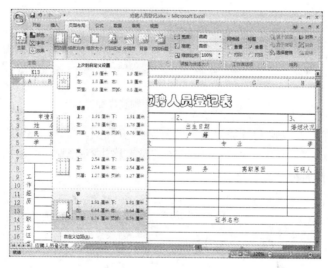

图 1-32　设置页边距

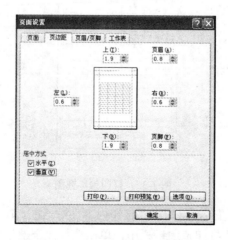

图 1-33　"页面设置"对话框

（5）单击"确定"按钮关闭对话框，再单击"保存"按钮■保存对工作表页面的设置。

打印工作表

打印工作表的操作步骤如下：

（1）单击"Office"按钮，打开 Excel 2007 的主菜单，单击其中的"打印>打印预览"命令，如图 1-34 所示。

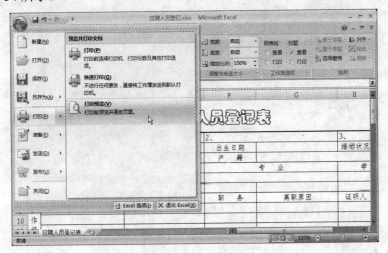

图 1-34　单击"打印预览"命令

（2）此时将打开"应聘人员登记表"的打印预览视图，如图 1-35 所示。如果预览没有发现问题，可直接单击"打印"按钮，如果还需对表格进行修改，可单击"关闭打印预览"按钮返回工作表的普通视图进行修改。

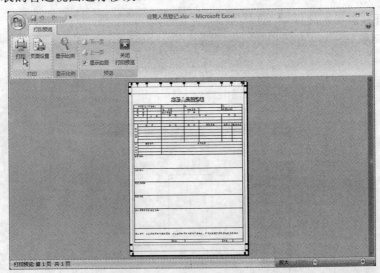

图 1-35　打印预览视图

（3）单击"打印"按钮后，将弹出"打印内容"对话框。在"名称"下拉列表框中选择已安装的打印机名称；在"打印范围"栏中，单击选择"全部"单选项；在"份数"栏中，设置文档的打印份数，如 20 份；在"打印内容"栏中选择"活动工作表"，如图 1-36 所示。

（4）最后单击"确定"按钮，即可开始打印。

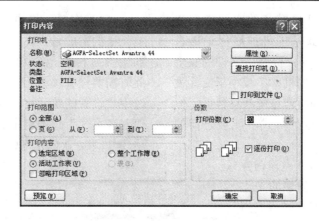

图 1-36　"打印内容"对话框

知识点总结

本案例涉及以下知识点：

（1）新建空白工作簿和保存工作簿；

（2）选择、重命名和删除工作表；

（3）打开和退出工作簿；

（4）选择单元格和在单元格中输入文字；

（5）单元格的合并和自动换行；

（6）设置单元格的字体和字号；

（7）设置单元格的对齐方式；

（8）添加、删除单元格的边框；

（9）调整单元格的行高和列宽；

（10）工作表的页面设置；

（11）预览和打印工作表。

在学习本章知识时，要注意以下几点：

（1）在 Excel 2007 中，要理清工作簿、工作表和单元格的概念，不能混淆。

工作簿是由 Excel 建立的处理和存储数据的文件，其后缀名通常是"xls"或"xlsx"。每个工作簿可以包含多张工作表，每张工作表可以存储不同类型的数据，因此可在一个工作簿文件中管理多种类型的数据。

工作表是组成工作簿的基本单位，也称为电子表格，它总是存储在工作簿中。默认情况下一个工作簿包含 3 个工作表，每个工作表都有相对应的工作表标签，如"Sheet1"、"Sheet2"、"Sheet3"等。从外观上看，工作表是由排列在一起的行和列构成。列是垂直的，由字母标识；行是水平的，由数字标识。

每一个工作表都由许多矩形的"存储单元"所构成，这些矩形的"存储单元"即为单元格。输入的任何数据都将保存在这些单元格中。单元格由其所在行和列的位置来命名，如单元格 A1 表示第 A 列与第 1 行的交叉点上的单元格。

单元格区域是指多个单元格的集合，它是由许多个单元格组合而成的一个范围。单元格区域可分为连续单元格区域和不连续单元格区域。如"A1:E6"表示 A1 单元格到 E6 之间的所有连续单元格；如"A1,C2,E6"则表示 A1、C2 和 D6 这 3 个单元格。前者为连续单元格区域，后者为不连续的单元格区域。

（2）选择合适的工作簿存储类型。

Excel 2007 工作簿默认的存储类型为"*.xlsx"，这种格式基于可扩展标记语言（XML），其优势在于：提高了文件的安全性；降低了文件损坏的机率；减小了文件大小；可跨多个存储和检索系统共享数据。但有个最大的不便，这种格式不能被之前的Excel 版本识别。

要让 Excel 97-2003 能识别并打开由 Excel 2007 创建的工作簿，则必须选择"保存类型"为"Excel 97-2003 工作簿（*.xls）"，如图 1-37 所示。

（3）在单元格中输入文字的长度超出单元格的宽度时，文字将不能被完整显示。默认情况下单元格中的文字不会自动换行，此时需要设置该单元格格式为"自动换行"。选中要设置的单元格，单击"开始"选项卡"对齐方式"选项组中的"自动换行"按钮 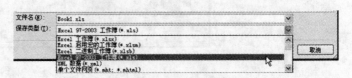 即可让单元格中的文本自动换行。

图 1-37 保存类型

拓展训练

为了对 Excel 2007 和以往的旧版本在操作上进行比较，下面专门使用 Excel 2003 制作一个"员工入职登记表"，并给出一些在操作上差别比较大的关键步骤。其打印效果如图 1-38 所示。

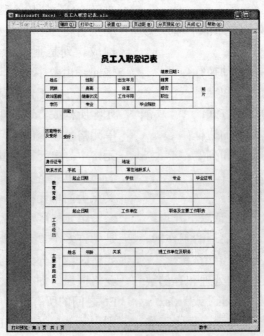

图 1-38 员工入职登记表

关键操作步骤：

（1）创建工作表，在表格中合并相应单元格，输入表格内容。

（2）竖排文字。选中 I3 单元格，选择"格式"菜单下的"单元格"命令，打开"单元格格式"对话框，切换到"对齐"选项卡，单击"方向"组中的竖排文本，如图 1-39 所示。

（3）单击"确定"按钮，竖排文本效果如图 1-40 所示。

图 1-39　设置文本方向

图 1-40　竖排文本效果

（4）设置自动换行。选择 A7 单元格，选择"格式"菜单下的"单元格"命令，打开图 1-39 所示的"单元格格式"对话框，切换到"对齐"选项卡，勾选"自动换行"复选框即可。

（5）单击"确定"按钮，自动换行的效果如图 1-41 所示。

（6）设置对齐方式。选择 B7 单元格，在"单元格格式"对话框的"对齐"选项卡中，选择"垂直对齐"下拉列表框中的"靠上"选项。

（7）单击"确定"按钮，靠上对齐的效果如图 1-42 所示。

图 1-41　自动换行效果

图 1-42　靠上对齐的效果

（8）页面设置。表格内容输入完毕并添加边框后，可进行打印前的页面设置。选择"文件"菜单中的"页面设置"命令，打开"页面设置"对话框，在"页面"选项卡中设置纸张方向、纸张大小以及缩放比例，如图 1-43 所示。

（9）切换到"页边距"选项卡，设置其上下左右的页边距及居中方式，如图 1-44 所示。

（10）设置完毕后单击"确定"按钮，返回工作表，调整列宽行高，最后预览打印效果，确认无误后即可打印。

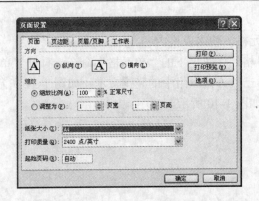

图 1-43 "页面"选项卡

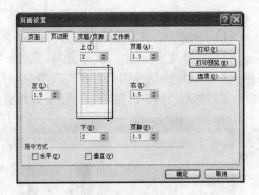

图 1-44 "页边距"选项卡

职业快餐

了解面试的来龙去脉

在整个招聘过程中，面试是必不可少的一个环节，面试的过程就是面试者与应聘者之间进行互相判断的过程，这个过程从应聘者与公司接触时开始到应聘者离开公司后为止将一直延续。

作为一个代表公司进行面试的职员来说，对应聘者的热情接待、高效率而有条理地安排以及自身良好的专业素质和修养，有利于应聘者对公司形成一个正面的印象。以下介绍一些面试者在进行面试时的经验及技巧。

1. 面试前的准备

（1）回顾职位说明书，看该说明书：是否对判断应聘者应具备的任职资格有足够了解；是否能将该职位的职责清晰地与应聘者沟通；是否能够回答应聘者提出关于职位信息与公司信息的问题；（人力资源部门）是否对该职位的薪酬福利标准有足够的了解。

（2）审阅应聘材料和简历及求职申请表，找出以下需要进一步了解的内容：

● 浏览外观及行文是否整洁、美观、有

条理？可询问应聘者有关求职动机的问题。

● 注意材料中的空白或省略的内容，是否应进一步了解？

● 特别注意与应聘职位相关的工作经历，设计进一步了解的问题。

● 思考应聘者工作变动的频率和可能原因，在面试中求证。

● 审视应聘者的教育背景与工作经历，询问有关职业发展方面的打算和原因。

● 对比应聘者目前薪资与期望薪资的差别，可与其讨论理由。

（3）电话筛选应聘者。进行该步骤的目的是筛选掉明显不具资格的应聘者，而不是挑选合适的应聘者。在这一步要解决两个问题：一是确认应聘者的应聘资料信息，初步了解应聘者的职业兴趣是否与公司职位相符；二是与应聘者确定面试的时间和地点。在进行电话筛选时应了解以下内容：

● 应聘者从什么渠道了解公司的？又是如何得知职位空缺信息的？

● 应聘者应聘的原因？

● 应聘者现在所做的主要工作是什么？

- 应聘者为什么离开现有雇主？
- 应聘者对公司有什么期望？

（4）准备面试的地点。场所要安静不受干扰，最好是安排面试者自己与应聘者都不面光的位置。

2. 面试过程

在面试的过程中，应边谈边记录应聘者谈话要点、疑点或即时评语，并可采用以下技巧：

（1）放松并建立话题。与应聘者热情地打招呼，并做自我介绍，让他（她）感觉轻松、舒适。与其讨论一些与工作无关的话题，如交通、天气、地理环境、语言习惯、地方风俗等。

（2）询问应聘者熟悉的内容。一般使用开放性问题，继续消除应聘者的紧张情绪，观察应聘者的表达能力。如请其介绍工作经历、现在工作情况或工作职责等。

（3）探究应聘者的实际工作经验。从前述开放性的话题中引出关键性问题的事例或假设，分别就不同的评估方面进行询问（问题由人力资源部门提供及面试者临场发挥）。

（4）确认与总结。让应聘者重新组织和概括相关问题，比如一些事件的处理程序、工作的心得等。

（5）结束语。感谢应聘者对公司的应征，询问应聘者是否还有什么问题（让应聘者有最后表现的机会，也让面试者考察应聘者对公司职位的理解程度），向应聘者说明公司后续的一道程序以及间隔时间。

3. 注意非语言信息

单独的非语言信息并不具有多大意义，要结合当时的具体情况判断，若有必要，可询问应聘者相关的原因。表 1-1 所示为一些非语言信息典型的含义，对一个面试人员或主考官来说，有很大的参考价值。

4. 应对特殊类型的应聘者

对于一些特殊的应聘者，可采用如下方法应对：

表 1-1　非语言信息的含义

非语言信息	典型含义
目光接触	友好、真诚、自信、果断
不做目光接触	冷淡、紧张、害怕、说谎、缺乏安全感
摇头	不赞同、不相信、震惊
打哈欠	厌倦
搔头	迷惑不解、不相信、不自信
微笑	满意、理解、鼓励、自信
咬嘴唇	紧张、害怕、焦虑
跺脚	紧张、不耐烦、自负
双臂交叉在胸前	生气、不同意、防卫、进攻
抬一下眉毛	怀疑、吃惊
眯眼睛	不同意、反感、生气
鼻孔张大	生气、受挫
手抖	紧张、焦虑、恐惧
身体前倾	感兴趣、注意、紧张
懒散地坐在椅子上	厌倦、放松
坐在椅子的边缘	焦虑、紧张、有理解力
摇椅子	厌倦、自以为是、紧张
驼背坐着	缺乏安全感、消极
坐得笔直	自信、果断、紧张

（1）对于过分羞怯或紧张的应聘者，可先询问一些比较简单的封闭性的问题；使用重复或总结的谈话方式加强沟通；使用带有鼓励性的语言或非语言信息。

（2）对于过分健谈的应聘者，可直接打断他（她）的谈话，引导到需要的主题上来；或者提问时要求其简要回答；当应聘者偏离主题时，可表现出无兴趣的表情或动作。

（3）对于生气或失望的应聘者，可以说几句解释或道歉的话，但最重要的还是要告诉应聘者，既然来了，说明他（她）还有兴趣，不妨互相多做一些了解，对双方都有好处。

（4）对于支配性过强的应聘者，应比较有礼貌而又坚决地告诉他（她），他（她）想了解的问题将在后面必要时谈到，将他（她）引导到主题上来。

（5）对于情绪化或非常敏感的应聘者，不妨说一些安慰的话，先让其尽量平静下来，等他（她）情绪平静时，再与其面谈。

案例 2

企业人事管理

源文件：\Excel 2007 实例\人事管理系统.xlsx

情景再现

刚进办公室，还没来得及喘口气，同事小张就叫住我，说："王哥，经理已经来了。"

我看看表，8:55，不解地说："还差 5 分才到 9:00 呢，不至于算我迟到吧？"

李经理虽说很少有早于我到办公室的时候，但小张这样郑重其事地叫住我，告诉我经理已经来了，一定事出有因。

果然，小张看看经理办公室，神秘兮兮地说："李经理一早就来了，进办公室就问，说你还没来啊，好自为之……"

进了经理办公室，李经理瞄了我一眼，轻描淡写地说："小王，差点迟到哦。"

"下次一定提前半个小时到公司。"我小心翼翼地说。

"这次嘛就算了，下不为例。"李经理顿一顿，说："人事部的工作还是比较多的，早点来半个小时，就可以早整理点人事资料，"

李经理端起茶杯喝一口茶，话锋一转，说："小王啊，听说你 Excel 玩得挺熟的？"

来了！一定是有什么任务，开始借差点迟到的问题敲打敲打我，就是为了这个？但贼船也得上啊。

"一般吧，做个表格还是可以完成的。"我谦虚地说，先打个预防针。

"不熟也得熟啊，现在什么社会了？信息化社会！办公都无纸化了。你觉得我们的员工档案查起来是不是特别不方便呢？"

"就是，就是，李经理高瞻远瞩……"我不失时机地拍上一记马屁。

"你小子少灌蜜汤，"李经理识破我的用意，挥挥手打断我，继续说："前阵子我在一个做人事的朋友哪儿看到他用的人事系统，人家就是用 Excel 做的，就一个表，点一下就可以登记，再点一下就可以查询，再点一下又回去了，还可以在表中统计各种信息，实在太方便了。"

这有什么，不就是做个链接嘛，把多张表链接到一个主界面上，李经理还以为只有一张表，这可难不到我。

"经理，你让我琢磨两天，我试试看能不能也做一个。"我心领神会，有些任务，不一定要领导开口，自己得主动请缨。

"得快，我希望这个星期人事部门能用上这个系统。"李经理对于我的反映颇为满意。

"那行，我出去做事了。"

起身告辞，掩上经理办公室的门，不禁长叹一声，看来有的忙了。

任务分析

使用 Excel 2007 建立一个名为"人事管理系统"的工作簿，要求如下：

● 使用该表格能对员工档案进行增加、删除、查找和统计等操作。

● 使用该表格可安排员工培训并统计、查询员工成绩。

● 为该工作簿制作一个主界面，能通过单击主界面的链接进入相关工作表。

流程设计

制作"人事管理系统"工作簿，可按以下流程进行：

先制作"员工信息登记"、"员工信息统计"、"员工信息查询"、"员工内部调动"、"员工离职退休信息"、"员工培训安排"、"员工培训成绩统计"等基础工作表，用于记录各种员工信息。然后设计一个"人事管理系统"主界面，在其中设置各个工作表的链接。单击其中各个链接，可切换到相应工作表，再单击工作表中的"返回"链接可返回主界面。

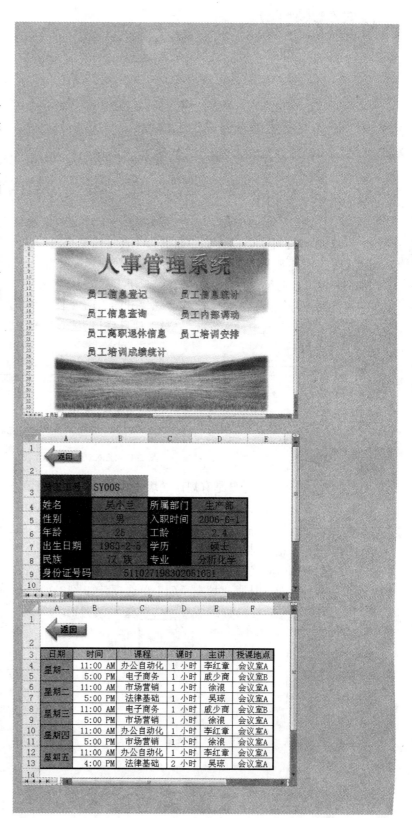

任务实现

制作"员工信息登记"工作表

"员工信息登记"工作表用以登记员工的工号、姓名、身份证号码、性别、年龄、出生日期、民族、所属部门、入职时间、工龄、学历和专业等信息。制作"员工信息登记"工作表的操作步骤如下：

（1）打开 Excel 2007，新建并保存一个名为"人事管理系统"的工作簿。

（2）将工作表 Sheet 1 重命名为"员工信息登记"，在 A4:L4 单元格中分别输入表头[①]"工号"、"姓名"、"身份证号码"、"性别"、"年龄"、"出生日期"、"民族"、"所属部门""入职时间"、"工龄"、"学历"和"专业"。

（3）选择单元格 A3:L3，再单击"开始"选项卡"对齐方式"组中的 合并后居中 按钮合并所选单元格，在其中输入表题[②]"员工信息登记表"，效果如图 2-1 所示。

图 2-1　录入表头和表题

（4）由于"工号"是有规律递增排列的，可以使用填充序列的方法快速输入工号[③]。在 A5 单元格输入第一个员工的工号内容，如"SY001"，选中已输入工号的单元格，将鼠标指针指向该单元格的右下角，指针变成自动填充手柄"＋"的样式；按住鼠标左键不放向下拖动到相应单元格，然后释放鼠标左键，如图 2-2 所示。

（5）此时所填充序列旁将出现一个"填充选项"按钮，单击该按钮，可以打开填充选项的快捷菜单，选择"填充序列"单选项，如图 2-3 所示。

图 2-2　快速输入工号

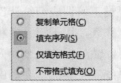

图 2-3　填充选项快捷菜单

---

① 表头分为横表头和竖表头，横表头即表格中每列数据的标题；竖表头指对右方表格内容有指引性质的标题。
② 表题表格的标题，要求简洁、切题，以主格句形式居多。
③ 自动填充数据。

（6）依次录入员工姓名。录入第一个员工姓名后回车将自动跳转到下一行同一列，在其中继续录入。

（7）在 C5 单元格输入员工的身份证号码，此时单元格中将按常规数字来处理该号码，并显示为科学计数法，并在编辑栏中显示其具体数值，如图 2-4 所示。

图 2-4　科学计数法显示的身份证号码

（8）此时需要将"身份证号码"一列设置为"文本"格式①，使其正确显示。将鼠标移动到列标号 C 上，当鼠标指针变为 ↓ 状时单击鼠标左键，选中 C 列，再单击"开始"选项卡"数字"组中的"数字格式"下拉按钮，在弹出的下拉列表中单击"文本"选项，如图 2-5 所示。

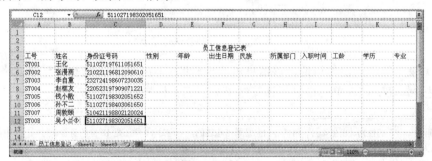

图 2-5　设置 C 列数字格式

（9）此时 C 列的数据将全部变成文本格式，继续录入员工的身份证号码，并调整列宽使其容纳所录入的号码，如图 2-6 所示。

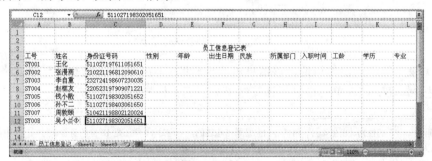

图 2-6　录入格式为"文本"的身份证号码

---

① 设置单元格的数据格式。

（10）录入员工性别。由于身份证号码中隐含了性别信息[①]，因此可以使用函数从身份证号码中提取员工的性别信息。选择 D5 单元格，输入以下公式[②]，按回车键后 D5 单元格显示计算结果，而在编辑栏显示完整公式，如图 2-7 所示。

=IF(C5="","",IF(AND(LEN(C5)<>15,LEN(C5)<>18)," 错 误 ",IF(MOD(IF(LEN(C5)=15,MID(C5,15,1),MID(C5,17,1)),2)=1,"男","女")))[③]

该公式表示：

● 如果 C5 单元格为空，则 D5 为空；

● 如果 C5 单元格的字符串长度不等于 15 或 18，则显示为"错误"；

● 如果 C5 单元格的字符串长度等于 15，则提取第 15 位数字，如果 C5 单元格的字符串长度等于 18，则提取第 17 位数字；

● 提取的数字除以 2 以后的余数是 1，那么 D5 单元格显示为"男"，否则显示为"女"。

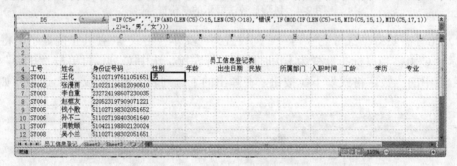

图 2-7　录入提取性别信息的公式

（11）拖动自动填充手柄至相应位置，选择"填充选项"为"复制单元格"，将该公式复制到"性别"一列的其他行，如图 2-8 所示。

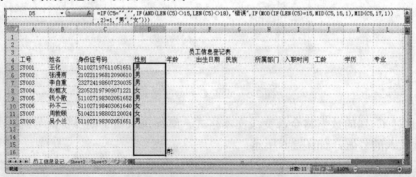

图 2-8　复制公式

（12）录入员工的出生日期，该信息可从身份证号码中提取。选择 F5 单元格，输入以下公式，按回车键后 F5 单元格显示计算结果，在编辑栏显示完整公式。

---

① 身份证号码与一个人的性别、出生年月、籍贯等信息是紧密相连的，无论是 15 位还是 18 位的身份证号码，其中都保存了相关的个人信息。对于 15 位身份证号码而言，第 7、8 位为出生年份（两位数），第 9、10 位为出生月份，第 11、12 位代表出生日期，第 15 位代表性别，奇数为男，偶数为女；对于 18 位身份证号码而言，第 7、8、9、10 位为出生年份（四位数），第 11、第 12 位为出生月份，第 13、14 位代表出生日期，第 17 位代表性别，奇数为男，偶数为女。

② 直接输入法插入公式。

③ IF()、AND()、LEN()、MOD()、MID() 函数的嵌套使用。

=IF(C5="","",IF(AND(LEN(C5)<>15,LEN(C5)<>18)," 错　误 ",IF(LEN(C5)=15,DATE(MID(C5,7,2),MID(C5,9,2),
MID(C5,11,2)),DATE(MID(C5,7,4),MID(C5,11,2),MID(C5,13,2)))))①

该公式表示：

● 如果 C5 单元格为空，则 F5 为空；

● 如果 C5 单元格的字符串长度不等于 15 或 18，则显示为"错误"；

● 如果 C5 单元格的字符串长度为 15，则提取第 7、8 位作为年份，提取第 9、10 位作为月份，提取第 11、12 位作为日期；

● 如果 C5 单元格的字符串长度为 18，则提取第 7～10 位作为年份，提取第 11、12 位作为月份，提取第 13、14 位作为日期。

（13）选中 F5 单元格，单击"开始"选项卡"数字"组中的"数字格式"下拉按钮，在下拉列表中选择该单元格的数字格式为"短日期"，如图 2-9 所示。

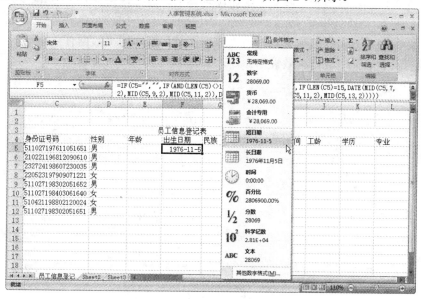

图 2-9　提取出生日期并设置数据格式

（14）拖动填充手柄复制 F5 单元格公式到该列其他单元格。

（15）录入员工年龄，该信息也可从身份证号码中提取。选择 E5 单元格，输入以下公式，按回车键后 E5 单元格显示计算结果，在编辑栏显示完整公式。然后再拖动填充手柄复制该公式，如图 2-10 所示。

=IF(C5="","",IF(AND(LEN(C5)<>15,LEN(C5)<>18),"错误",ROUNDDOWN((NOW()-F5)/365,0)))②

该公式表示：

● 如果 C5 单元格为空，则 E5 为空；

● 如果 C5 单元格的字符串长度不等于 15 或 18，则显示为"错误"；

● 否则用当前日期与出生日期之差来除以 365③，所得数向下舍入取整，即为员工年龄。

---

① DATE()函数的使用。

② ROUNDDOWN()和 NOW()函数的使用。

③ 365 为人事计算、财务计算中一年的天数。

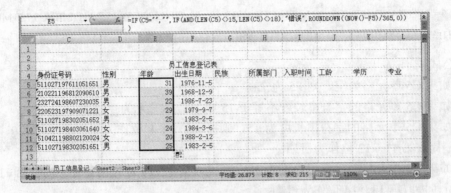

图 2-10　录入提取年龄的公式

（16）录入员工民族信息。此处可以通过设置单元格的数据有效性[①]来减少录入工作量。在"名称框"输入"G5:G400"后按回车键，即可快捷选中 G5:G400 单元格区域。

（17）切换到"数据"选项卡，单击"数据工具"组中的"数据有效性"下拉按钮，在打开的下拉列表中选择"数据有效性"命令，如图 2-11 所示。

图 2-11　选择"数据有效性"命令

（18）此时将打开"数据有效性"对话框，在"允许"下拉列表框中选择"序列"项，在"来源"文本框中录入以下 56 个民族选项[②]，如图 2-12 所示。

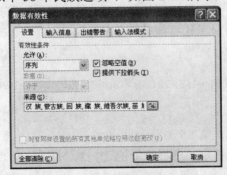

图 2-12　"数据有效性"对话框

---

① 数据有效性：在工作表内容的录入中，为了提高数据录入的准确性，用户可给相应单元格指定录入数据的有效范围，以确保录入数据的有效性。

② "来源"文本框中各个民族选项应以半角逗号分隔。

汉族，蒙古族，回族，藏族，维吾尔族，苗族，彝族，壮族，布依族，朝鲜族，满族，侗族，瑶族，白族，土家族，哈尼族，哈萨克族，傣族，黎族，傈僳族，佤族，畲族，亿佬族，拉祜族，水族，东乡族，纳西族，景颇族，柯尔克孜族，土族，达斡尔族，仫佬族，羌族，锡伯族，基诺族，布朗族，撒拉族，毛南族，阿昌族，普米族，塔吉克族，怒族，乌孜别克族，俄罗斯族，鄂温克族，德昂族，保安族，裕固族，京族，塔塔尔族，独龙族，鄂伦春族，大陆高山族，门巴族，珞巴族，赫哲族

（19）单击"确定"按钮，关闭对话框，选择设置了数据有效性的单元格，旁边会出现一个下拉按钮，单击该按钮即可打开一个包含 56 个民族的下拉列表，单击其中的选项即可快速录入数据，如图 2-13 所示。

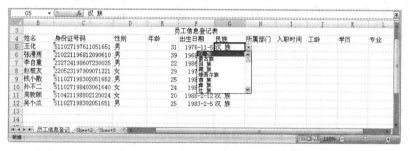

图 2-13　通过下拉列表快速录入数据

（20）参照设置"民族"一列数据有效性的方法，选择 H5:H400 单元格区域，在"来源"文本框中录入"人事部,财务部,行政部,市场部,生产部"所属部门选项，效果如图 2-14 所示。

图 2-14　快速录入"所属部门"信息

（21）录入"入职时间"信息，并将单元格设置为如"2005-8-1"的短日期数字格式，如图 2-15 所示。

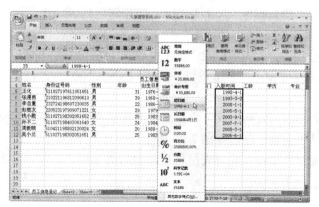

图 2-15　录入"入职时间"信息

（22）输入公式计算员工工龄。选择 J5 单元格，输入以下公式并按回车键，再拖动填充手柄复制该公式，如图 2-16 所示。

=IF(I5="","",ROUND((NOW()-I5)/365,1))[1]

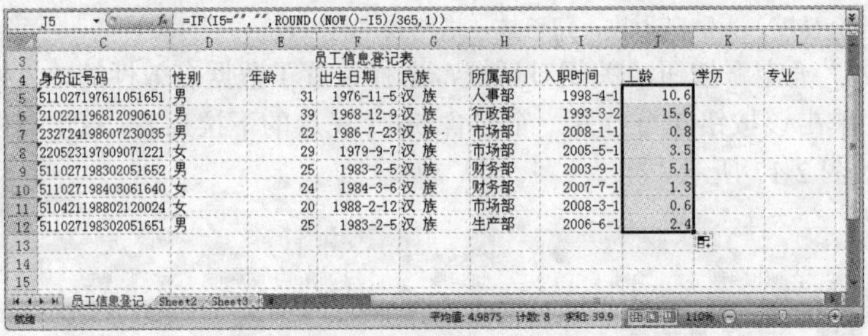

图 2-16　计算员工工龄

该公式表示：如果 I5 为空，则 J5 为空；否则计算当前时间与入职时间的差，再除以 365，结果四舍五入，保留 1 位小数，即为员工工龄。

（23）参照"民族"与"所属部门"字段设置数据有效性的方法，选择 K5:K400 单元格区域，在"数据有效性"对话框的"来源"文本框中录入"博士,硕士,本科,大专,高中,中专,技校,初中,小学,文盲"学历选项，效果如图 2-17 所示。

图 2-17　快速录入"学历"信息

（24）输入员工"专业"信息，并根据单元格内容调整单元格列宽。

（25）选中表标题"员工信息登记表"所在单元格，在"开始"选项卡的"字体"组中将其字体设置为"黑体"，字号设置为 20，并调整行高；再选中该单元格，单击"开始"选项卡"字体"组中的"填充颜色"下拉按钮[2]，打开颜色列表，单击所需填充的颜色，本例为红色，如图 2-18 所示。

（26）在名称框中输入"A4:L400"，选中该单元格区域，单击"开始"选项卡"样式"组中的"套用表格格式"[3]下拉按钮，展开 Excel 2007 内置的表格格式列表，如图 2-19 所示。

（27）单击所需套用的表格格式，将弹出"套用表格式"对话框，其中可重新选择表数据的来源，并指定是否包含标题，如图 2-20 所示。

（28）单击"确定"按钮，此时表格将自动套用所选格式，如图 2-21 所示。

---

① ROUND()函数的使用。

② 填充单元格底色。

③ 自动套用格式。

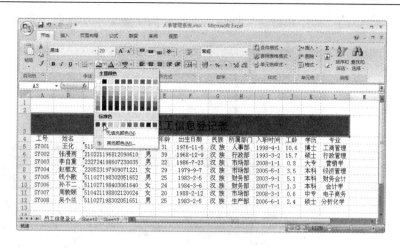

图 2-18 设计标题样式

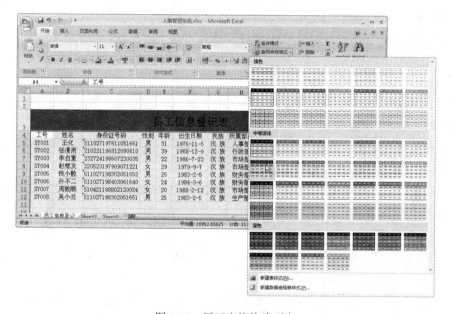

图 2-19 展开表格格式列表

图 2-20 "套用表格式"对话框

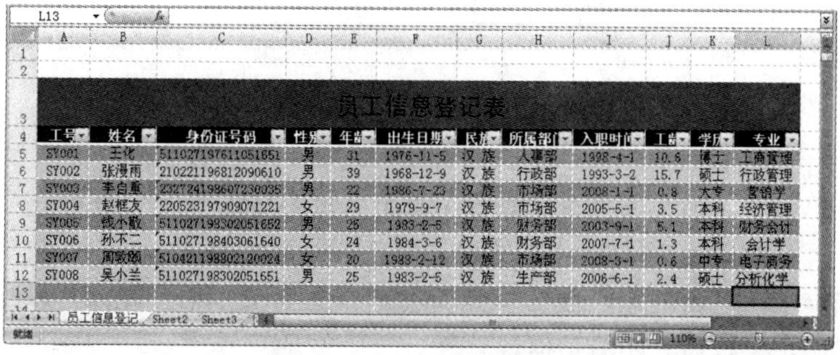

图 2-21 自动套用表格格式效果

（29）我们看到，此时表格表头部分出现一个下拉按钮，单击该按钮，可打开一个如图 2-22 所示的快捷菜单，实现对某列的筛选和排序。如果不需要显示该按钮，可单击"开始"

选项卡"编辑"组中的"排序和筛选"按钮，在打开的快捷菜单中选择"筛选"命令即可，如图 2-23 所示。

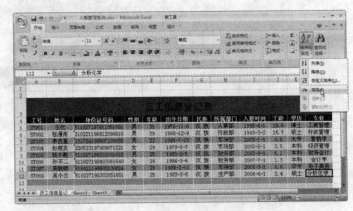

图 2-22　快捷菜单　　　　　　　　　　　　　图 2-23　取消筛选

（30）操作完成后单击"保存"按钮，保存"员工信息登记"工作表。

制作"员工信息统计"工作表

"员工信息统计"工作表可以实现对员工的人数、学历比例、部门比例、年龄比例和性别比例的统计。操作步骤如下：

（1）打开"人事管理系统"工作簿，切换到 Sheet 2 工作表，将该工作表重命名为"员工信息统计"。

（2）在"员工信息统计"工作表中输入统计信息的相关内容，并为其设置框线，效果如图 2-24 所示。

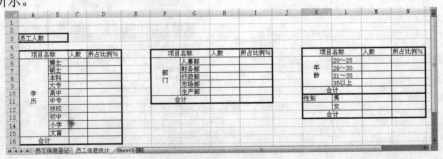

图 2-24　录入表格内容

（3）设置表格中所有文本都居中对齐，然后选中所有需要显示人数计算结果的单元格[1]，再单击"开始"选项卡"数字"组右下角的对话框启动器。

（4）此时将打开"设置单元格格式"对话框，切换到"数字"选项卡，单击"分类"列表框中的"自定义"选项[2]，然后在"类型"文本框中输入"# 人"[3]，如图 2-25 所示。单击"确定"按钮关闭对话框。

（5）选中计算结果需要显示为百分比数值的单元格，按同样方法打开"设置单元格格式"

---

[1] 技巧：按住 Ctrl 键，依次单击可选中不连续的单元格。

[2] 自定义单元格格式。

[3] 说明：单元格中将把计算结果显示为 "3 人"的样式。

对话框，切换到"数字"选项卡，在"分类"列表框中选择"百分比"，然后设置其小数位数，默认为 2 位，如图 2-26 所示。单击"确定"按钮关闭对话框。

图 2-25　"设置单元格格式"对话框

（6）统计员工人数，可以使用 COUNTIF()函数来完成。选中统计员工人数的单元格 B3，单击"公式"选项卡"函数库"组中的"插入函数"按钮[①]，打开"插入函数"对话框，选择函数类别为"统计"，在"选择函数"列表框中选择 COUNTIF 函数，如图 2-27 所示。

图 2-26　设置百分比数值格式

图 2-27　"插入函数"对话框

（7）单击"确定"按钮，打开"函数参数"对话框，如图 2-28 所示。可以在 Range 和 Criteria 参数框中直接输入参数，也可单击其后的折叠按钮 来引用单元格[②]。在 Criteria 参数框中输入参数"*"[③]，然后单击 Range 参数框后的折叠按钮 ，"函数参数"对话框将简化为如图 2-29 所示的模式。

（8）单击"员工信息登记"工作表，切换到该表，拖动鼠标选择要统计的区域，此时可见"函数参数"对话框中显示出引用的单元格区域[④]，如图 2-30 所示。

（9）由于以后还要添加记录，此处可将函数参数所引用的单元格区域"员工信息登

---

① 通过"插入函数"对话框输入公式。

② 设置函数参数。

③ 星号（*）表示包含文本的所有单元格。

④ 引用同一工作簿其他工作表中的单元格

记!A5:A15"改为"员工信息登记!A5:A400",再单击折叠按钮 。

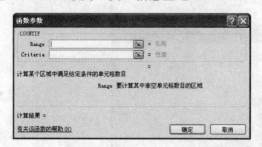

图 2-28 "函数参数"对话框   图 2-29 "函数参数"对话框简化模式

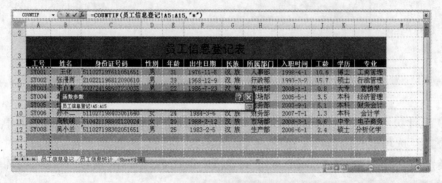

图 2-30 引用"员工信息登记"工作表的单元格区域

（10）单击"确定"按钮，可见 B3 单元格显示出正确的人数统计，在编辑栏显示出该公式的完整内容，如图 2-31 所示。

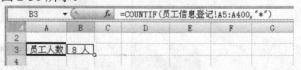

图 2-31 显示计算结果

（11）统计员工的学历情况。按统计员工人数的方法，在 C6 单元格插入 COUNTIF()函数，其参数设置如图 2-32 所示。拖动填充手柄复制该公式到 C7:C15 单元格，然后将函数第一个参数所引用的单元格都修改成"员工信息登记!K5:K400"。

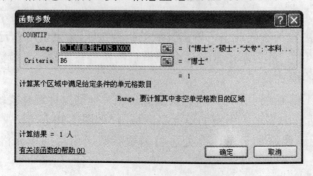

图 2-32 统计员工学历的函数参数

（12）统计员工部门信息。由于该统计方法与统计员工学历的方法类似，可采用复制公式的方法实现。选择 C6 单元格，按下 Ctrl＋C 组合键，复制该单元格公式，再单击 H6 单元格，按下 Ctrl＋V 组合键粘贴该公式即可。

（13）选中 H6 单元格，拖动填充手柄复制公式到 H7:H10，然后将函数第一个参数所引用的单元格都修改成"员工信息登记! H5:H400"。

（14）统计员工年龄信息。选择 M6 单元格，在其中输入以下公式：

=COUNTIF(员工信息登记!E5:E400,">=20")-COUNTIF(员工信息登记!E5:E400,">25")

该公式表示：统计"员工信息登记"工作表 E5:E400 区域中其值大于或等于 20、但小于或等于 25 的单元格的个数。同理，在 M7 单元格输入以下公式：

=COUNTIF(员工信息登记!E5:E400,">=26")-COUNTIF(员工信息登记!E5:E400,">30")

在 M8 输入以下公式：

=COUNTIF(员工信息登记!E5:E400,">=31")-COUNTIF(员工信息登记!E5:E400,">35")

在 M9 输入以下公式：

=COUNTIF(员工信息登记!E5:E400,">=35")

（15）统计员工性别情况。在 M11 单元格插入 COUNTIF()函数，其参数设置如图 2-33 所示；在 M12 插入 COUNTIF()函数，其参数设置如图 2-34 所示。

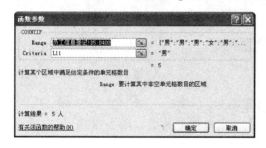 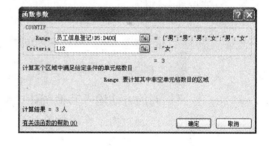

图 2-33　设置 M11 单元格函数参数　　　　图 2-34　设置 M12 单元格函数参数

（16）合计各统计信息，这里以合计员工的部门统计人数为例。单击 H11 单元格，切换到"公式"选项卡，单击"函数库"组中的"自动求和"下拉按钮[①]，在弹出的快捷菜单中选择"求和"命令，如图 2-35 所示。

（17）此时 H11 单元格中自动输入了公式内容"=SUM(H6:H10)"，并且被引用的单元格呈选中状态，如图 2-36 所示。用户可以更改参数，此处保持默认参数并按下回车键确认即可得到计算结果。

（18）参照相同方法计算学历、年龄、性别的合计项。

（19）计算各统计项的比例。以学历统计项为例，选中 D6 单元格，输入等号（＝），然后单击 C6 单元格[②]，再输入除号（/），再单击 B3 单元格，计算比例的公式就输入完成了，如图 2-37 所示，按下回车键后即可得到计算结果。

---

① 通过"自动求和"按钮计算单元格数据。
② 在公式中引用单元格。

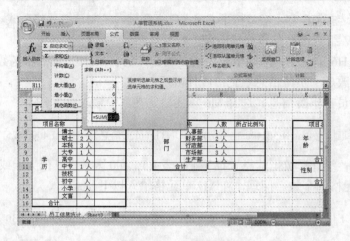

图 2-35　选择"求和"命令

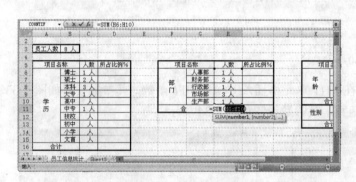

图 2-36　自动输入公式

图 2-37　手动输入公式

（20）按照相同的方法输入其他统计比例的公式。

（21）美化工作表。为工作表填充底色，并取消网格线，效果如图 2-38 所示。

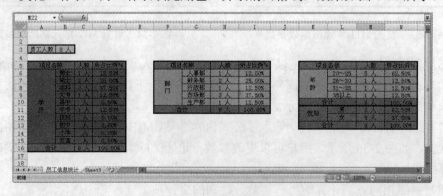

图 2-38　设置表格底色

（22）可以看到，在学历统计一项中，人数为 0 时显示为"人"，显得不够专业，我们可以通过设置该工作表中不显示 0 值。单击"Office 按钮"，打开 Excel 的主菜单，单击"Excel 选项"命令。

（23）此时将打开"Excel 选项"窗口，单击"高级"选项在右侧找到"此工作表的显示选项"选项组,在其后的下拉列表框中选择工作表为"员工信息统计",在其下的选项中取消对"在具有零值的单元格中显示零"复选框的选择,如图2-39所示。

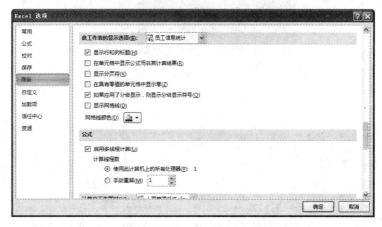

图2-39 设置"高级"选项

(24)单击"确定"按钮保存设置,再单击"保存"按钮 ■ 保存"员工信息登记"工作表,最终效果如图2-40所示。

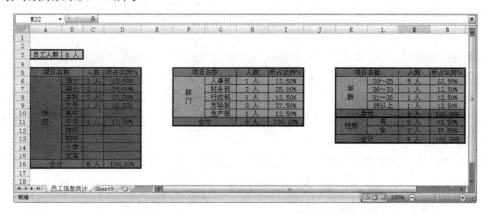

图2-40 "员工信息统计"工作表最终效果

制作"员工信息查询"工作表

在"员工信息查询"工作表中,用户可以通过员工的工号查询单个员工的个人信息,这样能够更加方便地了解员工的个人信息。具体操作步骤如下:

(1)打开"人事管理系统"工作簿,切换到Sheet 3工作表,将该工作表重命名为"员工信息查询"。

(2)在"员工信息查询"工作表中录入内容并美化工作表:设置其字号为14,字体为"宋体",表标题所在单元格填充为黑色,将其中字体颜色设置为白色;其余单元格填充为绿色;为表格加上边框,并取消网格线。效果如图2-41所示。

(3)切换到"员工信息登记"工作表,在名称框中输入"A5:A400"并按回车键确认,以选中该单元格区域;单击"公式"选项卡,在"定义的名称"组中单击"定义名称"下拉按钮,在展开的下拉列表中选择"定义名称"[①]命令,如图2-42所示。

---

① 将该区域定义为名称,以后再引用该区域时可直接引用定义的名称。

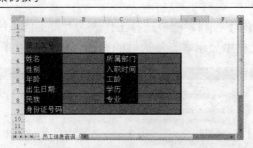

图 2-41 录入表格内容并美化工作表

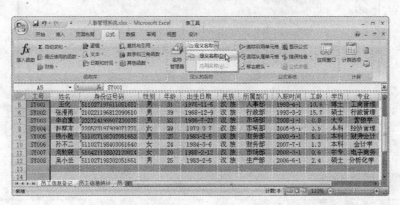

图 2-42 选择"定义名称"命令

（4）此时将打开"新建名称"对话框，在"名称"文本框中输入新建的名称"员工工号"，选择"范围"为"工作簿"，如图 2-43 所示，单击"确定"按钮。

（5）切换到"员工信息查询"工作表，选择 B3 单元格，切换到"数据"选项卡，单击"数据工具"组中的"数据有效性"下拉按钮，在打开的下拉列表中选择"数据有效性"命令。

（6）此时将打开"数据有效性"对话框，切换到"设置"选项卡，在"允许"下拉列表框中选择"序列"项，在"来源"文本框中录入"＝员工工号"[①]，如图 2-44 所示。

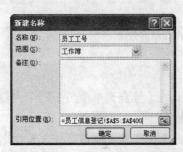

图 2-43 "新建名称"对话框   图 2-44 "数据有效性"对话框

（7）单击"确定"按钮，此时再选择 B3 单元格，旁边会出现一个下拉按钮，单击该按钮，可从下拉列表中选择需要输入的工号，如图 2-45 所示。

（8）引用员工的姓名。此处将用到 VLOOKUP()函数。选择 B4 单元格，切换到"公式"选项卡，单击"函数库"组中的"查找与引用"下拉按钮，从展开的下拉列表中选择"VLOOKUP"函数，如图 2-46 所示。

---

① 名称的使用。此处的"员工工号"即为之前定义的单元格区域名称。

图 2-45　选择需要输入的工号

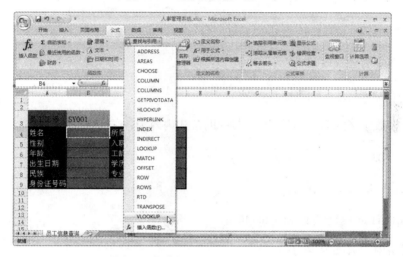

图 2-46　选择"VLOOKUP"函数

（9）此时将弹出"函数参数"对话框，在其中设置函数参数后，单击"确定"按钮，如图 2-47 所示。

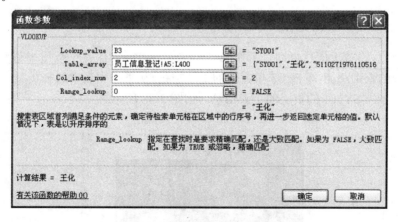

图 2-47　"函数参数"对话框

（10）使用相同的方法引用员工的身份证号码、性别、年龄、出生日期、民族、所属部门、入职时间、工龄、学历和专业等信息。其中，B5 单元格中的公式内容为：

=VLOOKUP(B3,员工信息登记!A5:L400,4,0)

B6 单元格中的公式内容为：

=VLOOKUP(B3,员工信息登记!A5:L400,5,0)

B7 单元格数字格式为"短日期",其中的公式内容为:

=VLOOKUP(B3,员工信息登记!A5:L400,6,0)

B8 单元格中的公式内容为:

=VLOOKUP(B3,员工信息登记!A5:L400,7,0)

B9 单元格中的公式内容为:

=VLOOKUP(B3,员工信息登记!A5:L400,3,0)

D4 单元格中的公式内容为:

=VLOOKUP(B3,员工信息登记!A5:L400,8,0)

D5 单元格数字格式为"短日期",其中的公式内容为:

=VLOOKUP(B3,员工信息登记!A5:L400,9,0)

D6 单元格中的公式内容为:

=VLOOKUP(B3,员工信息登记!A5:L400,10,0)

D7 单元格中的公式内容为:

=VLOOKUP(B3,员工信息登记!A5:L400,11,0)

D8 单元格中的公式内容为:

=VLOOKUP(B3,员工信息登记!A5:L400,12,0)

　　(11)至此,"员工信息查询"工作表制作完成,单击"保存"按钮 进行保存。下面检验该工作表的查询功能,单击 B3 单元格的下拉按钮,从下拉列表中选择员工工号"SY001",此时将显示工号为 SY001 的员工的个人信息,如图 2-48 所示。

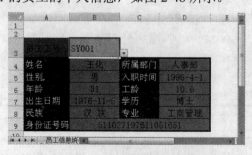

图 2-48　显示 SY001 的个人信息

制作"员工内部调动"工作表

　　"员工内部调动"工作表可以记录员工在企业内部的调动信息。具体操作步骤如下:

（1）右键单击工作表标签，从弹出的快捷菜单中选择"插入"命令①，如图 2-49 所示。

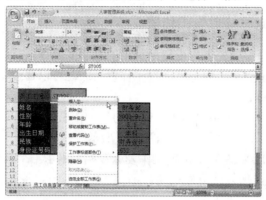

图 2-49　选择"插入"命令

（2）此时将打开"插入"对话框，切换到"常用"选项卡，在列表中选择"工作表"，如图 2-50 所示；单击"确定"按钮，即可在当前工作表之前插入一个新的工作表，如图 2-51 所示。

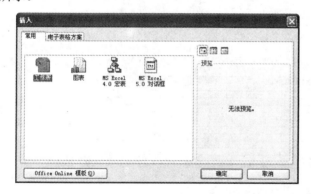

图 2-50　"插入"对话框

图 2-51　插入的新工作表

（3）将新工作表命名为"员工内部调动"，再单击工作表标签，按住鼠标左键，将其拖动到"员工信息查询"工作表之后②。然后在其中录入表格内容，参照前文对表格进行美化处理，取消网格线，如图 2-52 所示。其中，"序号"一列使用序列填充方式，表头部分设置为黑体、灰底。

图 2-52　录入"员工内部调动"工作表内容

---

① 插入新工作表技巧：可以单击工作表标签栏上的"插入工作表"按钮　　　快速插入工作表。这也是 Excel 2007 提供的一个新的快捷功能。
② 移动工作表。

（4）单击"保存"按钮  保存"员工内部调动"工作表。

制作"员工离职退休信息"工作表

"员工离职退休信息"工作表用以记录员工的离职或退休信息。由于"员工离职退休信息"工作表的结构类似于"员工内部调动"工作表，因此可以通过复制"员工内部调动"工作表来创建，其操作步骤如下：

（1）在工作表标签栏上选中"员工内部调动"工作表，按住 Ctrl 键拖动"员工内部调动"工作表标签到新建工作表的位置，如图 2-53 所示。

（2）松开 Ctrl 键和鼠标左键，可见工作表标签栏多出了一个名为"员工内部调动（2）"的工作表标签，如图 2-54 所示，复制成功。

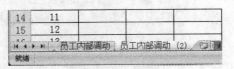

图 2-53　复制工作表　　　　　　　　　图 2-54　复制成功

（3）将复制的工作表重命名为"员工离职退休信息"，并修改表格内容，效果如图 2-55 所示。

图 2-55　修改表格内容

（4）修改表格单元格的数字格式。对于"离退费用"一列，应该设置为"货币"格式。选中 H 列，再单击"开始"选项卡"数字"组中的"数字格式"下拉按钮，在弹出的下拉列表中单击"货币"选项，如图 2-56 所示。

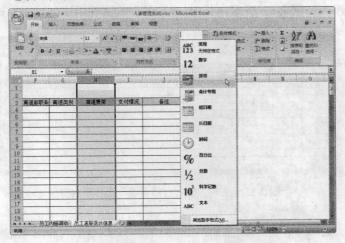

图 2-56　设置 H 列数字格式

（5）设置"离退类别"的数据有效性，如图 2-57 所示。

（6）设置"支付情况"的数据有效性，如图 2-58 所示。

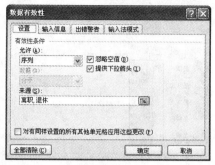

图 2-57 设置"离退类别"的数据有效性   图 2-58 设置"支付情况"的数据有效性

（7）设置完成后，单击"保存"按钮 保存工作表。

制作"员工培训安排"工作表

"员工培训安排"工作表用于记录员工的培训时间、地点、课程内容等信息。具体操作步骤如下：

（1）在"员工离职退休信息"工作表后新建一个名为"员工培训安排"的工作表，在工作表中输入表头信息，如图 2-59 所示。

（2）分别选中 A4:A5、A6:A7、A8:A9、A10:A11、A12:A13 单元格，进行"合并后居中"操作，在合并后的 A4:A5 单元格区域中输入"星期一"，然后拖动填充手柄到 A13 单元格，单击"自动填充选项"按钮，从弹出的快捷菜单中选择"以工作日填充"命令，如图 2-60 所示。

图 2-59 输入表头信息   图 2-60 填充工作日

（3）在 B4:B13 单元格区域输入授课时间，这里星期一到星期四的授课时间都相同，星期五略有不同，可输入星期一的授课时间后，将其中的数据复制到其他对应单元格，再做修改。

（4）输入完毕后选中 B4：B13 单元格区域，单击"开始"选项卡"数字"组右下角的对话框启动器按钮 ，打开"设置单元格格式"对话框，在该对话框"数字"选项卡的"分类"列表框中选择"时间"选项，在"类型"列表框中选择所需的时间格式（如 1：30PM），如图 2-61 所示。单击"确定"按钮，其效果如图 2-62 所示。

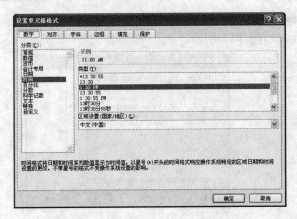

图 2-61 "设置单元格格式"对话框

图 2-62 设置的时间格式效果

（5）分别在对应单元格中输入"课程"、"课时"、"主讲"、"授课地点"等信息[①]，其中，D4:D13 单元格区域中的"课时"信息的数字格式采用自定义"# 小时"样式，结果如图 2-63 所示。

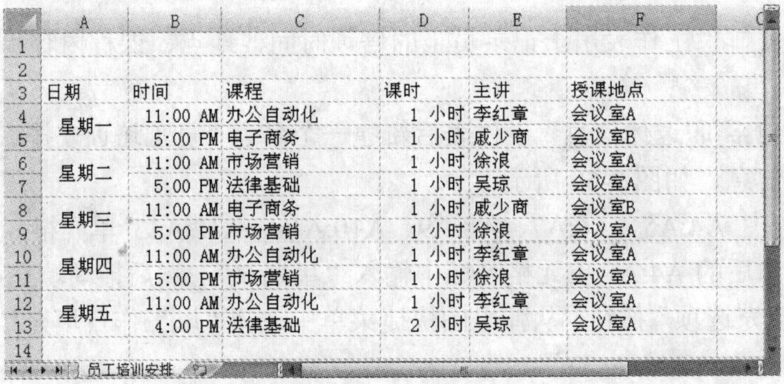

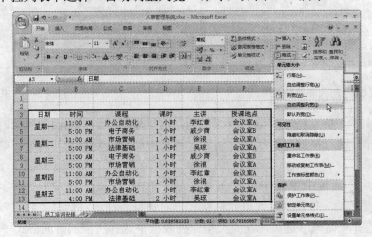

图 2-63 输入表格内容

（6）将 A3:F13 单元格的对齐方式设置为"居中"，再将 B4:B13 单元格的对齐方式设置为"右对齐"；选中 A3:F13 单元格区域，单击"开始"选项卡"单元格"组中的"格式"按钮，在展开的下拉列表中选择"自动调整列宽"命令，如图 2-64 所示。

图 2-64 自动调整列宽

---

① 记忆式输入技巧：当用户在单元格中输入已经输入过的内容时，会自动显示其剩余内容，此时只需按下回车键即可。

（7）设置工作表的边框和底纹，取消网格线，完成效果如图 2-65 所示。

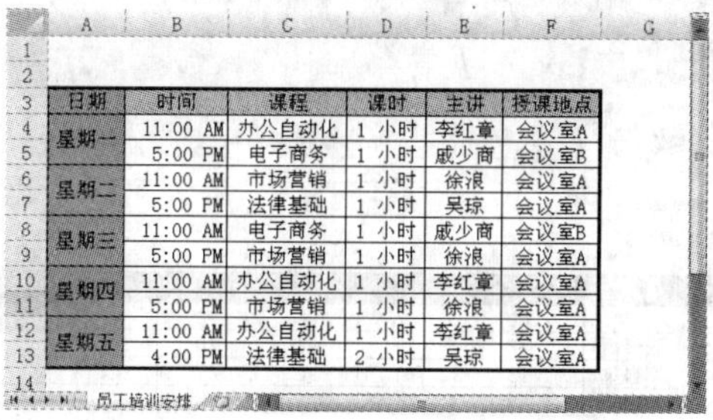

图 2-65　"员工培训安排"工作表完成效果

（8）单击"保存"按钮■保存"员工培训安排"工作表。

制作"员工培训成绩统计"工作表

员工进行培训后，需要对其进行考核，"员工培训成绩统计"工作表用于记录员工的考核成绩，并能够对考核成绩进行统计、排序等操作。具体操作步骤如下：

（1）在"员工培训安排"工作表后新建一个名为"员工培训成绩统计"的工作表。

（2）录入表格内容[①]，将表头文字的字体设置为"黑体"、12 号，将表头单元格区域填充为绿色，并添加框线和取消网格，调整表格的列宽和行高，完成效果如图 2-66 所示。

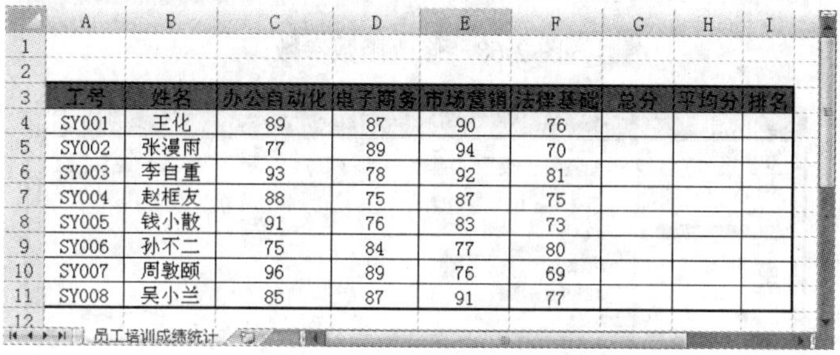

图 2-66　录入表格内容

（3）选中 G4 单元格，单击"公式"选项卡"函数库"组中的"自动求和"按钮，确认参数无误后按下回车键即可统计员工成绩总分。拖动填充手柄复制公式到 G5:G11 单元格。

（4）统计员工成绩的平均分时要用到 AVERAGE()函数。选中 H4 单元格，单击"公式"选项卡"函数库"组中的"自动求和"下拉按钮，在展开的下拉列表中选择"平均值"命令，如图 2-67 所示。

（5）将函数"AVERAGE(C4:G4)"的参数修改为"C4:F4"，如图 2-68 所示。

（6）按下回车键确认输入的函数，再拖动填充手柄复制该公式到 H5:H11 单元格。

（7）设置单元格格式。选中 H4:H11 单元格区域，单击"开始"选项卡"单元格"组中的"格式"按钮，在展开的下拉列表中选择"设置单元格格式"命令，打开"设置单元格格式"对话框。

（8）切换到"数字"选项卡，在"分类"列表框中选择"数值"，修改"小数位数"为1，如图 2-69 所示，单击"确定"按钮。

---

① 技巧："工号"和"姓名"列的数据可以复制"员工信息登记"工作表中的对应数据。

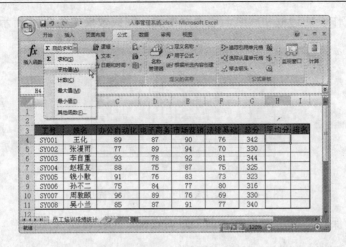

图 2-67 选择"平均值"命令

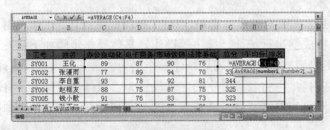

图 2-68 修改函数参数

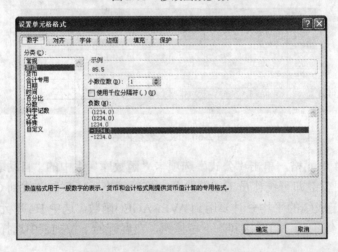

图 2-69 "设置单元格格式"对话框

(9) 使用 RANK() 函数统计员工排名。选中 I4 单元格,单击"公式"选项卡"函数库"组中的"其他函数"按钮,在展开的列表中选择"统计"项下的"RANK"函数,如图 2-70 所示。

(10) 此时将打开"函数参数"对话框,在"Number"参数框中输入参数"H4",在"Ref"参数框中输入参数"$H$4:$H$11"[①],如图 2-71 所示。

(11) 单击"确定"按钮,再单击"保存"按钮保存"员工培训成绩统计"工作表,完成效果如图 2-72 所示。

---

① 这是绝对引用。绝对引用是指公式所引用的单元格是固定不变的。采用绝对引用的公式,无论将它剪切或复制到哪里,都将引用同一个固定的单元格。绝对引用使用符号"$"表示,在使用绝对引用时,在列标号及行标号前面加上一个"$"符号即可。

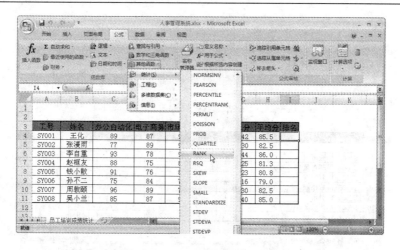

图 2-70　选择 "RANK" 函数

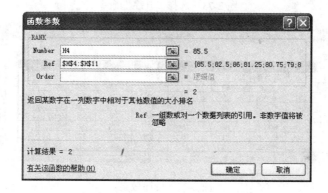

图 2-71　"函数参数"对话框

工程	姓名	办公自动化	电子商务	市场数据	法律基础	总分	平均分	排名
SY001	王化	89	87	90	76	342	85.5	2
SY002	张漫雨	77	89	94	70	330	82.5	5
SY003	李自重	93	78	92	81	344	86.0	1
SY004	赵框友	88	75	87	75	325	81.3	6
SY005	钱小散	91	76	83	73	323	80.8	7
SY006	孙不二	75	84	77	80	316	79.0	8
SY007	周敷颐	96	89	77	69	331	82.8	4
SY008	吴小兰	85	87	91	77	340	85.0	3

图 2-72　"员工培训成绩统计"工作表完成效果

（12）对员工成绩进行排序[①]。选中需要进行排序列的任一单元格（以对"总分"列进行排序为例），再单击"开始"选项卡"编辑"组中的"排序和筛选"按钮，在展开的下拉列表中选择"升序"命令，如图 2-73 所示，排序效果如图 2-74 所示。

（13）对员工成绩进行筛选[②]。这里以筛选"办公自动化"成绩大于 90 的记录为例，首先选中要进行筛选的区域中某个单元格，再单击"数据"选项卡"排序和筛选"选项组中的"筛选"按钮，表格进入筛选状态，表头所在的单元格出现一个下拉按钮，如图 2-75 所示。

---

① 对工作表数据进行排序。
② 对工作表数据进行筛选。

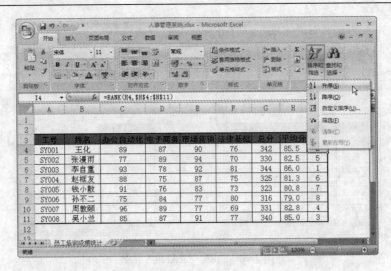

图 2-73　选择"升序"命令

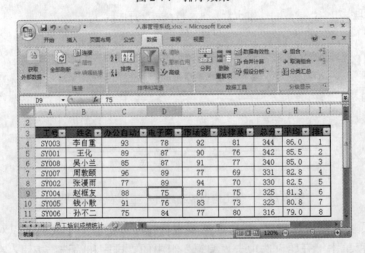

图 2-74　排序效果

图 2-75　进入筛选状态

（14）单击"办公自动化"字段旁的下拉按钮，在打开的快捷菜单中选择"数字筛选"项下的"大于"命令，如图 2-76 所示。

（15）此时将打开"自定义自动筛选方式"对话框，在"大于"后输入"90"，如图 2-77所示，单击"确定"按钮，筛选结果如图 2-78 所示。

（16）如果要退出筛选状态，再次单击"数据"选项卡"排序和筛选"组中的"筛选"

按钮即可。

图 2-76　选择"大于"命令

图 2-77　自定义自动筛选方式

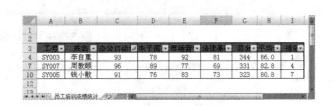

图 2-78　筛选结果

制作"人事管理系统"主界面

　　"人事管理系统"主界面用于集成本章前面所制作工作表，方便工作表的查阅与管理，其操作步骤如下：

　　（1）在"人事管理系统"工作簿中新建一个工作表，将其重命名为"主界面"。

　　（2）右键单击"主界面"工作表标签，在打开的快捷菜单中选择"移动或复制工作表"命令[①]，如图 2-79 所示。

　　（3）打开"移动或复制工作表"对话框，选择将工作表移至"员工信息登记"工作表之前，如图 2-80 所示。单击"确定"按钮关闭对话框。

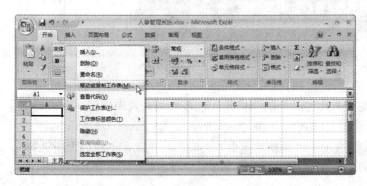

图 2-79　选择"移动或复制工作表"命令

图 2-80　移动或复制工作表

---

① 通过"移动或复制工作表"对话框移动或复制工作表。

（4）隐藏工作表网格线，然后单击"插入"选项卡"插图"组中的"图片"按钮[1]。

（5）此时打开"插入图片"对话框，选择要插入工作表的图片，单击"插入"按钮，如图 2-81 所示。

图 2-81　"插入图片"对话框

（6）插入图片后，拖动图片四周的尺寸控点，调整图片的大小，如图 2-82 所示。

图 2-82　调整图片大小

（7）双击图片，此时将出现"图片工具"的"格式"选项卡，在其中单击"图片样式"组中的"柔化边缘矩形"按钮以设置其样式[2]，如图 2-83 所示。

（8）选中图片，单击"格式"选项卡"调整"组中"亮度"按钮，在下拉列表中选择亮度值为"＋30％"[3]，如图 2-84 所示。

---

[1] 在工作表中插入图片。

[2] 设置图片样式。

[3] 增加图片亮度，可使图片颜色更浅，有利于突出其上的文字。

图 2-83 设置图片样式

图 2-84 增加图片亮度

（9）插入艺术字①。单击"插入"选项卡"文本"组中的"艺术字"按钮，在展开的列表中选择插入艺术字的样式，如图 2-85 所示。

（10）在文本框中输入文字"人事管理系统"，并调整其位置，如图 2-86 所示。按照相

---

① 在工作表中插入艺术字。

同方法，插入艺术字"员工信息登记"，并调整字号为 24；复制该艺术字，将其内容分别改成"员工信息统计"、"员工信息查询"、"员工内部调动"、"员工离职退休信息"、"员工培训安排"、"员工培训成绩统计"，并调整它们的位置，如图 2-87 所示。

图 2-85　插入艺术字

图 2-86　输入艺术字文字

图 2-87　插入其他艺术字

（11）将艺术字链接到对应工作表，以"员工信息登记"为例。选中艺术字"员工信息登记"，单击鼠标右键，从弹出的快捷菜单中选择"超链接"命令①，如图 2-88 所示。

（12）此时将打开"插入超链接"对话框，在"链接到"列表框中选择"本文档中的位置"选项，然后在"或在这篇文档中选择位置"列表框中选择"员工信息登记"工作表，如图 2-89 所示。

（13）单击"确定"按钮，返回"主界面"工作表，将鼠标指针移至"员工信息登记"艺术字上，鼠标指针将变为手状，并显示其链接信息，如图 2-90 所示。单击该链接，将切换到"员工信息登记"工作表。

---

① 在工作表中插入超链接。

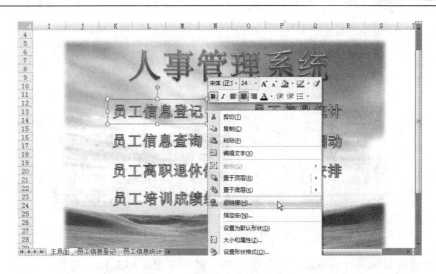

图 2-88 选择"超链接"命令

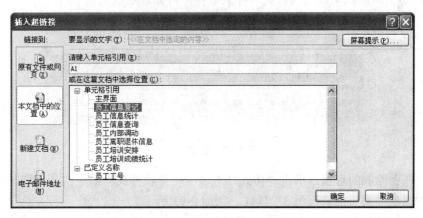

图 2-89 "插入超链接"对话框

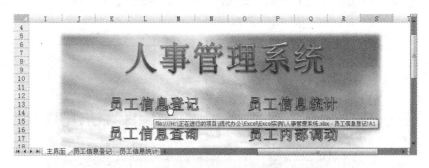

图 2-90 到"员工信息登记"工作表的链接

（14）按照相同的操作，将"员工信息统计"、"员工信息查询"、"员工内部调动"、"员工离职退休信息"、"员工培训安排"、"员工培训成绩统计"等艺术字分别链接到相应工作表。

（15）为各工作表添加返回"主界面"工作表的链接，以"员工信息登记"工作表为例。切换到"员工信息登记"工作表，调整 A1 单元格的行高，再单击"插入"选项卡"插图"组中的"形状"按钮[①]，在展开的列表中选择"左箭头"形状，如图 2-91 所示。

---

① 在工作表中插入形状。

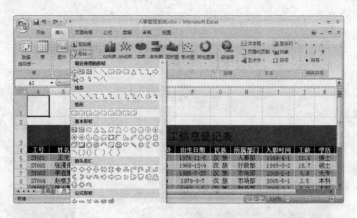

图 2-91 选择"左箭头"形状

（16）此时鼠标指针将变成"＋"状，按下鼠标左键在 A1 单元格拖动以绘制左箭头形状，如图 2-92 所示，拖动到适当位置后释放鼠标即可完成形状的绘制。

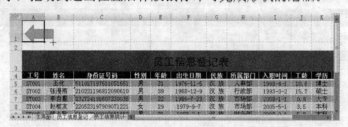

图 2-92 绘制形状

（17）选中绘制的形状，单击"格式"选项卡"形状样式"组中的 ，展开形状样式列表，选择"强烈效果－强调颜色 3"样式，如图 2-93 所示。

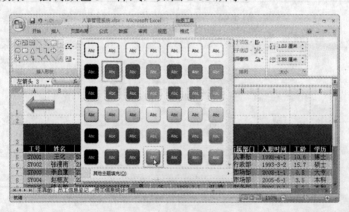

图 2-93 选择形状的样式

（18）右键单击左箭头形状，在弹出的快捷菜单中选择"编辑文字"命令，如图 2-94 所示，然后输入文字"返回"，设置字体为"黑体"，完成效果如图 2-95 所示。

（19）选中左箭头形状，打开"插入超链接"对话框，在"链接到"列表框中选择"本文档中的位置"选项，在"请键入单元格引用"文本框中输入"I5"①，在"或在这篇文档中

---

① 此处输入引用的单元格，跳转到该工作表时将把该单元格作为活动单元格，以方便查看。

选择位置"列表框中选择"主界面"工作表，如图 2-96 所示。

图 2-94 选择"编辑文字"命令

图 2-95 完成效果

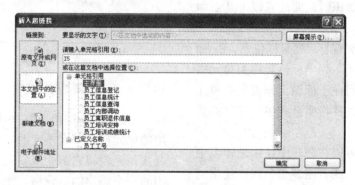

图 2-96 "插入超链接"对话框

（20）单击"确定"按钮完成超链接的设置。复制该形状到"员工信息统计"、"员工信息查询"、"员工内部调动"、"员工离职退休信息"、"员工培训安排"、"员工培训成绩统计"工作表的 A1 单元格位置。

（21）拖动工作表标签栏，使其只显示"主界面"一个工作表标签，如图 2-97 所示，最后保存工作簿。

图 2-97 拖动工作表标签栏

知识点总结

本案例涉及以下知识点：

（1）自动填充单元格；

（2）设置单元格格式；

（3）设置单元格的数据有效性；

（4）单元格的引用；

（5）插入工作表；

（6）工作表的排序与筛选；

（7）复制与移动工作表；

（8）名称的定义与使用；

（9）公式与函数的输入；

（10）公式的复制；

（11）设置 Excel 2007"高级"选项；

（12）在工作表中插入图片、艺术字、超链接与形状；

（13）IF()、AND()、LEN()、MOD()、MID()、DATE()、ROUNDDOWN()、NOW()、ROUND()、COUNTIF()、VLOOKUP()、AVERAGE()、RANK()等函数的使用。

在学习本章知识时，要注意以下几点：

1. 单元格的引用

每个单元格都有行、列坐标位置，Excel 2007 中将单元格行、列坐标位置称为单元格引用。引用的作用在于标识工作表上的单元格或单元格区域，并指明公式中所使用的数据的位置。

通过引用，可以在公式中使用工作表中其他位置的数据，或者在多个公式中使用同一个单元格的数值。还可以引用同一个工作簿中不同工作表上的单元格，或其他工作簿中的数据。引用单元格数据以后，公式的运算值将随着被引用的单元格数据变化而变化。当被引用的单元格数据被修改后，公式的运算值将自动修改。

单元格一般有两种引用方法：一是在计算公式中输入需要引用单元格的列标号及行标号，如 A1 或 A1:B4；二是在输入公式时，直接单击选择需要运算的单元格，Excel 会自动将选择的单元格添加到计算公式中。

Excel 2007 提供了三种不同的引用类型：相对引用、绝对引用及混合引用。

（1）相对引用。相对引用是指将公式剪切或复制到其他单元格时，引用会根据当前行和列的内容自动改变行号和列号。Excel 默认为相对引用。相对引用有非常广泛的用途，针对表格的特征，在一列或一行建立的公式，可以复制或剪切到其他列或行，而不必重新输入。例如，在 E2 单元格输入公式"＝B2＋C2＋D2"，如图 2-98 所示，然后复制公式到 E3、E4 单元格，此时可见，公式所引用的单元格随着行或列不同而改变相应的行号或列号，如图 2-99 所示。这种引用单元格的方法就是相对引用。

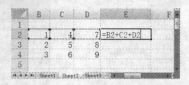

图 2-98　输入相对引用公式

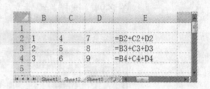

图 2-99　复制公式

（2）绝对引用。绝对引用是指公式所引用的单元格是固定不变的。采用绝对引用的公式，无论将它剪切或复制到哪里，都将引用同一个固定的单元格。绝对引用使用符号"$"表示，在使用绝对引用时，在列标号及行标号前面都要加上这个"$"符号。

例如，在 E2 单元格中输入"=$B$2+$C$2+$D$2"，复制该公式到 E3 和 E4 单元格，结果是 E2、E3 和 E4 单元格显示的值都是一样的，如图 2-100 所示，这时在公式中所输入的"$B$2"就是绝对引用。

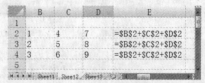

图 2-100　绝对引用示例

（3）混合引用。混合引用是介于相对引用和绝对引用之间的引用，所引用单元格的行和列，一个是相对的，一个是绝对的。混合引用有两种：一种是行绝对，列相对，如 B$2，另一种是行相对，列绝对，如$B2。

例如，在 E2 单元格输入"=B$2+$C2+D2"，然后复制该公式到 E3 和 E4，结果如图 2-101 所示，"B$2"和"$C2"即是混合引用。

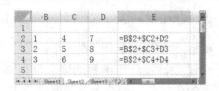

图 2-101　混合引用示例

2．公式中的运算符

为避免被误判为字符串标记，公式中的第一个字符必须为等号"＝"。在单元格中输入公式时，必须包含 3 个部分："＝"符号、运算符和引用单元格。

运算符是用来说明对运算对象进行了何种操作。Excel 2007 包含 4 种类型的运算符：算术运算符、比较运算符、文本运算符和引用运算符。

（1）算术运算符

算术运算符用以完成基本的数学运算，如加法、减法和乘法、除法，以及连接数字和产生数字结果等，如表 2-1 所示。

表 2-1　算术运算符

算术运算符	含义（示例）
+（等号）	加法运算（5+2，A1+A2）
-（减号）	减法运算（5-2，A1−A2）
*（星号）	乘法运算（5*2，A1*A2）
-（负号）	负号运算（−5，−A1）
/（正斜线）	除法运算（5/2，A1/A2）
%（百分号）	百分比
^（插入符号）	乘幂运算（5^2）

（2）比较运算符

比较运算符用于比较两个数或单元格的值，当使用比较运算符比较两个值时，结果是一个逻辑值，不是 TRUE（真）就是 FALSE（假），如表 2-2 所示。

表 2-2　比较运算符

比较运算符	含义（示例）
=（等号）	等于（A2=B2）
>（大于）	大于（A2>B2）
<（小于）	小于（A2<B2）
>=（大于等于号）	大于或等于（A2>=B2）
<=（小于等于号）	小于或等于（A2<=B2）
<>（不等号）	不相等（A2<>B2）

（3）文本连接运算符

使用和号（&）连接一个或更多文本字符串以产生一串连续的文本。

（4）引用运算符

使用引用运算符可以将单元格区域合并计算，引用运算符的含义如表 2-3 所示。

表 2-3　引用运算符

引用运算符	含义（示例）
:（冒）	区域运算符，产生对包括在两个引用之间的所有单元格的引用（A1:F16）
,（逗号）	联合运算符，将多个引用合并一个引用（A1:B5,C2,D7）
（空格）	交叉运算符产生对两个引用共有的单元格的引用。（A7:D7　A6:D8）

3．函数的使用

函数处理数据的方式与公式处理数据的方式是相同的，函数通过接收参数，并对它所接收的参数进行相关的运算，最后返回运算结果。函数的计算结果可以是数值，也可以是文本、引用、逻辑值、数组或工作表的信息。

（1）函数的类型

Excel 2007 提供的函数，从其功能来看，分为以下几种类型，如表 2-4 所示。

表 2-4　Excel 的函数类别

分类	功能简介
数据库函数	对数据表中的数据进行分类、查找、计算等
日期和时间函数	对日期和时间进行计算、修改和格式化处理
数学和三角函数	可以处理简单和复杂的数学计算
文本和数据函数	对公式中的字符、文本进行处理或计算
逻辑函数	进行逻辑判定、条件检查
统计函数	对工作表数据进行统计、分析
信息函数	对单元格或公式中的数据类型进行判定
财务函数	进行财务分析和财务数据的计算
查找和引用函数	在工作表中查找特定的数据或引用公式中的特定信息
外部函数	通过加载宏提供的函数，可不断扩充 Excel 的函数功能
工程函数	用于工程数据分析与处理
自定义函数	用户可以使用 VBA 编写用于完成特定功能的函数

（2）函数的语法

Excel 的函数结构大致可分为函数名和参数表两部分，如下所示：

函数名（参数 1,参数 2,参数 3,…）

其中，函数名说明函数要执行的运算；函数名后用圆括号括起来的是参数表，参数表说明函数使用的单元格数值，参数可以是数字、文本、形如 TRUE 或 FALSE 的逻辑值、数组、形如"#N/A"的错误值，以及单元格或单元格区域的引用等。给定的参数必须能产生有效的值。

Excel 函数的参数也可以是常量、公式或其他函数。当函数的参数表中又包括另外的函数时，就称为函数的嵌套使用。

也有的函数不需要参数，这被称为无参函数。无参函数[①]的形式为：

函数名()

（3）函数的调用

函数的调用是指在公式或表达式中应用函数，函数的调用有以下几种方式：

● 在公式中直接调用。在函数名称前面键入等号"="，然后输入函数名称及参数，例如，求单元格 A1、B3 和 C4 的和，可在单元格中直接输入公式：

=SUM（A1,B3,C4）

● 在表达式中调用。除了在公式中直接调用函数外，也可以在表达式中调用函数，例如，求 A1:A5 区域平均值与 B1:B5 区域平均值的和，则可在单元格中输入公式：

=AVERAGE（A1:A5）+ AVERAGE（B1:B5）

● 函数的嵌套调用。在一个函数中调用另一个函数，就称为函数的嵌套调用[②]。例如下面的公式就是一个函数的嵌套调用，汇总函数 SUM()作为条件函数 IF()的参数使用：

=IF（SUM（A1:A5）>100,SUM（A2:A5），0）

4．从身份证号码中提取个人信息

其实，身份证号码与一个人的性别、出生年月、籍贯等信息是紧密相连的，无论是 15 位还是 18 位的身份证号码，其中都保存了相关的个人信息。

15 位身份证号码：第 7、8 位为出生年份（两位数），第 9、10 位为出生月份，第 11、12 位代表出生日期，第 15 位代表性别，奇数为男，偶数为女。

18 位身份证号码：第 7、8、9、10 位为出生年份（四位数），第 11、第 12 位为出生月份，第 13、14 位代表出生日期，第 17 位代表性别，奇数为男，偶数为女。

例如，某员工的身份证号码（18 位）是 511027197711281651，那么表示他是 1977 年 11 月 28 日出生，性别为男。直接从身份证号码中将上述个人信息提取出来，不仅快速简便，而且不容易出错，可以大大提高工作效率。

从身份证号码中提取个人信息需要使用 IF()、LEN()、MOD()、MID()、DATE()等函数，这些函数在案例中已有应用，具体的解析可以参考软件说明或其他入门类书籍。

---

① 注意：无参函数后的圆括号是必需的，如 PI 函数，其值为 3.14159，它的调用形式为：PI()。

② 公式中最多可以包含七级嵌套函数。当函数 B 作为函数 A 的参数时，函数 B 称为第二级函数。

拓展训练

为了对 Excel 2007 和以往的旧版本在操作上进行比较，下面专门使用 Excel 2003 完成如图 2-102 和图 2-103 所示的练习，以此来了解不同版本在操作上的差别，从而进一步加深对 Excel 2007 易用性的体验。

图 2-102　插入艺术字和图形

图 2-103　插入自选形状

关键步骤如下：

（1）选择"插入"菜单中"图片"下的"来自文件"命令，如图 2-104 所示。

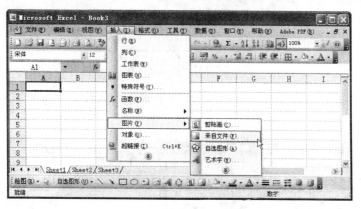

图 2-104　选择"来自文件"命令

（2）插入图片后，调整其大小和位置，双击该图片，打开"设置图片格式"对话框，切换到"颜色与线条"选项卡，设置其填充色和线条样式，如图 2-105 所示。

（3）设置图片格式后，单击"确定"按钮返回工作表，其图片格式如图 2-106 所示，选中图片，屏幕将出现"图片"工具栏，可在其上调整图片亮度和对比度。

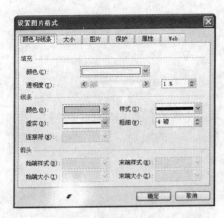

图 2-105 "设置图片格式"对话框

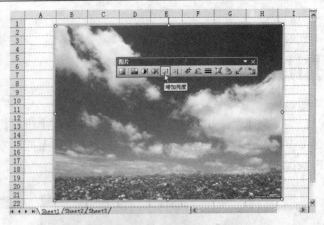

图 2-106 调整图片亮度和对比度

（4）选择"插入"菜单中"图片"下的"艺术字"命令，如图 2-107 所示，在工作表中插入艺术字并设置其链接为 Sheet 2 工作表的 A1 单元格。

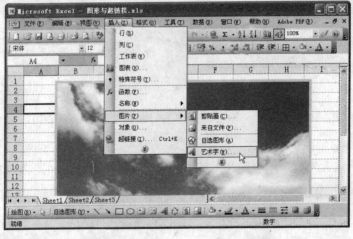

图 2-107 插入艺术字

（5）切换到 Sheet 2 工作表，选择"插入"菜单中"图片"下的"自选图形"命令，如图 2-108 所示。

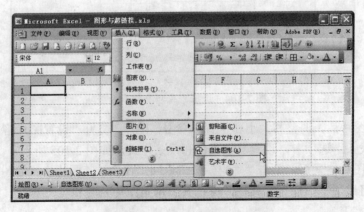

图 2-108 选择"自选图形"命令

（6）此时将打开"自选图形"工具栏，在其中选择左箭头，如图2-109所示。

（7）在A1单元格位置绘制左箭头形状后，双击该形状，打开"设置自选图形格式"对话框，在其中设置自选图形的格式，如图2-110所示。

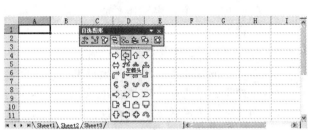

图 2-109　插入自选图形　　　　　　　　　　图 2-110　设置自选图形格式

（8）在自选图形上添加文字，再添加链接到 Sheet 1 工作表 A1 单元格的超链接，如图2-111所示。具体添加超链接的对话框，与 Excel 2007 完全相同，这里不再细讲。

图 2-111　添加文字和插入超链接

（9）取消网格线。切换到 Sheet1 工作表，选择"工具"菜单中的"选项"命令。

（10）此时打开"选项"对话框，切换到"视图"选项卡，清除"网格线"复选框的选中状态，如图2-112所示，再单击"确定"按钮即可。

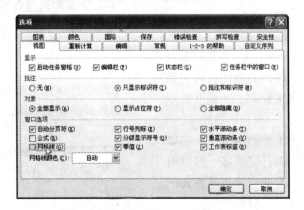

图 2-112　"选项"对话框

职业快餐

了解你是否适合做人事管理工作

1．人事工作者的职业倾向

首先，你应该了解你是否属于适合从事人事管理工作的类型：

（1）安静、有节制，待人友好善良；感情丰富，对事物的细微变化察觉能力强，敏感而容易受到伤害。

（2）对周围的人或事物充满着热爱之情，愿意尽心尽力地帮助他人。

（3）有创新精神，富有创造力，想象力丰富；对小事情充满了好奇心，处理事情有弹性、变通性强；不拘于条条框框或繁文缛节。

（4）珍视内在和谐胜过一切。敏感、理想化、忠心耿耿，在个人价值观方面有强烈的荣誉感。

（5）如果能献身自己认为值得的事情，便情绪高涨。

（6）在日常事务中，通常很灵活，有包容心，但对内心忠诚的事业义无反顾。

（7）很少表露强烈的情感，常显得镇静自若、寡言少语。不过，一旦相熟，也会变得十分热情。

2．人事工作者必须具备的素养

对于一个人事工作者而言，必须具备高尚的品质。做好人事工作，人品比技巧更重要，只有自己公正、尊重别人，才能取得别人的信任。

从事人力资源管理工作的员工不一定都需要有很高的学历，与人打交道多一些，对沟通能力要求高一些；有些职能可能内向的人更胜任，比如薪酬调查、分析。

人事工作者代表的是公司的企业文化，必须要有高尚的操守，懂得尊重其他员工。要有为其他员工服务的精神，要提供解决方案，不能局限于就事论事的事务性管理层次。

除此之外，人事工作者更要具备团队精神。

对于一个人事工作者而言，必须具备如下素养：

（1）要想成为一名优秀的人事工作者，管理学的知识不可不作为重点来学。在学习管理学的过程中，应该重在基本理论的学习和管理思维的培养。只有这样，在今后的从业过程中才能够做到目标明确。

（2）人事管理作为一门以"人"和"群体"为管理对象的学科，研究人和群体心理、行为的《组织行为学》、《心理学》等也是重点学习的领域。

（3）人事管理为组织管理的一部分，对于组织其他的功能应该有所了解，比如市场营销、生产管理、ISO 等，还有组织结构的设计、流程以及功能等。否则，人事管理的实践将无所立足。

（4）人事管理是一门实用学科，因此，作为一名刚进入人事部门的职员，应该尽量多地熟悉公司在人事管理方面的实际运作，才能早日学以致用。

（5）掌握人事管理的定性、定量分析方法，熟悉与人事管理有关的方针、政策及法规。

（6）要想成为一名优秀的人事管理者，除了应该具备以上基本的知识结构外，同时还要具备组织协调能力、沟通能力、文字表达能力、良好的心理素质等。

3．人事工作者的成长通道

人事工作者在一个企业的成长通道通常如下：

助理→专员→主管→经理→总监（行政副总裁）

先从人事助理职位切入职场。这个职位最好能有一定的方向性，如招聘助理、培训助理、绩效助理、薪酬助理等。在此职位上积累 1～2 年的工作经验,然后从事该专业领域的某一专业工作,如招聘专员等。再经过 2 年左右的积累,注意管理能力方面的培养,然后向主管层次发展,成为独当一面的人才。然后通过岗位轮换、培训和进修等方式,成为全面的人事管理人才,变成人事部经理。当然在此过程中最好将学历提升得更高些。将最后的职业目标锁定在人事总监和人事行政副总裁。

4. 人事助理的主要工作

通常,对于入职不久的毕业生来说,如果就职于人事部门,则非常有可能担任人事助理的职位,该职位的主要日常工作通常有下面这些:

(1)协助制定完善、组织实施人力资源管理有关规章制度和工作流程。

(2)发布招聘信息、筛选应聘人员资料。

(3)监督员工考勤、审核和办理请休假手续。

(4)组织、安排应聘人员的面试。

(5)办理员工入职及转正、调动、离职等异动手续。

(6)组织、实施员工文化娱乐活动。

(7)管理公司人事的档案。

(8)协助实施员工培训活动。

(9)协助处理劳动争议。

(10)完成人力资源部经理交办的其他事项。

案例 3

加班与考勤管理

源文件：\Excel 2007 实例\加班与考勤.xlsx

\Excel 2007 实例\加班与考勤.xltx

情景再现

周末了，下班咯，关上电脑，背上包，心情出奇得好，哼着小曲，整个人都感觉说不出的惬意。

经过前台签退的时候，看见前台的小谢将考勤记录抄在一张打印纸上，我随口说了句："小谢，怎么今天没用考勤簿记录呀？"

"哦，王哥，考勤簿正好用完了，黄姐今天不在，没领到，等领到考勤簿我再把这些记录誊写到考勤簿。"小谢说话的时候没有抬头，她正忙着抄员工的姓名。

"那你怎么不用电子表格来记录考勤呢？"话一出口我就后悔了，这不是往自己身上揽事吗？看来今天真的是心情太好了。

果然，小谢听到这话，抬起头来，双眼发光，用一种充满期待的眼光看着我说："王哥，就是，我怎么忘了呢，你是电子表格高手嘛！"

打蛇随棍上，这下麻烦了。不过看着同事这样费事的考勤，没道理不帮助一下，就当顺便练练手了。

"什么高手哦，就是比一般人稍微熟悉点，"我谦虚地说："怎么，王哥帮你做一个考勤簿？"既然躲不过，不妨自己大方点。

"谢谢王哥。除了记录和统计考勤，可不可以自动把节假日和周末剔除啊？还有，那么多记录，能不能把缺勤的情况突出显示出来呢？"小谢问，看来这些问题已经困扰她好久了。

我想了想，应该可以吧，Excel 不是有条件格式嘛。"可以，包在我身上。"我拍拍胸脯，豪爽地回答。

"还有，再帮我设计个值班安排嘛，要根据他们的要求来安排……"

"还有，再帮我弄个记录加班情况的表嘛，要能够自动统计加班工资的……"

我开始觉得嘴角有些发苦，我可怜的周末啊。

任务分析

使用 Excel 2007 建立一个名为"加班与考勤"的电子表格，要求如下：

● 根据员工的个人情况及意愿安排值班。

● 对员工的加班情况进行记录，并根据其加班时间统计加班工资。

● 能够根据国家关于节假日的规定对考勤工作表进行特殊格式的设置。

● 能够记录并统计员工的出勤情况，并将缺勤情况突出显示。

● 该工作簿能够重复使用。

流程设计

设计该工作簿，可按以下流程进行：

首先制作"员工值班安排"工作表，然后通过规划求解来安排员工值班。再制作"员工加班记录"工作表，统计员工加班费，再制作"员工考勤记录"工作表，并格式化员工考勤记录工作表，最后统计员工的出勤记录，保存工作簿为模板。

任务实现

制作"员工值班安排"工作表

为了保证公司日常业务的正常运转，在下班时间或双休以及节假日需要安排人员值班，这样，就需要建立一个"员工值班安排"的工作表，其操作步骤如下：

（1）打开要保存工作簿的文件夹，在空白处单击鼠标右键①，选择快捷菜单中"新建"菜单下的"Microsoft Office Excel 工作表"命令，如图 3-1 所示。

图 3-1　选择"Microsoft Office Excel 工作表"命令

（2）此时该文件夹中将出现一个名为"新建 Microsoft Office Excel 工作表.xlsx"的工作簿，将其改名为"加班与考勤.xlsx"，如图 3-2 所示。

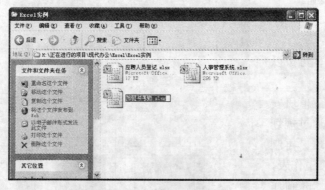

图 3-2　重命名工作簿

（3）双击打开该工作簿后，将 Sheet 1 工作表命名为"员工值班安排"，并右击工作表标

---

① 通过系统快捷菜单新建工作簿。

签，在弹出的快捷菜单中选择"工作表标签颜色"命令①，在展开的颜色列表中单击"标准色"下的"绿色"，如图 3-3 所示。

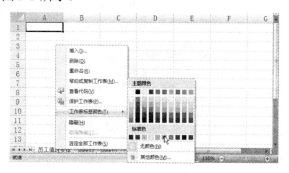

图 3-3　选择工作表标签颜色为"绿色"

（4）合并 B2:C2 单元格，输入表格内容，如图 3-4 所示。

图 3-4　输入表格内容

（5）选中 B2:C2 单元格区域，再单击"开始"选项卡"样式"组中的"单元格样式"按钮，在展开的列表中选择"标题 1"样式②，如图 3-5 所示。

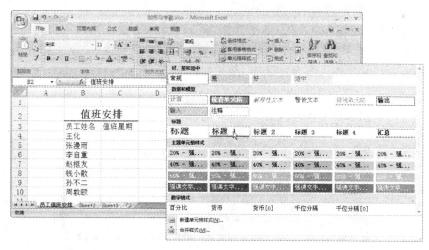

图 3-5　设置标题样式

（6）选中 B3:C3 单元格区域，参照上一步方法将其设置为"标题 2"样式；选中 B4:C10 单元格区域，将其设置为"主题单元格样式"中的"40％－强调文字颜色 1"。再将表格中内

---

① 设置工作表标签颜色。
② 此为 Excel 2007 的新功能，可以直接可视化地设计工作表的样式。

容的对齐方式设置为"居中",完成效果如图 3-6 所示。

图 3-6 表格设置格式后的效果

通过规划求解来安排员工值班

公司在安排员工值班时,最好能充分考虑员工的个人情况,寻找一个最优的解决方案。本例中,一周中 7 名员工轮换值班,假设王化可以确定在星期四值班,张漫雨确定在星期日值班,周敦颐确定在星期一值班。其他几个员工不确定:李自重要求在星期四之前值班,赵框友要求在星期四之后值班,钱小散可以任意一天值班,孙不二要求在钱小散之前 2 天值班。

由此,可得出以下公式:

C4=4,C5=7,C6=C4−x,C7=C4+x,C8=y,C9=y−2,C10=1

这里有 2 个变量 x 和 y,变量 x 用 F3 单元格保存,变量 y 用 C8 保存。这里可以使用规划求解的功能求出值班安排的最优值,操作步骤如下:

(1)设置一个确定的目标值。由于求解的员工值班星期是 1～7 的不重复数,因此,可将 1×2×3×4×5×6×7 的值(5040)作为其固定的目标值。

(2)在 E3 单元格输入"变量",其后的 F3 单元格作为变量 x;在 E4 单元格输入"目标值",其后的 F4 单元格作为规划求解的固定目标值。

(3)在 C4 单元格输入 4,在 C5 单元格输入 7,在 C6 单元格输入公式"=C4−F3",在 C7 单元格输入公式"=C4+F3",C9 单元格输入公式"=C8−2",C10 单元格输入 1。C8 单元格不输入任何内容,作为变量 y。结果如图 3-7 所示。

图 3-7 输入公式

(4)输入目标值的计算公式。选中 F3 单元格,在编辑栏输入公式"=pro",此时编辑栏下方将给出函数提示[①],如图 3-8 所示。

---

① Excel 2007 新功能:函数记忆式输入。使用函数记忆式输入,可以快速写入正确的公式语法。它不仅可以轻松检测到用户要使用的函数,还可以获得完成公式参数的帮助,从而使用户在第一次使用时以及今后的每次使用中都能获得正确的公式。

（5）参照函数提示，单击完整函数名"PRODUCT"[①]，再输入左括号"（"，用鼠标选择 C4:C10 单元格区域以输入函数参数，如图 3-9 所示，再输入右括号"）"，最后单击编辑栏上的"输入"按钮☑，完成公式输入。

图 3-8　在编辑栏输入公式　　　　　　　　图 3-9　选择函数参数

（6）添加规划求解加载项[②]。如果用户是第一次使用该功能，需要通过 Excel 的加载功能来安装。单击"Office 按钮"，打开 Excel 2007 的主菜单，单击"Excel 选项"按钮。

（7）打开"Excel 选项"对话框，单击左侧列表中的"加载项"选项，在"查看和管理 Microsoft Office 加载项"界面的"加载项"列表框中选择"规划求解加载项"，如图 3-10 所示。

（8）单击"转到"按钮，打开"加载宏"对话框，在"可用加载宏"列表框中选择"规划求解加载项"复选项，如图 3-11 所示，再单击"确定"按钮关闭对话框。

图 3-10　"Excel 选项"对话框　　　　　　图 3-11　"加载宏"对话框

（9）切换到"数据"选项卡，可见 Excel 2007 的功能区多出一个"分析"组，其中有刚添加的加载项"规划求解"，如图 3-12 所示。

（10）单击"规划求解"按钮，打开"规划求解参数"对话框，将光标定位到"设置目标单元格"文本框，再单击 F4 单元格，此时该文本框将自动生成规划求解的目标单元格[③]参数"$F$4"；选择"值为"单选项，在其后的文本框中输入目标单元格 F4 的固定值 5040，如图 3-13 所示。

---

① PRODUCT()函数的使用。

② 在 Excel 2007 中添加加载项。

③ 目标单元格必须包含公式。

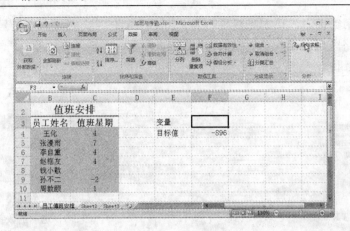

图 3-12 添加的"规划求解"工具

（11）将光标定位到"可变单元格"文本框，再单击本例中作为变量的单元格 C8 和 F3，其间用半角的","分隔，如图 3-14 所示。

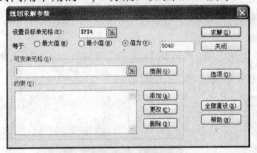

图 3-13 设置目标单元格及其值

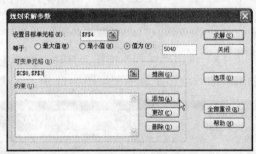

图 3-14 设置可变单元格

（12）为可变单元格添加约束条件。单击"添加"按钮，打开"添加约束"对话框，将光标定位到"单元格引用位置"文本框，再单击 F3 单元格，将该单元格作为添加约束的引用位置；在其后的下拉列表框中选择"int"，表示该单元格的值为整数，再单击"添加"按钮，如图 3-15 所示。

（13）参照上一步的操作，为$F$3 单元格引用分别添加条件">=1"、"<=3"，为$C$8 单元格引用分别添加条件"int"、">=1"、"<=7"，如图 3-16～图 3-20 所示。

图 3-15 约束条件（1）

图 3-16 约束条件（2）

图 3-17 约束条件（3）

图 3-18 约束条件（4）

图 3-19　约束条件（5）

图 3-20　约束条件（6）

（14）约束条件添加完毕后单击"取消"按钮返回"规划求解参数"对话框，其结果如图 3-21 所示。

（15）单击"求解"按钮，打开"规划求解结果"对话框，选择"保存规划求解结果"单选项，再选择"报告"列表框中的"运算结果报告"选项，如图 3-22 所示。

图 3-21　完成规划求解的参数设置

图 3-22　"规划求解结果"对话框

（16）单击"确定"按钮，规划求解结果如图 3-23 所示。单元格 F3 的值为 2，单元格 C8 的值为 5，对照员工的值班要求，可见结果完全符合要求；此时还将生成一个名为"运算结果报告 1"的工作表，其内容如图 3-24 所示，阅读完毕后可将其删除。

图 3-23　规划求解结果

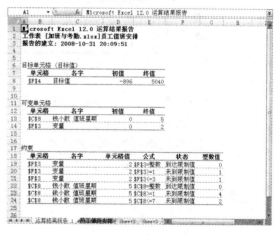

图 3-24　运算结果报告

（17）单击快速工具栏上的"保存"按钮 保存该工作表。

制作"员工加班记录"工作表

公司在业务量突然增大或其他突发情况下需要安排员工加班时，应该对员工的加班情况进行记录备案，以便对加班员工进行工资补偿。下面制作这个"员工加班记录"工作表，其操作步骤如下：

（1）打开"加班与考勤"工作簿，切换到 Sheet 2 工作表，将其改名为"加班记录"，并设置工作表标签颜色为"深蓝"。

（2）在工作表中输入工作表的表题和表头，如图 3-25 所示。

图 3-25　输入表题和表头

（3）选中"日期"列的单元格，单击"开始"选项卡"数字"组中的"数字格式"下拉按钮，在展开的下拉列表中选择"其他数字格式"命令。

（4）此时将弹出"设置单元格格式"对话框，在"分类"列表框中选择"自定义"选项，在"类型"列表框中选择"m"月"d"日""类型，如图 3-26 所示。

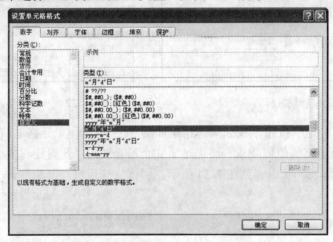

图 3-26　"设置单元格格式"对话框

（5）在 A3 单元格以"10-1"的样式输入日期，按回车键后，A3 单元格自动变为"10月 1 日"的日期格式，如图 3-27 所示。

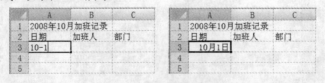

图 3-27　输入加班日期

（6）"加班人"列的内容可以通过设置数据有效性来输入。选中"加班人"列的单元格，单击"数据"选项卡"数据工具"选项组中的"数据有效性"按钮，在展开的子菜单中选择"数据有效性"命令，弹出"数据有效性"对话框，在"设置"选项卡的"允许"下拉列表中选择"序列"，在"来源"文本框中输入加班员工的姓名，其间以半角逗号","相隔，如图 3-28 所示。

（7）参照上一步操作，设置"部门"列和"核准人"列的数据有效性，如图 3-29、图 3-30 所示。

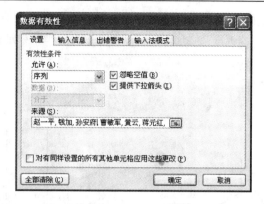

图 3-28　设置"加班人"列数据有效性

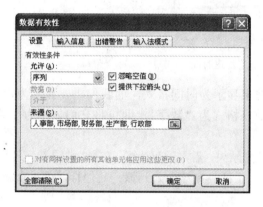

图 3-29　设置"部门"列数据有效性　　　　图 3-30　设置"核准人"列数据有效性

（8）选中"开始时间"和"结束时间"两列单元格，单击"开始"选项卡"数字"组右下角的对话框启动器图标，打开"设置单元格格式"对话框，在该对话框的"数字"选项卡中，选择"分类"列表框中的"时间"选项，在"类型"列表框中选择"13：30"类型，如图 3-31 所示。

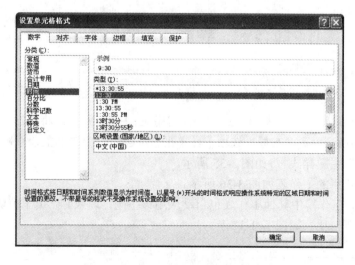

图 3-31　设置时间类型

（9）输入加班记录工作表中除"小时数"列的其他内容。

（10）计算员工加班的小时数。选择G3单元格，输入公式“＝F3－E3”并按回车键，从而计算出员工加班的小时数；拖动填充手柄复制该公式到该列其他单元格，显示结果如图3-32所示。

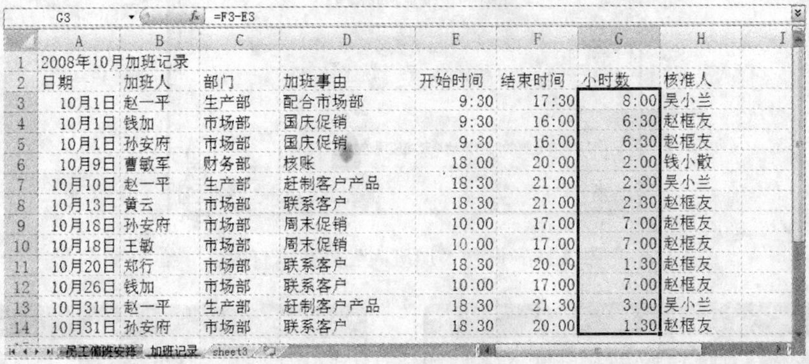

G3 =F3-E3

	A	B	C	D	E	F	G	H	I
1	2008年10月加班记录								
2	日期	加班人	部门	加班事由	开始时间	结束时间	小时数	核准人	
3	10月1日	赵一平	生产部	配合市场部	9:30	17:30	8:00	吴小兰	
4	10月1日	钱加	市场部	国庆促销	9:30	16:00	6:30	赵框友	
5	10月1日	孙安府	市场部	国庆促销	9:30	16:00	6:30	赵框友	
6	10月9日	曹敏军	财务部	核账	18:00	20:00	2:00	钱小歉	
7	10月10日	赵一平	生产部	赶制客户产品	18:30	21:00	2:30	吴小兰	
8	10月13日	黄云	市场部	联系客户	18:30	21:00	2:30	赵框友	
9	10月18日	孙安府	市场部	周末促销	10:00	17:00	7:00	赵框友	
10	10月18日	王敏	市场部	周末促销	10:00	17:00	7:00	赵框友	
11	10月20日	郑行	市场部	联系客户	18:30	20:00	1:30	赵框友	
12	10月26日	钱加	市场部	联系客户	10:00	17:00	7:00	赵框友	
13	10月31日	赵一平	生产部	赶制客户产品	18:30	21:30	3:00	吴小兰	
14	10月31日	孙安府	市场部	联系客户	18:30	20:00	1:30	赵框友	

员工值班安排 加班记录 sheet3

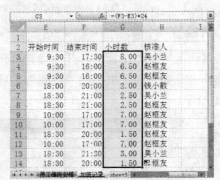

图3-32　计算员工加班时间

（11）由图3-32可见，“小时数”一列结果显示为时间格式，而我们需要显示为数字格式。选中“小时数”计算结果，再设置其数字格式为“数字”，即可将它们显示为小数，如图3-33所示。

（12）但由图可见，这也不是我们需要的理想结果，需要重新计算。在G3中输入公式“＝（F3－E3）*24”①，按下回车键后，再拖动填充手柄复制该公式到该列其他行，可见重新计算的结果已经符合要求了，如图3-34所示。

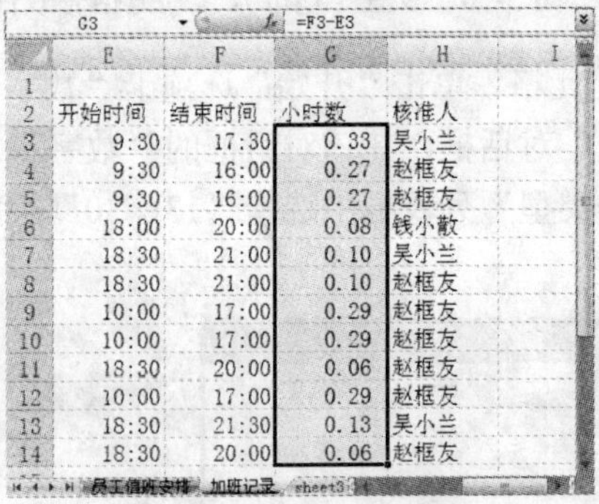

G3 =F3-E3

	E	F	G	H	I
1					
2	开始时间	结束时间	小时数	核准人	
3	9:30	17:30	0.33	吴小兰	
4	9:30	16:00	0.27	赵框友	
5	9:30	16:00	0.27	赵框友	
6	18:00	20:00	0.08	钱小歉	
7	18:30	21:00	0.10	吴小兰	
8	18:30	21:00	0.10	赵框友	
9	10:00	17:00	0.29	赵框友	
10	10:00	17:00	0.29	赵框友	
11	18:30	20:00	0.06	赵框友	
12	10:00	17:00	0.29	赵框友	
13	18:30	21:30	0.13	吴小兰	
14	18:30	20:00	0.06	赵框友	

员工值班安排 加班记录 sheet3

图3-33　转换成数字格式

G3 =(F3-E3)*24

	E	F	G	H	I
1					
2	开始时间	结束时间	小时数	核准人	
3	9:30	17:30	8.00	吴小兰	
4	9:30	16:00	6.50	赵框友	
5	9:30	16:00	6.50	赵框友	
6	18:00	20:00	2.00	钱小歉	
7	18:30	21:00	2.50	吴小兰	
8	18:30	21:00	2.50	赵框友	
9	10:00	17:00	7.00	赵框友	
10	10:00	17:00	7.00	赵框友	
11	18:30	20:00	1.50	赵框友	
12	10:00	17:00	7.00	赵框友	
13	18:30	21:30	3.00	吴小兰	
14	18:30	20:00	1.50	赵框友	

员工值班安排 加班记录 sheet3

图3-34　重新计算的结果

（13）设置加班记录工作表的格式。合并居中A1:H1单元格，将A2:H14单元格设置为“居中对齐”。切换到“页面布局”选项卡，单击“主题”组中的“主题”按钮，在展开的列表中选择“跋涉”主题样式②，如图3-35所示。

应用主题样式后的工作表如图3-36所示。

应用主题后，工作簿中其他工作表也自动应用该主题，切换到“员工值班安排”工作表，可见其样式已有所变化，如图所3-37示。

① 单元格中的小数表示该时间在24小时中所占比例，例如时间为8:00，转换为数字格式则为8.00/24=0.33，因此要将时间格式8:00转换成数字格式8.00，则需乘上24。

② Excel 2007新功能：应用Excel 2007主题可以对工作表中的字体、字号、图表等对象进行快速统一的格式设置，使其有一个统一的风格样式。

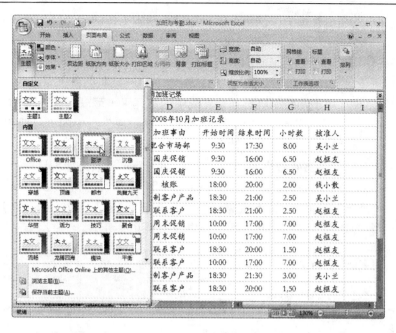

图 3-35　应用主题

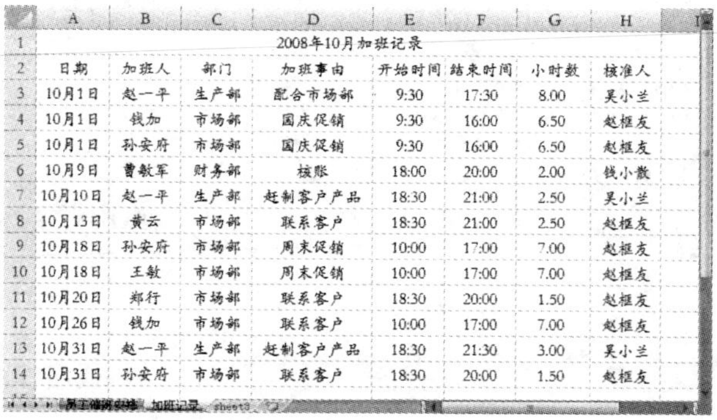

	A	B	C	D	E	F	G	H
1	2008年10月加班记录							
2	日期	加班人	部门	加班事由	开始时间	结束时间	小时数	核准人
3	10月1日	赵一平	生产部	配合市场部	9:30	17:30	8.00	吴小兰
4	10月1日	钱加	市场部	国庆促销	9:30	16:00	6.50	赵框友
5	10月1日	孙安府	市场部	国庆促销	9:30	16:00	6.50	赵框友
6	10月9日	曹敏军	财务部	核账	18:00	20:00	2.00	钱小散
7	10月10日	赵一平	生产部	赶制客户产品	18:30	21:00	2.50	吴小兰
8	10月13日	黄云	市场部	联系客户	18:30	21:00	2.50	赵框友
9	10月18日	孙安府	市场部	周末促销	10:00	17:00	7.00	赵框友
10	10月18日	王敏	市场部	周末促销	10:00	17:00	7.00	赵框友
11	10月20日	郑行	市场部	联系客户	18:30	20:00	1.50	赵框友
12	10月26日	钱加	市场部	联系客户	10:00	17:00	7.00	赵框友
13	10月31日	赵一平	生产部	赶制客户产品	18:30	21:30	3.00	吴小兰
14	10月31日	孙安府	市场部	联系客户	18:30	20:00	1.50	赵框友

图 3-36　应用主题后的效果

	A	B	C	D	E	F	G
1							
2		值班安排					
3		员工姓名	值班星期		变量	2	
4		王化	4		目标值	5040	
5		张漫雨	7				
6		李自重	2				
7		赵框友	6				
8		钱小散	5				
9		孙不二	3				
10		周敦颐	1				
11							

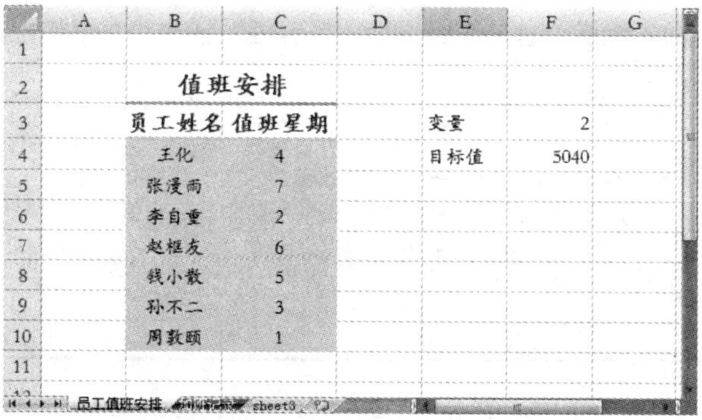

图 3-37　应用主题后其他工作表的风格变化

统计员工加班费

目前，国家规定的职工全年月平均工作日为 20.92 天，月平均工作时间为 167.4 小时，假定员工的月基本工资为 800.00 元，则每小时标准工资为 800/167.4 元。

假定员工加班的薪酬标准为：法定节假日加班为基本工资的 300%；双休日加班为基本工资的 200%；平时加班为基本工资的 100%。

知道这些条件后，即可对员工的加班费用进行统计，其操作步骤如下：

（1）在加班记录工作表的"核准人"列后新增"加班星期"和"加班费用"两列。

（2）"加班星期"用于判断加班日期是一周中的第几天，可以用函数 WEEKDAY( )来实现。选择 I3 单元格，切换到"公式"选项卡，单击"函数库"组中的"日期和时间"按钮，在展开的列表中选择"WEEKDAY"函数，如图 3-38 所示。

（3）此时将打开"函数参数"对话框，Serial_number 参数为加班日期，这里引用单元格 A3（日期为 2008 年 10 月 1 日），Return_type 参数设置为 2，如图 3-39 所示。

（4）单击"确定"按钮后，I3 单元格返回计算结果为 3，表示 2008 年 10 月 1 日为星期三。拖动填充手柄复制公式到该列其他行，结果如图 3-40 所示。

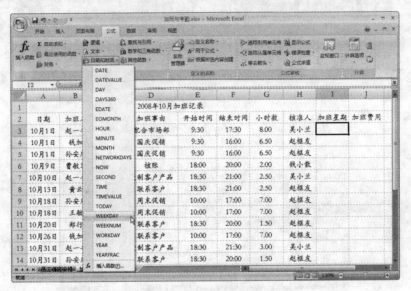

图 3-38　选择 WEEKDAY 函数

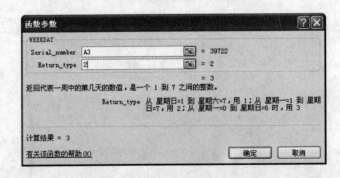

图 3-39　"函数参数"对话框

（5）计算员工的加班费。选择 J3 单元格，输入如下计算公式：

=INT(800/167.4*300%*G3)[①]

---

① INT()函数的使用。

因为 10 月 1 日为国家法定的节假日，这里采用 300％的工资标准。因为计算结果含有大量小数，这里使用 INT()函数对结果进行取整。拖动填充手柄复制该公式到 J4 和 J5 单元格，结果如图 3-41 所示。

图 3-40　计算加班星期 　　　　　　　　　　图 3-41　计算节假日加班费用

（6）选择 J6 单元格，在其中输入以下公式：

=INT(IF(OR(I6=6,I6=7),800/167.4*200%*G6,800/167.4*100%*G6))①

该公式表示：如果加班时间为双休日（加班星期为 6 或 7），则采用 200％的工资标准，否则采用 100％的工资标准。

（7）拖动填充手柄复制该公式到该列其他行，结果如图 3-42 所示。

（8）选中"加班费用"列，将其数字格式设置为"货币"，效果如图 3-43 所示。

图 3-42　计算非节假日加班费用　　　　　　图 3-43　更改数字格式

（9）统计员工加班费用。合并 C16:D16 单元格区域，输入"加班统计"，在 C17 单元格输入"加班人"，该列数据由"2008 年 10 月加班记录"表中复制（加班人不重复），在 D17 单元格输入"加班费用合计"，如图 3-44 所示。

（10）选择 D18 单元格，输入以下公式：

=SUMIF(B3:B14,C18,J3:J14)②

---

① OR()函数的使用。

② SUMIF()函数的使用。

该公式表示：找到加班人为"赵一平"的加班费用，对其进行合计求值。

（11）拖动填充手柄复制该公式到该列其他行，再将"加班费用合计"列的数字格式设置为"货币"，其结果如图 3-45 所示。

图 3-44　输入加班统计表内容　　　　　图 3-45　计算加班费用合计

制作"员工考勤记录"工作表

员工的出勤情况是对员工考核的一个重要依据。下面制作一个员工考勤情况记录表，该表以不同符号显示员工的出勤情况，能根据不同月份对周末进行特殊显示，而且能显示国家的法定假日。其操作步骤如下：

（1）打开"加班与考勤"工作簿，切换到 Sheet 3 工作表，将其改名为"员工考勤记录"，并设置工作表标签颜色为"紫色"。

（2）在 B3 单元格输入 1，拖动填充手柄到 AF3 单元格，再单击"填充选项"按钮，在弹出的菜单中选择"填充序列"命令，填充 1～31 的日期数，如图 3-46 所示。

图 3-46　填充日期数

（3）选中 B3:AF3 单元格区域，在"开始"选项卡"单元格"组中单击"格式"按钮，在展开的菜单中选择"列宽"[①]命令。

（4）此时将弹出"列宽"对话框，在"列宽"数值框中设置列宽为 3，再单击"确定"按钮，完成效果如图 3-47 所示。

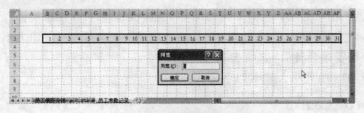

图 3-47　精确调整列宽

---

① 精确调整工作表列宽。

（5）合并 L1:M1 单元格区域，输入年份"2008"，在 N1 单元格中输入"年"，在 O1 单元格中输入月份"10"，在 P1 单元格中输入"月"，合并 Q1:T1 单元格区域，输入"员工考勤记录"；在 Z2 单元格输入"共"，AA2 单元格留空以显示本月天数，在 AB2 单元格输入"天"。以上内容都居中对齐，如图 3-48 所示。

图 3-48　输入表格标题

（6）选中 AA2 单元格，在编辑栏中输入以下公式计算本月天数：

=IF(O1=2,IF(AND(L1/4-ROUND(L1/4,0)=0),29,28),IF(AND(O1<>0,O1<>1,O1<>3,O1<>5,O1<>7,O1<>8,O1<>10,O1<>12),30,31))[①]

该公式表示：

如果是 2 月，而且年份可以被 4 整除，则天数为 29 天，否则为 28 天；如果不是 2 月，则 1、3、5、7、8、10、12 月为 31 天，其他月份为 30 天。

由于该公式太长，编辑栏无法完全显示，可以将鼠标指针移至编辑栏下边框，待鼠标指针变为↕状后按住鼠标左键进行拖动，以调整编辑栏的大小[②]，如图 3-49 所示。

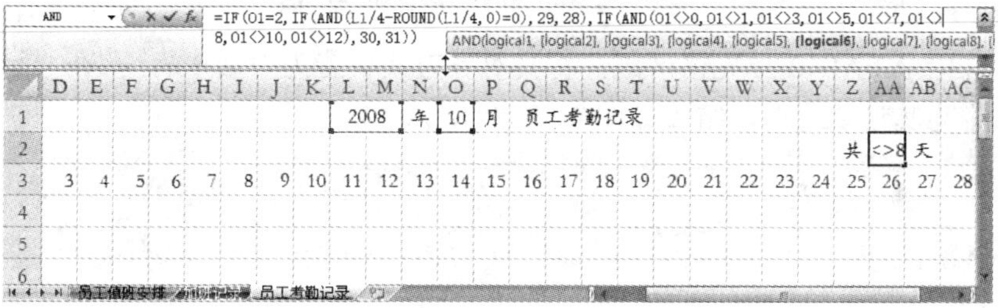

图 3-49　调整编辑栏的大小

（7）单击行标号 3，选中该行，再单击鼠标右键，从弹出的快捷菜单中选择"插入"命令[③]，在其上插入新的一行。

（8）我们知道，一个月至少有 28 天，因此工作表第 4 行显示日期的数字可以确定的是 1～28，而 29～31 则需要根据 AA2 的值（本月天数）确定。选择 AD4 单元格，在编辑栏输入以下公式：

=IF(AC4<$AA$2,AC4+1,"")

该公式表示：如果前一个单元格的数值小于本月天数（AA2 中的值），则加 1，否则为空。

按下回车键，再拖动填充手柄将该公式复制到 AE4 和 AF4 单元格，如图 3-50 所示。

① AND()函数的使用。

② 新功能—可调整的编辑栏。

③ 在工作表中插入行。

图 3-50　输入确定天数的公式

（9）在第 3 行与日期对应的单元格中输入其星期数。选中 B3 单元格，在编辑栏中输入以下公式，再拖动填充手柄将该公式复制到第 3 行其他与日期对应的单元格，如图 3-51 所示。

=IF(B4="","",CHOOSE(WEEKDAY(DATE($L$1,$O$1,B4),2),"一","二","三","四","五","六","日"))[1]

该公式表示，如果日期数显示为空，则星期数为空；否则以"一"、"二"……"日"的形式返回星期数。

图 3-51　输入计算星期数的公式

（10）选中 A3:AF40 单元格区域，将其对齐方式设置为"居中"，并在"设置单元格格式"对话框中为其设置边框，结果如图 3-52 所示。

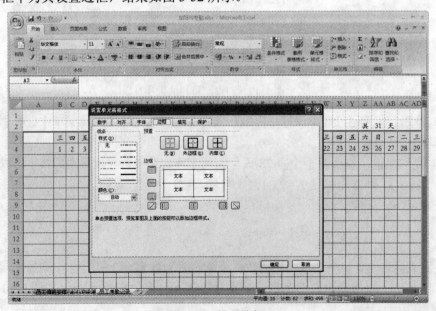

图 3-52　设置边框

---

[1] CHOOSE()函数的使用。

（11）绘制斜线表头。合并 A3 和 A4 单元格，选中合并后的单元格，再单击鼠标右键，从弹出的快捷菜单中选择"设置单元格格式"命令，打开"设置单元格格式"对话框，切换到"边框"选项卡，单击 按钮为单元格添加斜线，如图 3-53 所示。

（12）单击"确定"按钮，再在 A3:A4 单元格区域输入"日期"，按下 Alt＋Enter 组合键强制换行后输入"姓名"，对其位置稍做调整，完成效果如图 3-54 所示。

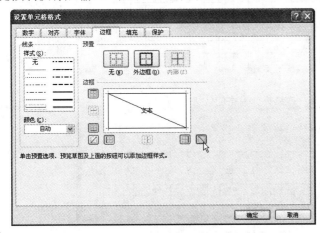

图 3-53　添加斜线框线　　　　　　　　　图 3-54　斜线表头效果

（13）在 A 列输入员工姓名。

（14）由于员工考勤记录工作表中的数据较多，在工作表中滚动翻页时前面的日期将不可见，此时需要将表头冻结，使其在翻页时始终显现[①]。这里需要冻结第 1～4 行和 A 列。选中 B5 单元格，单击"视图"选项卡"窗口"组中的"冻结窗格"按钮，在弹出的下拉菜单中选择"冻结拆分窗格"命令，如图 3-55 所示。

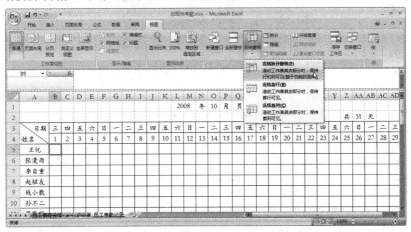

图 3-55　选择"冻结拆分窗格"命令

（15）此时在 B5 单元格上边和左边分别出现一条横、竖黑线，将表头分隔开来。拖动滚动条，可见 A 列和第 1～4 行始终显现，如图 3-56 所示。

（16）添加表格说明。定位到第 42 行，合并相关单元格，输入表格说明内容，设置其对

① 冻结窗格。

齐方式为"居中",并添加表格说明的边框,如图 3-57 所示。

	A	K	L	M	N	O	P	Q	R	S	T	U	V	W	X	Y	Z	AA	AB	AC	AD	AE	AF
1				2008		年	10	月	员工考勤记录														
2																	共	31	天				
3	日期	五	六	日	一	二	三	四	五	六	日	一	二	三	四	五	六	日	一	二	三	四	五
4	姓名	10	11	12	13	14	15	16	17	18	19	20	21	22	23	24	25	26	27	28	29	30	31
35	金乙																						
36	金丙																						
37	刘一																						
38	刘二																						
39	刘三																						
40	刘四																						

图 3-56　冻结拆分窗格的效果

	A	B	C	D	E	F	G	H	I	J	K	L	M	N	O	P	Q	R	S	T	U	V	W	X	Y	Z	AA	AB
1												2008		年	10	月	员工考勤记录											
2																										共	31	天
3	日期	三	四	五	六	日	一	二	三	四	五	六	日	一	二	三	四	五	六	日	一	二	三	四	五	六	日	一
4	姓名	1	2	3	4	5	6	7	8	9	10	11	12	13	14	15	16	17	18	19	20	21	22	23	24	25	26	27
41																												
42	注:		出勤				迟到			早退			旷工			事假			年假			婚假			丧假		
43			病假				产假			半天			出差														
44																												

图 3-57　输入表格说明内容

（17）插入考勤记录中代表各类出勤状况的符号①。以插入代表"出勤"的符号" √"
为例。选中 **F42** 单元格,切换到"插入"选项卡,在"特殊符号"组中单击"符号"按钮,
在展开的下拉列表中选择"更多"选项。

（18）此时将打开"插入特殊符号"对话框,切换到"数学符号"选项卡,选择符号" √",
如图 3-58 所示。

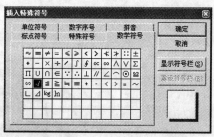

图 3-58　"插入特殊符号"对话框

（19）单击"确定"按钮。参照插入符号" √"的方法,插入其他符号,完成后效果如
图 3-59 所示。

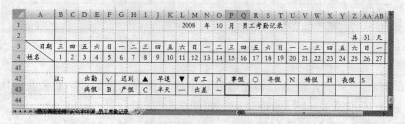

	A	B	C	D	E	F	G	H	I	J	K	L	M	N	O	P	Q	R	S	T	U	V	W	X	Y	Z	AA	AB
1												2008		年	10	月	员工考勤记录											
2																										共	31	天
3	日期	三	四	五	六	日	一	二	三	四	五	六	日	一	二	三	四	五	六	日	一	二	三	四	五	六	日	一
4	姓名	1	2	3	4	5	6	7	8	9	10	11	12	13	14	15	16	17	18	19	20	21	22	23	24	25	26	27
41																												
42	注:		出勤	√		迟到	▲		早退	▼		旷工	×		事假	○		年假	N		婚假	H		丧假	S	
43			病假	B		产假	C		半天	—		出差	~														
44																												

图 3-59　插入符号的效果

---

① 插入特殊符号。

格式化员工考勤记录工作表

可以对员工考勤记录工作表设置条件格式[①]，使满足条件的单元格按不同格式显示，比如让还没有录入数据的单元格显示为灰底，录入数据后即为白底；休假时单元格显示为绿色；缺勤显示为红色。其操作步骤如下：

（1）定位到 AI4 单元格，在表格中输入国家法定的节假日、串休以及周末正常上班时间以做参考，设置为居中、添加边框，如图 3-60 所示。

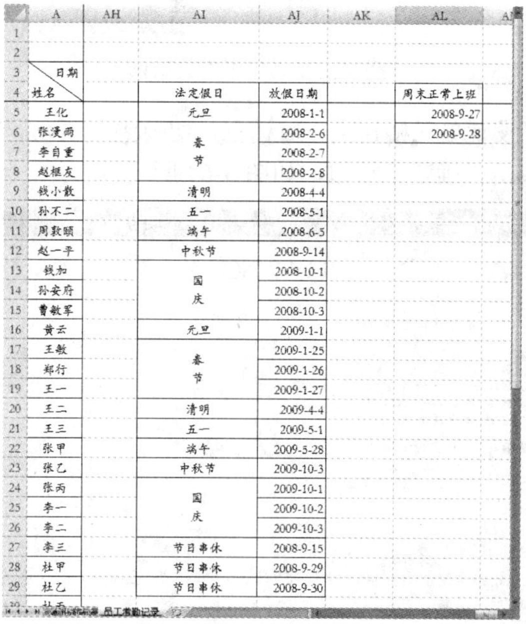

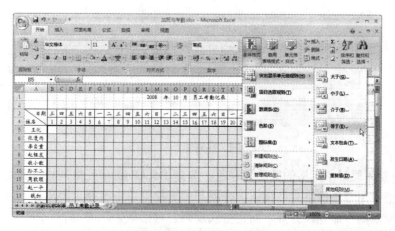

图 3-60　输入节假日参考时间

（2）将没有录入数据的考勤工作表底色设置为灰色。选择 B5:AF40 单元格区域，单击"开始"选项卡"样式"组中的"条件格式"按钮，在展开的下拉菜单中选择"突出显示单元格规则"选项下的"等于"命令，如图 3-61 所示。

图 3-61　"条件格式"菜单

---

① Excel 2007 新功能，可以方便地设置丰富的条件，格式化表格。

（3）此时将弹出"等于"对话框，在"为等于以下值的单元格设置格式"文本框中输入0，在"设置为"下拉列表框中选择"自定义格式"，如图3-62所示。

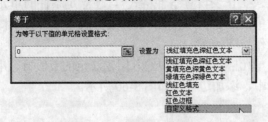

图3-62　"等于"对话框

（4）此时将弹出"设置单元格格式"对话框，切换到"填充"选项卡，在"背景色"列表框中选择"灰色"，单击"确定"按钮，如图3-63所示。

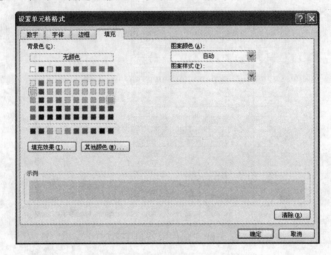

图3-63　"设置单元格格式"对话框

（5）返回"等于"对话框，单击"确定"按钮，完成效果如图3-64所示。

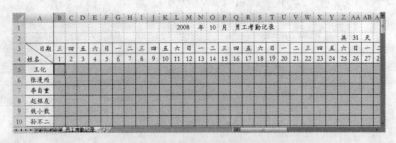

图3-64　设置条件格式效果

（6）设置休假时单元格的底色为绿色。选择 B5:AF40 单元格区域，单击"开始"选项卡"样式"组中的"条件格式"按钮，在展开的下拉菜单中选择"突出显示单元格规则"选项下的"其他规则"命令，打开"新建格式规则"对话框。

（7）在"新建格式规则"对话框的"选择规则类型"列表框中选择"使用公式确定要设置格式的单元格"选项，然后在"为符合此公式的值设置格式"文本框中输入以下公式，如图3-65所示。

=AND(DATE($L$1,$O$1,B$4)<>$AL$5,DATE($L$1,$O$1,B$4)<>$AL$6,OR(B$3=" 六 ",B$3=" 日 ",DATE($L$1,$O$1,B$4)=$AJ$5,DATE($L$1,$O$1,B$4)=$AJ$6,DATE($L$1,$O$1,B$4)=$AJ$7,DATE($L$1,$O$1,B$4)=$AJ$8,DATE($L$1,$O$1,B$4)=$AJ$9,DATE($L$1,$O$1,B$4)=$AJ$10,DATE($L$1,$O$1,B$4)=$AJ$11,DATE($L$1,$O$1,B$4)=$AJ$12,DATE($L$1,$O$1,B$4)=$AJ$13,DATE($L$1,$O$1,B$4)=$AJ$14,DATE($L$1,$O$1,B$4)=$AJ$15,DATE($L$1,$O$1,B$4)=$AJ$16,DATE($L$1,$O$1,B$4)=$AJ$17,DATE($L$1,$O$1,B$4)=$AJ$18,DATE($L$1,$O$1,B$4)=$AJ$19,DATE($L$1,$O$1,B$4)=$AJ$20,DATE($L$1,$O$1,B$4)=$AJ$21,DATE($L$1,$O$1,B$4)=$AJ$22,DATE($L$1,$O$1,B$4)=$AJ$23,DATE($L$1,$O$1,B$4)=$AJ$24,DATE($L$1,$O$1,B$4)=$AJ$25,DATE($L$1,$O$1,B$4)=$AJ$26,DATE($L$1,$O$1,B$4)=$AJ$27,DATE($L$1,$O$1,B$4)=$AJ$28,DATE($L$1,$O$1,B$4)=$AJ$29))

该公式表示：当日期为周末（排除因串休而应正常上班的周末）或者是国家法定的节假日及串休日时，B5:AF40 单元格区域应用条件格式。

（8）单击"格式"按钮，打开"设置单元格格式"对话框，切换到"填充"选项卡，在"背景色"列表框中选择"绿色"，单击"确定"按钮，如图 3-66 所示。

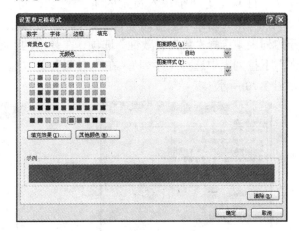

图 3-65　"新建格式规则"对话框　　　　　　图 3-66　"设置单元格格式"对话框

（9）返回"新建格式规则"对话框，单击"确定"按钮，2008 年 10 月份休假的单元格底色为绿色，如图 3-67 所示；选中 O1 单元格，将月份改为 9，按下回车键，显示如图 3-68 所示，可见该工作表能正确应用条件格式。

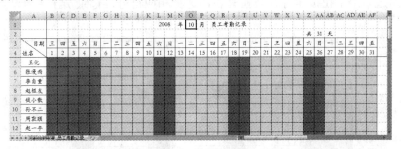

图 3-67　2008 年 10 月份的休假日期

（10）对旷工（×）、迟到（▲）和早退（▼）的记录以红色显示。参照设置休假时单元格底色的设置方法，选择 B5:AF40 单元格区域，打开"新建格式规则"对话框，在"选择规则类型"列表框中选择"使用公式确定要设置格式的单元格"选项，然后在"为符合此公式的值设置格式"文本框中输入以下公式，并选择填充色为红色，如图 3-69 所示。单击"确定"按钮保存该规则。

=OR(B5=$I$42,B5=$L$42,B5=$O$42)

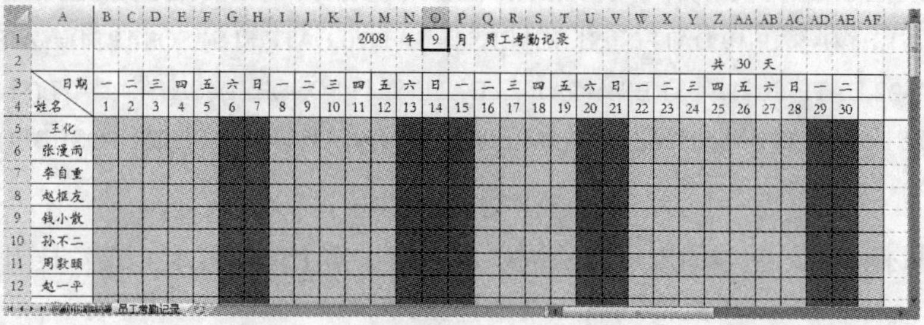

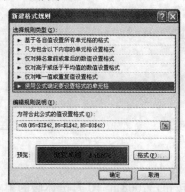

图 3-68　2008 年 9 月份的休假日期

（11）为了便于录入员工的考勤记录，可以对考勤记录区域设置数据有效性。选择 B5:AF40 单元格区域，单击"数据"选项卡"数据工具"组中的"数据有效性"按钮，在展开的列表中选择"数据有效性"选项，在弹出的"数据有效性"对话框"设置"选项卡的"允许"下拉列表中选择"序列"，在"来源"文本框中输入"√,▲,▼,×,○,N,H,S,B,C,一,～"，如图 3-70 所示。

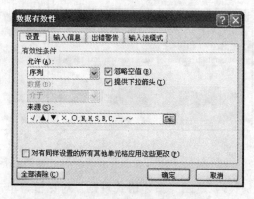

图 3-69　"新建格式规则"对话框　　　　　图 3-70　"数据有效性"对话框

（12）通过单击下拉按钮打开下拉列表，选择相应符号，记录员工考勤情况，如图 3-71 所示。

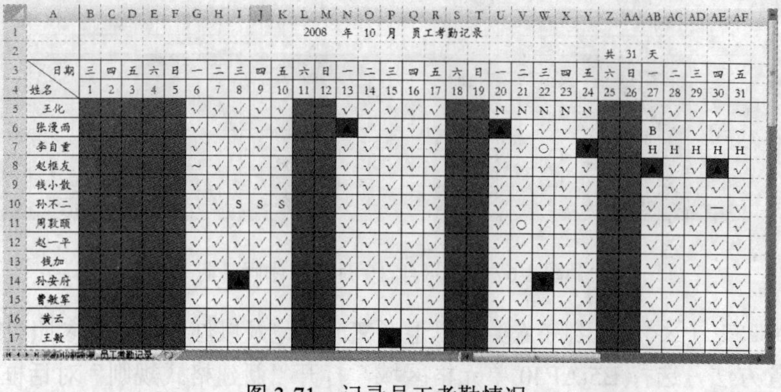

图 3-71　记录员工考勤情况

统计员工的出勤记录

在记录了员工的出勤情况后，每月还应该对员工的出勤情况进行统计，其操作步骤如下：

（1）在"加班与考勤"工作簿中单击工作表标签栏上的"插入工作表"按钮，插入一个新的工作表，将其命名为"员工出勤统计"，设置工作表标签颜色为"橙色"。

（2）在表格中输入姓名、统计项目等内容，并设置对齐方式为"居中"，自动调整列宽，添加表格边框，如图 3-72 所示。

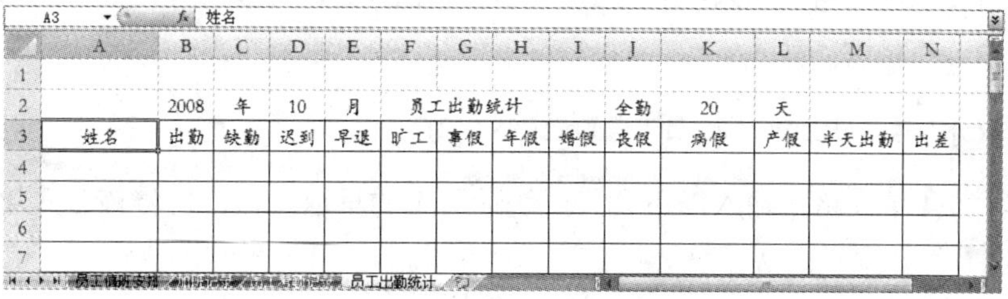

图 3-72　输入姓名、统计项目等内容

（3）选择 B2 单元格，输入公式"=员工考勤记录!$L$1"，引用"员工考勤记录"工作表中$L$1 单元格的年份；选择 D2 单元格，输入公式"=员工考勤记录!$O$1"，引用"员工考勤记录"工作表中$O$1 单元格的月份。

（4）选中 K2 单元格，输入如下公式：

=COUNTIF(员工考勤记录!$B$5:$AF$5,"*")

该公式表示，统计"员工考勤记录"工作表中$B$5:$AF$5 单元格区域没有考勤记录的单元格个数[1]。

（5）将"员工考勤记录"工作表中的"姓名"列复制到"员工出勤统计"工作表对应的"姓名"列，单击"粘贴选项"按钮，在展开的列表中选择"匹配目标区域格式"单选项，如图 3-73 所示。

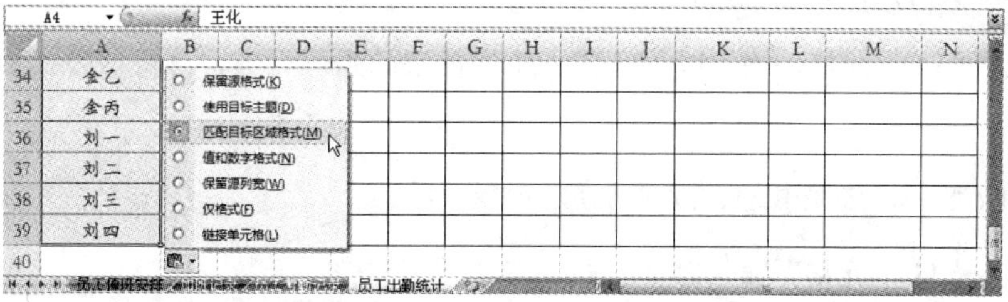

图 3-73　粘贴员工姓名

（6）选择 B4 单元格，输入以下公式，统计员工的出勤天数，再将该公式填充到该列其他单元格。

=COUNTIF(员工考勤记录!B5:AF5,员工考勤记录!$F$42)+COUNTIF(员工考勤记录!B5:AF5,员工考勤记录!$L$43)/2

[1] 提示：如果考虑到在休假日也有出勤情况，可以在第一个员工考勤记录之前插入一行，将其考勤记录设置为全勤以作统计全勤天数的参考，这样即可解决该问题。

该公式表示，统计"员工考勤记录"工作表中 B5:AF5 单元格区域出勤记录（√）的个数，如果有半天出勤（一），则算做 0.5 个出勤。

（7）选择 C4 单元格，输入以下公式，计算员工的缺勤天数，再将该公式填充到该列其他单元格。

=$K$2-B4

（8）选择 D4 单元格，输入以下公式，统计员工的迟到次数，再将该公式填充到该列其他单元格。

=COUNTIF(员工考勤记录!B5:AF5,员工考勤记录!$I$42)

（9）选择 E4 单元格，输入以下公式，统计员工的早退次数，再将该公式填充到该列其他单元格。

=COUNTIF(员工考勤记录!B5:AF5,员工考勤记录!$L$42)

（10）选择 F4 单元格，输入以下公式，统计员工的旷工次数，再将该公式填充到该列其他单元格。

=COUNTIF(员工考勤记录!B5:AF5,员工考勤记录!$O$42)

（11）选择 G4 单元格，输入以下公式，统计员工的事假天数，再将该公式填充到该列其他单元格。

=COUNTIF(员工考勤记录!B5:AF5,员工考勤记录!$R$42)

（12）选择 H4 单元格，输入以下公式，统计员工的年假天数，再将该公式填充到该列其他单元格。

=COUNTIF(员工考勤记录!B5:AF5,员工考勤记录!$U$42)

（13）选择 I4 单元格，输入以下公式，统计员工的婚假天数，再将该公式填充到该列其他单元格。

=COUNTIF(员工考勤记录!B5:AF5,员工考勤记录!$X$42)

（14）选择 J4 单元格，输入以下公式，统计员工的丧假天数，再将该公式填充到该列其他单元格。

=COUNTIF(员工考勤记录!B5:AF5,员工考勤记录!$AA$42)

（15）选择 K4 单元格，输入以下公式，统计员工的病假天数，再将该公式填充到该列其他单元格。

=COUNTIF(员工考勤记录!B5:AF5,员工考勤记录!$F$43)

（16）选择 L4 单元格，输入以下公式，统计员工的产假天数，再将该公式填充到该列其他单元格。

=COUNTIF(员工考勤记录!B5:AF5,员工考勤记录!$I$43)

（17）选择 M4 单元格，输入以下公式，统计员工的半天出勤次数，再将该公式填充到该列其他单元格。

=COUNTIF(员工考勤记录!B5:AF5,员工考勤记录!$L$43)

（18）选择 N4 单元格，输入以下公式，统计员工的出差天数，再将该公式填充到该列其他单元格。

=COUNTIF(员工考勤记录!B5:AF5,员工考勤记录!$O$43)

输入所有公式后的计算结果如图 3-74 所示。

姓名	出勤	缺勤	迟到	早退	旷工	事假	年假	婚假	丧假	满假	产假	半天出勤	出差
	2008	年	10	月	员工出勤统计		全勤	20	天				
王化	14	6	0	0	0	0	0	5	0	0	0	0	1
张漫茵	16	4	2	0	0	0	0	0	0	1	0	0	1
李自重	13	7	0	1	0	1	0	5	0	0	0	0	0
赵框友	17	3	2	0	0	0	0	0	0	0	0	0	1
钱小数	20	0	0	0	0	0	0	0	0	0	0	0	0
孙不二	16.5	3.5	0	0	0	0	0	0	3	0	0	1	0
周数颈	19	1	0	0	0	1	0	0	0	0	0	0	0
赵一平	20	0	0	0	0	0	0	0	0	0	0	0	0
钱加	20	0	0	0	0	0	0	0	0	0	0	0	0
孙安府	18	2	1	1	0	0	0	0	0	0	0	0	0
曹敏军	20	0	0	0	0	0	0	0	0	0	0	0	0
羊云	20	0	0	0	0	0	0	0	0	0	0	0	0

图 3-74　员工出勤统计结果

保存工作簿为模板

因为记录值班、加班、考勤的工作每个月都要进行，因此，可以将该工作簿保存为模板，以便重复使用。其操作步骤如下：

（1）清除考勤记录中的出勤数据，单击"Office 按钮"，在打开的菜单中选择"另存为"项下的"其他格式"命令。

（2）此时将弹出"另存为"对话框，在"文件名"文本框中保留默认的"加班与考勤"，选择"保存类型"为"Excel 模板（*.xltx）"，保存位置将自动定位到"C:\Documents and Settings\××\Application Data\Microsoft\Templates"[①]文件夹，如图 3-75 所示。

图 3-75　"另存为"对话框

---

① ××为 Windows XP 中的当前用户名。

（3）单击"确定"按钮保存该模板。

如果要使用该模板，可按如下步骤进行操作：

（1）单击"Office 按钮"，在打开的菜单中选择"新建"命令，打开"新建工作簿"窗口，如图 3-76 所示。

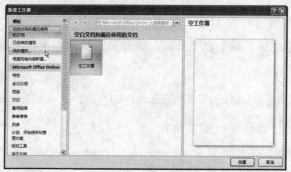

图 3-76　"新建工作簿"窗口

（2）单击"模板"列表中的"我的模板"选项，打开"新建"对话框，如图 3-77 所示。

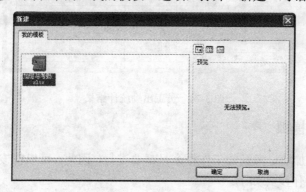

图 3-77　"新建"对话框

（3）选择"加班与考勤.xltx"模板，再单击"确定"按钮即可新建一个名为"加班与考勤 1"工作簿，用户只需更改日期即可重新记录加班和出勤情况，最后将其以"加班与考勤+日期"形式的名称进行保存即可。

知识点总结

本案例涉及以下知识点：

（1）通过系统快捷菜单新建工作簿；
（2）设置工作表标签颜色；
（3）使用单元格样式；
（4）函数的记忆式输入；

（5）在 Excel 2007 中添加加载项；
（6）使用规划求解加载项；
（7）应用 Excel 2007 主题；
（8）精确调整工作表列宽；
（9）调整工作表的编辑栏；

（10）在工作表中插入行；

（11）绘制斜线表头；

（12）冻结工作表窗格；

（13）插入特殊符号；

（14）使用条件格式；

（15）保存与使用模板。

（16）PRODUCT()、WEEKDAY()、INT()、OR()、AND()、SUMIF()、CHOOSE()等函数的使用。

下面是关于这些知识点的具体需要注意的细节。

1. 单元格样式

单元格样式是一组已定义的格式特征，如字体、字号、数字格式、单元格边框和单元格底纹。要防止任何人对特定单元格进行更改，还可以锁定单元格样式。

Excel 2007 内置了一些单元格样式，用户还可以修改或复制单元格样式以创建自己的自定义单元格样式。

需要注意的是，单元格样式基于应用于整个工作簿的文档主题。当切换到另一文档主题时，单元格样式会更新，以便与新的文档主题相匹配。

2. 规划求解

规划求解是一组命令的组成部分（有时也称做假设分析工具），要在 Excel 2007 中使用它，需要先进行加载。

借助规划求解，可求得工作表上某个单元格（称为目标单元格）中公式的最优值。规划求解将对直接或间接与目标单元格中的公式相关的一组单元格进行处理。

规划求解将调整所指定的变动单元格（称为可变单元格）中的值，从目标单元格公式中求得所指定的结果。用户可以应用约束条件（规划求解中设置的限制条件，可以将约束条件应用于可变单元格、目标单元格或其他与目标单元格直接或间接相关的单元格）来限制规划求解可在模型中使用的值，而且约束条件可以引用影响目标单元格公式的其他单元格。

值得注意的是，目标单元格中必须包含公式。

3. 应用 Excel 2007 主题

文档主题是一组格式选项，包括一组主题颜色、一组主题字体（包括标题字体和正文字体）和一组主题效果（包括线条和填充效果）。通过应用文档主题，用户可以快速、轻松地设置整个文档的格式，赋予其专业和时尚的外观。

文档主题可在各个 Office 程序（如 Word、Excel 和 PowerPoint 之类的程序）之间共享，以便用户的所有 Office 文档具有统一的外观。

值得注意的是，应用的文档主题会立即影响用户可以在文档中使用的样式，在 Excel 中应用主题后，工作簿中其他工作表也自动应用该主题。

4. 冻结窗格

用户可以通过冻结或拆分窗格[①]来查看工作表的两个区域和锁定一个区域中的行或列。当冻结窗格时，用户可以选择在工作表中滚动时仍可见特定的行或列。

在冻结窗格时需要注意的是单元格的选择位置。在 Excel 中，使用冻结功能时，是对所选择单元格的上面行及左边列进行冻结。如果选择第 1 行中的任意单元格执行“冻结窗格”命令，只能冻结所选择单元格的左边列；如果选择 A 列中的任意单元格后执行“冻结窗格”命令，只能冻结所选择单元格的上边行。

切换到“视图”选项卡，单击“窗口”组中的“冻结窗格”按钮，在打开的菜单中选择“取消冻结窗格”命令，即可取消窗格的冻结属性。

在“冻结窗格”菜单中，有“冻结首行”和“冻结首列”命令，单击“冻结首行”命令，工作表第一行将会被冻结；单击“冻结首列”命令，工作表第一列将会被冻结。Excel

---

① 窗格是文档窗口的一部分，以垂直或水平滚动条为界限并由此与其他部分分隔开。

2007 的这一特别功能，为工作表的设计提供了极大的方便。

5. 条件格式

Excel 2007 具有丰富的条件格式，可以帮助用户解决有关数据的特定问题。用户可以对单元格区域、Excel 表格或数据透视表应用条件格式。

在工作表中使用条件格式能够突出显示用户所关注的单元格或单元格区域，强调异常值，使用数据条、色阶和图标集来直观地显示数据。

条件格式是基于用户设定的条件来更改单元格区域外观的：如果条件为 True，则基于该条件设置单元格区域的格式；反之则不然。

值得注意的是，在创建条件格式时，只能引用同一工作表上的其他单元格，而不能引用同一工作簿中其他工作表上的单元格，或使用对其他工作簿的外部引用。

当为某单元格区域创建多个条件格式规则时，需要明确这些条件规则的优先级以及何时停止规则。单击"开始"选项卡"样式"组中的"条件格式"按钮，在打开的菜单中选择"管理规则"命令，可以打开"条件格式规则管理器"。

在"显示其格式规则"下拉列表中选择"当前工作表"，可浏览工作表的条件格式规则及规则顺序，如图 3-78 所示。通过"条件格式规则管理器"对话框，可以在工作簿中创建、编辑、删除和查看所有条件格式规则。选中条件格式规则后，单击 ✕ 删除规则(D) 按钮可以删除规则；单击 编辑规则(E)... 按钮，将打开"编辑格式规则"对话框编辑规则。

当两个或更多条件格式规则应用于一个单元格区域时，将按其在"条件格式规则管理器"对话框中列出的优先级顺序应用这些规则。对话框中较高处规则的优先级要高于较低处的规则。新建规则默认情况下总是具有较高的优先级，用户可以使用对话框中的"上移" 或"下移" 按钮来更改规则的优先级顺序。

对于一个单元格区域应用多个条件格式规则时，这些规则可能冲突，也可能不冲突：

（1）规则不冲突。例如，一个规则将单元格格式设置为字体加粗，而另一个规则将同一个单元格的格式设置为红色，则该单元格格式设置为字体加粗且为红色。这两种格式间没有冲突，因此两个规则都得到应用。

（2）规则冲突。例如，一个规则将单元格字体颜色设置为红色，而另一个规则将单元格字体颜色设置为绿色。这两个规则有冲突，因此只应用优先级较高的那个规则。

在工作表中，可以复制、粘贴具有条件格式的单元格值，这样将为目标单元格创建一个基于源单元格的新条件格式规则；如果将具有条件格式的单元格值复制到另一个工作簿的工作表中，则将不会创建条件格式规则而且不复制格式。

对于单元格区域，如果格式规则为真，它将优先于手动格式；如果删除条件格式规则，单元格区域的手动格式将保留。

考虑到兼容性问题，用户可以选中"条件格式规则管理器"对话框中的"如果为真则停止"复选框，以兼容早期版本的 Excel（这些版本不支持三个以上的条件格式规则或应用于同一范围的多个规则）。如果将多于三个的条件格式规则应用于某个单元格区域,则低于 Excel 2007 的 Excel 版本将：

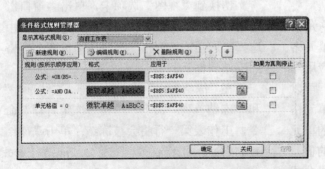

图 3-78 "条件格式规则管理器"对话框

（1）只计算前三个规则。

（2）应用优先级中为真的第一个规则。

（3）忽略为真的较低优先级规则。

注意，如果通过使用数据条、色阶或图标集来设置规则格式，则无法选中或清除"如果为真则停止"复选框。

6. 模板

要节省时间或提高标准化程度，可以将工作簿另存为模板，然后利用模板创建其他工作簿。在 Excel 2007 中，模板文件（.xltx）中可以包含数据和格式，启用宏的模板文件（.xltm）中还可以包含宏[①]。

可以使用用户自己创建的模板创建一个新工作簿，也可以使用可从 Microsoft Office Online 下载的预定义模板创建新工作簿。

值得注意的是，在创建模板时，所创建的模板会自动放入模板文件夹中，以确保用户在要使用该模板创建新工作簿时该模板可用。可以将任何 Excel 工作簿复制到模板文件夹内，然后将该工作簿用做模板，而无需将其保存为模板文件格式（.xltx 或 .xltm）。在 Windows Vista 中，模板文件夹通常位于 C:\Users\<用户名>\AppData\Roaming\ Microsoft\ Templates；在 Microsoft Windows XP 中，模板文件夹通常位于 C:\Documents and Settings\<用户名>\Application Data\Microsoft\ Templates 中。

7. 本案例所涉及的函数

（1）PRODUCT()函数

PRODUCT()函数可以计算用做参数的所有数字的乘积，然后返回乘积。例如，单元格 A1 和 C2 含有数字，则可以使用公式"=PRODUCT(A1，C2)"计算这两个数字的乘积。当然，也可以使用数学运算符"*"来执行相同的操作，例如，"=A1 * C2"。

如果需要让更多的单元格相乘，则使用 PRODUCT() 函数很有用。例如，公式"=PRODUCT(A1:A3，C1:C3,D4)"等同于"=A1 * A2 * A3 * C1 * C2 * C3* D4"。

注意：如果该函数的参数为数组或引用，只有其中的数字被计算乘积，而数组或引用中的空白单元格、逻辑值和文本将被忽略。

（2）WEEKDAY()函数

WEEKDAY()函数用于返回某日期为星期几。默认情况下，其值为 1（星期天）到 7（星期六）之间的整数。其语法为：

WEEKDAY(serial_number,return_type)

其中：

Serial_number 表示一个顺序的序列号，代表要查找的那一天的日期。应使用 DATE() 函数输入日期，或者将函数作为其他公式或函数的结果输入。例如，使用函数 DATE(2008,10,1) 输入 2008 年 10 月 1 日。如果日期以文本形式输入，则会出现问题。

Return_type 为确定返回值类型的数字。当 Return_type 为 1 或省略时，数字 1 表示星期日，数字 7 表示星期六；当 Return_type 为 2 时，数字 1 表示星期一，数字 7 表示星期日（本案例即采用这种表示方法）；当 Return_type 为 3 时，数字 0 表示星期一，数字 6 表示星期日。

（3）INT()函数

INT()函数是将数字向下舍入到最接近的整数。例如，"=INT(9.8)"的值为 9，"=INT(.9.8)"的值为-10。

（4）OR()函数

OR()函数返回一个逻辑值，在其参数组中，任何一个参数逻辑值为 TRUE，即返回 TRUE；只有所有参数的逻辑值为 FALSE，才返回 FALSE。

例如，"=OR(1+1=2,2+2=5)"的值为 TRUE，"=OR(1+1=2,2+2=4)"的值为 TRUE，"=OR(1+1=3,2+2=5)"的值为 FALSE。

[①] 宏是可用于自动执行任务的一项或一组操作。可用 Visual Basic for Applications 编程语言录制宏。

注意，OR()函数的参数必须能计算为逻辑值，如 TRUE 或 FALSE，或者为包含逻辑值的数组或引用。如果数组或引用参数中包含文本或空白单元格，则这些值将被忽略；如果指定的区域中不包含逻辑值，函数返回错误值 #VALUE!。

（5）AND()函数

AND()函数只有当所有参数的计算结果为 TRUE 时，返回 TRUE；只要有一个参数的计算结果为 FALSE，即返回 FALSE。

AND()函数的一种常见用途就是扩大用于执行逻辑检验的其他函数的效用。例如，IF()函数用于执行逻辑检验，它在检验的计算结果为 TRUE 时返回一个值，在检验的计算结果为 FALSE 时返回另一个值。通过将 AND()函数用做 IF()函数的 logical_test 参数，可以检验多个不同的条件，而不仅仅是一个条件。

例如，"=AND(1+1=2,2+2=5)" 的值为 FALSE，"= AND (1+1=2,2+2=4)" 的值为 TRUE，"= AND (1+1=3,2+2=5)" 的值为 FALSE。

（6）SUMIF()函数

使用 SUMIF()函数可以对单元格区域中符合指定条件的值求和。其语法为：

SUMIF(range, criteria, [sum_range])

其中：

range 是必需的，是用于条件计算的单元格区域。每个区域中的单元格都必须是数字或名称、数组或包含数字的引用，空值和文本值将被忽略。

criteria 也是必需，是用于确定对哪些单元格求和的条件，其形式可以为数字、表达式、单元格引用、文本或函数。例如，条件可以表示为 32、">32"、B5、32、"32"、"苹果"或 TODAY()。

注意，任何文本条件或任何含有逻辑或数学符号的条件都必须使用直双引号括起来。如果条件为数字，则无需使用双引号。

sum_range 是可选的，为要求和的实际单元格（如果要对未在 range 参数中指定的单元格求和）。如果 sum_range 参数被省略，Excel 会对在 range 参数中指定的单元格（即应用条件的单元格）求和。sum_range 参数与 range 参数的大小和形状可以不同。求和的实际单元格通过以下方法确定：使用 sum_range 参数中左上角的单元格作为起始单元格，然后包括与 range 参数大小和形状相对应的单元格。

例如，在本案例对员工加班费进行合计的例子中，使用了如下公式：

=SUMIF(B3:B14,C18,J3:J14)

即表示仅对单元格区域 J3:J14 中与单元格区域 B3:B14 中等于 C18 的单元格对应的单元格中的值求和。

（7）CHOOSE()函数

CHOOSE()函数使用 index_num 返回数值参数列表中的数值。使用 CHOOSE()函数可以根据索引号从最多 254 个数值中选择一个。例如，如果 value1 到 value7 表示一周的 7 天，当将 1 ～7 之间的数字用做 index_num 时，则 CHOOSE()返回其中的某一天。其语法为：

CHOOSE(index_num,value1,value2,...)

其中：

index_num 指定所选定的值参数，它必须为 1～254 之间的数字，或者是包含数字 1～254 的公式或单元格引用。

如果 index_num 为 1，CHOOSE()函数返回 value1；如果为 2，CHOOSE()函数返回 value2，以此类推。

如果 index_num 小于 1 或大于列表中最后一个值的序号，CHOOSE()函数返回错误值 #VALUE!。

如果 index_num 为小数，则在使用前将被截尾取整。

value1,value2,... 为 1～254 个数值参数，CHOOSE()函数基于 index_num，从中选择一个

数值或一项要执行的操作。参数可以为数字、单元格引用、定义名称、公式、函数或文本。

注意，如果 index_num 为一个数组，则在计算 CHOOSE()函数时，将计算每一个值。函数 CHOOSE()的数值参数不仅可以为单个数值，也可以为区域引用。

例如，公式"=SUM(CHOOSE(2,A1:A10,B1:B10,C1:C10))"相当于公式"=SUM(B1:B10)"，然后基于区域 B1:B10 中的数值返回值。

函数 CHOOSE()先被计算，返回引用 B1:B10。然后函数 SUM()用 B1:B10 进行求和计算。即函数 CHOOSE()的结果是函数 SUM()的参数。

拓展训练

为了对 Excel 2007 和以往的旧版本在操作上进行比较，下面专门使用 Excel 2003 完成如图 3-79 所示的员工值班安排表，以此来了解不同版本在操作上的差别，从而进一步加深对 Excel 2007 易用性的体验。

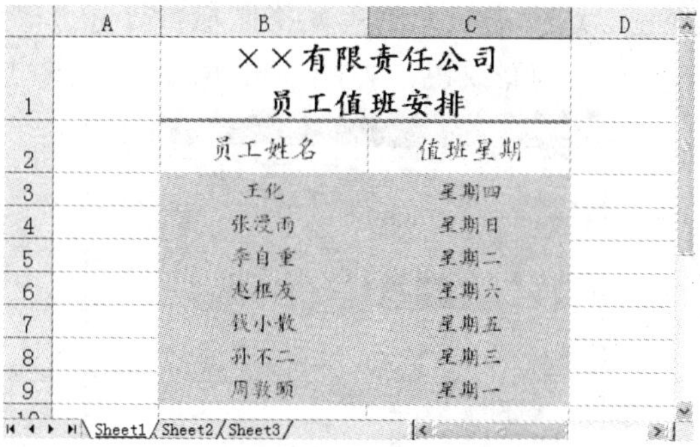

图 3-79　员工值班安排

关键操作步骤如下：

（1）新建工作表，并输入内容。

（2）设置标题格式。选中标题（由于编辑栏不能被调整，单元格中内容一旦较多，编辑栏将遮蔽一些单元格，十分不便），选择"格式"菜单下的"单元格"命令，如图 3-80 所示。

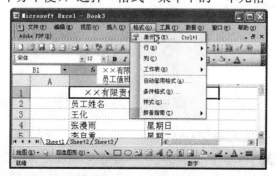

图 3-80　选择"单元格"命令

（3）打开"单元格格式"对话框，切换到"字体"选项卡，设置其字体、字形和字号，如图 3-81 所示。

（4）切换到"边框"选项卡，选择线条样式和颜色，设置单元格的下边框，如图 3-82 所示。

图 3-81　"字体"选项卡　　　　　　　　　　　图 3-82　"边框"选项卡

（5）单击"确定"按钮，再设置其他单元格的字体字号及对齐方式。

（6）设置单元格填充色。选中需填充的单元格区域，打开"单元格格式"对话框，切换到"图案"选项卡，选择单元格的底纹色，如图 3-83 所示，单击"确定"按钮即可。

图 3-83　"图案"选项卡

职业快餐

提高人力资源管理（人事管理）能力需要面对的问题

众所周知，效率就是企业的生命。21 世纪，企业之间的竞争日趋白热化，无论是中小型企业还是大型企业都面临着效率亟待提高的问题。如何改进企业的效率，已经成为当今企业迫在眉睫的问题。

随着现代企业制度的不断完善，传统的貌似很"虚"的人力资源管理技术和企业文化建设得到了前所未有的融合，使得人事技能在提高企业效率和解决加班问题上的作用日趋凸显。因此，作为企业人事部门的一员，迅速提高人事管理能力，学会熟练应用人力资源技术处理企业普遍存在的低效和加班现象，可能会成为你人事职业生涯需要首先面对的问题。

下面所列的是你在人事工作中应逐步学习并一定要掌握的一些职业技能，只有清晰地认识这些问题，并能够逐一在你的工作中得到印证并有效解决，才能使你在人事部门乃至公司员工中脱颖而出，逐步上位。因此，在工作中你应该尽量通过和人事经理交流，工作之余尽量多看一些相关书籍，来明晰这些问题。

（1）应能有效区分对企业低效和加班现象的错误认识。

（2）能够通过逐步学习并利用工作中的经验积累，正确分析造成企业低效和加班的原因：

- 表层原因和深层原因；
- 如何分析判断原因所在。

（3）如果你能对下述几项解决低效和加班人事管理技术的问题有清晰的理解和回答，那么，相信你自身的职业能力会大大提高，在公司会令人刮目相看：

- 如何预测人力需求？怎样在内部和外部寻找候选人？
- 如何选择招聘方法？甄选和测试有哪些具体操作技术？
- 如何给员工定位？怎样对培训效果进行评价？
- 绩效考核的程序、方法及常见的难题和对策有哪些？
- 流行的薪酬方式有哪些？怎样给管理人员和专业人员定价？
- 如何建立团队式的组织？
- 如何进行公平管理？怎样管理员工的满意度？
- 如何建立有效的沟通机制？怎样聆听、表达和反馈？

案例 4

市场管理应用

源文件：Excel 2007 实例\客户资料管理.xlsx

Excel 2007 实例\消费者购买行为分析.xlsx

情景再现

会议已经到了尾声。不足 20 平方米的房间，一张大桌占了大半，再加上十数把椅子，已剩不了多少空间。房间里挤满了人，有坐有站，放眼望去，只觉人头窜动，黑压压一大片。

于烟雾缭绕中，徐经理的话破"雾"而来，掷地有声，"我们市场部，就是公司的前锋，市场是无情的，是优胜劣汰的，所以我们要发扬亮剑精神，狭路相逢勇者胜！"

徐经理做了个斩钉截铁的手势，说："好了！现在该到大家亮剑的时候了，散会！"

群情激昂，看来徐经理这番调动工作没有白做。身为徐经理助理的我，暗地里竖起大拇指。

待销售人员都走光后，会议室只剩下我和徐经理两个人。徐经理燃起香烟，若有所思地说："小赵，客户是企业的重要资源，我们千万不能忽略，你把客户资料好好整理一下，眼看就是国庆了，发个邮件问候一声。"

"好。"我一边整理文件，一边回答。

"还有，做个消费者调查问卷，要能够对消费者的购物消费情况进行调查，周末让几个年轻点的加个班，跑跑市场，做个调查。"徐经理说。

"好。"我在会议本记录上记下徐经理的要求。

"恐怕你周末还是得加个班，问卷回来你把调查结果整理一下，这些都是一手数据，对我们了解整个市场消费者的消费习惯有相当大的帮助。"徐经理将烟头在烟灰缸摁熄，起身说。

"对了，顺便把会议室收拾一下。"在出门前，徐经理交代了最后一项工作，没给我说话的机会。

看来这个周末又泡汤了。

任务分析

本例要求完成如下任务：

● 记录、管理客户资料，能够快速给客户发送电子邮件。

● 能够根据月平均交易额对客户进行等级划分并突出显示 A 级客户。

● 设计一份消费者调查问卷，能够对消费者的购物消费情况进行调查。

● 快速录入、统计消费者调查问卷的结果，并对调查结果进行分析。

流程设计

本例可按以下流程进行设计：

首先制作"客户资料"工作表，按输入的数据划分客户等级，然后设计消费者调查问卷，调查结束后统计结果，接着对调查结果进行样本结构分析、性别与购物频率的相关性分析以及收入状况与购物频率的相关性分析。

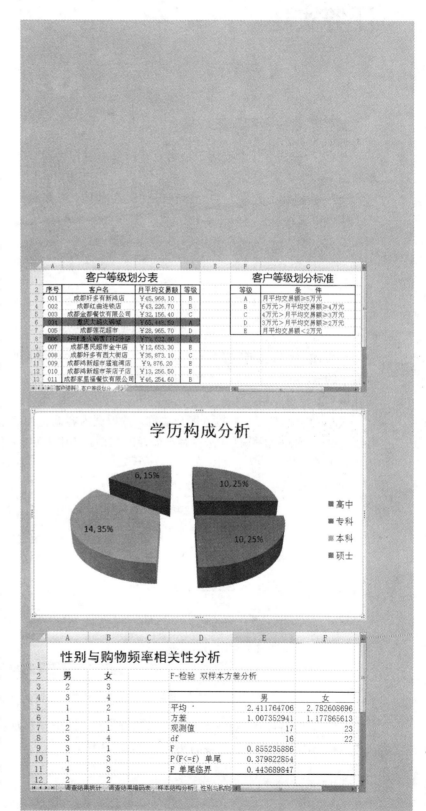

任务实现

制作"客户资料"工作表

"客户①资料"工作表用于公司对客户信息进行管理。创建"客户资料"工作表的操作步骤如下：

（1）新建一个名为"客户资料管理"的工作簿，将 Sheet 1 工作表重命名为"客户资料"，在工作表中录入表头，如图 4-1 所示。

图 4-1　输入表头

（2）将"序号"列设置为"文本"，以便输入如"001"类的序号。在 A3 单元格输入"001"，在其下的 A4 单元格中输入"002"，然后选中 A3:A4 单元格，拖动填充手柄，以序列的方式填充该列其他单元格。

（3）在"客户名"列输入客户名称，并根据内容调整列宽。输入完毕后为客户名插入超链接，单击该链接能够打开保存客户简介的文档。选中 B3 单元格，单击"插入"选项卡"链接"组中的"超链接"按钮，如图 4-2 所示。

图 4-2　单击"超链接"按钮

（4）此时将打开"插入超链接"对话框，在"链接到"列表中选择"原有文件或网页"，在"查找范围"中找到要链接的文件，如图 4-3 所示。

---

① 客户是指与公司往来、发生业务的主顾和客商，包括销售商、供应商和其他与公司有关的金融机构、公关、广告等，这里主要指销售商。

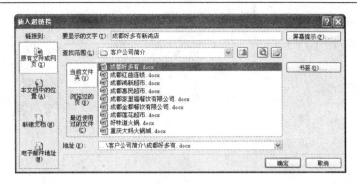

图 4-3　"插入超链接"对话框

（5）单击"屏幕提示"按钮，打开"设置超链接屏幕提示"对话框，在"屏幕提示文字"文本框中输入当鼠标指针指向该链接时屏幕上出现的提示文字，如图 4-4 所示。

（6）设置完成后单击"确定"按钮返回"插入超链接"对话框，再单击"确定"按钮应用设置。此时将鼠标指针指向 B3 单元格，鼠标指针变为手状，屏幕显示提示文字，如图 4-5 所示。单击该链接将打开该客户简介文档。

图 4-4　设置超链接屏幕提示

图 4-5　屏幕显示提示文字

（7）设置"客户名"列其他单元格的链接。然后输入"地址"、"邮编"、"联系人"、"电话"、"传真"列的内容，并调整列宽，如图 4-6 所示。

图 4-6　输入表格内容

（8）输入客户的电子邮箱地址，例如，在 H3 单元格输入客户的电子邮箱地址"liying@163.com"，输入的邮箱地址将自动带有超链接，如图 4-7 所示。单击该链接，可打开邮件发送窗口对该邮箱地址发送邮件，如图 4-8 所示。

（9）客户资料录入完毕，对工作表进行格式设置。单击"开始"选项卡"样式"组中的"单元格样式"按钮，在展开的菜单中选择"新建单元格样式"命令。

（10）此时将打开"样式"对话框，在"样式名"文本框中输入新建的样式名"客户资料"，在"包括样式（例子）"选项组中勾选要设置的样式类别，本例全部勾选，如图 4-9 所示。

（11）单击"格式"按钮，打开"设置单元格格式"对话框，切换到"对齐"选项卡，设置其"水平对齐"和"垂直对齐"均为"居中",在"文本控制"选项组中选中"自动换行"复选框,如图 4-10 所示。

图 4-7　输入客户的电子邮箱地址　　　　　　图 4-8　给客户发送邮件

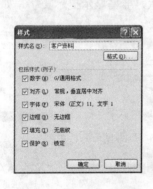

图 4-9　"样式"对话框　　　　　　　　　　图 4-10　"对齐"选项卡

（12）切换到"字体"选项卡,设置"字体"为"方正仿宋简体",设置"字形"为"常规",设置"字号"为 12,如图 4-11 所示。

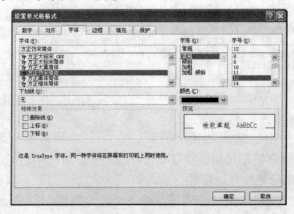

图 4-11　"字体"选项卡

（13）切换到"边框"选项卡,选择线条样式后,单击"外边框"按钮,设置边框[①],如图 4-12 所示。

---

① 注意:此处"内部"按钮为不可用状态,因为这是单元格样式,针对的是单元格,独立单元格只有外边框,没有内部框线。

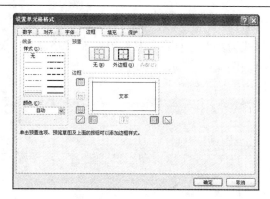

图 4-12　"边框"选项卡

　　（14）切换到"填充"选项卡，在"背景色"列表框中选择一种颜色作为单元格的背景，如图 4-13 所示。

　　（15）单击"确定"按钮，返回"样式"对话框，可见"包括样式（例子）"选项组中列出了单元格所包括的样式细节，如图 4-14 所示。

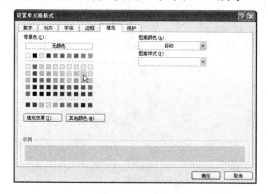

图 4-13　"填充"选项卡

图 4-14　"样式"对话框

　　（16）应用单元格样式。选中要应用样式的单元格区域，单击"开始"选项卡"样式"组中的"单元格样式"按钮，在展开的菜单中选择刚刚新建的"客户资料"样式，如图 4-15 所示。

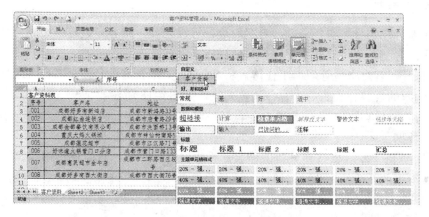

图 4-15　应用单元格样式

（17）合并并居中 A1:H1 单元格区域，单击"开始"选项卡"样式"组中的"单元格样式"按钮，设置其单元格样式为"标题 1"；选中 A2:H2 单元格区域，设置其单元格样式为"强调文字颜色 2"。完成效果如图 4-16 所示。

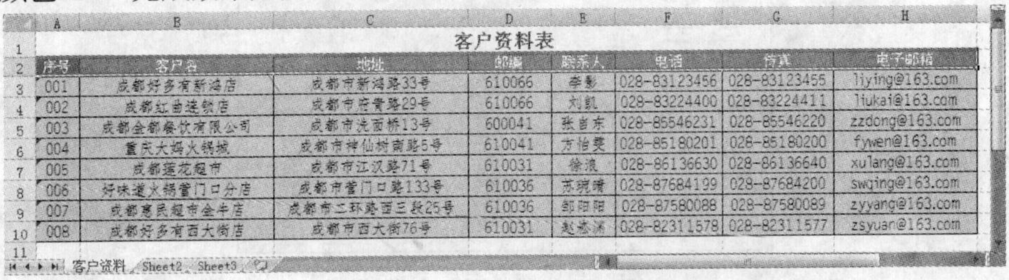

图 4-16　客户资料表完成效果

（18）单击"快速访问"工具栏上的"保存"按钮，保存该工作表。

如果要在工作表中增加客户记录，可按如下步骤操作：

（1）在表末依次输入客户资料。

（2）选择已使用"客户资料"单元格样式的任一单元格，单击"开始"选项卡"剪贴板"组中的"格式刷"[①]按钮。

（3）此时鼠标指针将变为一个小刷子的形状，按下鼠标左键拖动鼠标选择要设置格式的单元格区域即可，如图 4-17 所示。

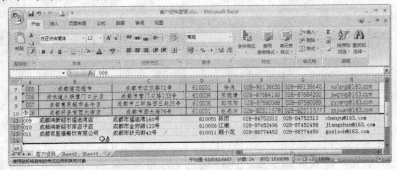

图 4-17　使用格式刷快速复制单元格样式

划分客户等级

本例根据客户的月平均交易额，对客户进行等级划分。对客户进行等级划分是重要的市场管理工作，有利于公司的资源配置。具体操作步骤如下：

（1）打开"客户资料管理"工作簿，将 Sheet 2 工作表重命名为"客户等级划分"。

（2）输入的表题、表头等内容，调整列宽，如图 4-18 所示。

（3）切换到"客户资料"工作表，选择"序号"和"客户名"两列的数据区域，按下 Ctrl+C 组合键复制数据。

（4）切换到"客户等级划分"工作表，选中 A3 单元格，然后再单击"开始"选项卡"剪贴板"组中的"粘贴"下拉按钮，在打开的菜单中单击"选择性粘贴"命令，如图 4-19 所示。

---

① 使用格式刷快速复制单元格格式时注意，在 Excel 默认状态下，单击一次"格式刷"按钮，只能复制一次格式；如果要连续多次复制相同的格式时，可双击"格式刷"按钮进行操作，格式复制完毕后按 Esc 键取消格式刷即可。

图 4-18　输入表题、表头

图 4-19　单击"选择性粘贴"命令

（5）此时将打开"选择性粘贴"对话框，在"粘贴"选项组中选中"数值"单选项，如图 4-20 所示。单击"确定"按钮后，就只粘贴了数值而忽略了格式，如图 4-21 所示。

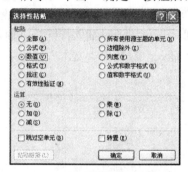

图 4-20　"选择性粘贴"对话框

图 4-21　无格式粘贴

（6）输入"月平均交易额"列的内容，将该列设置为"货币"格式；根据表格内容调整列宽，将数据区域的对齐方式设置为"居中"。

（7）合并并居中 A1:D1 单元格区域，选中该区域，设置字体格式为"微软雅黑"，字号为 18；选择 A2:D2 单元格区域，设置字体为"黑体"，字号为 12，如图 4-22 所示。

（8）手动绘制边框。单击"开始"选项卡"字体"组中的"框线"下拉按钮，在打开的菜单中选择"绘制边框"组中的"线型"，在下级菜单中选择一种线型，如图 4-23 所示。

图 4-22　设置字体格式

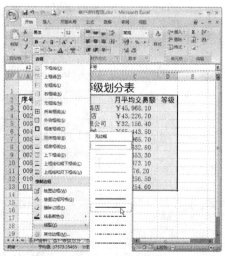

图 4-23　选择线型

（9）此时鼠标指针变为笔状 ✐，沿网格线拖动笔状指针，即可绘制表格框线，如图 4-24 所示。边框绘制完毕后按 Esc 键即可取消绘制状态。

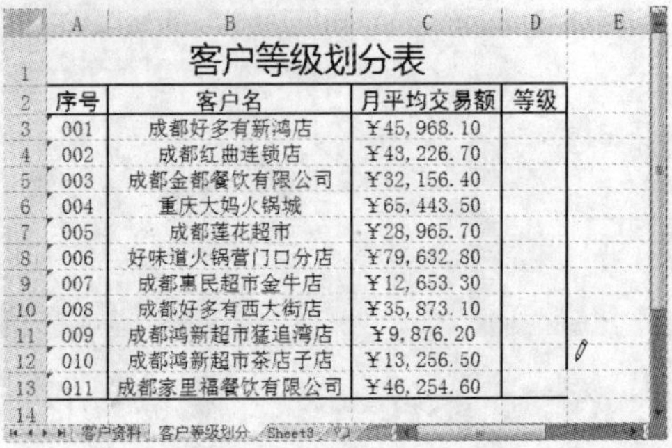

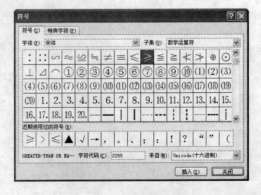

图 4-24　绘制表格框线

（10）设置客户等级划分标准。在 F 列和 G 列输入客户等级的划分标准，其格式参照"客户等级划分表"，如图 4-25 所示。其中"≥"、"＞"和"＜"可以通过插入特殊符号输入，方法是：将光标定位到要输入特殊符号的位置，再单击"插入"选项卡"文本"组中的"符号"按钮。

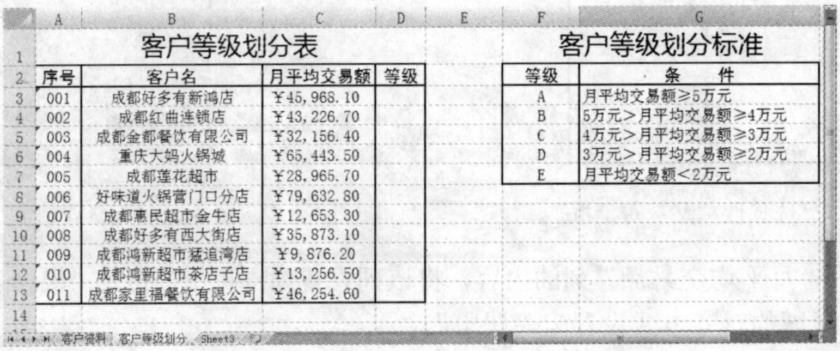

图 4-25　建立客户等级划分标准

（11）此时将打开"符号"对话框[①]，在列表框中找到要插入的符号，单击"插入"按钮，再单击"关闭"按钮即可，如图 4-26 所示。

图 4-26　"符号"对话框

---

① 通过"符号"对话框插入符号，除了提供很多符号外，而且一次可以插入多个特殊符号。用户只需选择符号后，单击"插入"按钮即可连续插入。

（12）计算客户等级。选择 D3 单元格，在编辑栏中输入如下公式：

=IF(C3>=50000,$F$3,IF(C3>=40000,$F$4,IF(C3>=30000,$F$5,IF(C3>=20000,$F$6,$F$7))))

（13）按回车键确认输入的公式，此时 D3 单元格显示计算结果。再拖动填充手柄，复制该公式到该列其他单元格，最后结果如图 4-27 所示。

客户等级划分表

序号	客户名	月平均交易额	等级
001	成都好多有新鸿店	￥45, 968. 10	B
002	成都红曲连锁店	￥43, 226. 70	B
003	成都金都餐饮有限公司	￥32, 156. 40	C
004	重庆大妈火锅城	￥65, 443. 50	A
005	成都莲花超市	￥28, 965. 70	D
006	好味道火锅营门口分店	￥79, 632. 80	A
007	成都惠民超市金牛店	￥12, 653. 30	E
008	成都好多有西大街店	￥35, 873. 10	C
009	成都鸿新超市猛追湾店	￥9, 876. 20	E
010	成都鸿新超市茶店子店	￥13, 256. 50	E
011	成都家里福餐饮有限公司	￥46, 254. 60	B

客户等级划分标准

等级	条　件
A	月平均交易额≥5万元
B	5万元>月平均交易额≥4万元
C	4万元>月平均交易额≥3万元
D	3万元>月平均交易额≥2万元
E	月平均交易额<2万元

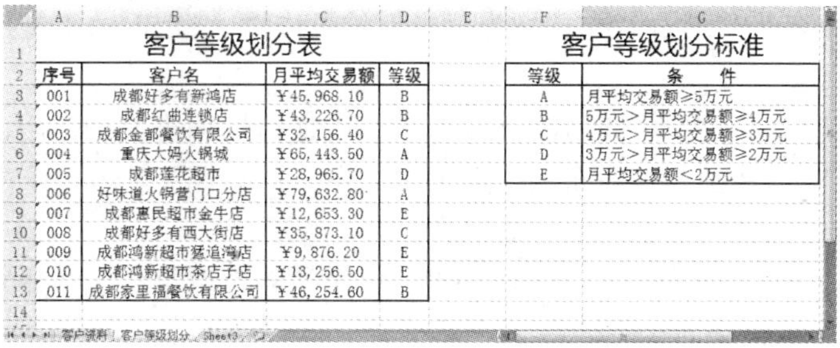

图 4-27　客户等级计算结果

（14）设置条件格式，标识等级为 A 的客户。选中 A3:D13 单元格区域，单击“开始”选项卡“样式”组中的“条件格式”按钮，在展开的下拉菜单中选择“新建规则”命令，打开“新建格式规则”对话框，在“选择规则类型”列表框中选择“使用公式确定要设置格式的单元格”选项，在“为符合此公式的值设置格式”文本框中输入公式“=$D3="A"”，如图 4-28 所示。

（15）单击“格式”按钮，在弹出的“设置单元格格式”对话框中选择底纹颜色，如图 4-29 所示。然后单击“确定”按钮返回“新建格式规则”对话框。

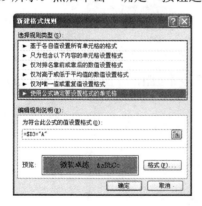

图 4-28　“新建格式规则”对话框

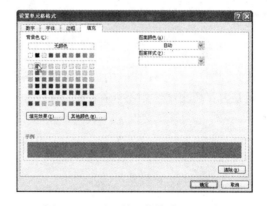

图 4-29　“设置单元格格式”对话框

（16）单击“确定”按钮，应用条件样式，如图 4-30 所示。

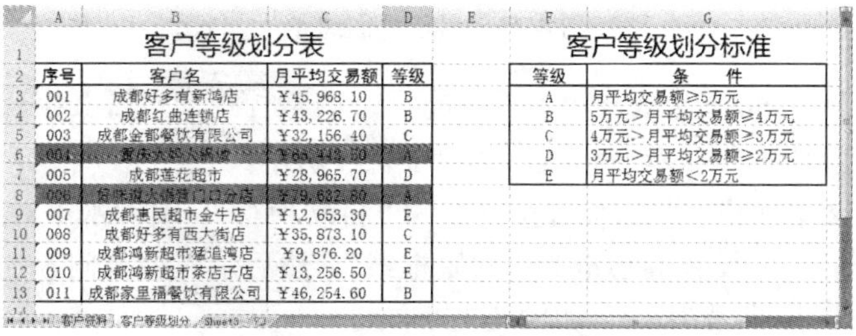

图 4-30　应用条件样式效果

（17）最后删除多余工作表，单击快速访问工具栏上的"保存"按钮 保存工作表。

设计消费者调查问卷

消费者调查问卷可以帮助公司收集市场信息，用以分析未来的市场状况，从而做出正确的决策。其操作步骤如下：

（1）新建一个名为"消费者购买行为分析"的工作簿，将 Sheet 1 工作表重命名为"消费者调查问卷"。

（2）由于该调查问卷需要打印到 A4 纸张上，以便市场调查人员使用，故此需要确定该工作表的纸张大小。切换到"页面布局"选项卡，在"页面设置"组中单击"纸张大小"按钮，从打开的菜单中选择纸张大小为 A4，如图 4-31 所示。

（3）设置页边距。在"页面设置"组中单击"页边距"按钮，从打开的菜单中选择页边距为"普通"，如图 4-32 所示。

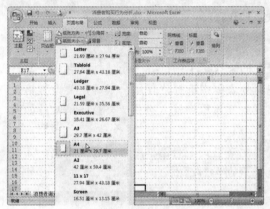

图 4-31　选择纸张大小为 A4

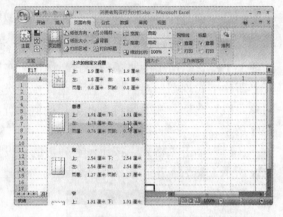

图 4-32　设置页边距

（4）此时工作表工作区内出现纵横两条虚线，显示页面边距，如图 4-33 所示。录入的调查问卷内容超出虚线则不能在一页上打印。

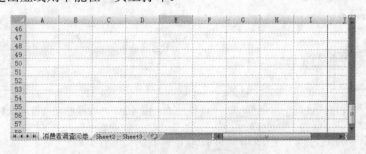

图 4-33　显示页面边距

（5）合并 A1:I1 单元格区域，输入问卷题目，调整行距，设置其字体为"华文琥珀"，字号为 20，并设置其边框为"双底框线"，如图 4-34 所示。

（6）合并 A2:I2 单元格区域，设置该区域为"自动换行"，设置水平对齐方式为"常规"，垂直对齐方式为"靠上"；设置其边框为"双底框线"，然后录入调查问卷的前言并调整行距。设置其字体为"黑体"，字号为 12，如图 4-35 所示。

图 4-34　输入问卷题目

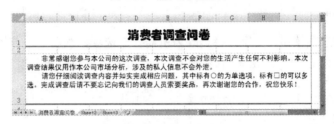

图 4-35　录入调查问卷前言

（7）输入调查问卷的题目，其答案选项可以通过添加控件[①]输入。"插入控件"工具被集成在"开发工具"选项卡中，默认情况下并未显示。单击"Office 按钮" ，在菜单中选择"Excel 选项"命令，打开"Excel 选项"对话框。

（8）单击左边列表框中的"常用"选项，打开"更改 Excel 中最常用的选项"页面，在"使用 Excel 时采用的首选项"组中选中"在功能区显示'开发工具'选项卡"复选框，如图 4-36 所示。

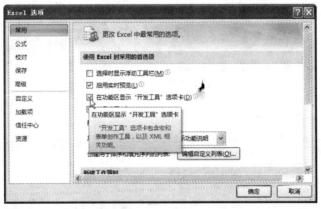

图 4-36　"Excel 选项"对话框

（9）单击"确定"按钮，Excel 2007 功能区将增加一个"开发工具"选项卡。

（10）输入要调查的问题，选择其下一行，将行高调整为 20，然后在"开发工具"选项卡"控件"组中单击"插入"按钮[②]，从打开的列表中选择"选项按钮"（窗体控件） ，如图 4-37 所示。

[①] 控件是允许用户控制程序的图形用户界面对象，如文本框、复选框、滚动条或命令按钮等。可使用控件显示数据或选项、执行操作或使用户界面更易阅读。

[②] 插入与对齐控件。

（11）此时鼠标指针变为＋状，按住鼠标左键拖动鼠标在所需位置绘制控件，如图 4-38 所示。

 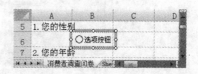

图 4-37 插入"选项按钮"　　　　　　　图 4-38 绘制"选项按钮"

（12）选中"选项按钮"文字，将其改为所需答案选项，然后选中该控件，按住 Ctrl 键，再按住鼠标左键进行拖动，快速复制该控件，并改名为所需的答案选项，如图 4-39 所示。

图 4-39 快速复制控件

（13）绘制的控件并不齐整，需要进行调整。按住 Ctrl 键，分别单击两个控件，切换到"页面布局"选项卡，单击"排列"组中的"对齐"按钮，在打开的菜单中选择"底端对齐"命令，如图 4-40 所示。

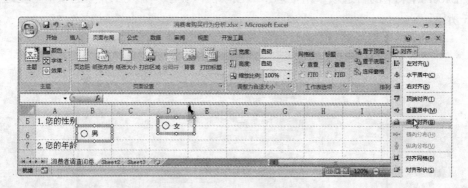

图 4-40 选择"底端对齐"命令

（14）底端对齐后，使用方向键"←"、"→"调整控件的水平位置，完成效果如图 4-41 所示。

图 4-41 调整控件位置

（15）按照相同的方法绘制并对齐其他控件，其中的多选项答案应使用"复选框"控件，最后完成效果如图 4-42 所示。

图 4-42　完成效果

（16）设置页眉和页脚。切换到"插入"选项卡，单击"页眉和页脚"按钮。

（17）此时将进入"页面"视图，在页眉左边位置输入页眉内容，如图 4-43 所示。

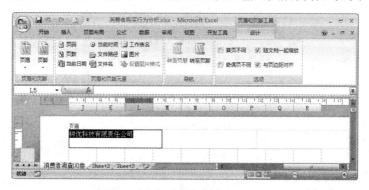

图 4-43　输入页眉

（18）单击"导航"选项组中的"转至页脚"按钮，跳转到页脚位置，在左边位置和中间位置输入页脚内容，然后再定位到页脚的右边位置，单击"页眉和页脚元素"选项组中的"页码"按钮，插入页码，如图 4-44 所示。

（19）单击"视图"选项卡"工作簿视图"组中的"普通"按钮，退出页眉页脚编辑状态，回到普通视图界面[①]，如图 4-45 所示。

（20）调查问卷的主体和页眉、页脚编辑完毕后可通过打印预览视图预览来效果。单击

---

① 工作簿的视图方式。

快速访问工具栏右端的下拉按钮 ，在下拉菜单中选择"打印预览"命令①，此时快速访问工具栏将显示"打印预览"按钮 。

图 4-44　输入页脚

图 4-45　切换到普通视图

（21）单击快速访问工具栏上新添加的"打印预览"按钮 ，预览消费者调查问卷效果，页眉效果如图 4-46 所示，页脚效果如图 4-47 所示。

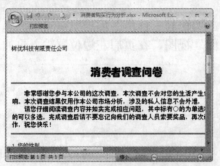

图 4-46　页眉效果

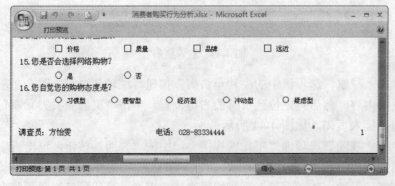

图 4-47　页脚效果

---

① 自定义快速访问工具栏。

（22）如果对预览效果满意，则消费者调查问卷设计完毕，使用 A4 纸张打印出来即可。

统计消费者调查问卷结果

市场调查员将消费者调查问卷发出进行调查，问卷收回后还需将调查结果录入 Excel 表格，以便进行统计和分析，其操作步骤如下：

（1）在录入调查结果之前，先为各答案选项设置编码，以方便分析。打开"消费者购买行为分析"工作簿，切换到 Sheet 2 工作表，将其改名为"答案编码"。

（2）在工作表中输入各答案的标题，并将答案选项按 1～5 编号，编号和答案选项中间空一格，如"性别"列下应有"1 男"和"2 女"2 个选项，完成效果如图 4-48 所示。

答案编码设置							
性别	年龄	学历	痛否	小孩	家庭人数	职业	月收入
1 男	1 25以下	1 高中	1 是	1 无	1 2人	1 职员	1 2000以下
2 女	2 25～35	2 专科	2 否	2 有1个	2 3人	2 私企业主	2 2000～5000
	3 35～45	3 本科		3 有2个	3 4人	3 公务员	3 5000～1万
	4 45以上	4 硕士			4 更多	4 其他	4 1万以上
家庭月收	月购物频率	购物花费	购物计划	购物地点	在意因素	网络购物	购物态度
1 5000以下	1 1次	1 200以下	1 没有	1 商场和超市	1 价格	1 是	1 习惯型
2 5000～1万	2 2次	2 200～500	2 有大致计划	2 专卖店	2 质量	2 否	2 理智型
3 1万～3万	3 3次	3 500～1000	3 有严格计划	3 批发市场	3 品牌		3 经济型
4 3万以上	4 4次以上	4 1000以上		4 其他	4 远近		4 冲动型
							5 疑虑型

图 4-48　为答案选项设置编码

（3）将各列答案选项分别定义为名称，以方便在设置数据有效性时作为"序列"的数据来源①，这样，录入调查结果时就可直接从下拉列表中选用。以"性别"列为例，选中 A3:A4 单元格区域，单击"公式"选项卡"定义的名称"组中的"定义名称"按钮，如图 4-49 所示。

（4）此时将打开"新建名称"对话框，在"名称"文本框中输入单元格区域的名称"性别"，在"范围"下拉列表中选择"工作簿"，"引用位置"保持默认设置不变，如图 4-50 所示。设置完毕后单击"确定"按钮。

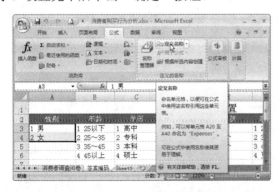

图 4-49　单击"定义名称"按钮

图 4-50　"新建名称"对话框

（5）此时再选中 A3:A4 单元格区域，可见"名称框"中显示的不再是单元格地址，而是刚定义的名称"性别"，如图 4-51 所示。

---

① 在"数据有效性"对话框中，"序列"的数据来源用拾取器选择时只能在同一工作表中进行，如果要引用其他工作表中的数据，可以手动输入，也可引用单元格名称。

图 4-51　名称框显示名称

（6）采用同样的方法，为其他各列答案选项定义名称。名称定义完毕后，可单击"公式"选项卡"定义的名称"组中的"名称管理器"按钮，打开"名称管理器"对话框，在其中查看工作簿中定义的所有名称，并可对名称进行新建、编辑和删除等操作，如图 4-52 所示。

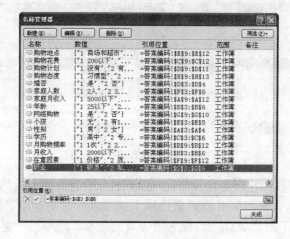

图 4-52　"名称管理器"对话框

（7）切换到 Sheet 3 工作表，将其改名为"调查结果统计"。在表中录入表题"调查结果统计"，再按各调查项录入表头[①]，如图 4-53 所示。

图 4-53　录入调查结果的表题和表头

（8）通过序列填充，在"序号"列中快速填充 1～40 的序列（假设有 40 份合格的调查问卷）。

（9）选中 B3:B42 单元格区域，单击"数据"选项卡"数据工具"组中的"数据有效性"按钮。

（10）此时将打开"数据有效性"对话框，切换到"设置"选项卡，在"允许"下拉列表中选择"序列"，如图 4-54 所示。

（11）定位到"来源"文本框中，再单击工作簿"公式"选项卡"定义的名称"组中的"用于公式"按钮，在下拉菜单中选择定义的名称"性别"，如图 4-55 所示。

（12）此时"数据有效性"对话框的"来源"文本框中会自动插入公式"=性别"。

---

① 如果调查项可有多个答案，如"购物地点"项，可用多列处理，将其分为购物地点 1、"购物地点 2"即可。

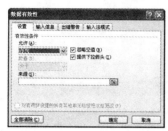

图 4-54 "数据有效性"对话框   图 4-55 选择用于公式的名称

（13）按同样的方法设置其他列的数据有效性，设置完毕后通过下拉列表快速录入各份问卷的调查结果。最后将第 2 行设置为自动换行，然后调整列宽，如图 4-56 所示。

图 4-56 录入调查结果

（14）通过"分列"功能将答案编码分离出来[①]。选中 C 列，单击鼠标右键，从弹出的快捷菜单中选择"插入"命令，如图 4-57 所示。

（15）此时将在"性别"列右侧插入新的一列以保存分列结果，输入表头"性别"，如图 4-58 所示。

图 4-57 选择"插入"命令   图 4-58 输入表头

（16）按同样的方法在除"序号"之外的所有答案选项右侧插入新列，结果如图 4-59 所示。

（17）分列答案编码。以分列"性别"列为例，选中 B3:B42 单元格区域，单击"数据"选项卡"数据工具"组中的"分列"按钮，如图 4-60 所示。

（18）此时将打开"文本分列向导"对话框，选择"分隔符号"单选项，如图 4-61 所示。

---

① 使用分列功能。

图 4-59　插入新列

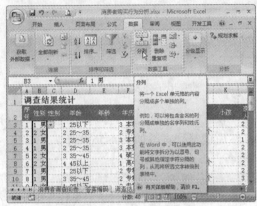
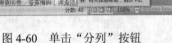

图 4-60　单击"分列"按钮

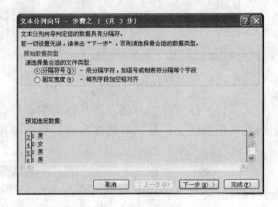

图 4-61　文本分列向导（1）

（19）单击"下一步"按钮，进入"文本分列向导－步骤之 2"对话框，在"分隔符号"选项组中选择"空格"复选框，如图 4-62 所示。

（20）单击"下一步"按钮，进入"文本分列向导－步骤之 3"对话框，在"列数据格式"选项组中选择"常规"单选项，可在"数据预览"列表框中预览分列效果，如图 4-63 所示。

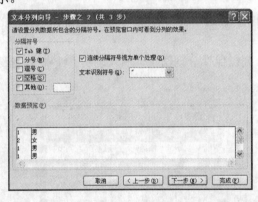

图 4-62　文本分列向导（2）

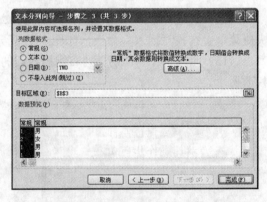

图 4-63　文本分列向导（3）

（21）单击"完成"按钮，再按同样的方法分列其他答案项，效果如图 4-64 所示。

（22）单击工作表标签栏的"插入工作表"按钮，插入一个新工作表，将其命名为"调查结果编码表"。在工作表 A1 单元格输入表题"调查结果编码表"；切换到"调查结果统计"工作表，按住 Ctrl 键拖动鼠标选择分列出的编码列，按 Ctrl＋C 组合键进行复制。

（23）切换到"调查结果编码表"工作表，选中 A2 单元格，按 Ctrl＋V 组合键进行粘贴，再调整其列宽，最后结果如图 4-65 所示。

图 4-64　分列效果

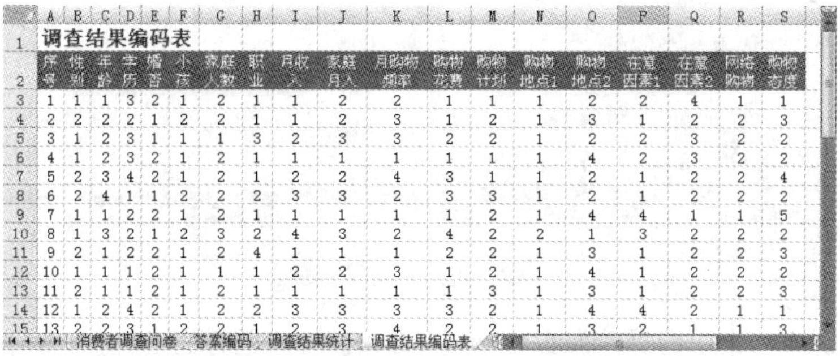

图 4-65　调查结果编码表完成效果

（24）由于调查结果的编码已经独立制作为工作表，因此这里可将编码列隐藏①。切换到"调查结果统计"工作表，按住 Ctrl 键同时选中各编码列，单击"开始"选项卡"单元格"组中的"格式"按钮，在展开的菜单中选择"隐藏和取消隐藏"下的"隐藏列"命令。

（25）由图 4-66 所示的隐藏列的效果可见，列标号上 B、D 等列已不可见。最后单击"保存"按钮保存工作表。

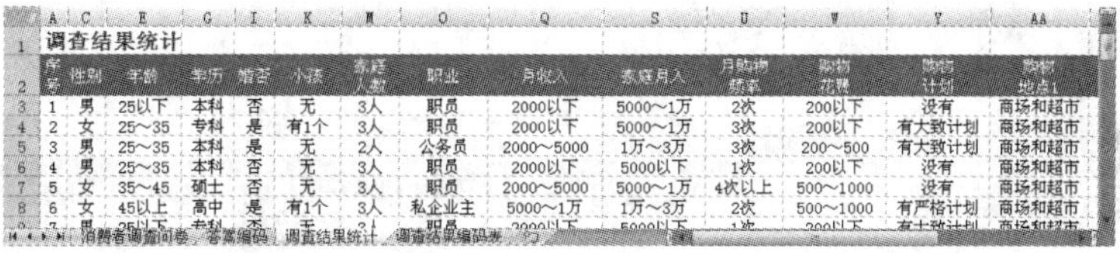

图 4-66　隐藏列的效果

调查结果的样本结构分析

对调查结果进行样本结构分析，通常是分析调查结果中男女比例、年龄构成、学历状况、婚姻状态等。其操作步骤如下：

（1）单击工作表标签栏的"插入工作表"按钮　，插入一个新工作表，将其命名为"样本结构分析"。这里要分析调查结果的男女比例、年龄构成和学历状况，因此输入如图 4-67 所示的内容。

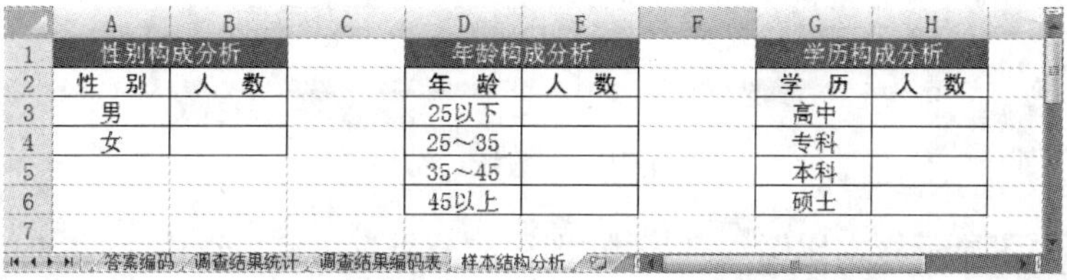

图 4-67　输入表格内容

---

① 隐藏工作表中的列。

（2）各项人数统计可通过自动筛选[1]求得。切换到"调查结果统计"工作表，单击"数据"选项卡"排序和筛选"组中的"筛选"按钮，此刻工作表各列表头出现一个下拉按钮，如图 4-68 所示。

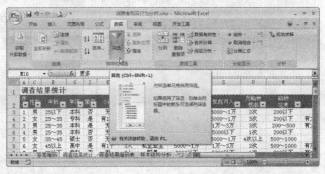

图 4-68　进入自动筛选状态

（3）统计调查结果中的男性人数。单击"性别"列标题旁的下拉按钮，在展开的菜单中选择"男"复选框，如图 4-69 所示；单击"确定"按钮，筛选结果如图 4-70 所示，状态栏显示"在 40 条记录中找到 17 个"，17 即为男性人数，将该人数输入"样本结构分析"工作表对应的单元格。

图 4-69　"筛选"菜单　　　　　　　　　　　　　图 4-70　筛选结果

（4）按相同的方法统计出女性人数及其他各统计项的人数[2]，将结果填入"样本结构分析"工作表对应单元格，如图 4-71 所示。

图 4-71　人数统计结果

（5）插入饼图显示样本比例[3]。以"性别构成分析"为例，选中 A1:B4 单元格区域，单

---

[1] 自动筛选。

[2] 注意：在筛选其他项如年龄、学历时，一定要保证之前筛选项为全选状态，否则将是在前一筛选结果基础上进行的筛选。

[3] 在工作表中插入图表。

击"插入"选项卡"图表"组中的"饼图"按钮，在展开的菜单中选择"分离型三维饼图"命令，如图 4-72 所示。此时将在该工作表中插入一个三维饼图，如图 4-73 所示。

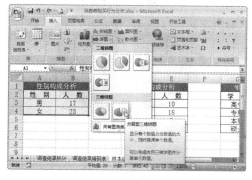

图 4-72　选择"分离型三维饼图"命令

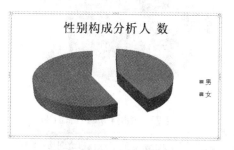

图 4-73　分离型三维饼图

（6）为插入的饼图添加数据标签。选中插入的饼图，单击"布局"选项卡"标签"组中的"数据标签"按钮，在展开的菜单中选择"其他数据标签选项"命令，如图 4-74 所示。

图 4-74　选择"其他数据标签选项"命令

（7）此时将打开"设置数据标签格式"对话框，选择"标签选项"选项，切换到"标签选项"界面，在"标签包括"选项组中选择"值"和"百分比"复选项，如图 4-75 所示。单击"确定"按钮，饼图上将显示数值和百分比，其间以逗号","分隔，再将饼图的标题修改为"性别构成分析"，最终效果如图 4-76 所示。

图 4-75　"设置数据标签格式"对话框

图 4-76　性别构成分析饼图效果

（8）按同样的方法插入年龄构成分析和学历构成分析饼图，如图 4-77、图 4-78 所示。

图 4-77 年龄构成分析饼图

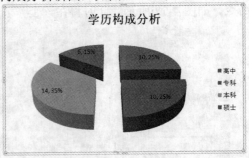
图 4-78 学历构成分析饼图

性别与购物频率的相关性分析

在 Excel 2007 中对调查结果进行性别与购物频率相关性分析的操作步骤如下：

（1）打开"消费者购买行为分析"工作簿，单击工作表标签栏的"插入工作表"按钮，插入一个新工作表，将其命名为"性别与购物频率相关性分析"。

（2）在工作表中输入如图 4-79 所示的内容。

（3）切换到"调查结果编码表"工作表，单击"数据"选项卡"排序和筛选"组中的"筛选"按钮，为工作表添加自动筛选。

（4）单击"性别"标题旁的下拉按钮，在列表中选择按"1"（性别"男"的编码）进行筛选，如图 4-80 所示。

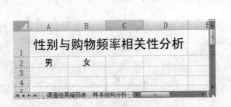
图 4-79 输入表格内容

图 4-80 筛选菜单

（5）在筛选结果中选择"月购物频率"列的编码，按 Ctrl＋C 键复制，如图 4-81 所示。

图 4-81 筛选性别为"1"的结果

（6）切换到"性别与购物频率相关性分析"工作表，选中 A3 单元格，单击"开始"选项卡"剪贴板"组中的"粘贴"按钮，在弹出的菜单中选择"粘贴值"命令。

（7）再切换到"调查结果编码表"工作表，筛选"性别"为"2"的记录，将"月购物频率"列的编码粘贴到"性别与购物频率相关性分析"工作表"女"列，如图4-82所示。

（8）相关性分析可使用Excel中的"方差分析"功能，该功能需要在头一次使用时加载。单击"Office按钮"，在菜单中选择"Excel选项"命令，打开"Excel选项"对话框。单击"加载项"选项切换到"查看和管理Microsoft Office加载项"界面，在"加载项"列表框中选择"分析工具库"，如图4-83所示。

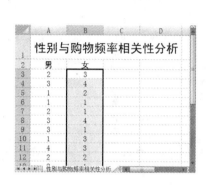

图4-82 复制对应代码

图4-83 "Excel选项"对话框

（9）单击"转到"按钮，打开"加载宏"对话框，在"可用加载宏"列表框中选择"分析工具库"选项，再单击"确定"按钮，如图4-84所示。

（10）切换到"数据"选项卡，单击"分析"组中的"数据分析工具"按钮，如图4-85所示。

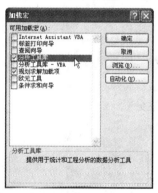

图4-84 "Excel选项"对话框

图4-85 单击"数据分析工具"按钮

（11）此时将打开"数据分析"对话框，在"分析工具"列表框中选择"F-检验 双样本方差"选项，如图4-86所示。

（12）单击"确定"按钮，此时将打开"F-检验 双样本方差"对话框，在"变量1的区域"文本框中用参数拾取器选择单元格区域\$A\$2:\$A\$19，在"变量2的区域"文本框中用参数拾取器选择单元格区域\$B\$2:\$B\$25；选中"标志"复选框，保留α的默认值0.05；选择"输出区域"单选项，在其后的文本框中使用参数拾取器选择单元格\$D\$2，如图4-87所示。

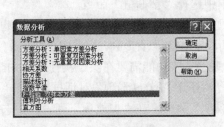

图 4-86 “数据分析”对话框

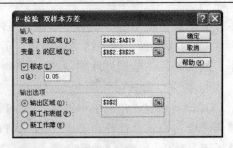

图 4-87 “F-检验 双样本方差”对话框

（13）单击“确定”按钮，单元格 D2 显示计算结果，如图 4-88 所示。

	A	B	C	D	E	F
1	性别与购物频率相关性分析					
2	男	女		F-检验 双样本方差分析		
3	2	3				
4	3	4			男	女
5	1	2		平均	2.411764706	2.782608696
6	1	1		方差	1.007352941	1.177865613
7	2	1		观测值	17	23
8	3	4		df	16	22
9	3	1		F	0.855235886	
10	1	3		P(F<=f) 单尾	0.379822854	
11	4	3		F 单尾临界	0.443689847	
12	2	2				

性别与购物频率相关性分析

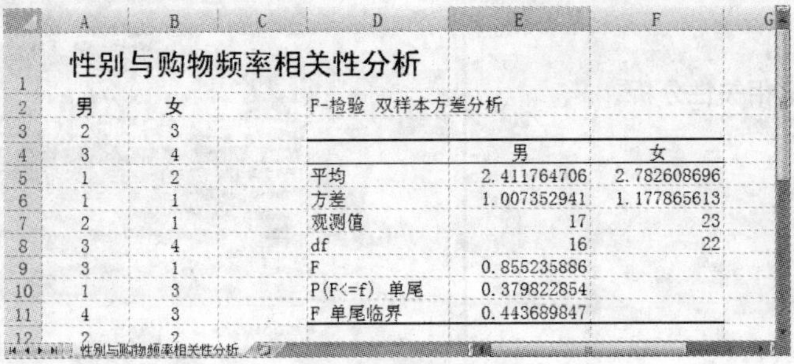

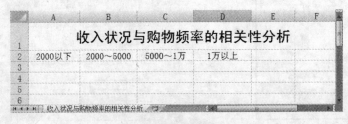

图 4-88 分析结果

（14）从输出结果可见，由于 F 统计值 0.855 大于 F 单尾临界值 0.444，因此可以得出性别与购物频率具有相关性的结论。

收入状况与购物频率的相关性分析

对调查结果进行收入状况与购物频率相关性分析的操作步骤如下：

（1）单击工作表标签栏的“插入工作表”按钮，插入一个新工作表，将其命名为“收入状况与购物频率的相关性分析”。

（2）在工作表中输入如图 4-89 所示的内容。

	A	B	C	D	E	F
1	收入状况与购物频率的相关性分析					
2	2000以下	2000～5000	5000～1万	1万以上		
3						
4						
5						
6						

收入状况与购物频率的相关性分析

图 4-89 输入表格内容

（3）在“调查结果编码表”工作表中对“月收入”列分别按“1”、“2”、“3”、“4”进行筛选，将筛选结果的“月购物频率”列编码分别复制到“收入状况与购物频率的相关性分析”工作表的“2000 以下”、“2000～5000”、“5000～1 万”、“1 万以上”列中，如图 4-90 所示。

（4）单击“分析”组的“数据分析工具”按钮，打开“数据分析”对话框，在“分析工具”列表框中选择“方差分析：单因素方差分析”选项，如图 4-91 所示。

（5）单击“确定”按钮，此时将打开“方差分析：单因素方差分析”对话框，在“输入区域"文本框中用参数拾取器选择单元格区域$A$2:$D$17，"分组方式"选择"列"；选中"标志位于第一行"复选框，保留α的默认值 0.05；选择"输出区域"单选项，在其后的文本框中使用参数拾取器选择单元格$B$19，如图 4-92 所示。

图 4-90　复制对应代码

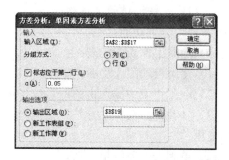

图 4-91　"数据分析"对话框　　　图 4-92　"方差分析：单因素方差分析"对话框

（6）单击"确定"按钮，即可显示出分析结果，如图 4-93 所示。

图 4-93　显示分析结果

（7）分析结果包括求和、平均、方差、SS 等统计指标，由于 F 值 6.794 大于 F crit（F 临界值）2.866 或 P 值 0.001 小于α值 0.05，由此可知，在 95%的置信水平（α值 0.05 即表示 95%的置信水平）下，收入状况与购物频率有极大的相关性。

知识点总结

本案例涉及以下知识点：

（1）新建单元格样式；

（2）使用格式刷快速复制单元格格式；

（3）手动绘制边框；

（4）通过"符号"对话框插入符号；

（5）插入与对齐控件；

（6）插入页眉与页脚；

（7）工作簿的视图方式；

（8）自定义快速访问工具栏；

（9）使用分列功能；

（10）隐藏工作表中的列；

（11）使用自动筛选功能；

（12）在工作表中插入饼图；

（13）"F-检验 双样本方差"数据分析工具的使用；

（14）单因素方差分析方法。

下面是一些值得注意的功能细节。

1. 修改与删除单元格样式

用户可以自定义单元格的样式以便使用，除了新建单元格样式之外，还可以通过修改现有的单元格样式自定义样式，其操作步骤如下：

（1）在 Excel 2007 "开始"选项卡"样式"组中单击"单元格样式"按钮。

（2）右键单击要修改的单元格样式，打开快捷菜单。

（3）要修改现有的单元格样式，选择"修改"命令，打开"样式"对话框，但要注意，该样式名不能更改；单击"格式"按钮，在"设置单元格格式"对话框中的各个选项卡中设置所需的格式，然后单击"确定"按钮即可。该内置单元格样式将随着所做的更改而更新。

（4）要创建现有的单元格样式的副本，在单元格样式快捷菜单中选择"复制"命令，同样打开"样式"对话框，在"样式名"框中为新单元格样式键入适当的名称，再修改

其格式，复制的单元格样式将添加到自定义单元格样式列表中。

用户可以删除选定单元格所应用的样式而不删除单元格样式本身。选择应用了单元格样式的单元格，在"开始"选项卡的"样式"组中单击"单元格样式"按钮，在打开菜单的"好、差和适中"下，单击"常规"选项即可。

用户还可以将预定义或自定义单元格样式从可用单元格样式列表中删除，删除某个单元格样式时，该单元格样式也会从应用该样式的所有单元格中删除。单击"单元格样式"按钮之后，在打开的列表中右键单击要删除的单元格样式，然后在快捷菜单中选择"删除"命令即可。

注意：不能删除"常规"单元格样式。

2. 工作簿的视图方式

在 Excel 2007 中提供了多种视图方式，如普通视图、页面布局视图、分页预览视图、全屏显示视图和自定义视图等。Excel 2007 默认的是"普通"视图，用户可根据需要切换到所需视图，方法是在"视图"选项卡的"工作簿视图"组中单击所需视图

普通视图：该视图是 Excel 的默认视图，在此视图中，用户可完成 Excel 2007 的大部分操作。

页面布局视图：该视图是 Excel 2007 新增的一种视图。切换到该视图，可以查看文档的打印外观。使用该视图还可以查看文档的起始和结束位置，并且可以编辑文档的页眉页脚。

分页预览视图：切换到分页预览视图后，可以查看到文档打印时的分页效果并调整文档的分页。

全屏显示视图：切换到该视图，Excel 将文档编辑区最大化显示，单击窗口标题栏右侧的"向下还原"按钮 即可关闭全屏显示

视图。

自定义视图：在 Excel 2007 中，还可以对视图进行自定义。

首先在工作簿中对工作表的视图进行设置，包括打印设置、隐藏行列或筛选等，然后单击"视图"选项卡"工作簿视图"组中的"自定义视图"按钮，打开"视图管理器"对话框，单击"添加"按钮，打开"添加视图"对话框，输入自定义视图的名称再单击"确定"按钮进行保存，如图 4-94 所示。

图 4-94　"添加视图"对话框

如果在其他工作表中要使用该自定义视图，可单击"视图"选项卡"工作簿视图"组中的"自定义视图"按钮，打开"视图管理器"对话框，选择自定义的视图（如图 4-95 所示），再单击"显示"按钮即可。

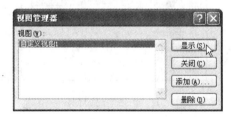

图 4-95　应用自定义视图

除了通过单击"视图"选项卡"工作簿视图"组中的"视图"切换按钮切换工作簿视图外，还可以通过单击 Excel 2007 状态栏右侧的视图切换按钮来快速切换视图，如图 4-96 所示。

图 4-96　状态栏上的视图切换按钮

3．隐藏的列

在工作表中出于美观或保密的需要，有时需要将工作表的列或行隐藏。隐藏行的操作与隐藏列的操作大致相同，由于在案例"任务实现"中已经讲解，在此就不再赘述。

当工作表中的行或列被隐藏后，如果需要将其显示出来，可选择隐藏列的左右列，在"开始"选项卡"单元格"组中单击"格式"按钮，然后在展开的菜单中选择"隐藏和取消隐藏"选项，在其子菜单中选择"取消隐藏列"命令即可。

这里需要注意的是，在取消列的隐藏时，必须先选择被隐藏列的左右两列，再执行"取消隐藏列"命令；如果隐藏的是第 1 列，那么在取消隐藏时，就无法选择左右两列，此时必须单击行、列标号左上角的"全选"按钮▨▨，然后再选择"取消隐藏列"命令。

同样，在取消行的隐藏时，必须先选择被隐藏行的上下两行，再选择"取消隐藏行"命令。如果隐藏的是第 1 行，先单击"全选"按钮▨▨选中工作表，再选择"取消隐藏行"命令。

4．方差分析

方差分析（Analysis of Variance，简称 ANOVA）又被称为"变异数分析"或"F 检验"，主要用于两个及两个以上样本均数差别的显著性检验。方差分析的目的是通过数据分析找到对该事物有显著影响的因素、各因素之间的交互作用，以及显著影响因素的最佳水平等。

Excel 2007 中的方差分析工具提供了不同类型的方差分析。具体应使用哪一种工具需要根据因素的个数以及待检验样本总体中所含样本的个数而定。

（1）方差分析：单因素方差分析

单因素方差分析工具可对两个或更多样本的数据执行简单的方差分析。此分析可提供一种假设测试，该假设的内容是：每个样本都取自相同的基础概率分布，而不是对所有样本来说基础概率分布都不相同。如果只有两个样本,则可使用工作表函数 TTEST()。如果有两个以上的样本,则可改为调用"单因素方差分析"模型。"方差分析: 单因素方差分析"对话框如图 4-97 所示。

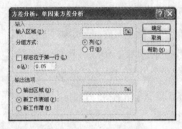

图 4-97　方差分析:单因素方差分析

其中,"输入区域"为数据源区域,在此输入待分析数据区域的单元格引用。值得注意的是,引用必须由两个或两个以上按列或行排列的相邻数据区域组成。

"分组方式"指示"输入区域"中的数据是按行还是按列排列。

如果数据源区域的第一行中包含标志项,则勾选"标志位于第一行"复选框。如果数据源区域的第一列中包含标志项,则勾选"标志位于第一列"复选框。如果数据源区域中没有标志项,则该复选框将被清除,Excel 将在输出表中生成适当的数据标志。

α用来计算 F 统计的临界值的置信度,该值必须介于 0~1 之间。α置信度为与 I 型错误发生概率相关的显著性水平(拒绝真假设)。

在"输出区域"文本框中输入对输出表左上角单元格的引用。当输出表将替换现有数据,或是输出表超过了工作表的边界时,Excel 会自动确定输出区域的大小并显示一条消息。

单击"新工作表组"选项可在当前工作簿中插入新工作表,并从新工作表的 A1 单元格开始粘贴计算结果。若要为新工作表命名,可在其后的文本框中键入名称。

单击"新工作簿"选项可创建新工作簿并将结果添加到其中的新工作表中。

(2)F-检验 双样本方差

"F-检验 双样本方差"分析工具通过双样本 F-检验对两个样本总体的方差进行比较。

该工具提供空值假设的检验结果,该假设的内容是: 这两个样本来自具有相同方差的分布,而不是方差在基础分布中不相等。

该工具计算 F-统计(或 F-比值)的 F 值。F 值接近于 1 说明基础总体方差是相等的。在输出表中,如果 F<1,则当总体方差相等且根据所选择的显著水平"F 单尾临界值"返回小于 1 的临界值时,"P(F <=f)单尾"返回F-统计的观察值小于F的概率α。如果 F>1,则当总体方差相等且根据所选择的显著水平,"F 单尾临界值"返回大于 1 的临界值时,"P(F<=f)单尾"返回 F-统计的观察值大于F的概率α。"F-检验 双样本方差"对话框如图 4-98 所示。

图 4-98　F-检验 双样本方差

在"变量 1 的区域"输入对需要进行分析的第一列或第一行数据的引用。

在"变量 2 的区域"输入对需要进行分析的第二列或第二行数据的引用。

如果数据源区域的第一行或第一列中包含标志项,则勾选"标志"复选框;如果数据源区域没有标志项,则清除此复选框,Excel 将在输出表中生成适当的数据标志。

拓展训练

为了对 Excel 2007 和以往的旧版本在操作上进行比较，下面专门使用 Excel 2003 完成如图 4-99 所示的客户月拜访频率表，以此来了解不同版本在操作上的差别，从而进一步加深对 Excel 2007 易用性的体验。

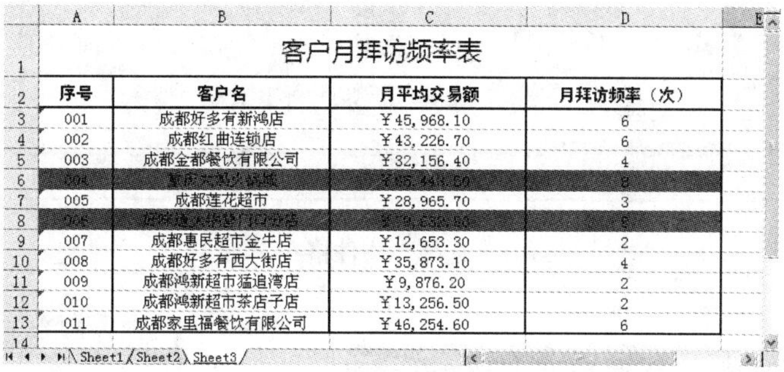

客户月拜访频率表

序号	客户名	月平均交易额	月拜访频率（次）
001	成都好多有新鸿店	￥45,968.10	6
002	成都红曲连锁店	￥43,226.70	6
003	成都金都餐饮有限公司	￥32,156.40	4
004	重庆大妈火锅城	￥65,443.50	8
005	成都莲花超市	￥28,965.70	3
006	好味道火锅营门口分店	￥79,632.80	8
007	成都惠民超市金牛店	￥12,653.30	2
008	成都好多有西大街店	￥35,873.10	4
009	成都鸿新超市猛追湾店	￥9,876.20	2
010	成都鸿新超市茶店子店	￥13,256.50	2
011	成都家里福餐饮有限公司	￥46,254.60	6

图 4-99　客户月拜访频率表

关键操作步骤：

（1）输入表格内容并格式化表格，然后选中 D3 单元格，输入以下公式计算月拜访频率，如图 4-100 所示，并填充该公式到其他行。

=IF(C3>=50000,8,IF(C3>=40000,6,IF(C3>=30000,4,IF(C3>=20000,3,2))))

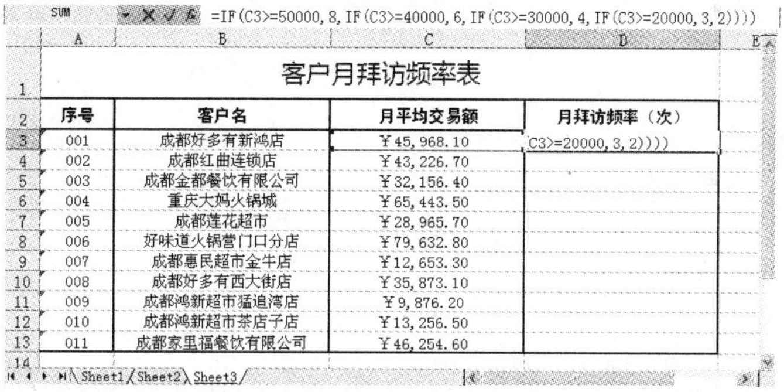

=IF(C3>=50000,8,IF(C3>=40000,6,IF(C3>=30000,4,IF(C3>=20000,3,2))))

客户月拜访频率表

序号	客户名	月平均交易额	月拜访频率（次）
001	成都好多有新鸿店	￥45,968.10	C3>=20000,3,2))))
002	成都红曲连锁店	￥43,226.70	
003	成都金都餐饮有限公司	￥32,156.40	
004	重庆大妈火锅城	￥65,443.50	
005	成都莲花超市	￥28,965.70	
006	好味道火锅营门口分店	￥79,632.80	
007	成都惠民超市金牛店	￥12,653.30	
008	成都好多有西大街店	￥35,873.10	
009	成都鸿新超市猛追湾店	￥9,876.20	
010	成都鸿新超市茶店子店	￥13,256.50	
011	成都家里福餐饮有限公司	￥46,254.60	

图 4-100　计算月拜访频率

（2）设置条件格式，突出显示月拜访频率最高的记录。选中数据区域，选择“格式”菜单中的“条件格式”命令，如图 4-101 所示。

（3）打开“条件格式”对话框，选择“公式”，输入公式“=$D3=8”，如图 4-102 所示；单击“格式”按钮，在“单元格格式”对话框的“图案”选项卡中设置其底纹为红色。

（4）连续单击“确定”按钮返回工作表，应用条件格式。需要注意，Excel 2003 中对同一单元格只能应用 3 个条件格式。

（5）如果要删除该条件格式，可选中应用条件格式的所有单元格，打开“条件格式”对话框，单击“删除”按钮，打开“删除条件格式”对话框，选择要删除的条件，如图 4-103 所示，单击“确定”按钮即可。

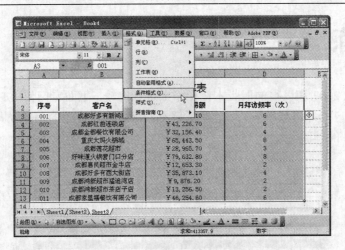

图 4-101　选择"条件格式"命令

图 4-102　"条件格式"对话框

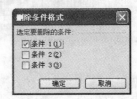

图 4-103　删除条件格式

职业快餐

市场管理中开发客户的经验

做市场,最关键的一步就是准确找到需要产品或服务的人。作为市场部的工作人员或销售人员应该掌握如何开发客户,找到需要自己产品和服务的人。以下列出一些行之有效的市场和销售经验,或许会对刚刚入职不久的你有很大的帮助。

(1)每天安排一小时。销售和其他事情一样,需要纪律的约束。销售总是可以被推迟的,销售人员总在等待一个环境更有利的日子。其实,销售的时机永远都不会有最为合适的时候。

(2)尽可能多打电话。在寻找客户之前,永远不要忘记花时间准确地定义目标市场。如此一来,在电话中与之交流的就会是市场中最有可能成为你客户的人。如果你仅给最有可能成为客户的人打电话,那么你联系到了最有可能大量购买你产品或服务的准客户。在这一小时中尽可能多打电话。由于每一个电话都是高质量的,多打总比少打好。

(3)电话要简短。打电话做销售拜访的目标是获得一个约会。你不可能在电话上销售一种复杂的产品或服务,而且你当然也不希望在电话中讨价还价。

电话做销售应该持续大约 3 分钟,而且应该专注于介绍你所推销的产品,大概了解一下对方的需求,以便给出一个很好的理由让对方愿意花费宝贵的时间和你交谈。最重要的别忘了约定与对方见面。

（4）在打电话前准备一个名单。如果不事先准备名单的话，你的大部分销售时间将不得不用来寻找所需要的名字。你会一直忙个不停，总是感觉工作很努力，却没有打上几个电话。因此，在手头上要随时准备可以供一个月使用的客户名单。

（5）充分利用营销经验曲线。正像任何重复性工作一样，在相邻的时间片段里重复该项工作的次数越多，就会变得越优秀。推销也不例外。你的第二个电话会比第一个好，第三个会比第二个好，依次类推。在体育运动里，我们称其为"渐入最佳状态"。你将会发现，你的销售技巧实际将随着销售时间的增加而不断改进。

（6）如果利用传统的销售时段并不奏效的话，就要避开电话高峰时间进行销售。

通常来说，人们拨打销售电话的时间是在早上 9 点到下午 5 点之间。所以，你每天也可以在这个时段腾出一小时来做推销。

如果这种传统销售时段对你不奏效，就应将销售时间改到非电话高峰时间，或在非高峰时间增加销售时间。你最好安排在上午 8:00～9:00，中午 12:00～13:00 和下午 17:00～18:30 之间销售。

（7）变换致电时间。人们都有一种习惯性行为，你的客户也不例外。很可能他们在每周一的 10 点钟都要参加会议，如果你不能够在这个时间接通他们，从中就要汲取教训，在该日其他的时间或改在别的日子给他电话，会得到出乎预料的效果。

（8）客户的资料必须井井有条。使用电脑很好地记录需要跟进的客户，不管是三年之后才跟进，还是明天就要跟进。

（9）开始之前先要预见结果。这条建议在寻找客户和业务开拓方面非常有效。你的目标是要获得会面的机会，因此你在电话中的措辞就应该围绕这个目标而设计。

（10）不要停歇。毅力是销售成功的重要因素之一。大多数销售都是在第 5 次电话谈话之后才进行成交的。然而，大多数销售人员则在第一次电话后就停下来了。

案例 5

销售管理应用

源文件：Excel 2007 实例\销售管理.xlsx

情景再现

今年的冬天来得特别迟，临近岁末，却也感觉不到多少寒意。大概是地球的温室效应吧，这可是个热门话题，从联合国一直讨论到公司销售部这间小小的办公室。

趁午后难得的休息时间，喝上一口水，和办公室的同事讨论讨论天下大事，从地球的生态环境直到眼下这场席卷全球的金融危机，也算是偷得浮生"半刻"闲了。

正口沫横飞之际，办公室突然一下安静下来，我心知不妙，转过头，果然看见人称"办公狂人"的徐经理立在门口，如一座大山。

徐经理看了看我，淡淡地说："大家还是多关心关心自己事吧，做好自己的事就是和金融危机抗争的最大贡献。"

"小赵，跟我进办公室，有事。"

揣着忐忑不安的心情，我跟着徐经理到了他的办公室，站在他办公桌前，等他训话。

"10 月份的销售记录出来了，你一会儿找小周把数据拿过来，分析一下，记住从各方面进行分析，这样才全面。"徐经理说。

"好的，经理，我马上进行。明早就直接把汇总表和图表给你。"

"分析和预测一直都是一体的，预测是在分析基础上得来的，我希望你能学会利用已有数据做个销售预测，这是对你的考验。"徐经理说。

"没问题，经理。我一定好好做，就算加班我也会完成你交代的工作，不辜负你的期望。" 我必恭必敬地回答。

拓展训练

为了对 Excel 2007 和以往的旧版本在操作上进行比较，下面专门使用 Excel 2003 完成如图 4-99 所示的客户月拜访频率表，以此来了解不同版本在操作上的差别，从而进一步加深对 Excel 2007 易用性的体验。

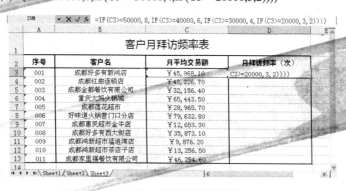

图 4-99　客户月拜访频率表

关键操作步骤：

（1）输入表格内容并格式化表格，然后选中 D3 单元格，输入以下公式计算月拜访频率，如图 4-100 所示，并填充该公式到其他行。

=IF(C3>=50000,8,IF(C3>=40000,6,IF(C3>=30000,4,IF(C3>=20000,3,2))))

图 4-100　计算月拜访频率

（2）设置条件格式，突出显示月拜访频率最高的记录。选中数据区域，选择“格式”菜单中的“条件格式”命令，如图 4-101 所示。

（3）打开“条件格式”对话框，选择“公式”，输入公式“=$D3=8”，如图 4-102 所示；单击“格式”按钮，在“单元格格式”对话框的“图案”选项卡中设置其底纹为红色。

（4）连续单击“确定”按钮返回工作表，应用条件格式。需要注意，Excel 2003 中对同一单元格只能应用 3 个条件格式。

（5）如果要删除该条件格式，可选中应用条件格式的所有单元格，打开“条件格式”对话框，单击“删除”按钮，打开“删除条件格式”对话框，选择要删除的条件，如图 4-103 所示，单击“确定”按钮即可。

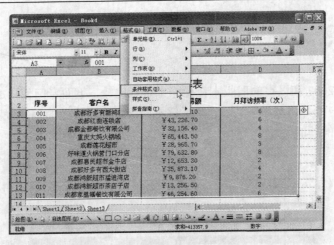

图 4-101　选择"条件格式"命令

图 4-102　"条件格式"对话框

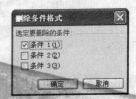

图 4-103　删除条件格式

职业快餐

市场管理中开发客户的经验

做市场，最关键的一步就是准确找到需要产品或服务的人。作为市场部的工作人员或销售人员应该掌握如何开发客户，找到需要自己产品和服务的人。以下列出一些行之有效的市场和销售经验，或许会对刚刚入职不久的你有很大的帮助。

（1）每天安排一小时。销售和其他事情一样，需要纪律的约束。销售总是可以被推迟的，销售人员总在等待一个环境更有利的日子。其实，销售的时机永远都不会有最为合适的时候。

（2）尽可能多打电话。在寻找客户之前，永远不要忘记花时间准确地定义目标市场。如此一来，在电话中与之交流的就会是市场中最有可能成为你客户的人。如果你仅给最有可能成为客户的人打电话，那么你联系到了最有可能大量购买你产品或服务的准客户。在这一小时中尽可能多打电话。由于每一个电话都是高质量的，多打总比少打好。

（3）电话要简短。打电话做销售拜访的目标是获得一个约会。你不可能在电话上销售一种复杂的产品或服务，而且你当然也不希望在电话中讨价还价。

电话做销售应该持续大约 3 分钟，而且应该专注于介绍你所推销的产品，大概了解一下对方的需求，以便给出一个很好的理由让对方愿意花费宝贵的时间和你交谈。最重要的别忘了约定与对方见面。

（4）在打电话前准备一个名单。如果不事先准备名单的话，你的大部分销售时间将不得不用来寻找所需要的名字。你会一直忙个不停，总是感觉工作很努力，却没有打上几个电话。因此，在手头上要随时准备可以供一个月使用的客户名单。

（5）充分利用营销经验曲线。正像任何重复性工作一样，在相邻的时间片段里重复该项工作的次数越多，就会变得越优秀。推销也不例外。你的第二个电话会比第一个好，第三个会比第二个好，依次类推。在体育运动里，我们称其为"渐入最佳状态"。你将会发现，你的销售技巧实际将随着销售时间的增加而不断改进。

（6）如果利用传统的销售时段并不奏效的话，就要避开电话高峰时间进行销售。

通常来说，人们拨打销售电话的时间是在早上 9 点到下午 5 点之间。所以，你每天也可以在这个时段腾出一小时来做推销。

如果这种传统销售时段对你不奏效，就应将销售时间改到非电话高峰时间，或在非高峰时间增加销售时间。你最好安排在上午 8:00～9:00，中午 12:00～13:00 和下午 17:00～18:30 之间销售。

（7）变换致电时间。人们都有一种习惯性行为，你的客户也不例外。很可能他们在每周一的 10 点钟都要参加会议，如果你不能够在这个时间接通他们，从中就要汲取教训，在该日其他的时间或改在别的日子给他电话，会得到出乎预料的效果。

（8）客户的资料必须井井有条。使用电脑很好地记录需要跟进的客户，不管是三年之后才跟进，还是明天就要跟进。

（9）开始之前先要预见结果。这条建议在寻找客户和业务开拓方面非常有效。你的目标是要获得会面的机会，因此你在电话中的措辞就应该围绕这个目标而设计。

（10）不要停歇。毅力是销售成功的重要因素之一。大多数的销售都是在第 5 次电话谈话之后才进行成交的。然而，大多数销售人员则在第一次电话后就停下来了。

案例 5

销售管理应用

源文件：Excel 2007 实例\销售管理.xlsx

情景再现

今年的冬天来得特别迟，临近岁末，却也感觉不到多少寒意。大概是地球的温室效应吧，这可是个热门话题，从联合国一直讨论到公司销售部这间小小的办公室。

趁午后难得的休息时间，喝上一口水，和办公室的同事讨论讨论天下大事，从地球的生态环境直到眼下这场席卷全球的金融危机，也算是偷得浮生"半刻"闲了。

正口沫横飞之际，办公室突然一下安静下来，我心知不妙，转过头，果然看见人称"办公狂人"的徐经理立在门口，如一座大山。

徐经理看了看我，淡淡地说："大家还是多关心关心自己事吧，做好自己的事就是和金融危机抗争的最大贡献。"

"小赵，跟我进办公室，有事。"

揣着忐忑不安的心情，我跟着徐经理到了他的办公室，站在他办公桌前，等他训话。

"10 月份的销售记录出来了，你一会儿找小周把数据拿过来，分析一下，记住从各方面进行分析，这样才全面。"徐经理说。

"好的，经理，我马上进行。明早就直接把汇总表和图表给你。"

"分析和预测一直都是一体的，预测是在分析基础上得来的，我希望你能学会利用已有数据做个销售预测，这是对你的考验。"徐经理说。

"没问题，经理。我一定好好做，就算加班我也会完成你交代的工作，不辜负你的期望。"我必恭必敬地回答。

任务分析

目前的任务要求在 Excel 2007 中实现以下功能：

● 从 Access 数据库中导入销售数据进行分析，并能及时更新。

● 能够按不同类别对销售数据进行汇总分析。

● 能够对销售数据按指定条件进行查询。

● 用图形的方法直观分析销售数据。

● 根据历史销售额对下期销售额进行预测。

● 分析不同利率、不同贷款额情况下的还款额和还款计划。

流程设计

完成该项任务，可按以下流程进行：

先导入月销售数据，并在工作表中筛选数据，然后按销售日期汇总与统计销售金额，再按客户汇总与统计销售金额，按品名汇总与统计数量与销售金额。接着建立客户汇总数据透视表和产品汇总数据透视表，再利用折线图分析日销售额，利用柱形图分析客户月销售额，利用数据透视图分析销售数据。最后进行销售预测分析以及贷款与还款计划分析。

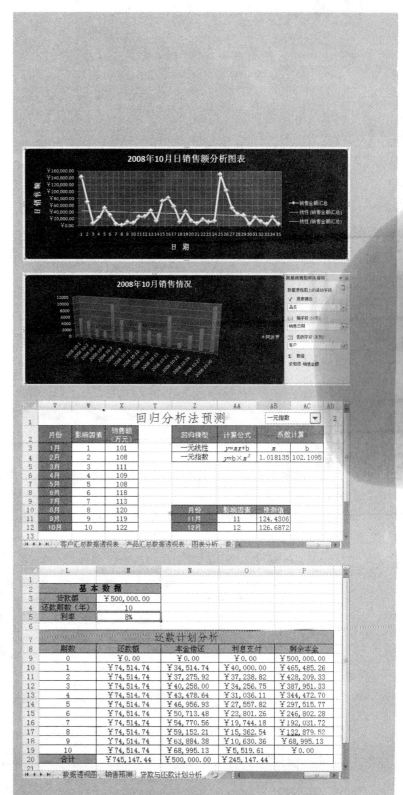

任务实现

导入月销售数据

由于公司的月销售数据保存在 Access 数据库中，所以需要将月销售数据导入 Excel 2007 中。操作步骤如下：

（1）新建一个名为"销售管理"的工作簿，切换到 Sheet 1 工作表，单击"开始"选项卡"单元格"组中的"格式"按钮，从下拉菜单中选择"重命名工作表"命令[1]，如图 5-1 所示。

图 5-1 选择"重命名工作表"命令

（2）此时 Sheet 1 工作表标签将呈可编辑状态，输入工作表名称"销售数据"，按下回车键即可重命名工作表。

（3）在"销售数据"工作表中单击"数据"选项卡"获取外部数据"组中的"自 Access"按钮[2]，如图 5-2 所示。

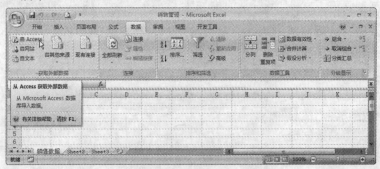

图 5-2 单击"自 Access"按钮

（4）此时将打开"选取数据源"对话框，通过"查找范围"下拉列表找到要导入数据源

---

① 重命令工作表的另一种方法。

② 导入外部数据。

的保存位置，再选择需要导入的数据库，如"销售数据"，如图 5-3 所示。

图 5-3　"选取数据源"对话框

（5）单击"打开"按钮，打开"选择表格"对话框，选择要导入的数据表"销售记录"，如图 5-4 所示。

（6）单击"确定"按钮，打开"导入数据"对话框，在"请选择该数据在工作簿中的显示方式"选项组选择"表"单选项，在"数据的放置位置"选项组中选择"现有工作表"单选项，通过拾取器选择数据保存位置"销售数据!$A$2"，如图 5-5 所示。

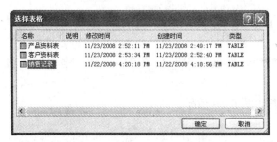

图 5-4　"选择表格"对话框

图 5-5　"导入数据"对话框

（7）此时在"销售数据"工作表中指定位置将导入 Access 数据库中的表，并自动套用表样式，同时功能区将切换到"表工具"的"设计"选项卡，如图 5-6 所示。

图 5-6　导入 Access 中的数据

（8）合并 A1:G1 单元格区域，输入表格标题“2008 年 10 月销售记录”，在“单元格样式”菜单中将其设置为“标题 1”样式；将“序号”、“销售日期”、“客户”、“数量”列对齐方式设置为“居中”，“品名”、“单价”、“销售金额”标题设置为“居中”，其下数据保持默认对齐方式；将“单价”、“销售金额”列数字格式设置为“货币”样式，如图 5-7 所示。

	A	B	C	D	E	F	G
1	2008年10月销售记录						
2	序号	销售日期	客户	品名	数量	单价	销售金额
3	1	2008-10-1	强生	E501 带柜转角	5	￥2,394.00	￥11,970.00
4	2	2008-10-1	双府	SH098 套 2人位 西皮	5	￥1,214.00	￥6,070.00
5	3	2008-10-1	富成顺	SH128沙发 1+1+1+2+角几	2	￥2,537.00	￥5,074.00
6	4	2008-10-1	艾马	SH128沙发 1+1+1+2+角几	4	￥2,537.00	￥10,148.00
7	5	2008-10-1	泰兴	SH130沙发 2人位	8	￥655.00	￥5,240.00
8	6	2008-10-1	阿波罗	SH130沙发 2人位	2	￥655.00	￥1,310.00

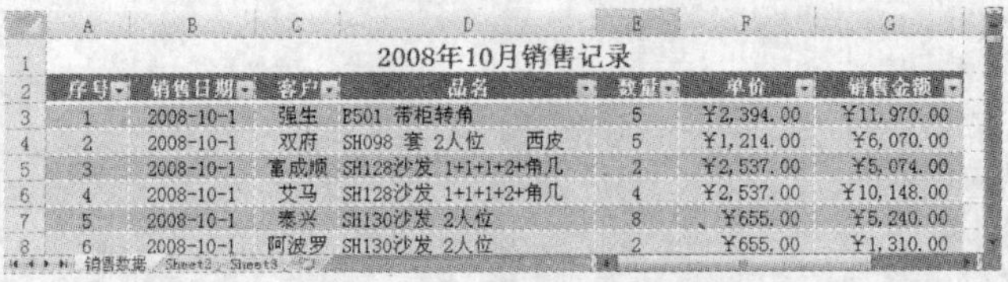

图 5-7　设置表格样式

（9）拖动滚动条向下浏览记录，此时可见原来的列标号变成了列标题[①]，如图 5-8 所示。

	序号	销售日期	客户	品名	数量	单价	销售金额
11	9	2008-10-1	天悦	SH158沙发 2人位	6	￥1,095.00	￥6,570.00
12	10	2008-10-1	双胜	SH158沙发 2人位	6	￥1,095.00	￥6,570.00
13	11	2008-10-1	申议	SH159沙发 茶几	8	￥694.00	￥5,552.00
14	12	2008-10-1	再兴	SH161沙发 2+4	2	￥3,417.00	￥6,834.00
15	13	2008-10-1	强生	SH166茶几	6	￥694.00	￥4,164.00
16	14	2008-10-1	艾马	SH175沙发 2+床+1	5	￥1,873.00	￥9,365.00
17	15	2008-10-1	阿波罗	SH177沙发 转角	2	￥2,065.00	￥4,130.00
18	16	2008-10-1	盛邦	SH177沙发 转角	6	￥2,065.00	￥12,390.00

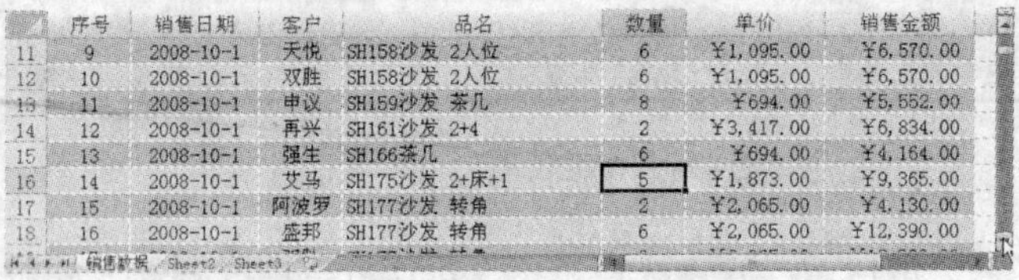

图 5-8　拖动滚动条浏览表格记录

筛选数据

可以通过自动筛选或自定义筛选方式，在“销售数据”工作表中对数据按指定条件进行筛选，其操作步骤如下：

（1）筛选客户为“强生”的 10 月份销售记录。切换到“数据”选项卡，保证“排序和筛选”组中的“筛选”按钮为按下状态。

（2）单击“客户”标题旁的下拉按钮，在展开的下拉菜单中选择“强生”选项，如图 5-9 所示。

（3）单击“确定”按钮，筛选结果如图 5-10 所示。

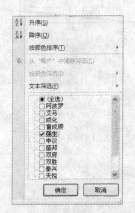

图 5-9　选择“强生”选项

	A	B	C	D	E	F	G
1	2008年10月销售记录						
2	序号	销售日期	客户	品名	数量	单价	销售金额
3	1	2008-10-1	强生	E501 带柜转角	5	￥2,394.00	￥11,970.00
15	13	2008-10-1	强生	SH166茶几	6	￥694.00	￥4,164.00
21	19	2008-10-1	强生	SH188 沙发单人	8	￥803.00	￥6,424.00
64	62	2008-10-9	强生	E501 带柜转角	5	￥2,394.00	￥11,970.00
75	73	2008-10-11	强生	SH196沙发 1+3	4	￥1,631.00	￥6,524.00
87	85	2008-10-12	强生	SH198沙发 3+床	5	￥1,765.00	￥8,825.00
108	106	2008-10-16	强生	SH169沙发 2人位	10	￥866.00	￥8,660.00
111	109	2008-10-18	强生	SH175沙发 2+床+1	5	￥1,873.00	￥9,365.00
113	111	2008-10-19	强生	SH175沙发 2+床+1	6	￥1,873.00	￥11,238.00
116	114	2008-10-21	强生	SH102沙发 转角	3	￥1,068.00	￥3,204.00
124	122	2008-10-21	强生	SH161沙发 2+4	2	￥3,417.00	￥6,834.00
134	132	2008-10-21	强生	SH204沙发	1	￥2,900.00	￥2,900.00
141	139	2008-10-22	强生	SH177沙发 转角	5	￥2,065.00	￥10,325.00
143	141	2008-10-22	强生	SH193沙发 2+3	5	￥1,951.00	￥9,755.00
145	143	2008-10-22	强生	SH204沙发	4	￥2,900.00	￥11,600.00
154	152	2008-10-23	强生	SH193沙发 2+3	2	￥1,951.00	￥3,902.00
156	154	2008-10-23	强生	SH204沙发	2	￥2,900.00	￥5,800.00
158	156	2008-10-24	强生	SH153沙发 1人位	9	￥675.00	￥6,075.00
164	162	2008-10-25	强生	SH159沙发 茶几	5	￥694.00	￥3,470.00
171	169	2008-10-28	强生	SH080 套 贵妃床	6	￥1,177.00	￥7,062.00
173	171	2008-10-28	强生	SH159沙发 茶几	4	￥694.00	￥2,776.00
176	174	2008-10-30	强生	SH130沙发 2人位	6	￥655.00	￥3,930.00
177	175	2008-10-30	强生	SH153沙发 1人位	9	￥675.00	￥6,075.00
192							

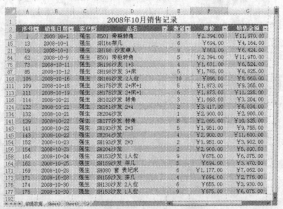

图 5-10　筛选结果

（4）筛选“SH177 沙发 转角”产品 2008-10-1 的销售记录[②]。首先清除之前对于客户的

① Excel 2007 新功能——表格标题行。

② 多条件筛选的应用。

筛选，单击"客户"标题旁的下拉按钮，选择"从'客户'中清除筛选"命令，工作表恢复筛选前的状态。

（5）单击"品名"标题旁的下拉按钮，在展开的下拉菜单中选择"SH177 沙发　转角"选项，如图 5-11 所示，单击"确定"按钮，即可先筛选出"SH177 沙发　转角"的销售记录。

（6）再单击"销售日期"标题旁的下拉按钮，在展开的下拉菜单中选择 2008 年 10 月 1 日选项，如图 5-12 所示，单击"确定"按钮即可筛选出"SH177 沙发　转角"产品在 2008 年 10 月 1 日的销售记录，如图 5-13 所示。

图 5-11　筛选品名　　　　　　图 5-12　筛选日期

图 5-13　筛选结果

（7）筛选销售金额最大的 10 项。先清除之前的筛选，再单击"销售金额"标题旁的下拉按钮，从下拉菜单中选择"数字筛选"项下的"10 个最大的值"命令，如图 5-14 所示。

（8）此时将打开"自动筛选前 10 个"对话框，在第一个下拉列表中选择条件为"最大"，在其后的数值框中调整值的个数，此处为 10，在其后的下拉列表框中选择单位为"项"，如图 5-15 所示。

图 5-14　选择"10 个最大的值"命令　　　　图 5-15　"自动筛选前 10 个"对话框

（9）单击"确定"按钮，工作表中即可显示出筛选结果，如图 5-16 所示。

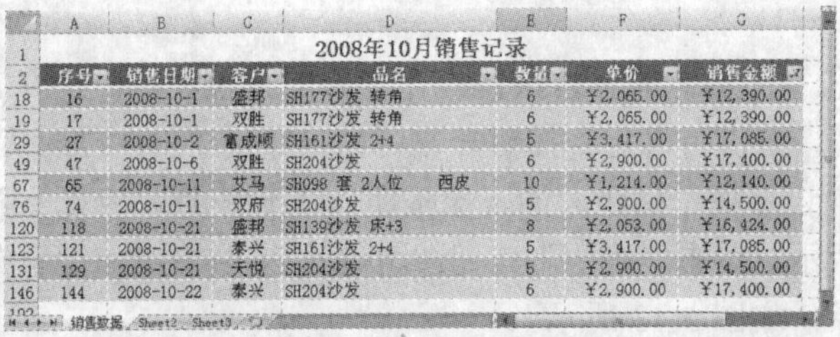

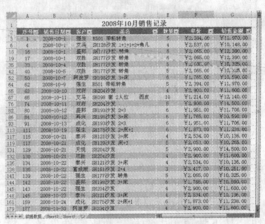

图 5-16　筛选结果

（10）筛选销售金额为￥10000.00～￥15000.00 的销售记录[①]。先清除之前的所有筛选，再单击"销售金额"旁的下拉按钮，从下拉菜单中选择"数字筛选"项下的"自定义筛选"命令。

（11）此时将打开"自定义自动筛选方式"对话框，在对话框中设置第一个筛选条件为"大于或等于"10000，选择关系"与"，再设置第二个筛选条件为"小于或等于"15000，如图 5-17 所示。

（12）单击"确定"按钮，其筛选结果如图 5-18 所示。

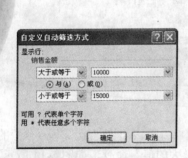

图 5-17　自定义自动筛选方式

图 5-18　自定义筛选结果

（13）选中数据区域任意单元格，单击"数据"选项卡"排序与筛选"组中的"筛选"按钮，使其不处于选中状态即可取消自动筛选状态，此时表格列标题旁的下拉按钮也将消失。

按销售日期汇总与统计销售金额

下面通过 Excel 2007 的"分类汇总"功能来汇总多个数据行[②]，例如，按销售日期来统计每天的销售金额，其操作步骤如下：

（1）复制"销售数据"工作表。切换到"销售数据"工作表，单击"开始"选项卡"单元格"组中的"格式"按钮，在下拉菜单中选择"移动或复制工作表"命令，如图 5-19 所示。

（2）此时将打开"移动或复制工作表"对话框，在"工作簿"下拉列表中选择"销售管理.xlsx"，在"下列选定工作表之前"列表框中选择"Sheet 2"，然后勾选"建立副本"复选框，如图 5-20 所示。

---

① 自定义筛选的应用。

② 分类汇总功能的应用。

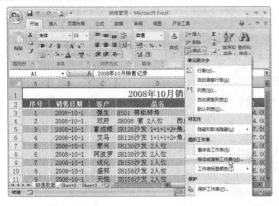

图 5-19　选择"移动或复制工作表"命令　　　图 5-20　"移动或复制工作表"对话框

（3）单击"确定"按钮，将在"销售管理"工作表后创建一个名为"销售数据(2)"的工作表，将其重命名为"按销售日期汇总"。

（4）将表格转换为单元格区域[①]。切换到"按销售日期汇总"工作表，选择数据区域的任意单元格，在"表工具"下"设计"选项卡的"工具"组中单击"转换为区域"按钮，如图 5-21 所示。

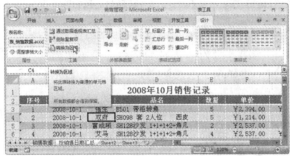

图 5-21　单击"转换为区域"按钮

（5）此时将提示"是否将表转换为普通区域"，单击"是"按钮，表格将被转换为 Excel 的普通单元格区域，此时选择数据区域任意单元格将不会出现"表工具"和"设计"选项卡。

（6）在进行汇总前需对分类项进行排序[②]。选中"销售日期"列数据区域的任意单元格，再切换到"数据"选项卡，单击"排序与筛选"组中的"升序"按钮，如图 5-22 所示。

图 5-22　单击"升序"按钮

---

① 将 Excel 表转换为单元格区域。

② 快速排序的方法。

（7）此时工作表将按"销售日期"列升序排列。接着单击"分级显示"组中的"分类汇总"按钮。

（8）此时将打开"分类汇总"对话框，连"分类字段"中选择"销售日期"，在"汇总方式"中选择"求和"，在"选定汇总项"列表框勾选"销售金额"，如图 5-23 所示。

（9）单击"确定"按钮，汇总结果如图 5-24 所示，销售数据已经按销售日期对销售金额进行了汇总。

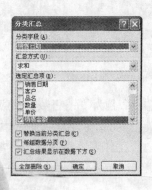

图 5-23　"分类汇总"对话框

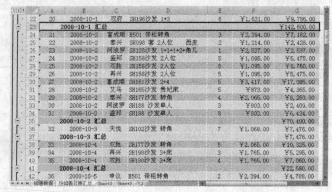

图 5-24　按日期汇总销售金额结果

（10）此时在工作表左上角"全选"按钮　　在侧出现"1"、"2"、"3"共 3 个按钮，代表汇总的分级显示。其中的第 3 级为默认显示状态，显示所有明细数据。

（11）单击按钮"2"，将显示第 2 级汇总，此时将只显示分类汇总，如图 5-25 所示。

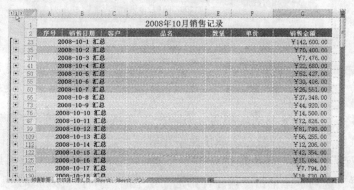

图 5-25　第 2 级分类汇总

（12）单击按钮"1"，将显示第 1 级汇总，此时将只显示总汇总结果，如图 5-26 所示。

图 5-26　第 1 级分类汇总

按客户汇总与统计销售金额

按客户汇总与统计销售金额的操作步骤如下：

（1）复制"销售数据"工作表到"按销售日期汇总"工作表后，将其重命名为"按客户汇总"，并将表转换为普通单元格区域。

（2）切换到"按客户汇总"工作表，选择"客户"列中的任意单元格，切换到"数据"选项卡，单击"排序与筛选"组中的"升序"按钮，排序结果如图 5-27 所示。

（3）选择数据区域任意单元格，然后单击"分级显示"组中的"分类汇总"按钮，打开"分类汇总"对话框，设置"分类字段"为"客户"，"汇总方式"为"求和"，在"选定汇总项"列表框勾选"销售金额"，如图 5-28 所示。

　　图 5-27　对"客户"列进行排序　　　　图 5-28　"分类汇总"对话框

（4）单击"确定"按钮，汇总结果如图 5-29 所示。

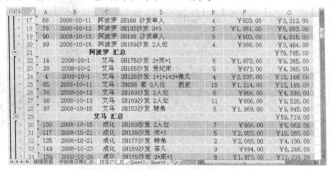

图 5-29　按客户汇总销售金额结果

（5）单击左上角的按钮"2"，将显示第 2 级汇总，如图 5-30 所示。

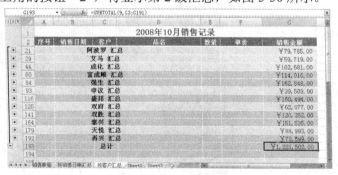

图 5-30　第 2 级汇总结果

按品名汇总与统计数量与销售金额

按品名汇总与统计数量与销售金额的操作步骤如下：

（1）复制"销售数据"工作表到"按客户汇总"工作表后，将其重命名为"按品名汇总"，并将 Excel 表转换为普通单元格区域。

（2）切换到"按品名汇总"工作表，选择"品名"列下的任意单元格，切换到"数据"选项卡，单击"排序与筛选"组中的"升序"按钮，排序结果如图 5-31 所示。

（3）选择数据区域任意单元格，继续单击"分级显示"组中的"分类汇总"按钮，打开"分类汇总"对话框，设置"分类字段"为"品名"，"汇总方式"为"求和"，在"选定汇总项"列表框勾选"销售金额"和"数量"项，如图 5-32 所示。

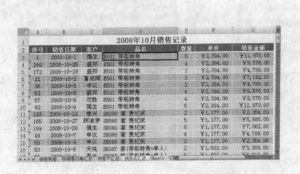
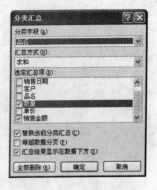

图 5-31　对"品名"列进行排序　　　　　图 5-32　"分类汇总"对话框

（4）单击"确定"按钮，汇总结果如图 5-33 所示。

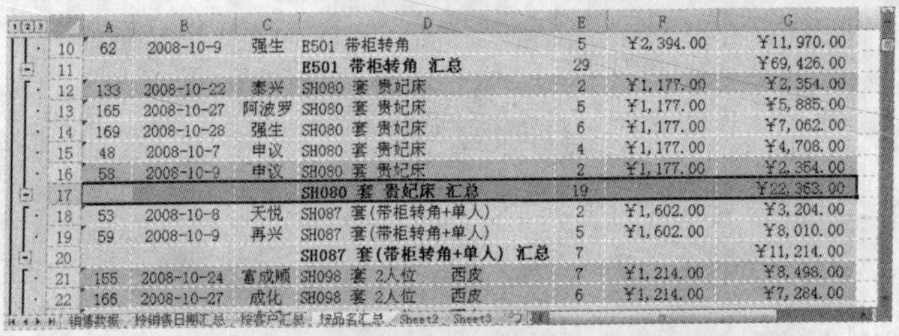

图 5-33　按品名汇总销售金额和数量

（5）单击左上角的按钮"2"，将显示第 2 级汇总，如图 5-34 所示。

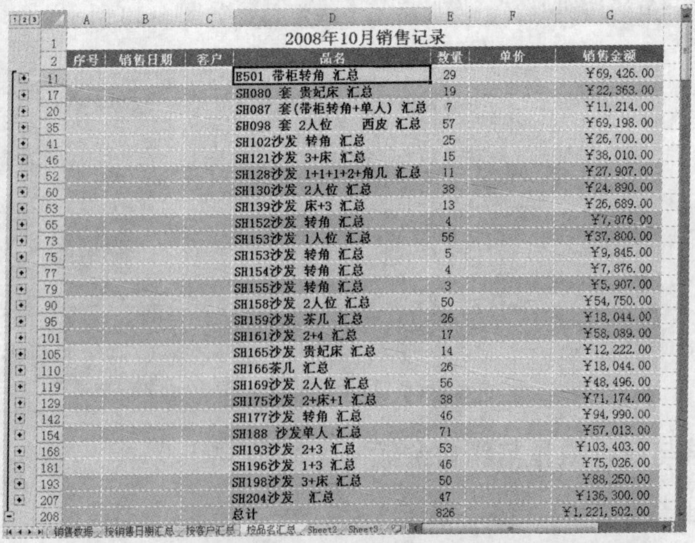

图 5-34　第 2 级汇总结果

（6）单击行标号旁的“＋”按钮，“＋”按钮将变为“－”按钮，并展开对应行的汇总明细数据，如图5-35所示；再单击“－”按钮，又变回“＋”按钮，并收起明细数据。

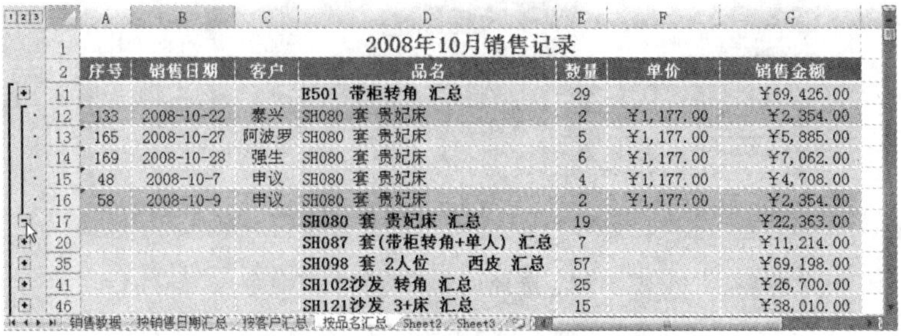

	序号	销售日期	客户	品名	数量	单价	销售金额
1	2008年10月销售记录						
11				E501 带柜转角 汇总	29		¥69,426.00
12	133	2008-10-22	泰兴	SH080 套 贵妃床	2	¥1,177.00	¥2,354.00
13	165	2008-10-27	阿波罗	SH080 套 贵妃床	5	¥1,177.00	¥5,885.00
14	169	2008-10-28	强生	SH080 套 贵妃床	6	¥1,177.00	¥7,062.00
15	48	2008-10-7	申议	SH080 套 贵妃床	4	¥1,177.00	¥4,708.00
16	58	2008-10-9	申议	SH080 套 贵妃床	2	¥1,177.00	¥2,354.00
17				SH080 套 贵妃床 汇总	19		¥22,363.00
20				SH087 套(带柜转角+单人) 汇总	7		¥11,214.00
35				SH098 套 2人位 西皮 汇总	57		¥69,198.00
41				SH102沙发 转角 汇总	25		¥26,700.00
46				SH121沙发 3+床 汇总	15		¥38,010.00

图5-35　显示单项明细数据

（7）对汇总后的销售金额按从大到小降序排列。单击左上角按钮“2”，显示第2级分类汇总，定位到“销售金额”列数据区域的任意单元格，在“数据”选项卡的“排序与筛选”组中单击“降序”按钮，排序结果如图5-36所示。

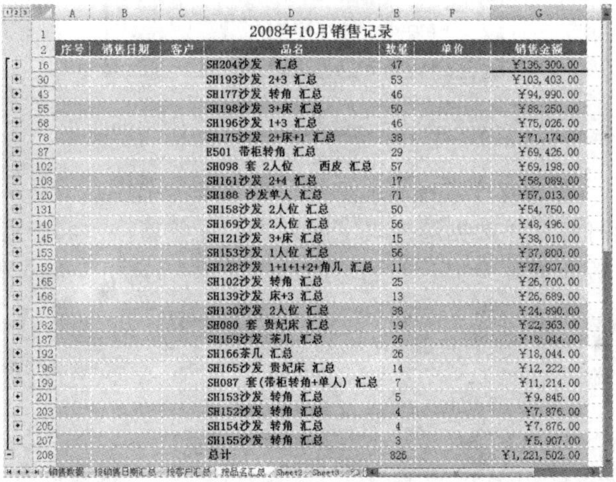

	序号	销售日期	客户	品名	数量	单价	销售金额
1	2008年10月销售记录						
16				SH204沙发 汇总	47		¥136,300.00
30				SH193沙发 2+3 汇总	53		¥103,403.00
43				SH177沙发 转角 汇总	46		¥94,990.00
55				SH198沙发 3+床 汇总	50		¥88,250.00
68				SH196沙发 1+3 汇总	46		¥75,026.00
78				SH175沙发 2+床+1 汇总	38		¥71,174.00
87				E501 带柜转角 汇总	29		¥69,426.00
102				SH098 套 2人位 西皮 汇总	57		¥69,198.00
108				SH161沙发 2+4 汇总	17		¥58,089.00
120				SH188 沙发单人 汇总	71		¥57,013.00
131				SH158沙发 2人位 汇总	50		¥54,750.00
140				SH169沙发 2人位 汇总	56		¥48,496.00
145				SH121沙发 3+床 汇总	15		¥38,010.00
153				SH153沙发 1人位 汇总	56		¥37,800.00
159				SH128沙发 1+1+1+2+角几 汇总	11		¥27,907.00
165				SH102沙发 转角 汇总	25		¥26,700.00
168				SH139沙发 床+3 汇总	13		¥26,689.00
176				SH130沙发 2人位 汇总	38		¥24,890.00
182				SH080 套 贵妃床 汇总	19		¥22,363.00
187				SH159沙发 茶几 汇总	26		¥18,044.00
192				SH166茶几 汇总	26		¥18,044.00
196				SH165沙发 贵妃床 汇总	14		¥12,222.00
199				SH087 套(带柜转角+单人) 汇总	7		¥11,214.00
201				SH153沙发 转角 汇总	5		¥9,845.00
203				SH152沙发 转角 汇总	4		¥7,876.00
205				SH154沙发 转角 汇总	4		¥7,876.00
207				SH155沙发 转角 汇总	3		¥5,907.00
208				总计	826		¥1,221,502.00

图5-36　降序排列结果

建立客户汇总数据透视表

除了使用分类汇总功能之外，还可以使用数据透视表来进行汇总分析。数据透视表的功能十分强大，可以快速对工作表中的复杂数据进行分类汇总，建立交互式动态表格。建立数据透视表的操作步骤如下：

（1）将“销售管理”工作簿中的Sheet 2工作表重命名为“客户汇总数据透视表”，并切换到该工作表。

（2）切换到“插入”选项卡，单击“表”组中的“数据透视表”按钮，从下拉菜单中选择“数据透视表”命令，如图5-37所示。

（3）此时将打开“创建数据透视表”对话框，单击“表/区域”文本框后的拾取器，在“销售数据”工作表中选择数据源区域，如图5-38所示。

（4）再次单击拾取器，回到“创建数据透视表”对话框，然后选择“现有工作表”单选项，在“位置”文本框中用拾取器选择数据透视表的放置位置“客户汇总数据透视表!$A$3”。

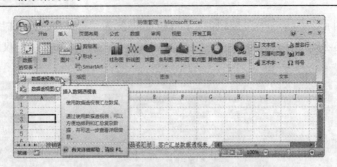

图 5-37 选择"数据透视表"命令

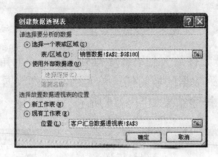

图 5-38 "创建数据透视表"对话框

（5）单击"确定"按钮，在"客户汇总数据透视表"工作表中显示未设置字段的默认数据透视表，窗口右侧将打开"数据透视表字段列表"任务窗格，其中列出所有字段，而功能区也将自动切换到"数据透视表工具"的"选项"选项卡，如图 5-39 所示。

图 5-39 未添加字段的数据透视表

（6）设置行标签字段。在"数据透视表字段列表"任务窗格中，拖动"选择要添加到报表的字段"列表框中的"客户"字段到下方的"行标签"列表框，如图 5-40 所示。释放鼠标后，可见"选择要添加到报表的字段"列表框中的"客户"字段已被选中，且"行标签"列表框也添加了"客户"字段，数据透视表中也添加了"客户"字段，如图 5-41 所示。

图 5-40　通过拖动字段添加行标签　　　　　　图 5-41　添加行标签的结果

（7）再拖动"品名"字段到"行标签"列表框"客户"字段下，拖动"销售日期"字段到"报表筛选"列表框，拖动"数量"和"销售金额"字段到"Σ 数值"列表框，数据透视表效果如图 5-42 所示。

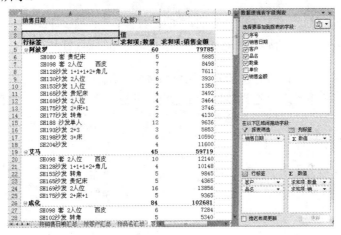

图 5-42　数据透视表效果

（8）在数据透视表中，可通过"报表筛选"列表框中的字段来进行筛选，例如以"销售日期"字段为筛选条件，默认为全部数据，单击工作表第一行"销售日期"后"全部"旁的下拉按钮，在下拉菜单中选择要筛选的日期，如"2008-10-1"，如图 5-43 所示。

图 5-43　选择筛选日期

（9）单击"确定"按钮，筛选结果如图 5-44 所示，而任务窗格中"选择要添加到报表的字段"列表框中的"销售日期"字段旁也会出现一个筛选按钮。

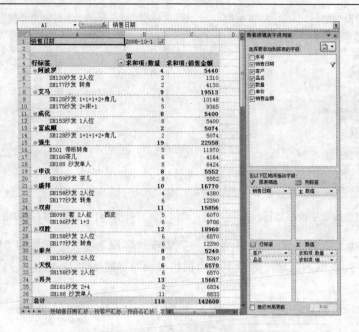

图 5-44　筛选销售日期为 2008-10-1 的结果

（10）除了按单一日期进行筛选外，还可按多日期进行筛选。单击"销售日期"后的下拉按钮，在下拉菜单中勾选"选择多项"复选框，并选择多个日期，如图 5-45 所示。

图 5-45　选择多个日期

（11）单击"确定"按钮，筛选结果如图 5-46 所示。

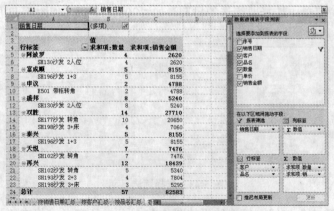

图 5-46　按多项进行筛选结果

（12）除了按日期进行筛选之外，还可对"客户"字段进行筛选。单击"行标签"旁的下拉按钮，在下拉菜单中选择要筛选的字段为"客户"，并勾选要筛选的客户，如"艾马"，如图 5-47 所示。

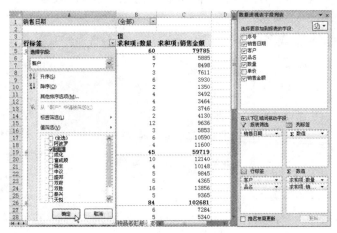

图 5-47　选择筛选条件

（13）单击"确定"按钮，筛选结果如图 5-48 所示，数据透视表中只显示了客户为"艾马"的数据汇总。当然，用户也可对行标签与销售日期进行组合筛选。

图 5-48　按行标签进行筛选结果

（14）更改数据透视表的布局。数据透视表行标签默认布局为"大纲"，实际上，也可显示为"表格"布局，从而将"客户"和"品名"并列显示在行标签上。选中"客户"字段，切换到"数据透视表工具"的"选项"选项卡，单击"活动字段"组中的"字段设置"按钮，如图 5-49 所示。

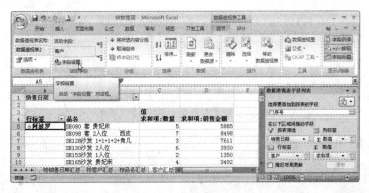

图 5-49　单击"字段设置"按钮

（15）此时将打开"字段设置"对话框，切换到"布局和打印"选项卡，选择"以表格形式显示项目标签"单选项，如图 5-50 所示。

（16）单击"确定"按钮，并将 A4 单元格中的"行标签"改为"客户"，即可使其布局方式发生更改，如图 5-51 所示。

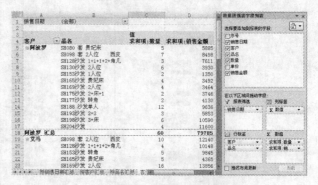

图 5-50　"字段设置"对话框　　　　　　　图 5-51　更改为表格布局效果

（17）美化数据透视表[①]。选中数据透视表区域，切换到"数据透视表工具"的"设计"选项卡，在"数据透视表样式"组中选择一种样式，勾选"数据透视表样式选项"组中的"镶边列"复选项，如图 5-52 所示。

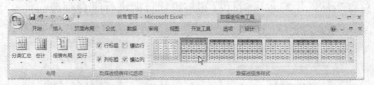

图 5-52　设置数据透视表样式

（18）将数据透视表标签行设置为居中对齐，样式设置完毕后的效果如图 5-53 所示。

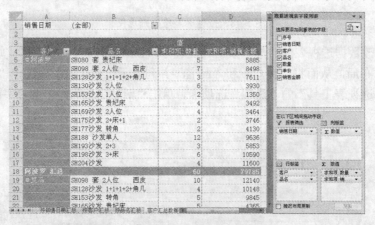

图 5-53　设置数据透视表样式效果

建立产品汇总数据透视表

建立产品汇总数据透视表的操作步骤如下：

（1）切换到 Sheet 3 数据表，将其重命名为"产品汇总数据透视表"，然后切换到"插入"

---

① 快速设置数据透视表样式。

选项卡，单击"表"组中的"数据透视表"按钮，从下拉菜单中选择"数据透视表"命令，打开"创建数据透视表"对话框。

（2）设置"表/区域"域为"销售数据!\$A\$2:\$G\$180"，数据透视表的放置位置为"产品汇总数据透视表!\$A\$2"，如图 5-54 所示。

（3）单击"确定"按钮，即可在"产品汇总数据透视表"工作表中新建一个数据透视表。拖动任务窗格"选择要添加到报表的字段"列表框中的"品名"、"客户"和"销售日期"字段①到下方的"行标签"列表框；拖动"数量"和"销售金额"字段到"Σ 数值"列表框，如图 5-55 所示。

图 5-54　"创建数据透视表"对话框　　　　　图 5-55　设置数据透视表字段

（4）字段设置完毕，工作表区域的数据透视表也相应发生了变化，如图 5-56 所示。

（5）更改数据透视表布局，例如将"客户"字段更改为表格布局，"销售日期"仍保留大纲布局。在任务窗格"行标签"列表框中单击"品名"旁的下拉按钮，在下拉菜单中选择"字段设置"命令，如图 5-57 所示。

图 5-56　添加字段后的数据透视表　　　　　图 5-57　选择"字段设置"命令

（6）打开"字段设置"对话框，切换到"布局和打印"选项卡，选择"以表格形式显示项目标签"单选项，如图 5-58 所示。

（7）单击"确定"按钮，并将 A4 单元格中的"行标签"改为"品名"，并快速设置数据透视表样式，效果如图 5-59 所示。

（8）单击数据透视表中的折叠按钮 □，可将行标签的明细数据隐藏起来，使页面显得简

---

① 这里要注意"行标签"列表框各字段的顺序。

洁；此时折叠按钮 ⊟ 变为展开按钮 ⊞，单击该按钮又可展开明细数据，如图 5-60 所示。

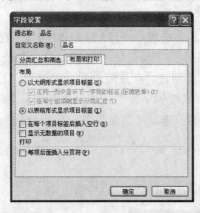

图 5-58 "字段设置"对话框

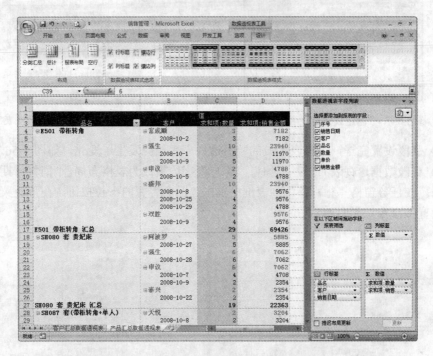

图 5-59 更改布局并设置样式后的数据透视表

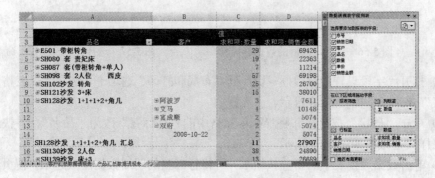

图 5-60 隐藏与展开明细数据

利用折线图分析日销售额

利用图表进行数据分析比起枯燥的数据来，更具说服力，而且直观便捷。下面利用折线图来分析日销售额情况[①]，其操作步骤如下：

（1）打开"销售管理"工作簿，新建一个名为"图表分析"的工作表。

（2）切换到"插入"选项卡，单击"图表"组中的"折线图"命令，在下拉列表中选择"二维折线图"下的"折线图"，如图 5-61 所示。

图 5-61　选择"折线图"

（3）此时在工作表区域将新建一个空白的图表，选中该图表后，功能区会自动切换到"图表工具"的"设计"选项卡中，单击"数据"组中的"选择数据"按钮，如图 5-62 所示。

图 5-62　单击"选择数据"按钮

（4）此时将打开"选择数据源"对话框，如图 5-63 所示，单击"添加"按钮，打开"编辑数据系列"对话框，在"系列名称"文本框中输入"销售金额汇总"，以作为系列说明，如图 5-64 所示。

（5）单击"系列值"文本框后的拾取器，切换到"按销售日期汇总"工作表[②]，拖动鼠标选择"销售金额"列下的数据作为图表系列值的数据来源，如图 5-65 所示。

（6）再次单击拾取器返回"编辑数据系列"对话框，单击"确定"按钮，返回"选择数据源"对话框，可见"图表数据区域"文本框中的值已发生变化，"图例项（系列）"列

[①] 折线图的使用。

[②] 这里要保证"按销售日期汇总"工作表是按第 2 级汇总，并且"销售日期"列按 1 号至 31 号排列。

表框中已添加了"销售金额汇总"系列,"水平(分类)轴标签"列表框中自动添加了 1～31 序列[1],如图 5-66 所示。

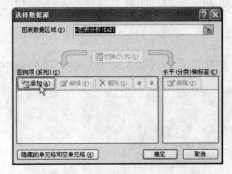

图 5-63　"选择数据源"对话框

图 5-64　"编辑数据系列"对话框

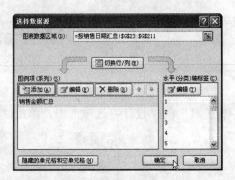

图 5-65　选择图表系列值的数据来源

图 5-66　"选择数据源"对话框

（7）单击"确定"按钮,生成的折线图如图 5-67 所示。

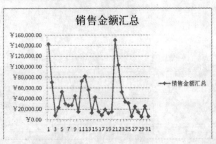

图 5-67　生成的折线图效果

（8）由图 5-67 可见,生成的折线图水平(分类)轴标签过于密集,影响分析,为了清晰显示数据的走势,可将水平轴拉长。单击选中图表,将鼠标指针指向图表右边框,当鼠标指针变为↔状时,按下鼠标左键进行拖动,释放鼠标左键后,效果如图 5-68 所示。

（9）更改图表布局[2]。选中图表,切换到"图表工具"的"设计"选项卡,单击"图表布局"组中的"其他"按钮 ,在展开的列表中选择"布局 10",如图 5-69 所示。

（10）应用"布局 10"的效果如图 5-70 所示,两个坐标轴都出现了名为"坐标轴标题"的标签,双击图表标题,将其改为"2008 年 10 月日销售额分析图表",将水平轴标题改为"日

---

[1] 这里"水平(分类)轴标签"列表框中的值不用再编辑,可保留 1～31 的数字序列代表日期 2008-10-1～2008-10-31。

[2] Excel 2007 新功能——快速更改图表布局。

期"，将垂直轴标题改为"日销售额"，如图 5-71 所示。

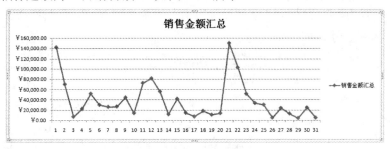

图 5-68　调整图表大小

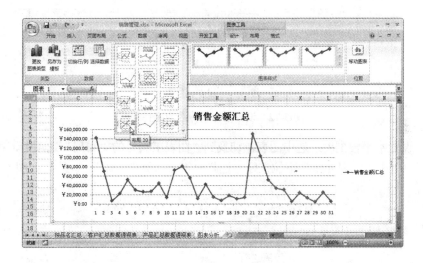

图 5-69　选择"布局 10"选项

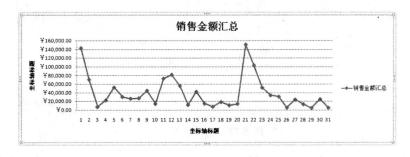

图 5-70　应用"布局 10"的效果

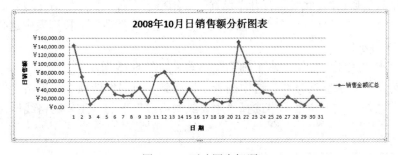

图 5-71　更改图表标题

（11）更改坐标轴标题标签的字体字号。单击"日销售额"标签，切换到"开始"选项卡，将其字体设置为"华文楷体"，字号设置为16，如图5-72所示；采用相同的方法设置"日期"标签的字体和字号。

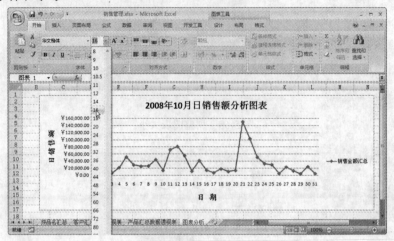

图 5-72　设置坐标轴标题的字体字号

（12）设置水平轴刻度。选中图表，切换到"图表工具"的"布局"选项卡，在"当前所选内容"组中单击"图表元素"下拉按钮，选择"水平（类别）轴"选项①，如图5-73所示。

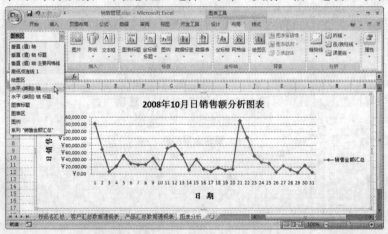

图 5-73　选择图表元素

（13）此时图表的水平（类别）轴将呈选中状态，再单击"当前所选内容"选项组"设置所选内容格式"按钮②，此时将打开"设置坐标轴格式"对话框，单击左边列表框中的"坐标轴选项"，切换到"坐标轴选项"界面，在"主要刻度线类型"下拉列表中选择"外部"选项，如图5-74所示。

（14）单击"关闭"按钮，水平轴刻度线效果如图5-75所示。

（15）为图表添加纵网格线。选中图表，切换到"布局"选项卡，单击"坐标轴"组中的"网格线"按钮，在下拉菜单中选择"主要纵网格线"下的"主要网格线"命令，效果如图5-76所示。

---

① 利用功能区菜单选择图表元素。
② 设置图表元素的格式。

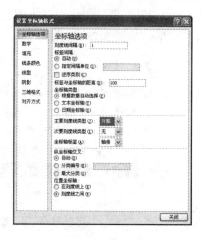

图 5-74　"设置坐标轴格式"对话框

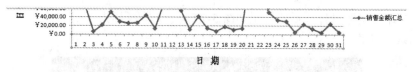

图 5-75　水平轴刻度线效果

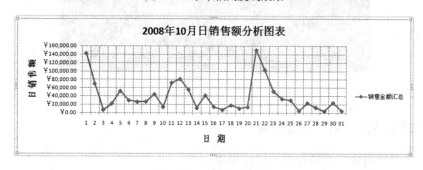

图 5-76　设置纵网格线

（16）添加趋势线①。在"布局"选项卡中单击"分析"组中的"趋势线"按钮，从下拉菜单中选择"线性趋势线"命令，效果如图 5-77 所示。可见，其日销售额呈略下降趋势。

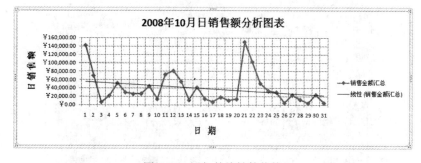

图 5-77　添加的线性趋势线

① 趋势线以图形的方式表示数据系列的趋势，例如，向上倾斜的线表示几个月中增加的销售额。趋势线用于问题预测研究，又称为回归分析。

（17）快速应用图表样式。在"设计"选项卡中单击"图表样式"组中的"其他"按钮，在展开的列表中选择"样式41"选项，如图 5-78 所示。

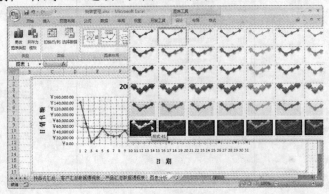

图 5-78 快速应用图表样式

（18）快速应用图表样式后的效果如图 5-79 所示。将鼠标指针指向图表中的系列点，屏幕中将显示系列点的值。

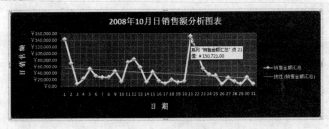

图 5-79 应用样式后的效果

利用柱形图分析客户月销售额

利用柱形图分析客户月销售额的操作步骤如下：

（1）切换到"按客户汇总"工作表，确保该工作表中的分类汇总是第 2 级，然后选择"客户"和"销售金额"列的数据区域，再切换到"插入"选项卡，单击"图表"组中的"柱形图"按钮，在展开的列表中选择"三维簇状柱形图"命令，如图 5-80 所示。

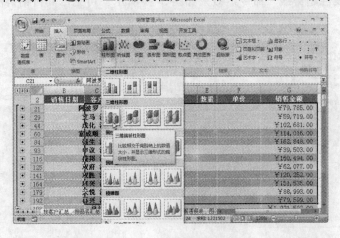

图 5-80 选择图表类型

（2）此时工作表中将插入一个柱形图。选中该图表，在"图表工具"的"设计"选项卡中，单击"位置"组中的"移动图表"按钮①，如图 5-81 所示。

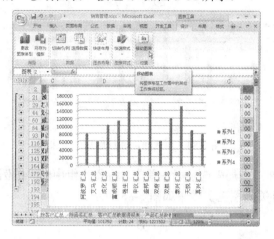

图 5-81 单击"移动图表"按钮

（3）此时将打开"移动图表"对话框，选择"对象位于"单选项，在其后下拉列表中选择"图表分析"工作表，如图 5-82 所示。

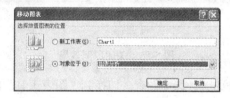

图 5-82 "移动图表"对话框

（4）单击"确定"按钮，图表将被移动到"图表分析"工作表，调整图表大小，并将图表移动到折线图下。

（5）选中柱形图表，切换到"设计"选项卡，在"图表布局"组中单击"布局 1"按钮，如图 5-83 所示。

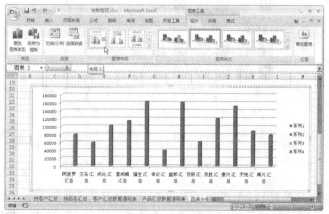

图 5-83 选择图表布局

---

① 通过对话框移动图表。

（6）将图表标题改为"客户月销售额"，更改布局和标题后的效果如图 5-84 所示。

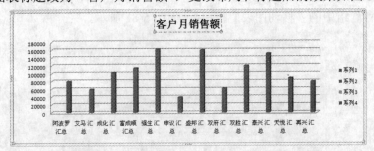

图 5-84　更改布局和标题后的效果

（7）关闭图例。在"布局"选项卡中单击"标签"组中的"图例"按钮，从下拉菜单中选择"无"命令，即可关闭图例，效果如图 5-85 所示。

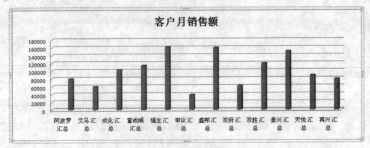

图 5-85　关闭图例效果

（8）设置系列的形状样式①。选中图表，切换到"图表工具"的"格式"选项卡，在"当前所选内容"组中的"图表元素"下拉列表中选择"系列 4"选项，再在"形状样式"组中选择"强烈效果－强调颜色 3"样式，如图 5-86 所示。

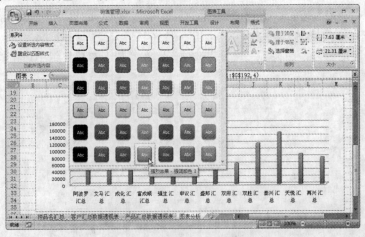

图 5-86　设置系列形状样式

（9）设置背景墙形状样式。在"当前所选内容"组中的"图表元素"下拉列表中选择"背景墙"选项，再在"形状样式"组中选择"细微效果－深色 1"样式，如图 5-87 所示。

（10）设置基底形状样式。在"当前所选内容"组中的"图表元素"下拉列表中选择"基

---

① 手动设置图表元素的形状样式。

底"选项,再在"形状样式"组中选择"强烈效果-强调颜色 6"样式,如图 5-88 所示。

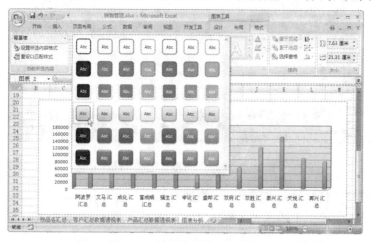

图 5-87 设置背景墙形状样式

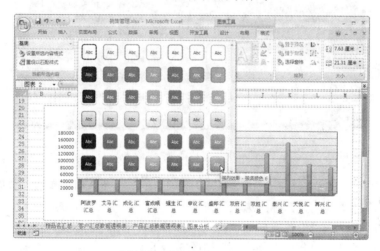

图 5-88 设置基底形状样式

(11) 设置图表区形状样式。在"当前所选内容"组中的"图表元素"下拉列表中选择 "图表区"选项,再在"形状样式"组中选择"强烈效果-深色 1"样式,如图 5-89 所示。

图 5-89 设置图表区形状样式

（12）图表元素形状样式设置完毕后的效果如图 5-90 所示。

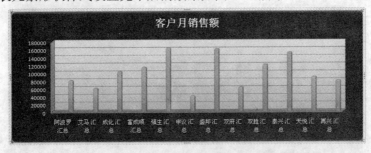

图 5-90　图表元素形状样式设置效果

（13）隐藏横坐标轴。双击图表，切换到"布局"选项卡，在"坐标轴"组中单击"坐标轴"按钮，从下拉菜单中选择"主要横坐标轴"下的"无"命令即可。隐藏横坐标轴，效果如图 5-91 所示。

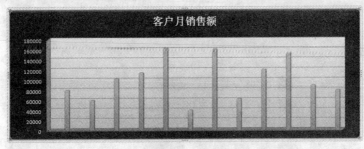

图 5-91　隐藏横坐标轴效果

（14）设置图表的数据标签。在"布局"选项卡的"标签"组中单击"数据标签"按钮，从下拉菜单中选择"其他数据标签选项"命令。

（15）此时将打开"设置数据标签格式"对话框，单击"标签选项"按钮切换到"标签选项"界面，选择"类别名称"复选项，如图 5-92 所示。

（16）单击"对齐方式"按钮切换到"对齐方式"界面，在"水平对齐方式"下拉列表中选择"中部居中"选项，在"文字方向"下拉列表中选择"竖排"选项，如图 5-93 所示。

图 5-92　设置标签选项　　　　　　　　图 5-93　设置标签对齐方式

（17）单击"关闭"按钮关闭对话框，切换到"开始"选项卡，将标签文字的颜色设置为"黑色"，完成效果如图 5-94 所示。

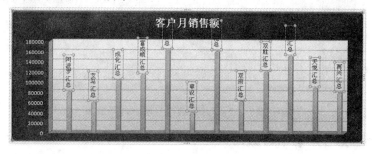

图 5-94　设置标签文字颜色效果

（18）选中数据标签，将其拖动到数据系列的柱形形状上，如图 5-95 所示。

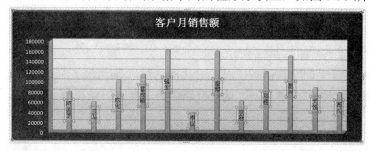

图 5-95　拖动数据标签

（19）由图 5-95 可见，数据系列柱形形状偏窄，可通过设置间距略为加宽。选中图表，切换到"布局"选项卡，在"当前所选内容"组中的"图表元素"下拉列表中选择"系列 4"选项，然后再单击"设置所选内容格式"按钮，如图 5-96 所示。

（20）此时将打开"设置数据系列格式"对话框，切换到"系列选项"界面，拖动"系列间距"和"分类间距"滑块到最左侧，使其间距为 0%，如图 5-97 所示。

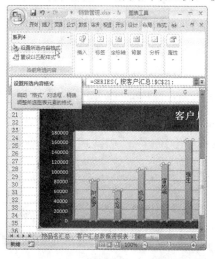

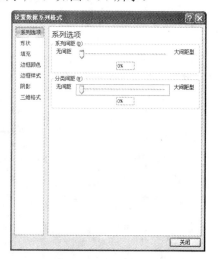

图 5-96　单击"设置所选内容格式"按钮　　　　图 5-97　设置系列选项

（21）单击"关闭"按钮关闭对话框，再调整数据标签文字，完成后的效果如图 5-98 所示。

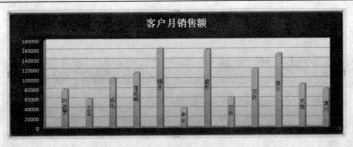

图 5-98　"客户月销售额"图表最终效果

利用数据透视图分析销售数据

除了使用数据透视表对销售数据进行汇总、分析外，还可以利用数据透视图①以图表的方式更直观地分析销售数据。建立数据透视图的操作步骤如下：

（1）打开"销售管理"工作簿，新建一个名为"数据透视图"的工作表。

（2）切换到"插入"选项卡，单击"表"组中的"数据透视表"按钮，从下拉菜单中选择"数据透视图"命令，如图 5-99 所示。

（3）此时将打开"创建数据透视表"对话框，在"表/区域"文本框通过拾取器选择数据区域为"销售数据!\$A\$2:\$G\$180"，选择将该数据透视图的保存在"现有工作表"，其位置为"数据透视图!\$A\$10"，如图 5-100 所示。

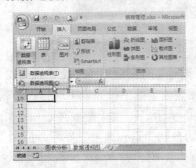

图 5-99　选择"数据透视图"命令

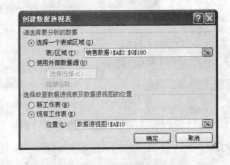

图 5-100　创建数据透视表

（4）单击"确定"按钮，工作区出现空白数据透视表和一个空白图表，并打开"数据透视图筛选窗格"和"数据透视表字段列表"窗格，如图 5-101 所示。

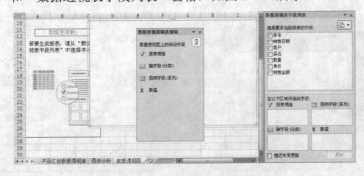

图 5-101　空白数据透视图

---

① 数据透视图是提供交互式数据分析的图表，与数据透视表类似，可以更改数据的视图，查看不同级别的明细数据，或通过拖动字段和显示或隐藏字段中的项来重新组织图表的布局。

（5）在"数据透视表字段列表"窗格中拖动字段"销售日期"到"轴字段（分类）"列表框，拖动字段"客户"到"图例字段（系列）"列表框，拖动字段"销售金额"到"Σ 数值"列表框，拖动字段"品名"到"报表筛选"列表框，此时的数据透视图效果如图 5-102 所示。

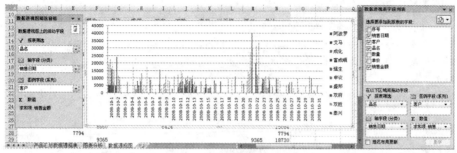

图 5-102　为数据透视图添加字段

（6）为数据透视图添加标题。选中数据透视图，切换到"数据透视图工具"的"布局"选项卡，单击"标签"组中的"图表标题"按钮，在下拉菜单中选择"图表上方"命令。

（7）此时在数据透视图上部将出现名为"图表标题"的标签，将其改名为"2008 年 10 月销售情况"，如图 5-103 所示。

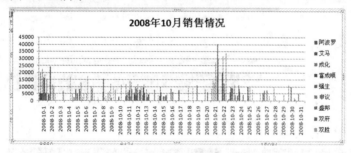

图 5-103　更改数据透视图标题

（8）更改数据透视图的类型。选中数据透视图，切换到"数据透视图工具"的"设计"选项卡，单击"类型"组中的"更改图表类型"按钮。

（9）此时将打开"更改图表类型"对话框，在左侧列表框中单击"柱形图"类别，在右侧列表框中选择"三维簇状柱形图"，如图 5-104 所示。

图 5-104　"更改图表类型"对话框

（10）单击"确定"按钮，更改图表类型后的数据透视图如图 5-105 所示。

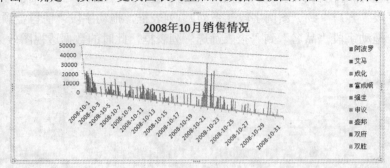

图 5-105　更改图表类型后的效果

（11）更改数据透视图样式。选中数据透视图，切换到"设计"选项卡，单击"图表样式"组中的"其他"按钮，从展开的列表中选择"样式 42"选项，如图 5-106 所示，快速应用样式后的数据透视图如图 5-107 所示。

图 5-106　选择"样式 42"选项

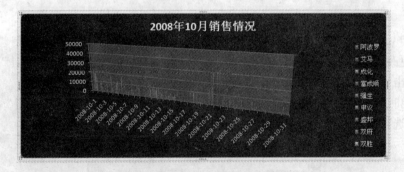

图 5-107　应用样式后的效果

（12）可以通过"数据透视图筛选窗格"对销售数据进行筛选，并且数据透视图会按筛选做相应变化。例如，选中数据透视表，单击"数据透视图筛选窗格"中"报表筛选"下的下拉按钮，从弹出的列表中选择品名，如"E501 带柜转角"，再单击"确定"按钮，如图 5-108 所示。此时数据透视图将发生变化，其结果如图 5-109 所示。

（13）再如，按"销售日期"进行筛选。清除对"品名"的筛选，再选中数据透视表，然后单击"数据透视图筛选窗格"中"轴字段（分类）"下的下拉按钮，从弹出的列表中选择日期，如"2008-10-1"，再单击"确定"按钮，如图 5-110 所示。此时数据透视图的效果如图5-111 所示。

图 5-108　按品名筛选

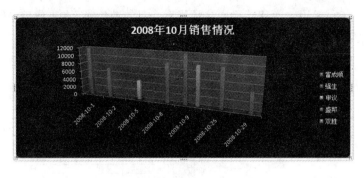

图 5-109　按品名筛选结果

图 5-110　按销售日期筛选

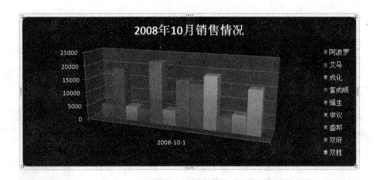

图 5-111　按销售日期筛选结果

（14）按"客户"进行筛选。清除对"销售日期"的筛选，再选中数据透视表，单击"数据透视图筛选窗格"中"图例字段（系列）"下的下拉按钮，从弹出的列表中选择客户，如"阿波罗"，再单击"确定"按钮，如图 5-112 所示。此时数据透视图的效果如图 5-113 所示。

图 5-112　按客户筛选

图 5-113　按客户筛选结果

销售预测分析

在 Excel 中，可以利用企业以往的销售数据来预测下一期的销售额。当然，销售预测是一项复杂的工作，需要考虑诸多内部、外部因素，Excel 也不能做到精确预测，但至少还是有一定的参考价值的。在 Excel 2007 中进行销售预测的操作步骤如下：

（1）打开"销售管理"工作簿，新建一个名为"销售预测"的工作表。

（2）采用一次移动平均法预测下一月的销售额。在工作表中输入如图 5-114 所示的内容，并简单设置格式。

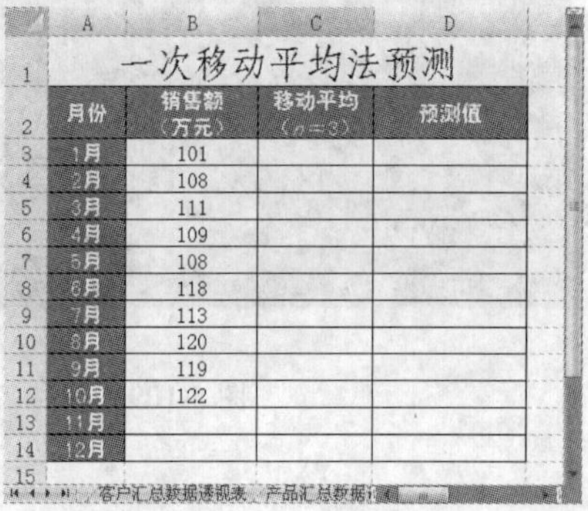

图 5-114 输入表格内容

（3）切换到"数据"选项卡，单击"分析"组中的"数据分析"按钮[①]。

（4）此时将打开"数据分析"对话框，在"分析工具"列表框中选择"移动平均"选项，如图 5-115 所示。

（5）单击"确定"按钮，打开"移动平均"对话框，在"输入区域"文本框中输入数据来源"$B$3:$B$12"，设置"间隔"为 3（即 $n=3$），设置"输出区域"为"$C$3"，如图 5-116 所示。

图 5-115 "数据分析"对话框　　　　　　　图 5-116 "移动平均"对话框

（6）单击"确定"按钮，其结果如图 5-117 所示，其中 C5 单元格的值为 C3:C5 单元格值的平均数，C6 单元格的值为 C4:C6 单元格值的平均数，依此类推。

图 5-117 移动平均计算结果

（7）选中"移动平均"和"预测值"两列数据区域，切换到"开始"选项卡，单击"数

---

① 注意：如果 Excel 2007 功能区没有数据分析工具，请先行加载。

字"组中的"数字格式"下拉按钮,在下拉菜单中选择"其他数字格式"命令。

(8)打开"设置单元格格式"对话框,切换到"数字"选项卡,在"分类"列表框中选择"数值"选项,设置"小数位数"数值框中的值为 0,如图 5-118 所示。

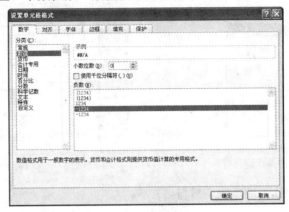

图 5-118　"设置单元格格式"对话框

(9)单击"确定"按钮应用设置。选中 C5:C12 单元格区域,按 Ctrl＋C 组合键复制,再选中 D6 单元格,切换到"开始"选项卡,单击"剪贴板"组中的"粘贴"下拉按钮,在下拉菜单中选择"粘贴值"命令。

(10)此时将以"值"的方式进行粘贴,其结果如图 5-119 所示,其中 D13 单元格中的值即为 11 月份销售额采用一次平均法的预测值。

(11)使用二次移动平均法预测 11 月和 12 月的销售额[①]。采用复制、修改的方法建立"二次移动平均法预测"表格,其内容如图 5-120 所示。

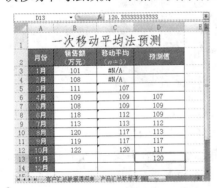

图 5-119　得到 11 月的销售预测值

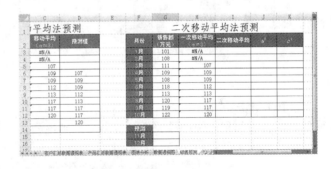

图 5-120　建立"二次移动平均法预测"表格

(12)先对 G3:G12 的数据进行一次移动平均计算,由于在"一次移动平均法预测"表格中已经进行该步操作,此处可省略。

(13)切换到"数据"选项卡,单击"分析"组中的"数据分析"按钮,打开"数据分析"对话框,选择"移动平均"工具,打开"移动平均"对话框,在"输入区域"文本框中输入数据来源"$H$5:$H$12",设置"间隔"为 3(即 $n=3$),设置"输出区域"为"$I$5",如图 5-121 所示。

---

① 由于使用一次移动平均法求得的移动平均值存在滞后偏差,因此可以对一次移动平均法求得的平均值再进行一次移动平均,以解决滞后偏差,即为二次移动平均法。

（14）单击“确定”按钮，二次移动平均的计算结果如图 5-122 所示。

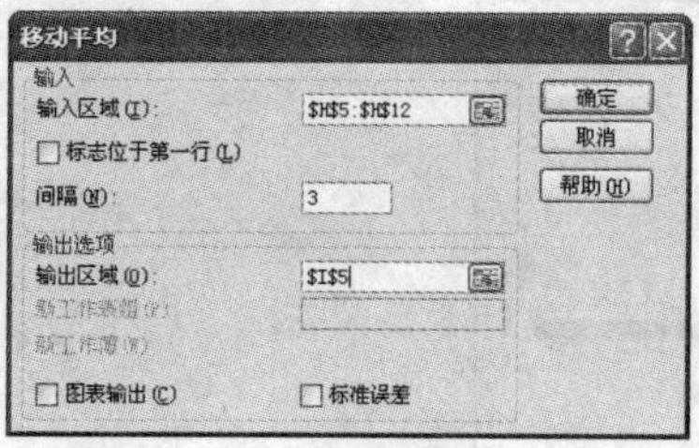

图 5-121 “移动平均”对话框

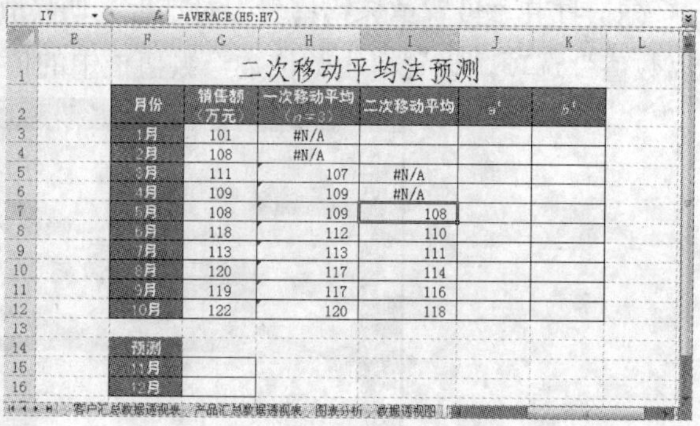

月份	销售额（万元）	一次移动平均（n=3）	二次移动平均	a^t	b^t
1月	101	#N/A			
2月	108	#N/A			
3月	111	107	#N/A		
4月	109	109	#N/A		
5月	108	109	108		
6月	118	112	110		
7月	113	113	111		
8月	120	117	114		
9月	119	117	116		
10月	122	120	118		
预测					
11月					
12月					

图 5-122 二次移动平均计算结果

（15）二次移动平均法的预测模型为：

$$y_{t+T}=a^t+b^t T,\quad a^t=2M_{t1}-M_{t2},\quad b^t=\frac{2}{n-1}(M_{t1}-M_{t2})$$

其中，T 为要预测的期数，M_{t1} 为第 t 期的一次移动平均值，M_{t2} 为第 t 期的二次移动平均值，n 为移动平均的时期数（本例中，$n=3$）。

计算 a^t 的值。选中 J7 单元格，在编辑栏输入公式“=2*H7-I7”，按回车键后得到 a^t 的计算结果，拖动填充手柄复制公式到该列其他单元格，如图 5-123 所示。

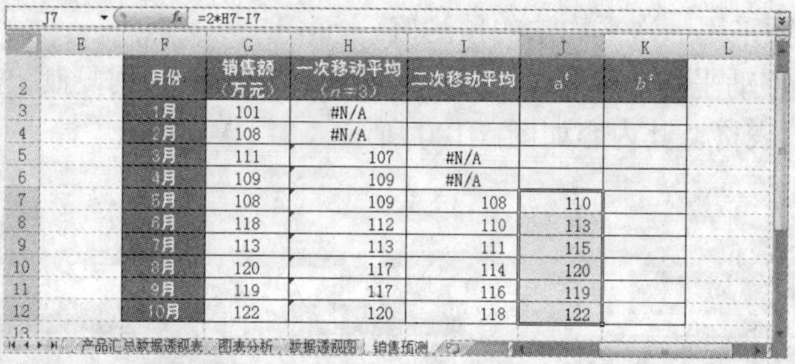

月份	销售额（万元）	一次移动平均（n=3）	二次移动平均	a^t	b^t
1月	101	#N/A			
2月	108	#N/A			
3月	111	107	#N/A		
4月	109	109	#N/A		
5月	108	109	108	110	
6月	118	112	110	113	
7月	113	113	111	115	
8月	120	117	114	120	
9月	119	117	116	119	
10月	122	120	118	122	

图 5-123 计算 a^t 的值

（16）计算 b^t 的值。选中 K7 单元格，在编辑栏输入公式“=2*(H7-I7)/2”，按回车键后得到 b^t 的计算结果，拖动填充手柄复制公式到该列其他单元格，如图 5-124 所示。

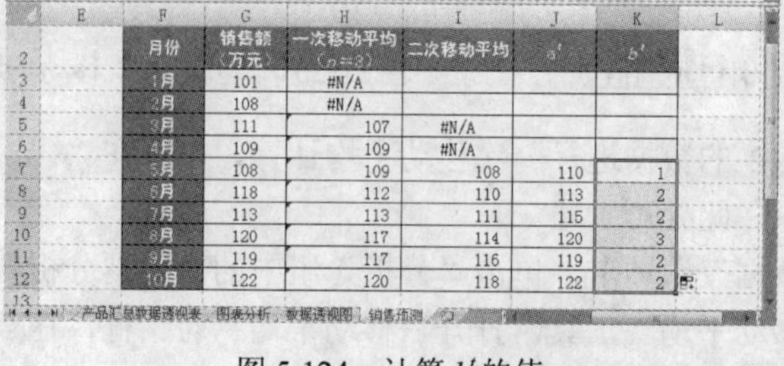

月份	销售额（万元）	一次移动平均（n=3）	二次移动平均	a^t	b^t
1月	101	#N/A			
2月	108	#N/A			
3月	111	107	#N/A		
4月	109	109	#N/A		
5月	108	109	108	110	1
6月	118	112	110	113	2
7月	113	113	111	115	2
8月	120	117	114	120	3
9月	119	117	116	119	2
10月	122	120	118	122	2

图 5-124 计算 b^t 的值

（17）计算 11 月份和 12 月份的预测值。由公式 $y_{t+T}=a^t+b^t T$ 可得 11 月的预测值，在 G15 单元格输入公式“=J12+K12*1”，在 G16 单元格输入公式“=J12+K12*2”，计算结果如图 5-125 所示。

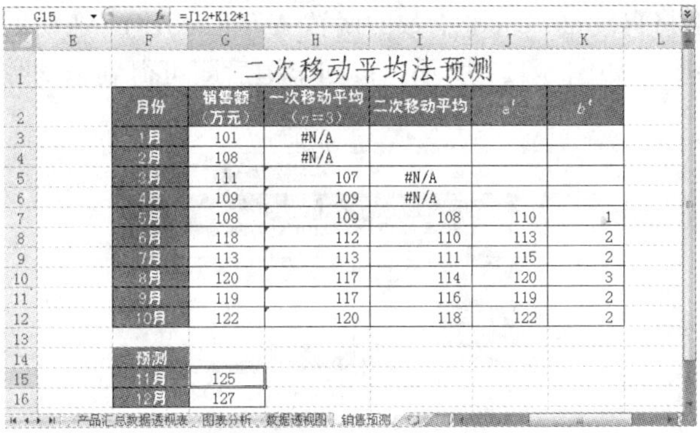

二次移动平均法预测

月份	销售额（万元）	一次移动平均（n=3）	二次移动平均	a'	b'
1月	101	#N/A			
2月	108	#N/A			
3月	111	107	#N/A		
4月	109	109	#N/A		
5月	108	109	108	110	1
6月	118	112	110	113	2
7月	113	113	111	115	2
8月	120	117	114	120	3
9月	119	117	116	119	2
10月	122	120	118	122	2
预测					
11月	125				
12月	127				

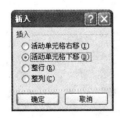

图 5-125　预测结果

（18）使用指数平滑法①预测 11 月份销售额。在“销售预测”工作表 M1 单元格位置开始建立“一次指数平滑法预测”表格，输入如图 5-126 所示的表格内容，平滑系数（a）分别选择 0.2、0.3 和 0.8。

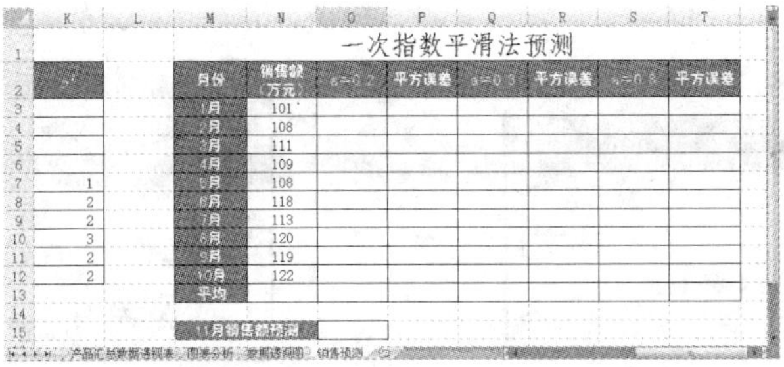

一次指数平滑法预测

月份	销售额（万元）	a=0.2	平方误差	a=0.3	平方误差	a=0.8	平方误差
1月	101						
2月	108						
3月	111						
4月	109						
5月	108						
6月	118						
7月	113						
8月	120						
9月	119						
10月	122						
平均							
11月销售额预测							

图 5-126　输入表格内容

（19）插入初始值单元格②。选中 M3:T3 单元格区域，切换到“开始”选项卡，单击“单元格”组中的“插入”下拉按钮，从下拉菜单中选择“插入单元格”命令。

（20）此时将打开“插入”对话框，选择“活动单元格下移”单选项，如图 5-127 所示。

（21）单击“确定”按钮，在所选单元格区域上方插入同样数目的单元格，清除 N3:T3 单元格区域的填充色，在 M3 单元格输入“初始值”标识，如图 5-128 所示。

图 5-127　“插入”对话框

一次指数平滑法预测

月份	销售额（万元）	a=0.2	平方误差	a=0.3	平方误差	a=0.8	平方误差
初始值							
1月	101						
2月	108						

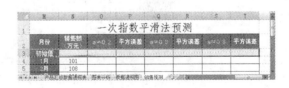

图 5-128　插入单元格效果

（22）计算销售额初始值，这里以 1～3 月销售额的平均值作为初始值。选中 N3 单元格，切换到“公式”选项卡，单击“函数库”组中的“自动求和”下拉按钮，从下拉菜单中选择“平均值”命令。

① 指数平滑法是以前期实际值和前期的预测值经过均匀处理后作为本期预测值。其计算公式为：下期预测数=本期实际数×平滑系数+本期预测数×（1-平滑系数）。

② 在工作表中插入单元格。

（23）N3 单元格将自动插入求平均数的函数 AVERAGE()，拖动鼠标选择 N4:N6 单元格区域作为该函数的参数，如图 5-129 所示，按回车键后即可得到平均数。

图 5-129　选择函数参数

（24）切换到"数据"选项卡，单击"分析"组中的"数据分析"按钮，打开"数据分析"对话框，选择"指数平滑"工具，如图 5-130 所示。

（25）单击"确定"按钮，打开"指数平滑"对话框，设置"输入区域"为\$N\$3:\$N\$13 单元格区域，设置阻尼系数为 0.8（即 1−a），设置"输出区域"为\$O\$3 单元格，如图 5-131 所示。

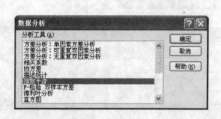

图 5-130　"数据分析"对话框　　　　　图 5-131　"指数平滑"对话框

（26）单击"确定"按钮，结果如图 5-132 所示，其中 O3:O13 单元格区域中的数值是 a=0.2 时对应各月的预测值；再为该列补充边框。

图 5-132　a=0.2 时对应各月的预测值

（27）计算预测值和实际值的平方误差[①]。计算平方误差可使用 POWER()函数。选择 P4 单元格，在编辑栏输入公式"=POWER(O4-N4,2)"，如图 5-133 所示。

（28）按回车键，得到计算结果，然后拖动填充手柄复制该公式到该列其他单元格；选择 P14 单元格，切换到"公式"选项卡，单击"函数库"组中的"自动求和"下拉按钮，从下拉菜单中选择"平均值"命令，按回车键确认默认参数，得到平方误差的平均值，如图 5-134 所示。

---

① POWER()函数的使用。

图 5-133 输入公式

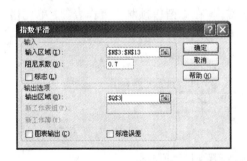

图 5-134 计算平方误差的平均值

（29）切换到"数据"选项卡，单击"分析"组中的"数据分析"按钮，打开"数据分析"对话框，选择"指数平滑"工具，打开"指数平滑"对话框，设置"输入区域"为$N$3:$N$13单元格区域，设置阻尼系数为0.7（即1-a），设置"输出区域"为$Q$3单元格，如图5-135所示。

（30）单击"确定"按钮，再向下复制该公式；然后选择 R4 单元格，在编辑栏输入公式"=POWER(Q4-N4,2)"，按回车键后向下复制公式至R13单元格；选择R14单元格，通过"自动求和"下拉菜单计算平方误差的平均值，结果如图5-136所示。

图 5-135 "指数平滑"对话框　　　　　图 5-136 a＝0.3 时对应各月的预测值

（31）切换到"数据"选项卡，单击"分析"组中的"数据分析"按钮，打开"数据分析"对话框，选择"指数平滑"工具，打开"指数平滑"对话框，设置"输入区域"为$N$3:$N$13 单元格区域，设置阻尼系数为0.2（即1-a），设置"输出区域"为$S$3单元格，如图5-137所示。

（32）单击"确定"按钮，再向下复制该公式；然后选择 T4 单元格，在编辑栏输入公式"=POWER(S4-N4,2)"，按回车键后向下复制公式至 T13 单元格；选择 T14 单元格，通过"自动求和"下拉菜单计算平方误差的平均值，结果如图5-138所示。

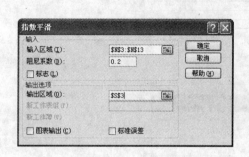

图 5-137 “指数平滑”对话框

T14 =AVERAGE(T4:T13)

	M	N	O	P	Q	R	S	T
1	一次指数平滑法预测							
2	月份	销售额（万元）	a=0.2	平方误差	a=0.3	平方误差	a=0.8	平方误差
3	初始值	106.6667	#N/A		#N/A		#N/A	
4	1月	101	106.6667	32.11111	106.6667	32.11111	106.6667	32.11111
5	2月	108	105.5333	6.084444	104.9667	9.201111	102.1333	34.41778
6	3月	111	106.0267	24.73404	105.8767	26.24854	106.8267	17.41671
7	4月	109	107.0213	3.915122	107.4137	2.516453	110.1653	1.358002
8	5月	108	107.4171	0.339811	107.8896	0.012196	109.2331	1.520453
9	6月	118	107.5337	109.5444	107.9227	101.552	108.2466	95.12855
10	7月	113	109.6269	11.37765	110.9459	4.219377	116.0493	9.298369
11	8月	120	110.3015	94.06016	111.5621	71.1978	113.6099	40.83383
12	9月	119	112.2412	45.68097	114.0935	24.07389	118.722	0.077299
13	10月	122	113.593	70.67791	115.5654	41.40357	118.9444	9.336724
14	平均			39.85256		31.25361		24.14988
15								
16	11月销售额预测							

产品汇总数据透视表 图表分析 数据透视图 销售预测

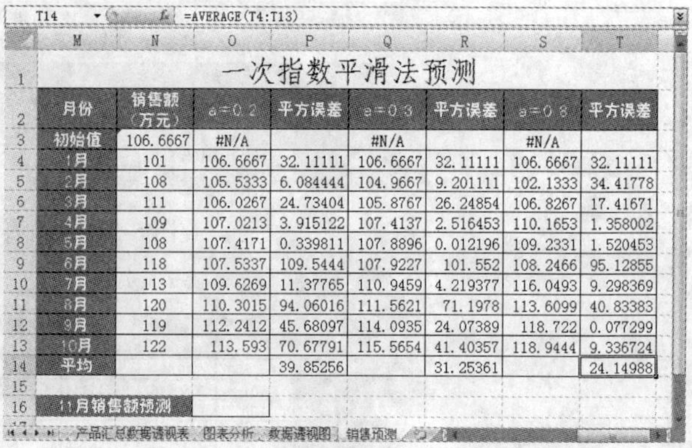

图 5-138 a=0.8 时对应各月的预测值

（33）比较平滑指数 a=0.2、a=0.3 和 a=0.8 时平方误差的平均值，可见，当 a=0.8 时其预测的平方误差平均值最小（24.14988），因此，选择 S13 单元格的值作为本期预测数。选择 O16 单元格，输入公式“=0.8*N13+0.2*S13”，按回车键后，其结果如图 5-139 所示。

O16 =0.8*N13+0.2*S13

	M	N	O	P	Q	R	S	T
10	7月	113	109.6269	11.37765	110.9459	4.219377	116.0493	9.298369
11	8月	120	110.3015	94.06016	111.5621	71.1978	113.6099	40.83383
12	9月	119	112.2412	45.68097	114.0935	24.07389	118.722	0.077299
13	10月	122	113.593	70.67791	115.5654	41.40357	118.9444	9.336724
14	平均			39.85256		31.25361		24.14988
15								
16	11月销售额预测		121.3889					
17								

产品汇总数据透视表 图表分析 数据透视图 销售预测

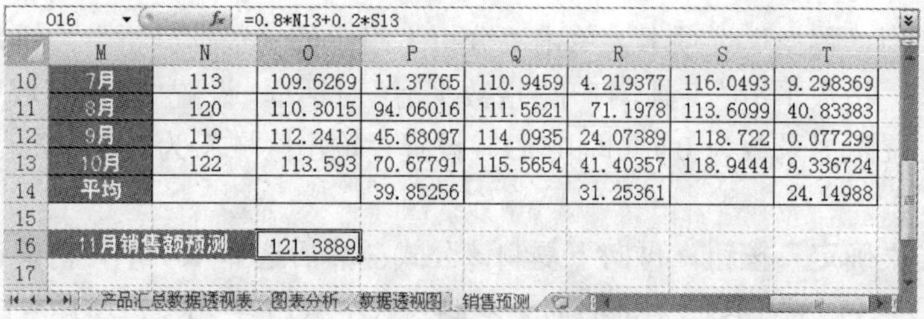

图 5-139 得出 11 月销售额预测结果

（34）利用线性回归和指数回归分析法预测销售额①。在“销售预测”工作表 V1 单元格位置开始建立“回归分析法预测”表格，输入如图 5-140 所示的内容。

	T	U	V	W	X	Y	Z	AA	AB	AC
1			回归分析法预测							
2	平方误差		月份	影响因素	销售额（万元）		回归模型	计算公式	系数计算	
3			1月	1	101		一元线性	$y=mx+b$	m	b
4	32.11111		2月	2	108		一元指数	$y=b\times m^x$		
5	34.41778		3月	3	111					
6	17.41671		4月	4	109					
7	1.358002		5月	5	108					
8	1.520453		6月	6	118					
9	95.12855		7月	7	113					
10	9.298369		8月	8	120		月份	影响因素	预测值	
11	40.83383		9月	9	119		11月	11		
12	0.077299		10月	10	122		12月	12		
13	9.336724									

产品汇总数据透视表 图表分析 数据透视图 销售预测

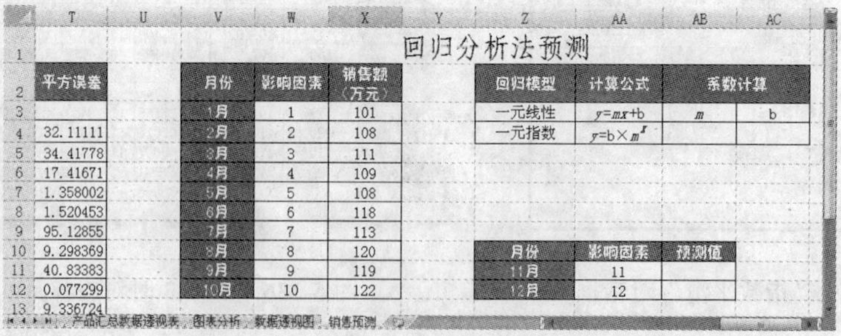

图 5-140 输入表格内容

（35）插入“组合框”控件以选择回归模型。切换到“开发工具”选项卡，单击“控件”组中的“插入”按钮，从下拉菜单中选择“组合框（窗体）”控件，如图 5-141 所示。

（36）此时鼠标指针将变为“+”状，拖动鼠标在工作表中绘制出一个组合框控件，如图 5-142 所示。

① 线性回归 LINEST()函数与指数回归 LOGEST()函数的使用。

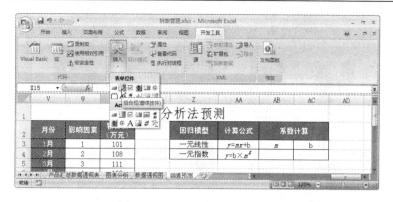

图 5-141　选择"组合框"控件

图 5-142　绘制组合框控件

（37）右键单击绘制的控件，在打开的快捷菜单中选择"设置控件格式"命令。

（38）此时将打开"设置对象格式"对话框，切换到"控制"选项卡，设置"数据源区域"为$Z$3:$Z$4，设置"单元格链接"[①]为$AD$1，设置"下拉显示项数"为2，如图 5-143 所示。

（39）单击"确定"按钮应用设置。在工作表中单击组合框控件的下拉按钮，可见其下拉列表中的各项即是$Z$3:$Z$4 单元格中的值，而$AD$1 单元格则根据组合框的选择显示对应的值，如图 5-144 所示。

图 5-143　"设置对象格式"对话框

图 5-144　设置的组合框效果

（40）计算线性回归公式和指数回归公式中的 m 值。选择 AB4 单元格，在编辑框中输入以下公式，如图 5-145 所示。

=IF(AD1=1,INDEX(LINEST(X3:X12,W3:W12,TRUE,TRUE),1,1),INDEX(LOGEST(X3:X12,W3:W12,TRUE,TRUE),1,1))[②]

---

① 单元格链接中的值根据组合框下拉列表的选择自动生成，通常以 1、2…的序列代表下拉列表的各项。

② INDEX()函数的使用。

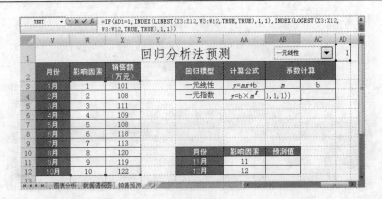

图 5-145 计算 m 值

该公式表示：

如果 AD1=1（即在组合框下拉列表中选择"一元线性"），则返回数组 LINEST(X3:X12, W3:W12,TRUE,TRUE)中第一行第一列交叉处单元格的值。

如果 AD1≠1（即在组合框下拉列表中选择"一元指数"），则返回数组 LOGEST(X3:X12, W3:W12,TRUE,TRUE) 中第一行第一列交叉处单元格的值。

（41）按回车键确认输入后，选择 AC4 单元格，在编辑栏输入以下公式，计算 b 的值，如图 5-146 所示。

=IF(AD1=1,INDEX(LINEST(X3:X12,W3:W12,TRUE,TRUE),1,2),INDEX(LOGEST(X3:X12,W3:W12,TRUE,TRUE),1,2))

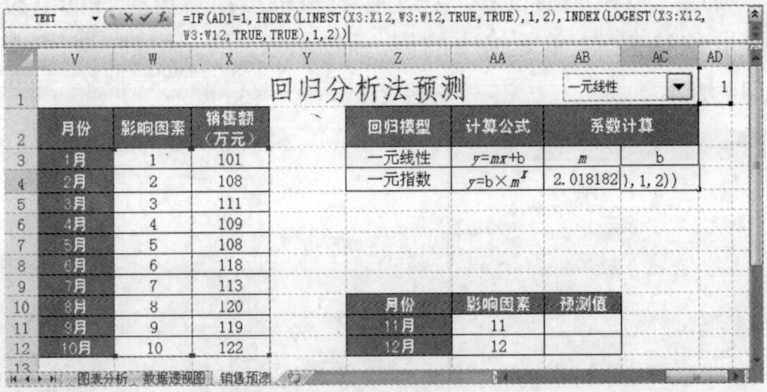

图 5-146 计算 b 值

该公式表示：

如果 AD1=1（即在组合框下拉列表中选择"一元线性"），则返回数组 LINEST(X3:X12, W3:W12,TRUE,TRUE)中第一行第二列交叉处单元格的值。

如果 AD1≠1（即在组合框下拉列表中选择"一元指数"），则返回数组 LOGEST(X3:X12, W3:W12,TRUE,TRUE) 中第一行第二列交叉处单元格的值。

（42）计算预测值[①]。选择 AB11:AB12 单元格区域，在编辑框输入以下公式：

=IF(AD1=1,AB4*AA11:AA12+AC4,AC4*AB4^AA11:AA12)

该公式表示：

---

① 数组公式的使用。

如果 AD1=1（即在组合框下拉列表中选择"一元线性"），则使用 $y=mx+b$ 来计算预测值；如果 AD1≠1（即在组合框下拉列表中选择"一元指数"），则使用 $y=b×m^x$ 来计算预测值。其中，影响因素 AA11:AA12 作为 x 值。

（43）公式输入完毕后，由于结果是数组公式，因此按 Ctrl＋Shift＋Enter 组合键，在 AB11:AB12 单元格区域中得到计算结果，如图 5-147 所示。可以看到，编辑框中的公式被一对花括号{ }括起来。

图 5-147　计算预测值的结果

（44）单击组合框控件的下拉按钮，在下拉列表中选择"一元指数"，这时，AD1 单元格的值变为 2，其他结果也相应发生了改变，如图 5-148 所示。

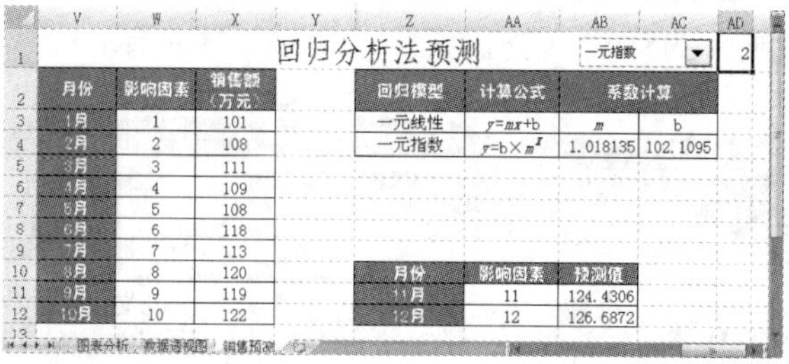

图 5-148　选择一元指数回归模型的计算结果

贷款与还款计划分析

企业在经营过程中需要大量资金，这些资金通常很多是来自商业贷款。企业在进行商业贷款时需要制定计划，对贷款的金额、期限、利率等进行分析，量力而行，确保不会因为商业贷款给企业经营带来不利影响。

利用 Excel 表格分析贷款、还款计划的操作步骤如下：

（1）在"销售管理"工作簿中新建一个名为"贷款与还款计划分析"的工作表，在表格中输入如图 5-149 所示的表格内容。

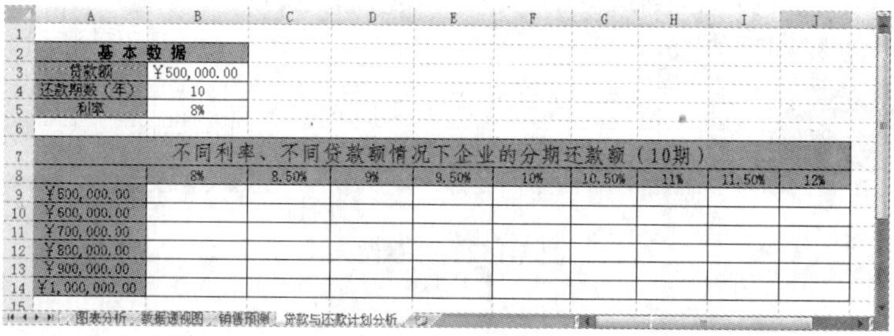

图 5-149　输入表格内容

（2）选择 A8 单元格，在编辑栏输入以下公式[①]：

=PMT(B5,B4,B3)

该公式表示，计算贷款额为￥500,000.00、还款期数为 10、利率为 8% 的分期还款额。按回车键后，将其数字格式设置为"会计专用"，结果如图 5-150 所示。

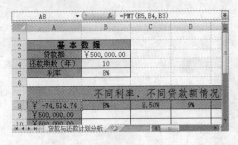

图 5-150　计算结果

（3）使用数据表计算不同利率、不同贷款额度下的分期还款额[②]。选中 A8:J14 单元格区域，切换到"数据"选项卡，在"数据工具"组中单击"假设分析"按钮，从下拉菜单中选择"数据表"命令。

（4）此时将打开"数据表"对话框，设置"输入引用行的单元格"为$B$5（利率），设置"输入引用列的单元格"为$B$3（贷款额），如图 5-151 所示。

图 5-151　设置引用行和引用列

（5）单击"确定"按钮，即可求出不同利率、不同贷款额度下企业的分期（10 期）还款额，如图 5-152 所示。选中保存计算结果的任一单元格，可见其编辑栏显示为数组公式：{TABLE(B5,B3)}。

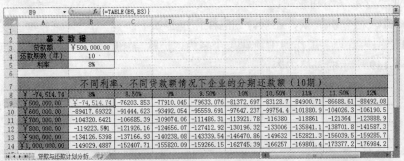

图 5-152　计算结果

---

① PMT()函数的使用。
② 数据表的使用。

（6）选中 B9:J14 单元格区域，将其数字格式设置为"会计专用"，并调整列宽，其效果如图 5-153 所示。

	A	B	C	D	E	F	G	H	I	J
1	基本数据									
2	贷款额	￥500,000.00								
3	还款期数（年）	10								
4	利率	8%								
5										
6	不同利率、不同贷款额情况下企业的分期还款额（10期）									
7	￥ -74,514.74	8%	8.50%	9%	9.50%	10%	10.50%	11%	11.50%	12%
8	￥500,000.00	￥ -74,514.74	￥ -76,203.85	￥ -77,910.04	￥ -79,633.08	￥ -81,372.70	￥ -83,128.66	￥ -84,900.71	￥ -86,688.61	￥ -88,492.08
9	￥600,000.00	￥ -89,417.69	￥ -91,444.62	￥ -93,492.05	￥ -95,559.69	￥ -97,647.24	￥ -99,754.39	￥ -101,880.86	￥ -104,026.33	￥ -106,190.50
10	￥700,000.00	￥ -104,320.64	￥ -106,685.39	￥ -109,074.06	￥ -111,486.31	￥ -113,921.78	￥ -116,380.12	￥ -118,861.00	￥ -121,364.05	￥ -123,888.91
11	￥800,000.00	￥ -119,223.59	￥ -121,926.16	￥ -124,656.07	￥ -127,412.92	￥ -130,196.32	￥ -133,005.86	￥ -135,841.14	￥ -138,701.77	￥ -141,587.33
12	￥900,000.00	￥ -134,126.54	￥ -137,166.93	￥ -140,238.08	￥ -143,339.54	￥ -146,470.86	￥ -149,631.59	￥ -152,821.28	￥ -156,039.49	￥ -159,285.75
13	￥1,000,000.00	￥ -149,029.49	￥ -152,407.71	￥ -155,820.09	￥ -159,266.15	￥ -162,745.39	￥ -166,257.32	￥ -169,801.43	￥ -173,377.21	￥ -176,984.16

图 5-153　设置计算结果的数字格式

（7）还款计划分析。在"贷款与还款计划分析"工作表中输入如图 5-154 所示的内容。

	K	L	M	N	O	P
1		基本数据				
2		贷款额	￥500,000.00			
3		还款期数（年）	10			
4		利率	8%			
5						
6		还款计划分析				
7		期数	还款额	本金偿还	利息支付	剩余本金
8		0				
9		1				
10		2				
11		3				
12		4				
13		5				
14		6				
15		7				
16		8				
17		9				
18		10				
19		合计				

图 5-154　输入表格内容

（8）计算每期还款额，本例中企业贷款额为 ￥500,000.00，分 10 年还款，年利率为 8%，且采用等额分摊法进行还款。选中 M9 单元格，输入 0，再选中 M10 单元格，在编辑栏中输入以下公式。

=-PMT($M$5,$M$4,$M$3)[①]

（9）按回车键后，再复制该公式到该列其他单元格，结果如图 5-155 所示。

图 5-155　每期还款额计算结果

（10）计算每期的本金偿还额[②]。在 N9 单元格中输入 0，选择 N10 单元格，输入以下公式：

---

① 注意：由于 PMT()函数返回的是负值，要使其计算结果为正，此处加入负号。
② PPMT()函数的使用。

=-PPMT($M$5,L10,$M$4,$M$3)

（11）按回车键后，再复制该公式到该列其他单元格，结果如图 5-156 所示。

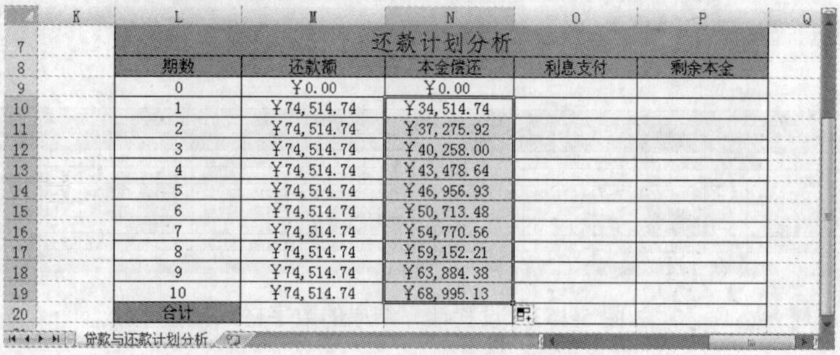

	K	L	M	N	O	P	Q
7		还款计划分析					
8		期数	还款额	本金偿还	利息支付	剩余本金	
9		0	￥0.00	￥0.00			
10		1	￥74,514.74	￥34,514.74			
11		2	￥74,514.74	￥37,275.92			
12		3	￥74,514.74	￥40,258.00			
13		4	￥74,514.74	￥43,478.64			
14		5	￥74,514.74	￥46,956.93			
15		6	￥74,514.74	￥50,713.48			
16		7	￥74,514.74	￥54,770.56			
17		8	￥74,514.74	￥59,152.21			
18		9	￥74,514.74	￥63,884.38			
19		10	￥74,514.74	￥68,995.13			
20		合计					

图 5-156 本金偿还额计算结果

（12）计算每期支付的利息[①]。在 O9 单元格中输入 0，选择 O10 单元格，输入以下公式：

=-IPMT($M$5,L10,$M$4,$M$3)

（13）按回车键后，再复制该公式到该列其他单元格，结果如图 5-157 所示。

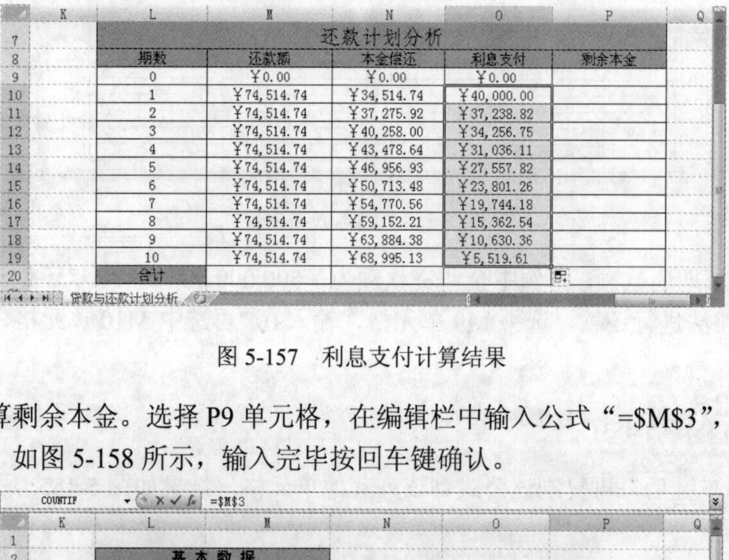

	K	L	M	N	O	P	Q
7		还款计划分析					
8		期数	还款额	本金偿还	利息支付	剩余本金	
9		0	￥0.00	￥0.00	￥0.00		
10		1	￥74,514.74	￥34,514.74	￥40,000.00		
11		2	￥74,514.74	￥37,275.92	￥37,238.82		
12		3	￥74,514.74	￥40,258.00	￥34,256.75		
13		4	￥74,514.74	￥43,478.64	￥31,036.11		
14		5	￥74,514.74	￥46,956.93	￥27,557.82		
15		6	￥74,514.74	￥50,713.48	￥23,801.26		
16		7	￥74,514.74	￥54,770.56	￥19,744.18		
17		8	￥74,514.74	￥59,152.21	￥15,362.54		
18		9	￥74,514.74	￥63,884.38	￥10,630.36		
19		10	￥74,514.74	￥68,995.13	￥5,519.61		
20		合计					

图 5-157 利息支付计算结果

（14）计算剩余本金。选择 P9 单元格，在编辑栏中输入公式“=$M$3”，即初期剩余本金等于贷款额，如图 5-158 所示，输入完毕按回车键确认。

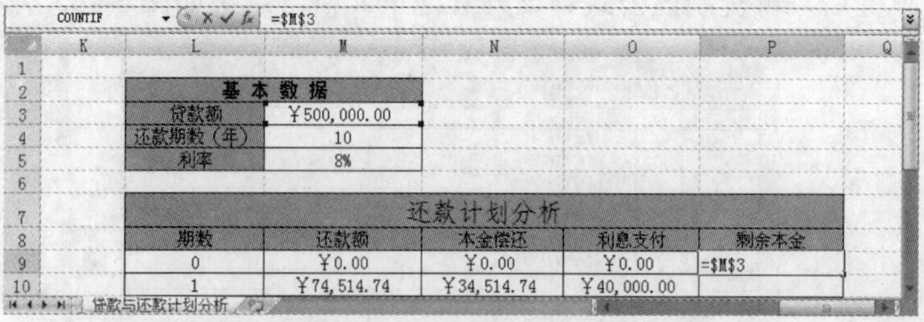

	K	L	M	N	O	P	Q
1							
2		基 本 数 据					
3		贷款额	￥500,000.00				
4		还款期数（年）	10				
5		利率	8%				
6							
7		还款计划分析					
8		期数	还款额	本金偿还	利息支付	剩余本金	
9		0	￥0.00	￥0.00	￥0.00	=$M$3	
10		1	￥74,514.74	￥34,514.74	￥40,000.00		

图 5-158 输入计算初期剩余本金公式

（15）选择 P10 单元格，在编辑栏输入公式“=P9-N10”[②]。

（16）按回车键确认公式的输入，再复制公式到该列其他单元格，如图 5-159 所示。可以看出，在第 10 期的时候，剩余本金为 0。

① IPMT()函数的使用。

② 计算剩余本金的公式为：剩余本金＝上期剩余本金－本期偿还本金。

还款计划分析				
期数	还款额	本金偿还	利息支付	剩余本金
0	￥0.00	￥0.00	￥0.00	￥500,000.00
1	￥74,514.74	￥34,514.74	￥40,000.00	￥465,485.26
2	￥74,514.74	￥37,275.92	￥37,238.82	￥428,209.33
3	￥74,514.74	￥40,258.00	￥34,256.75	￥387,951.33
4	￥74,514.74	￥43,478.64	￥31,036.11	￥344,472.70
5	￥74,514.74	￥46,956.93	￥27,557.82	￥297,515.77
6	￥74,514.74	￥50,713.48	￥23,801.26	￥246,802.28
7	￥74,514.74	￥54,770.56	￥19,744.18	￥192,031.72
8	￥74,514.74	￥59,152.21	￥15,362.54	￥132,879.52
9	￥74,514.74	￥63,884.38	￥10,630.36	￥68,995.13
10	￥74,514.74	￥68,995.13	￥5,519.61	￥0.00
合计				

图 5-159　剩余本金计算结果

（17）合计还款额、本金偿还和利息支付。以合计还款额为例，选择 M20 单元格，切换到“公式”选项卡，单击“函数库”组中的“自动求和”下拉按钮，在下拉菜单中选择“求和”命令。

（18）此时 M20 单元格将插入 SUM()函数，按回车键确认默认参数，即可得到合计结果。采用相同的方法合计本金偿还和利息支付，结果如图 5-160 所示。可见，本金偿还的合计值等于贷款额，而还款额的合计值等于本金偿还和利息支付之和。

还款计划分析				
期数	还款额	本金偿还	利息支付	剩余本金
0	￥0.00	￥0.00	￥0.00	￥500,000.00
1	￥74,514.74	￥34,514.74	￥40,000.00	￥465,485.26
2	￥74,514.74	￥37,275.92	￥37,238.82	￥428,209.33
3	￥74,514.74	￥40,258.00	￥34,256.75	￥387,951.33
4	￥74,514.74	￥43,478.64	￥31,036.11	￥344,472.70
5	￥74,514.74	￥46,956.93	￥27,557.82	￥297,515.77
6	￥74,514.74	￥50,713.48	￥23,801.26	￥246,802.28
7	￥74,514.74	￥54,770.56	￥19,744.18	￥192,031.72
8	￥74,514.74	￥59,152.21	￥15,362.54	￥132,879.52
9	￥74,514.74	￥63,884.38	￥10,630.36	￥68,995.13
10	￥74,514.74	￥68,995.13	￥5,519.61	￥0.00
合计	￥745,147.44	￥500,000.00	￥245,147.44	

图 5-160　合计还款额、本金偿还和利息支付

（19）“还款计划分析”表格建立好后，以后如果贷款额和利率发生变化，只需更改“基本数据”中的相应值，就可得到分析结果。以贷款额为￥1,000,000.00、利率为 10%、期数为 10 为例。选中 M3 单元格，将其值更改为 1000000，再选中 M5 单元格，将其值更改为 10%，其结果即可自动发生改变，如图 5-161 所示。

基本数据	
贷款额	￥1,000,000.00
还款期数（年）	10
利率	10%

还款计划分析				
期数	还款额	本金偿还	利息支付	剩余本金
0	￥0.00	￥0.00	￥0.00	￥1,000,000.00
1	￥162,745.39	￥62,745.39	￥100,000.00	￥937,254.61
2	￥162,745.39	￥69,019.93	￥93,725.46	￥868,234.67
3	￥162,745.39	￥75,921.93	￥86,823.47	￥792,312.74
4	￥162,745.39	￥83,514.12	￥79,231.27	￥708,798.62
5	￥162,745.39	￥91,865.53	￥70,879.86	￥616,933.09
6	￥162,745.39	￥101,052.09	￥61,693.31	￥515,881.00
7	￥162,745.39	￥111,157.29	￥51,588.10	￥404,723.71
8	￥162,745.39	￥122,273.02	￥40,472.37	￥282,450.69
9	￥162,745.39	￥134,500.33	￥28,245.07	￥147,950.36
10	￥162,745.39	￥147,950.36	￥14,795.04	￥0.00
合计	￥1,627,453.95	￥1,000,000.00	￥627,453.95	

图 5-161　更改基本数据得到相应结果

知识点总结

本案例涉及以下知识点：

（1）导入外部数据；

（2）使用表格标题行功能；

（3）多条件筛选和自定义筛选；

（4）分类汇总的使用；

（5）将 Access 表格转换为普通单元格区域；

（6）快速排序；

（7）数据透视表的使用；

（8）折线图的使用及美化；

（9）为图表添加趋势线；

（10）柱形图的使用与美化；

（11）数据透视图的使用；

（12）移动平均数据分析工具的使用；

（13）指数平滑数据分析工具的使用；

（14）组合框控件的使用；

（15）数组公式的使用；

（16）数据表的使用；

（17）POWER()、INDEX()、LINEST()、LOGEST()、PMT()、PPMT()和 IPMT()等函数的使用。

在以后对上述知识点进行应用时，还有一些细节需要注意：

1. 在 Excel 中使用 Access 数据

在 Excel 工作簿中使用 Access 数据，可以充分使用数据分析和绘制图表功能、数据排列和布局的灵活性或其他一些 Access 中不可用的功能。在 Excel 中使用 Access 数据有以下几种方式：

（1）将 Access 数据复制到 Excel 中。

从 Access 的数据表视图复制数据，然后将数据粘贴到 Excel 工作表中。采用这种方法时，Access 数据的更改不会影响到 Excel 中的数据。

（2）将 Access 数据导出到 Excel。

通过使用 Access 中的"导出向导"，将一个 Access 数据库对象（如表、查询或窗体）或视图中选择的记录导出到 Excel 工作表中。用户在执行导出操作时，可以保存详细信息以备将来使用，甚至还可以制定计划，让导出操作按指定时间间隔自动运行。

使用这种方法的好处是可以在 Access 数据库中存储数据，然后使用 Excel 分析数据和分发分析结果。

（3）从 Excel 连接到 Access 数据。

如果要将可刷新的 Access 数据引入 Excel 中，可以使用 Excel 2007 中的"获取外部数据"功能来导入 Access 数据。采用这种方法的好处是：可以在 Excel 中定期分析这些数据，而不需要从 Access 反复复制或导出数据；连接到 Access 数据后，只要原始 Access 数据库发生了更新，则可以从该数据库自动刷新（或更新）Excel 工作簿。

值得注意的是，导入 Excel 2007 的 Access 数据以"表"的形式储存在工作表中，可以通过"表工具"的"设计"选项卡中的"转换为区域"工具将 Access 表转换为普通单元格区域。

2. 分类汇总

分类汇总是通过 SUBTOTAL()函数利用汇总函数（如 SUM()、COUNT()和 AVERAGE()等）计算得到的。值得注意的是，对数据进行分类汇总后，其末尾有一个"总计"项，这个总计是从明细数据派生的，而不是从分类汇总中的值派生的。例如，如果使用"平均值"汇总函数，则总计行将显示列表中所有明细行的平均值，而不是分类汇总行中的值的平均值。

在 Excel 中使用分类汇总时要注意，并不是所有的数据表格都可以进行分类汇总，它应该满足以下要求：

（1）作为分类汇总的关键字段，一般是文本字段，并且关键字段中应该具有多个相同字段名的记录，如"品名"字段中就有多个产品的销售记录。

（2）在进行分类汇总之前，必须先将表格按分类字段进行排序，这样，能使相同字段类型的记录排列在一起。

（3）在对表格进行分类汇总时，汇总的关键字段要与排序的关键字段一致。

（4）在选定汇总项时，一般选择数值字段，如"销售金额"、"销售数量"等。

另外，Excel 中的分类汇总还可以嵌套使用。通过嵌套分类汇总，可以对表格中的某一列关键字段进行多项不同汇总方式的汇总。例如，可在按客户进行汇总的表格中，再次按"品名"对"销售金额"和"数量"进行"求和"的汇总，其操作方法如下：

选中按客户进行汇总的表格中任意单元格，再切换到"数据"选项卡，单击"分级显示"组中的"分类汇总"按钮；在"分类汇总"对话框中设置"分类字段"为"品名"，"汇总方式"为"求和"，"选定汇总项"为"数量"和"销售金额"。

特别要注意的是，必须清除"替换当前分类汇总"复选框的选中状态。

这里要注意的是，要进行嵌套分类汇总，必须保证进行嵌套的分类汇总字段是按顺序排列的。

3．数据透视表和数据透视图

数据透视表是一种可以快速汇总大量数据的交互式方法。如果要分析相关的汇总值，尤其是在要合计较大的数字列表并对每个数字进行多种比较时，通常使用数据透视表是最为高效的。数据透视表具有以下用途：

（1）以多种便捷的方式查询大量数据。

（2）对数值数据进行分类汇总和聚合，按分类和子分类对数据进行汇总，创建自定

义计算和公式。

（3）展开或折叠要关注结果的数据级别，查看感兴趣区域汇总数据的明细。

（4）将行移动到列或将列移动到行（或"透视"），以查看源数据的不同汇总。

（5）对最有用和最关注的数据子集进行筛选、排序、分组和有条件地设置格式，使用户能够关注所需的信息。

（6）提供简明、有吸引力并且带有批注的联机报表或打印报表。

对于数据透视表而言，必须弄清楚以下几个概念：

（1）报表筛选：就是 Excel 2007 以前版本中的页字段，它是一种大的分类依据和筛选条件。

（2）列标签：相当于普通表格中的列标题。

（3）行标签：相当于普通表格中的行标题。

（4）数值：用于数据透视表需要汇总的项目，默认情况下以"求和"方式进行数据字段的汇总。用户可以根据需要对汇总方式进行更改，方法如下：

单击"数值"列表框中需要设置的数据字段，如"销售金额"，在下拉菜单选择"值字段设置"命令，如图 5-162 所示。打开"值字段设置"对话框，选择"汇总方式"选项卡中的"计算类型"，如"平均值"，然后单击"确定"按钮即可，如图 5-163 所示。

图 5-162　选择"值字段设置"命令

图 5-163　"值字段设置"对话框

与标准图表一样，数据透视图也具有数据系列、类别、数据标记和坐标轴等图表元素，也可以更改数据透视图的图表类型以及其他如图表标题、图例放置、数据标签、图表位置等选项。然而，数据透视图与标准图表之间也有本质的差别：

（1）交互性。在标准图表中，可以为要查看的每个数据视图创建一个图表，但不能与它们进行交互；而在数据透视图中，只要创建一个图表，即可通过更改布局或显示的明细数据来以不同的方式查看数据，即用户可以与数据进行交互。

（2）图表类型。数据透视图可供更改的图表类型受到限制，用户不能将数据透视图更改为 XY 散点图、股价图或气泡图等图表类型。

（3）源数据。标准图表可直接链接到工作表单元格中，而数据透视图可以基于相关联的数据透视表①中的几种不同数据类型。

（4）保留格式上的区别。刷新②数据透视图时，会保留大多数格式（包括元素、布局和样式），但是不保留趋势线、数据标签、误差线③以及对数据集进行的其他更改；而标准图表只要应用了这些格式，就不会丢失。

4．"移动平均"数据分析工具的使用

"移动平均"数据分析工具是基于特定的过去某段时期中变量的平均值，对未来值进行预测。移动平均值提供了由所有历史数据的简单的平均值所代表的趋势信息。使用此工具可以预测销售量、库存或其他趋势。该分析工具的数学模型如下：

$$F_{(t+1)} = \frac{1}{N} \sum_{j=1}^{N} A_{t-j+1}$$

式中，N 为进行移动平均计算的过去期间的个数；A_j 为期间 j 的实际值；F_j 为期间 j 的预测值。

在"移动平均"对话框中，进行各项参数设置时需要注意：

（1）数据源区域。在此输入待分析数据区域的单元格引用，该区域必须由包含 4 个或 4 个以上的数据单元格的单列组成。

（2）标志位于第一行。如果数据源区域的第一行中包含标志项，就选中该复选框；如果清除该复选框，Excel 将在输出表中生成适当的数据标志。

（3）间隔。在此输入需要在移动平均计算中包含的数值个数，默认间隔为 3。

（4）输出区域。在此输入对输出表左上角单元格的引用。如果选中了"标准误差"复选框，Excel 将生成一个两列的输出表，其中右边的一列为标准误差值；如果没有足够的历史数据来进行预测或计算标准误差值，Excel 会返回错误值"#N/A"。

注意：输出区域必须与数据源区域中使用的数据位于同一张工作表中。因此，"新工作表"和"新工作簿"选项均不可用。

（5）图表输出。选中此选项可在输出表中生成一个嵌入直方图。

（6）标准误差。选中此复选框，将在输出表的一列中包含标准误差值；如果只需要单列输出表而不包含标准误差值，就清除此复选框。

---

① 相关联的数据透视表：为数据透视图提供源数据的数据透视表。在新建数据透视图时，将自动创建数据透视表。如果更改其中一个报表的布局，另外一个报表也随之更改。

② 刷新：更新数据透视表或数据透视图中的内容以反映基本源数据的变化。如果报表基于外部数据，则刷新将运行基本查询以检索新的或更改过的数据。

③ 误差线：通常用在统计或科学记数法数据中，误差线显示相对序列中的每个数据标记的潜在误差或不确定度。

5．数组公式的使用

数组公式是指可以在数组的一项或多项上执行多个计算的公式。数组公式可以返回多个结果，也可返回一个结果。例如，将数组公式放入单元格区域中，并使用数组公式计算列或行的小计，或者将数组公式放入单个单元格中，然后计算单个量。位于多个单元格中的数组公式称为多单元格公式，位于单个单元格中的数组公式称为单个单元格公式。

（1）多单元格公式示例

选中要输入数组公式的单元格区域 D2:D9，在编辑栏中输入公式“=B2:B9*C2:C9”，按 Ctrl+Shift+Enter 组合键，其计算结果如图 5-164 所示。

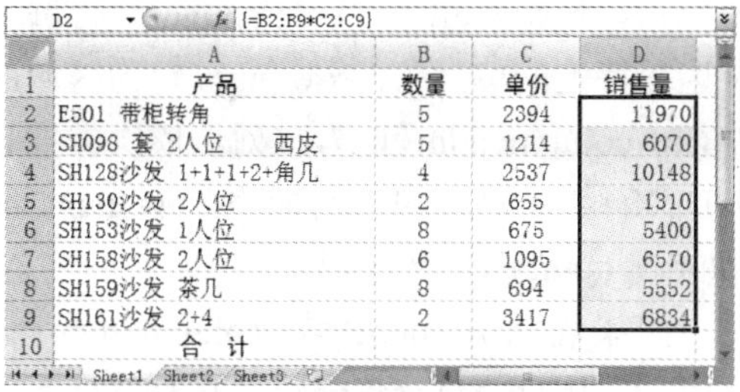

D2 {=B2:B9*C2:C9}

	A	B	C	D
1	产品	数量	单价	销售量
2	E501 带柜转角	5	2394	11970
3	SH098 套 2人位 西皮	5	1214	6070
4	SH128沙发 1+1+1+2+角几	4	2537	10148
5	SH130沙发 2人位	2	655	1310
6	SH153沙发 1人位	8	675	5400
7	SH158沙发 2人位	6	1095	6570
8	SH159沙发 茶几	8	694	5552
9	SH161沙发 2+4	2	3417	6834
10	合 计			

图 5-164 多单元格公式计算结果

（2）单个单元格公式示例

选中要输入数组公式的单个单元格 D10，在编辑栏中输入公式“=SUM（B2:B9*C2:C9）”，按 Ctrl+Shift+Enter 组合键，其计算结果如图 5-165 所示。

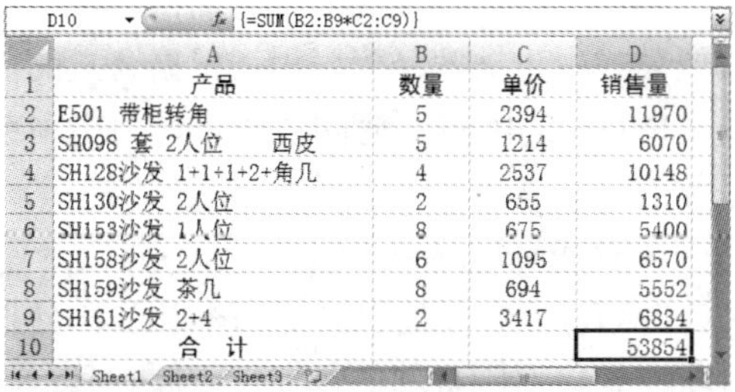

D10 {=SUM(B2:B9*C2:C9)}

	A	B	C	D
1	产品	数量	单价	销售量
2	E501 带柜转角	5	2394	11970
3	SH098 套 2人位 西皮	5	1214	6070
4	SH128沙发 1+1+1+2+角几	4	2537	10148
5	SH130沙发 2人位	2	655	1310
6	SH153沙发 1人位	8	675	5400
7	SH158沙发 2人位	6	1095	6570
8	SH159沙发 茶几	8	694	5552
9	SH161沙发 2+4	2	3417	6834
10	合 计			53854

图 5-165 单个单元格公式计算结果

创建数组公式的基本原则是：每当需要输入或编辑数组公式时都要按 Ctrl+Shift+Enter 组合键，该原则适用于单个单元格公式和多单元格公式。

另外，使用多单元格公式时，还必须遵循以下原则：

（1）必须在输入公式之前选择用于保存结果的单元格区域。

（2）不能更改数组公式中单个单元格的内容。

（3）可以移动或删除整个数组公式，但无法移动或删除其部分内容。

（4）不能向多单元格数组公式中插入空白单元格或删除其中的单元格。

（5）要编辑或清除数组，应该选择整个数组并激活编辑栏（也可单击数组公式所包括的任意单元格，这时数组公式应出现在编辑栏中，鼠标单击编辑栏中的数组公式，花括号会消失），然后在编辑栏中修改数组公式，或删除数组公式，操作完成后，按 Ctrl+Shift+Enter 组合键。

（6）对于数组公式的范畴应引起注意，输入数组公式或函数的范围，其大小及外形应该与作为输入数据的范围的大小和外形相同。如果存放结果的范围大小，就看不到所有的运算结果；如果范围太大，多出的单元格就会出现错误信息“#N/A”。

6．本案例所涉及的函数

（1）POWER()函数

POWER()函数用于返回给定数字的乘幂。其语法如下：

```
POWER(number,power)
```

其中，number 为底数，可以为任意实数。power 为指数，底数按该指数次幂乘方。例如，公式“POWER(8,3)”即 8^3，其值为 512。

（2）INDEX()函数

INDEX()函数用于返回表格或区域中的值或值的引用，有两种形式：数组形式和引用形式。

当 INDEX()函数的第一个参数为数组常量时，使用数组形式，其语法如下：

```
INDEX(array,row_num,column_num)
```

其中，array 为单元格区域或数组常量。如果数组只包含一行或一列，则相对应的参数 row_num 或 column_num 为可选参数。如果数组有多行和多列，但只使用 row_num 或 column_num，INDEX()函数返回数组中的整行或整列，且返回值也为数组。

row_num 为数组中某行的行号，函数从该行返回数值。如果省略 row_num，则必须有 column_num。

column_num 为数组中某列的列标，函数从该列返回数值。如果省略 column_num，则必须有 row_num。

注意：如果同时使用参数 row_num 和 column_num，INDEX()函数返回 row_num 和 column_num 交叉处的单元格中的值。

如果将 row_num 或 column_num 设置为 0，INDEX()函数则分别返回整个列或行的数组数值。要使用以数组形式返回的值，必须将 INDEX()函数以数组公式形式输入，对于行以水平单元格区域的形式输入，对于列以垂直单元格区域的形式输入。

row_num 和 column_num 必须指向数组中的一个单元格；否则，INDEX()函数返回错误值"#REF!"。

例如，公式"INDEX(A1:B5,4,1)"表示，返回 A1:B5 区域第 4 行和第 1 列交叉处单元格的值。

INDEX()函数还可以返回指定的行与列交叉处的单元格引用。如果引用由不连续的选定区域组成，可以选择某一选定区域。其语法如下：

INDEX(reference,row_num,column_num,area_num)

其中，reference 为对一个或多个单元格区域的引用。如果为引用输入一个不连续的区域，必须将其用括号括起来；如果引用中的每个区域只包含一行或一列，则相应的参数 row_num 或 column_num 分别为可选项。例如，对于单行的引用，可以使用函数 INDEX(reference, column_num)。

row_num 为引用中某行的行号，函数从该行返回一个引用。

column_num 为引用中某列的列标，函数从该列返回一个引用。

area_num 为选择引用中的一个区域，返回该区域中 row_num 和 column_num 的交叉区域。选中或输入的第一个区域序号为 1，第二个为 2，依次类推。如果省略 area_num，则 INDEX()函数使用区域 1。

例如，如果引用描述的单元格为 (A1:B3,D2:E4,G1:H3)，则 area_num 1 为区域 A1:B3，area_num 2 为区域 D2:E4，而 area_num 3 为区域 G1:H3。

reference 和 area_num 选择了特定的区域后，row_num 和 column_num 将进一步选择特定的单元格：row_num 1 为区域的首行，column_num 1 为首列，依次类推。INDEX()函数返回的引用即为 row_num 和 column_num 的交叉区域。

如果将 row_num 或 column_num 设置为 0，INDEX()函数分别返回对整列或整行的引用。

row_num、column_num 和 area_num 必须指向 reference 中的单元格；否则，INDEX()函数返回错误值"#REF!"。如果省略 row_num 和 column_num，INDEX()函数返回由 area_num 所指定的引用中的区域。

INDEX()函数的结果为一个引用，且在其他公式中也被解释为引用。根据公式的需要，INDEX()函数的返回值可以作为引用或是数值。

（3）PMT()函数

PMT()函数是基于固定利率及等额分期付款方式，返回贷款的每期付款额。其语法如下：

PMT(rate,nper,pv,fv,type)

其中，rate 为贷款利率；nper 为该项贷款的付款总期数；pv 为现值，或一系列未来付款的当前值的累积和，也称为本金（贷款额）；fv 为未来值，或在最后一次付款后希望得到的现金余额，如果省略 fv，则假设其值为零，也就是一笔贷款的未来值为零；type 为数字 0 或 1，用以指定各期的付款时间是在期初还是期末，当 Type 值为 0 或省略时，各期付款时间在期末；当 type 值为 1 时，各期付款时间在期初。

这里需要注意的是，PMT()函数返回的支付款项包括本金和利息，但不包括税款、保留支付或某些与贷款有关的费用。

rate 和 nper 的单位应该是一致的。例如，同样是 10 年期年利率为 12%的贷款，如果按月支付，rate 应为 12%/12，nper 应为 10*12；如果按年支付，rate 应为 12%，nper 为 10。

如果要计算贷款期间的支付总额，可以用 PMT()函数的返回值乘以 nper。

（4）IPMT()函数。

IPMT()函数是基于固定利率及等额分期付款方式，返回给定期数内对投资的利息偿还额，其语法如下：

IPMT(rate,per,nper,pv,fv,type)

IPMT()函数的参数和 PMT()函数的参数基本一致，其中：

rate 为各期利率；per 用于计算其利息数额的期数，必须在 1~nper 之间；nper 为总投资期，即该项投资的付款期总数；pv 为现值（或本金），或一系列未来付款的当前值的累积和；fv 为未来值，或在最后一次付款后希望得到的现金余额，如果省略 fv，则假设其值为零；type 为数字 0 或 1，用以指定各期的付款时间是在期初还是期末，如果省略 type，则假设其值为零。

需要注意的是，对于所有参数，支出的款项，如银行存款，表示为负数；收入的款项，如股息收入，表示为正数。

（5）PPMT()函数

PPMT()函数是基于固定利率及等额分期付款方式，返回投资在某一给定期间内的本金偿还额。其语法如下：

PPMT(rate,per,nper,pv,fv,type)

其中，参数与 IPMT 参数一致，不再详解。

拓展训练

为了对 Excel 2007 和以往的旧版本在操作上进行比较，下面专门使用 Excel 2003 制作如图 5-166 所示的数据透视表，以此来了解不同版本在操作上的差别，从而进一步加深对 Excel 2007 易用性的体验。

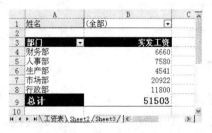

图 5-166　工资数据透视表

关键操作步骤:

(1) 建立工资数据表。

(2) 切换到 Sheet 2 工作表,选择"数据"菜单下的"数据透视表和数据透视图"命令,如图 5-167 所示。

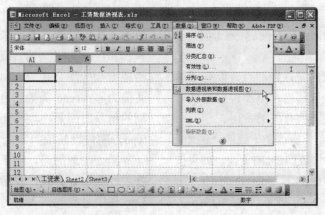

图 5-167 选择"数据透视表和数据透视图"命令

(3) 打开"数据透视表和数据透视图向导",选择数据源类型和报表类型,如图 5-168 所示。

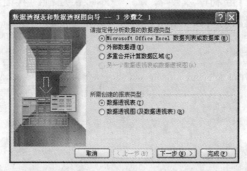

图 5-168 数据透视表和数据透视图向导(1)

(4) 单击"下一步"按钮,选择要建立数据透视表的数据源区域,如图 5-169 所示。

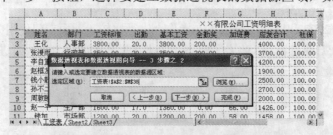

图 5-169 数据透视表和数据透视图向导(2)

(5) 单击"下一步"按钮,选择数据透视表的显示位置,如图 5-170 所示。

(6) 单击"布局"按钮,可打开"布局"对话框,通过拖动右边字段到左边图上即可构成数据透视表布局,如图 5-171 所示,布局完成后,单击"确定"按钮。

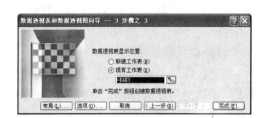

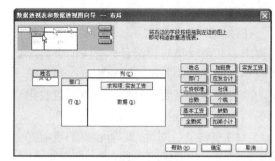

图 5-170　数据透视表和数据透视图向导（3）　　　　　　图 5-171　"布局"对话框

（7）返回"数据透视表和数据透视图向导 3"，单击"选项"按钮，打开"数据透视表选项"对话框进行设置，如图 5-172 所示，单击"确定"按钮返回。

（8）单击"完成"按钮，即可在 Sheet 2 工作表建立数据透视表，如图 5-173 所示。

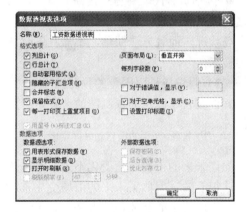

图 5-172　"数据透视表选项"对话框　　　　　　图 5-173　建立数据透视表

职业快餐

学会科学的销售预测

销售预测对企业的销售具有重要的指导意义。企业可以以销定产，根据销售预测资料，安排生产，避免产品积压。

对于市场部的工作人员，进行合理的、科学的销售预测，是工作中的重中之重。因此，市场部的工作人员应该掌握销售预测的程序和常见的销售预测方法。

销售预测的基本程序如下：

1．确定预测目标

销售预测是以产品的销售为中心的，产品销售本身就是一个复杂的系统，变量很多，如市场需求潜量、市场占有率、产品的售价等。而对于这些变量进行长期预测还是短期预测、这些变量对预测资料的要求、预测方法的选择都有所不同。所以，预测目标的确定是销售预测的主要问题。

2．收集

在预测目标确定以后，为满足预测工作的要求，必须收集与预测目标有关的资料，所收集到的资料的充足与可靠程度对预测结果的准确度具有重要的影响。所以，对收集的资料必须进行分析，并满足如下条件：

（1）资料的针对性：即所收集的资料必须与预期目标的要求相一致。

（2）资料的真实性：即所收集的资料必须是从实际中得来的，并加以核实的资料。

（3）资料的完整性：资料的完整性直接影响到销售预测工作的进行，所以，必须采取各种方法，以保证得到完整的资料。

（4）资料的可比性：对于同一种资料，来源不同，统计口径不同，也可能差别很大。所以在收集资料时，对所得到的资料必须进行分析，剔除一些随机事件造成的资料不真实性，对不具备可比性的资料通过分析进行调整，以避免资料本身原因对预测结果带来误差。

3．资料的分析及调整

分析所获资料是否能符合预测所需，若不能符合，则有两种方法加以解决，一种是另行收集适合问题的资料，另一种是加以适当的调整。

4．对资料进行趋势的分析

例如将其绘成历史曲线，或求算其长期趋势等，以明了资料变化的一般特性。

5．选择预测方法

选择预测方法时注意下列各点：

● 广泛性——即这种方法是否能为一般人所了解或接受。

● 准确性——即这种方法是否能获得较精确的预测数值。

● 时效性——即这种方法是否显示最近资料的特性。

● 可用性——即以这种方法所获得的预测结果是否能直接加以利用，还是需经过转变后才能使用。

● 经济性——即这种方法所耗成本是否值得，是否能用其他更经济的方法获得同样效果。

对于具体的销售预测方法，常用的有以下几种：

（1）意见收集法

意见收集法主要收集某方面对某问题的看法，加以分析作为预测。这种方法主观性较大。

● 高级主管的意见：这种方法首先由高级主管根据国内外经济动向和整个市场的大小加以预测。然后估计企业的产品在整个市场中的占有率。

● 推销员、代理商与经销商的意见。由于这些人员最接近顾客，所以此种预测很接近市场状况，而且方法简单，不需具备有熟练的技术。

（2）假设成长率固定的预测法

假设成长率固定的预测法的公式是：

明年的销售额=今年的销售额×固定增长率

如果未来的市场经营变化不大，这种预测方法很有效，但如果未来的市场变化难以确定，则应再采取其他预测方法，以求互相比较。

（3）时间数列分析法（趋势模式法）

影响时间数列预测值的因素基本上可归纳为下列几种：

● 长期趋势：是一种在较长时间内预测值呈渐增或渐减的现象，例如随着时间的增加，人口也跟着增加。

● 循环变动：又称为兴衰变动，是一种以一年以上较长时间为周期的反复变动。

● 季节变动：是一种以一年为周期的反复的变动。例如汽水在寒冷的1、2、3月里销量很低，而在炎热的6、7、8月里销量很高，这种变化是季节变动的现象。

（4）产品逐项预测法

预测的种类如果以对象的观点来分，可区分为全盘预测（以产品有关的企业作为预测的对象）、产品种类预测（以同类产品为预测对象）及逐项预测三种。前二者又以后者为基础。所谓逐项预测就是以同产品中的单独一项产品预测对象，是决定订货点、物料计划、订货量及预订进度所必需的手段。逐项预测方法中最常用的一种，就是指数平滑法。

（5）相关分析法

掌握了业界的各种指数后，将会发现某种产品的销售指数和其他指数之间有密切关联，而且发现有些指标具有一定的领先性，就可以设立一个和因素相关的方程式，以预测未来，这时相关分析就有很大的作用。

（6）产品生命周期预测法

产品在开拓期（介绍期）、成长期、成熟期、衰退期的销量和利润一般均有规律可循。如在成长期开始稍稍降价，以扩大销售量。在衰退期销售额大大降低，这时应以价格作为主要的竞争手段。

6．未来数字的预测

选定预测方法之后，就可根据已有资料及选定的方法进行预测。

7．可能事态假设的鉴定

最后，需要通过众多事实与统计方法假设鉴定，以鉴定预测结果是否正确。例如未来供给可能减少，需求不变，则价格必定上升，如预测结果能符合这一推论，即算正确，否则必须追究及其原因，加以更正。

案例 6

薪资管理应用

源文件．Excel 2007 实例\薪资管理.xlsx

情景再现

"小曹，问你个事，行不？"对面的林姐皱着眉，对我说。

"林姐，看你说的，你这么照顾我，有什么你就开口。"我放下手头的工作，诚挚地对林姐说。自打我进入财务部，林姐给了我很大帮助，很多业务知识都是林姐教的，对此，我十分感激。

"是这样的，"林姐说："都说用 Excel 制作工资表比较简单，我用 Excel 做了个工资表，怎么感觉比做手账还复杂啊，除了不用画表格线，好像没什么嘛。"

我站到林姐身后，看她做的表格，原来只是列了个表头，输入些数据。

林姐指着屏幕，说："你看嘛，我要做工资汇总表，要打印报表，还得一个一个算，还有，工资条怎

么办啊，如果一个一个输入电脑里，还不如用手写来得快呢。"

看来林姐是对 Excel 太不熟悉了，我笑了笑，说："林姐，其实只需要录入工资明细就行了，其他汇总表、报表、工资条这些都可以在 Excel 中自动生成的。"

林姐看着我，一脸惊疑。

"这样吧，林姐，做这个工资表的任务就交给我吧。"我说："甚至可以直接发电子工资单给所有员工。"

"那真麻烦你了，小曹。"林姐眉头也展开了。

"别客气，份内事嘛。"我回答。

任务分析

使用 Excel 2007 建立一个名为"薪资管理"的电子表格，要求如下：

● 该工作簿能够录入员工的工资明细，并能够根据出勤天数和工资标准计算月基本工资、个人所得税、小时工资等。

● 根据工资日期按部门对工资明细进行汇总，并打印工资汇总表。

● 制作并打印工资报表，要求该报表能根据选择的日期和部门自动生成相对应的内容。

● 制作并打印工资条，要求每位员工的工资条都包括标识项，各个工资条之间含有空行，以便打印出来进行裁剪。

● 能够通过电子邮件批量向所有员工发送其对应的电子工资单。

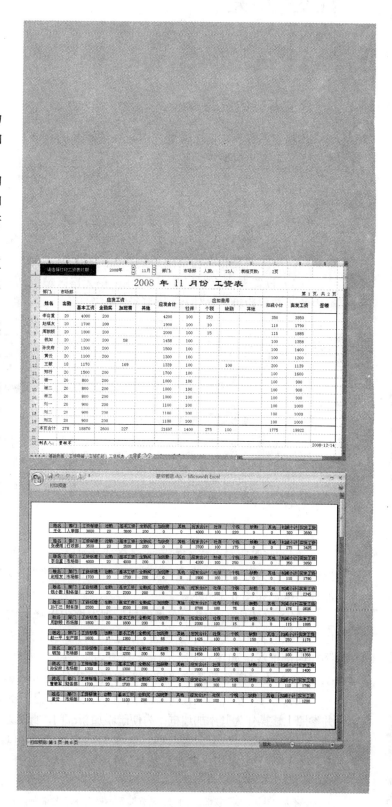

流程设计

在 Excel 2007 中对薪资进行管理的流程如下：

首先建立基础数据表，制作工资明细表，然后制作并打印工资汇总表、工资报表、工资条，并通过电子邮件批量发送工资单。

任务实现

建立基础数据表

在制作工资表之前，需要先对工资表涉及的一些基础数据进行设定，例如月平均工作天数、每天工作小时数、个税起征点、最低工资标准、每月工作天数等，这些数据可以保存在一张名为"基础数据"的工作表中，以便制作工资表时引用。建立基础数据表的操作步骤如下：

（1）新建一个名为"薪资管理"的工作簿。

（2）切换到 Sheet 1 工作表，将其重命名为"基础数据"。在工作表中根据具体情况输入定义的与员工薪资相关的基础数据，如图 6-1 所示。

（3）设置表格边框。选中 A2:B6 单元格区域，切换到"开始"选项卡，单击"字体"组中的"其他边框"按钮①，如图 6-2 所示。

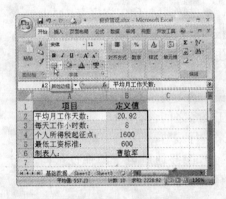

图 6-1 定义相关数据 　　　　图 6-2 单击"其他边框"按钮

（4）此时将打开"设置单元格格式"对话框，切换到"边框"选项卡，在"样式"列表框中选择作为外边框的线条样式，然后单击"预置"选项组中的"外边框"按钮，为表格添加外边框，如图 6-3 所示。

（5）设置内部框线。在"样式"列表框中选择内部边框的线条样式为"虚线"，在"颜色"下拉列表中选择线条颜色为"红色"，再单击"预置"选项组中的"内部"按钮，为表格添加内部框线，如图 6-4 所示。

（6）设置完毕后单击"确定"按钮，其效果如图 6-5 所示。

（7）在 D1 单元格位置输入各个部门名称，以作为工资表中部门列的数据有效性序列的来源，并参照上述操作为其添加边框；为便于添加新部门，此处多保留了 3 个空行，如图 6-6 所示。

（8）为部门数据定义名称。选中 D1:D9 单元格区域，切换到"公式"选项卡，在"定义的名称"组中单击"定义名称"下拉按钮，然后选择"定义名称"命令，如图 6-7 所示。

---

① 如果不是"其他边框"按钮，可单击"边框"下拉按钮，从下拉菜单中选择"其他边框"命令。

（9）此时将打开"新建名称"对话框，在"名称"文本框中输入"部门"，选择"范围"为"工作簿"，"引用位置"保持默认不变，如图6-8所示，最后单击"确定"按钮。

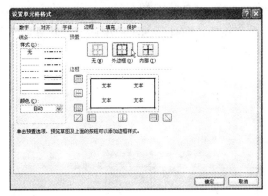

图6-3　设置外边框

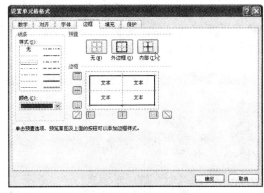

图6-4　设置内部框线

图6-5　设置表格边框效果

图6-6　设置部门数据

图6-7　选择"定义名称"命令

图6-8　"新建名称"对话框

（10）统计每月的工作天数。在 F1 单元格输入"月份"和"工作天数"字段，然后在F2 单元格输入月份"2008-10"，如图 6-9 所示。按回车键后，变为"Oct-08"的日期格式，如图 6-10 所示。

图6-9　输入月份

图6-10　月份显示状态

（11）由于日期格式不符要求，因此需要更改其数字格式。选中 F2 单元格，单击"开始"选项卡"数字"组右下角的对话框启动器图标，打开"设置单元格格式"对话框，切换到"数字"选项卡，选择"分类"列表框中的"自定义"选项，在右边"类型"列表框中选择"yyyy"年"m"月""选项，如图 6-11 所示。

（12）单击"确定"按钮，日期格式变为"2008 年 10 月"的样式。选中 F2 单元格，拖动填充手柄复制月份，复制完毕后单击"填充选项"按钮，在打开的菜单中选择"以月填充"单选项，效果如图 6-12 所示。

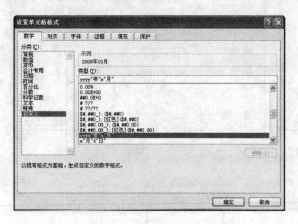

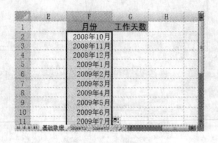

图 6-11 "设置单元格格式"对话框　　　　图 6-12 填充输入

（13）统计每月的工作天数，然后输入到"工作天数"列对应的单元格，如图 6-13 所示。

（14）拖动鼠标，选中 F 列和 G 列，然后参考前面的操作添加边框。再选中 F1:G1 单元格区域，单击"开始"选项卡"字体"组中的"其他边框"按钮。

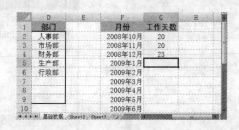

图 6-13 输入工作天数

（15）此时将打开"设置单元格格式"对话框，在"边框"选项组"预览"框中单击取消不需的框线，并添加需要的框线，如图 6-14 所示。

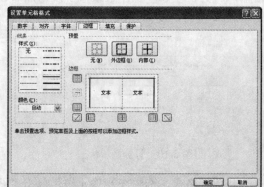
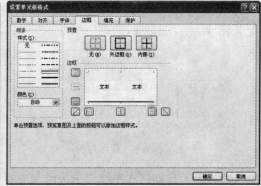

图 6-14 修改框线

（16）单击"确定"按钮，其完成效果如图 6-15 所示。

图 6-15　删除多余框线的效果

制作工资明细表

制作工资明细表的操作步骤如下：

（1）切换到 Sheet 2 工作表，将其重命名为"工资明细"。

（2）输入表题。合并 A1:T1 单元格区域，输入"工资明细表"，设置其字体格式为"仿宋_GB2312"，字号"22 磅"，并设置其单元格框线为"双底框线"，如图 6-16 所示。

图 6-16　输入并设置表题

（3）输入表头。合并 B2:T2 单元格区域，用以显示工资表中未达最低工资标准的人数；合并相关单元格区域，输入工资明细表的各个列字段，并调整列宽；注意，单元格应设置为自动换行格式，否则其中内容无法完整显示；再设置其边框为黑色实线，内部框线为红色虚线，如图 6-17 所示。

图 6-17　输入并设置表头

（4）选中 A5 单元格，在编辑栏中输入列标识"年月部门计数"，该列用以统计 B 列中的"年月部门"项；选中 B5 单元格，输入列标识"年月部门"；为美观起见，选中 A5:B5 单元格区域，单击"开始"选项卡"字体"组中的"字体颜色"下拉按钮，在展开的列表中选择其字体颜色为"白色"。注意：A5:B5 单元格区域不要设置为自动换行格式。

（5）在 C5:G5 单元格区域输入"合计"，然后单击"开始"选项卡"对齐方式"组中的"文本右对齐"按钮，将其设置为靠右对齐，如图 6-18 所示。

（6）设置 H 列的数字格式。单击 H 列的列标选中 H 列，然后单击"开始"选项卡"数字"组右下角的对话框启动器图标。

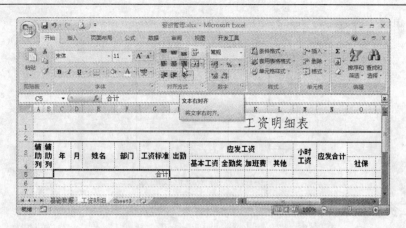

图 6-18　输入并设置合计项标识

（7）此时将打开"设置单元格格式"对话框，在"数字"选项卡"分类"列表框中选择"数值"选项，然后在右侧设置其"小数位数"为 1，如图 6-19 所示，再单击"确定"按钮。

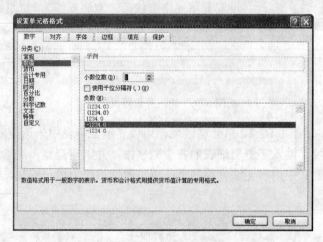

图 6-19　"设置单元格格式"对话框

（8）拖动鼠标，选中 I 列～T 列，在"开始"选项卡"数字"组中单击"数字格式"下拉按钮，从子菜单中选择"数字"选项。

（9）合计"出勤"天数[①]。选中 H5 单元格，在编辑栏输入以下公式：

=SUBTOTAL(9,H6:H10000)

该公式表示，合计 H6:H10000 单元格区域的值。

（10）复制公式。选中 H5 单元格，横向拖动填充手柄直到 T5 单元格，复制该公式到该行其他列。

（11）工资各项的数字格式应保留 2 位小数，填充的时候默认已经将 H5 单元格的数字格式应用到其他单元格，所示不符合要求。这时，可单击"填充选项"按钮，在下拉菜单中选择"不带格式填充"命令，更改填充选项后的效果如图 6-20 所示。

（12）由于员工的薪资通常与员工的考勤记录和加班记录挂钩，因此需要从"加班与考

---

① SUBTOTAL()函数的使用。

勤"工作表中复制相关数据，以免制作工作表时做大量重复工作。打开"加班与考勤"工作簿的"员工出勤统计"工作表，单击"开始"选项卡"单元格"组中的"格式"按钮，从打开的菜单中选择"移动或复制工作表"命令①。

图 6-20　更改小数位数后的效果

（13）此时将打开"移动或复制工作表"对话框，在"工作簿"下拉列表中选择"薪资管理.xlsx"工作簿，在"下列选定工作表之前"列表框中选择"基础数据"工作表，再勾选"建立副本"复选框②，如图 6-21 所示。

图 6-21　"移动或复制工作表"对话框

（14）单击"确定"按钮，"薪资管理"工作簿的"基础数据"工作表之前插入了一个"员工出勤统计"工作表的副本，选中其中包含公式的单元格，可见公式对单元格的引用自动添加了"[加班与考勤.xlsx]员工考勤记录!"的前缀，如图 6-22 所示。

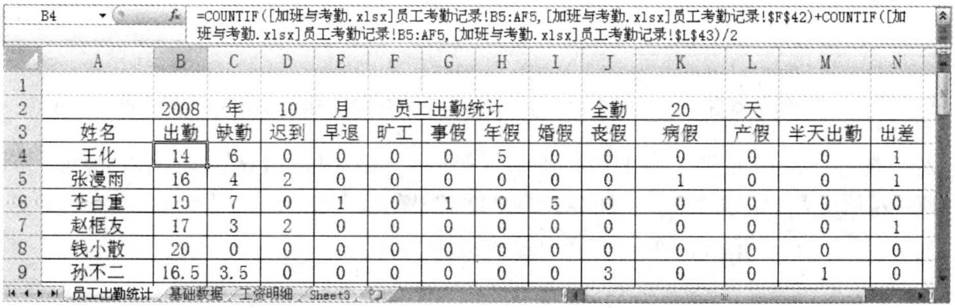

	A	B	C	D	E	F	G	H	I	J	K	L	M	N
1														
2		2008	年	10	月	员工出勤统计				全勤	20	天		
3	姓名	出勤	缺勤	迟到	早退	旷工	事假	年假	婚假	丧假	病假	产假	半天出勤	出差
4	王化	14	6	0	0	0	0	5	0	0	0	0	0	0
5	张漫雨	16	4	2	0	0	0	0	0	0	1	0	0	1
6	李自重	13	7	0	1	0	1	0	5	0	0	0	0	0
7	赵框友	17	3	2	0	0	0	0	0	0	1	0	0	0
8	钱小散	20	0	0	0	0	0	0	0	0	0	0	0	0
9	孙不二	16.5	3.5	0	0	0	0	0	0	3	0	0	1	0

图 6-22　复制的"员工出勤统计"工作表副本

（15）关闭"加班与考勤"工作簿，在"工资明细"工作表中输入年、月信息，然后切换到"员工出勤统计"工作表，选中员工姓名，再按 Ctrl＋C 组合键进行复制。

---

① 在不同工作簿移动或复制工作表。

② 注意：复制工作表必须勾选"建立副本"复选框，否则将会移动工作表，原工作簿中的该工作表将不复存在。

（16）切换到"工资明细"工作表，选择 E6 单元格，再单击"开始"选项卡"剪贴板"组中的"粘贴"下拉按钮，从下拉菜单中选择"粘贴值"命令，从而将员工姓名无格式地粘贴到"工资明细"工作表的"姓名"列。

（17）设置"部门"列的数据有效性。在名称框中输入单元格区域 F6:F10000，如图 6-23 所示，按回车键即可快速选中 F6:F10000 单元格区域。

图 6-23　选中 F6:F10000 单元格区域

（18）切换到"数据"选项卡，单击"数据工具"组中的"数据有效性"按钮。

（19）此时将打开"数据有效性"对话框，在"设置"选项卡的"允许"下拉列表中选择"序列"，在"来源"文本框中输入公式"=部门"，如图 6-24 所示。单击"确定"按钮，即可通过在"部门"列的下拉列表中选择部门实现快捷输入，如图 6-25 所示。

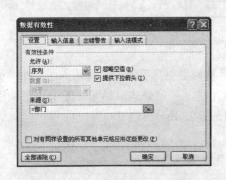

图 6-24　"数据有效性"对话框

图 6-25　通过下拉列表输入部门数据

（20）选择 B6 单元格，在编辑栏中输入公式"=C6&D6&F6"[①]，输入完毕后按回车键确认，则 B6 单元格中的值将是"200810 人事部"样式。

（21）选择 A6 单元格，在编辑栏中输入以下公式。

=C6&D6&F6&"-"&COUNTIF(B$6:$B6,"="&B6)

该公式将按"200810 人事部-1"的样式对 B 列中的"年月部门"组合文本进行计数。

输入完毕后按回车键确认。

（22）设置辅助列的数据有效性。选择 A6 单元格，单击"数据"选项卡"数据工具"组中的"数据有效性"按钮。

---

① 文本连接符的使用。

（23）此时将打开"数据有效性"对话框，切换到"设置"选项卡，在"允许"下拉列表框中选择"文本长度"，在"数据"下拉列表框选择"介于"，"最小值"和"最大值"都设置为 0，如图 6-26 所示。

（24）切换到"输入信息"选项卡，在"标题"文本框输入"提示："，在"输入信息"文本框输入提示信息，如图 6-27 所示。

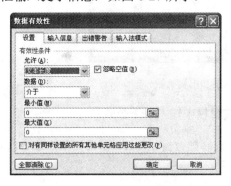
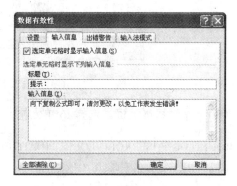

图 6-26　"设置"选项卡　　　　　　　图 6-27　"输入信息"选项卡

（25）切换到"出错警告"选项卡，在"样式"下拉列表框中选择"警告"样式，在"标题"文本框中输入"警告！"，在"错误信息"文本框中输入出错信息，如图 6-28 所示。

（26）单击"确定"按钮，选中 A6 单元格后，屏幕将显示提示信息，如图 6-29 所示。

图 6-28　"出错警告"选项卡　　　　　　　图 6-29　屏幕提示

（27）此时 A6 单元格被限制输入，如果在其中输入信息，将弹出"警告！"提示框，显示"数据有效性"对话框"出错警告"选项卡中设置的错误信息，如图 6-30 所示。

图 6-30　"警告！"提示框

（28）输入工资标准和出勤天数的相关数据，如图 6-31 所示。

（29）冻结拆分窗格。选择 H6 单元格，切换到"视图"选项卡，单击"窗口"组中的"冻结窗格"下拉按钮，从下拉菜单中选择"冻结拆分窗格"命令。

图 6-31　输入工资标准和出勤天数

（30）计算基本工资。选择 I6 单元格，在编辑栏中输入以下公式：

=ROUND(G6/IF(ISERROR(VLOOKUP(DATE(C6,D6,1),基础数据!F:G,2,0)),基础数据!$B$2,VLOOKUP(DATE(C6,D6,1),基础数据!F:G,2,0))*H6,0)[①]

该公式表示：

如果函数 VLOOKUP(DATE(C6,D6,1),基础数据!F:G,2,0)) 返回值是错误的，则"基本工资＝工资标准÷平均月工作天数×出勤天数"，其值保留为整数。

如果函数 VLOOKUP(DATE(C6,D6,1),基础数据!F:G,2,0)) 返回值是正确的，则"基本工资＝工资标准÷本月工作天数×出勤天数"，其值保留为整数。

其中，由于"基础数据"工作表中"月份"列中单元格的值为"2008-10-1"样式，因此使用函数 DATE(C6,D6,1) 与其匹配。

（31）公式输入完毕后按回车键确认输入，此时可见 I6 单元格中显示为"#######"，如图 6-32 所示。这是由于列宽不够导致的，可将鼠标指针移动到 I 列与 J 列的列标号之间，当指针变为 ✛ 状时按下鼠标左键拖动，增大 I 列的列宽。数据显示完整后。然后选中 I6 单元格，拖动填充手柄复制该公式到该列其他行。

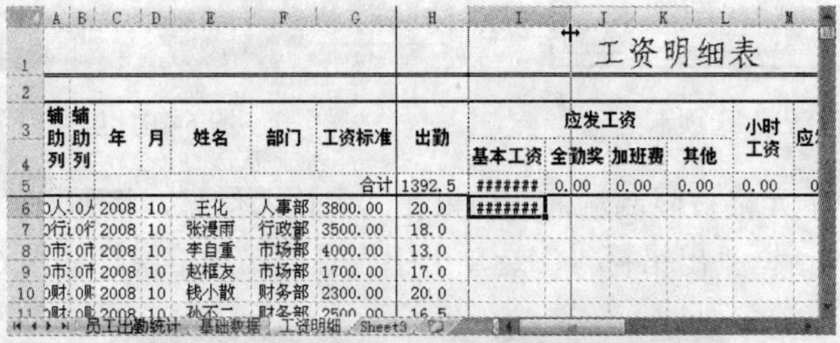

图 6-32　调整列宽

（32）计算全勤奖，全勤奖设置为 200 元。选中 J6 单元格，在编辑栏输入以下公式，然后按回车键确认输入，再拖动填充手柄复制该公式到该列其他单元格。

=IF(H6=VLOOKUP(DATE(C6,D6,1),基础数据!F:G,2,0),200,0)

（33）输入加班费和其他应发工资项，再计算小时工资。选中 M6 单元格，在编辑栏中输入以下公式；然后按下回车键确认，再拖动填充手柄复制该公式到该列其他单元格。

---

① ISERROR()函数的使用。

=ROUND(G6/IF(ISERROR(VLOOKUP(DATE(C6,D6,1),基础数据!F:G,2,0)),基础数据!$B$2,VLOOKUP
(DATE(C6,D6,1),基础数据!F:G,2,0))/基础数据!$B$3,2)

该公式表示：

如果函数 VLOOKUP(DATE(C6,D6,1),基础数据!F:G,2,0)的返回值有误，则"小时工资＝
工资标准÷平均月工作天数÷每天工作小时数"，其值保留两位小数。

如果函数 VLOOKUP(DATE(C6,D6,1),基础数据!F:G,2,0)的返回值是正确的，则"小时工
资＝工资标准÷本月工作天数÷每天工作小时数"，其值保留两位小数。

（34）合计应发工资。选中 N6 单元格，在编辑栏中输入"=SUM(I6:L6)"，如图 6-33 所
示，按回车键确认后，拖动填充手柄复制该公式到该列其他单元格。

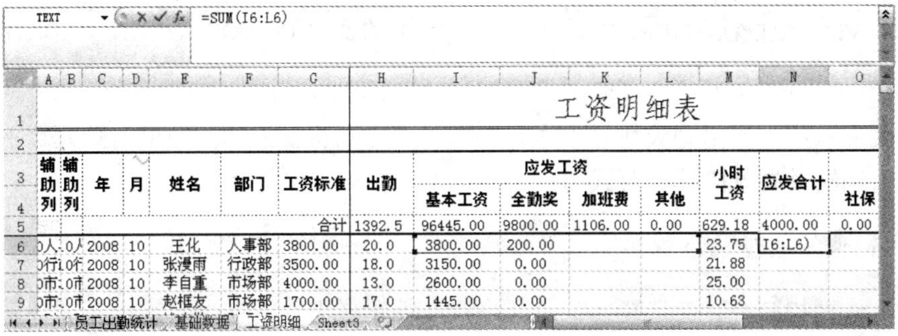

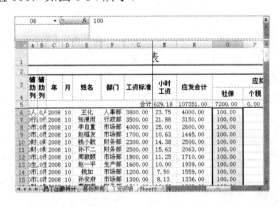

图 6-33　合计应发工资

（35）输入应扣社保费，这里假设所有员工的应扣社保费都为 100 元。选中要输入应扣
社保费的单元格区域，在编辑栏中输入 100，再按 Ctrl＋Shift＋Enter 组合键①，即可在选中的
所有单元格中输入数值 100，如图 6-34 所示。

图 6-34　输入效果

（36）计算个人所得税。选中 P6 单元格，在编辑栏中输入以下公式；按回车键确认后，
拖动填充手柄复制该公式到该列其他单元格。

=ROUND(IF(N6-O6-基础数据!$B$4<=0,0,(N6-O6-基础数据!$B$4)*VLOOKUP(N6-

O6-基础数据!$B$4-0.001,{0,0.05;500,0.1;2000,0.15;5000,0.2;20000,0.25;40000,0.3;60000,

---

① 此为在单元格中快速输入相同数据的快捷方法。注意，在按 Ctrl＋Shift＋Enter 组合键时一定要确保光标在编辑栏中，即编辑
栏处于编辑状态。

0.35;80000,0.4;100000,0.45},2)-VLOOKUP(N6-O6-基础数据!$B$4-0.001,{0,0;500,25;2000, 125;5000,375;20000,1375;40000,3375;60000,6375;80000,10375;100000,15375},2)),2)

该公式表示：

如果（应发合计－社保）小于或等于 1600 元，则个人所得税为 0；如果（应发合计－社保）大于 1600 元，则个人所得税的计算公式为：

（应发合计－社保－1600）×对应税率－对应速算扣除数

（37）计算缺勤罚款，按缺勤一次罚款 50 元的标准进行计算。选择 Q6 单元格，在编辑栏中输入以下公式；按回车键确认后，拖动填充手柄复制该公式到该列其他单元格。

=IF(H6=VLOOKUP(DATE(C6,D6,1),基础数据!F:G,2,0),0,(VLOOKUP(DATE(C6,D6,1),基础数据!F:G,2,0)-H6)*50)

该公式表示：如果出勤天数等于本月工作天数，则罚款为 0；如果出勤天数不等于本月工作天数，则缺勤罚款的计算公式为：

（月工作天数－出勤天数）×50

（38）计算扣减小计。选择 S6 单元格，在编辑栏中输入以下公式；按回车键确认后，拖动填充手柄复制该公式到该列其他单元格。

=SUM(O6:R6)

（39）选中 O 列至 S 列区域，切换到"开始"选项卡，单击"开始"组中的"字体颜色"下拉按钮，选择字体颜色为红色，将"应扣费用"相关数据设置为红色以示区别，如图 6-35 所示。

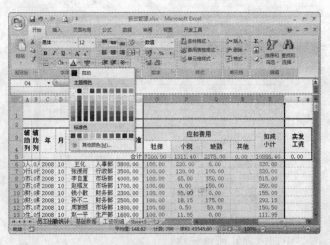

图 6-35 设置应扣费用的字体颜色

（40）计算实发工资。选择 T6 单元格，在编辑栏输入公式"=N6-S6"，按回车键确认后，拖动填充手柄复制该公式到该列其他单元格。工资明细表数据输入完成后的效果如图 6-36 所示。

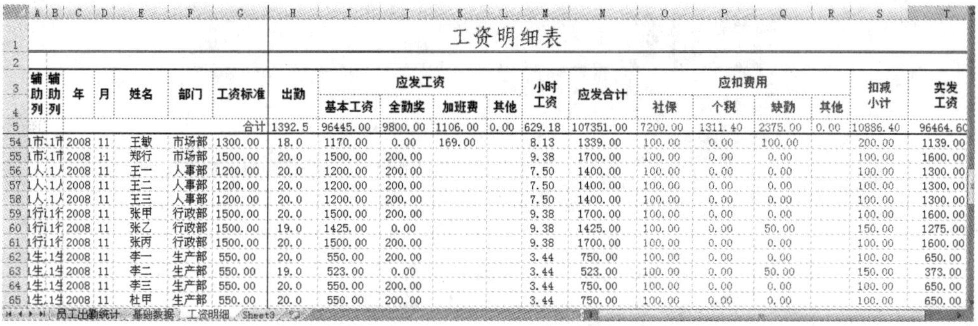

图 6-36 工资明细表完成效果

（41）在工作表中设置最低工资标准以统计未到最低标准的人数。选中 A2 单元格，在编辑栏中输入以下公式：

=基础数据!B5-0.0001

（42）统计应发工资未达最低标准的人数。选中 B2 单元格，在其中输入以下公式，如图 6-37 所示。

图 6-37 统计应发工资未达最低标准的人数

=IF(COUNTIF(N:N,"<="&A2)-COUNTIF(N:N,"<="&0)>0," 未 达 最 低 工 资 标 准 共 "&COUNTIF(N:N,"<="&A2)-COUNTIF(N:N,"<="&0)&"人。","")

该公式表示：统计 N 列（应发合计）中其值小于或等于最低工资标准但大于 0 的单元格个数，以"未达最低工资标准共×人"的样式体现。

（43）为工资明细表设置条件格式。首先将应发合计列中小于最低工资标准的单元格突出显示出来。选中 N 列，切换到"开始"选项卡，单击"样式"组中的"条件格式"按钮，从下拉菜单中选择"突出显示单元格规则"项下的"介于"命令，如图 6-38 所示。

（44）此时将打开"介于"对话框，将值设置为 0.0001～600 之间，然后在"设置为"下拉列表框中选择格式为"绿填充色深色文本"，如图 6-39 所示。

（45）单击"确定"按钮，条件格式设置效果如图 6-40 所示，"应发合计"列中值介于 0.0001～600 之间的单元格都应用了"绿填充色深色文本"的格式。

（46）为 A2 单元格设置条件格式。选中 A2 单元格，切换到"开始"选项卡，单击"样式"组中的"条件格式"按钮，从下拉菜单中选择"突出显示单元格规则"项下的"其他规则"命令。

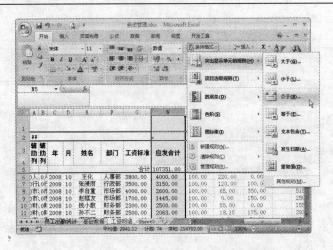

图 6-38　选择"介于"命令

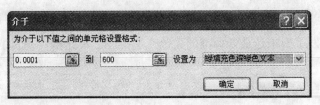

图 6-39　"介于"对话框

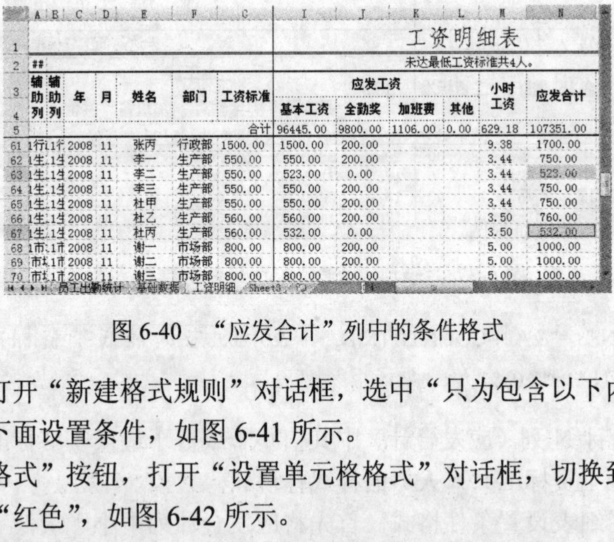

| | | | | | | 工资明细表 | | | | | | |

图 6-40　"应发合计"列中的条件格式

（47）此时将打开"新建格式规则"对话框，选中"只为包含以下内容的单元格设置格式"选项，然后在下面设置条件，如图 6-41 所示。

（48）单击"格式"按钮，打开"设置单元格格式"对话框，切换到"字体"选项卡，设置其字体颜色为"红色"，如图 6-42 所示。

（49）切换到"填充"选项卡，设置单元格填充色也为"红色"，如图 6-43 所示，单击"确定"按钮，返回"新建格式规则"对话框，在此可预览条件格式效果，单击"确定"按钮关闭对话框。设置条件格式后，如果 A2 单元格不为空，则其填充为红色。

（50）为 B2 单元格设置条件格式。参考 A2 单元格条件格式的设置，打开"新建格式规则"对话框，选中"只为包含以下内容的单元格设置格式"选项，然后按图 6-44 所示设置条件，再设置其字体颜色为白色，填充色为红色，单击"确定"按钮后，其完成效果如图 6-45 所示。

（51）至此，工资明细表便制作完毕，以后每月可直接在其中添加记录。最后将复制来的"员工出勤统计"工作表从工作簿中删除：切换到"员工出勤统计"工作表，单击"开始"

选项卡"单元格"组中的"删除"下拉按钮,在下拉菜单中选择"删除工作表"命令。

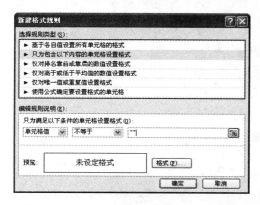

图 6-41 设置条件

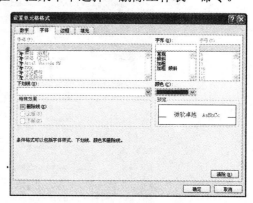

图 6-42 设置字体颜色

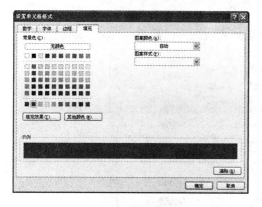

图 6-43 设置填充色

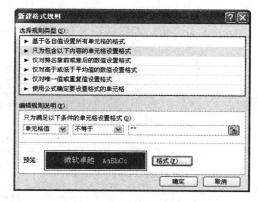

图 6-44 "新建格式规则"对话框

图 6-45 条件格式完成效果

(52)此时系统将弹出一个警告提示框,如图 6-46 所示,单击"删除"按钮即可确认删除。

图 6-46 警告提示框

制作并打印工资汇总表

下面根据各部门进行工资汇总,其操作步骤如下:

(1)切换到 Sheet 3 工作表,将其重命名为"工资汇总"。

(2)由于工资汇总表用于打印,因此首先应该设置其页面布局。切换到"页面布局"选项卡,在"页面设置"组中单击"纸张大小"按钮,从下拉菜单中选择 A4,如图 6-47 所示。

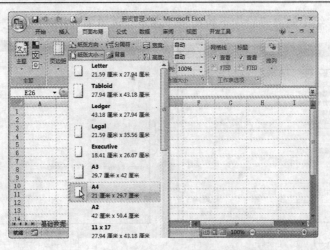

图 6-47　设置纸张大小

（3）单击"页边距"按钮，从下拉菜单中选择页边距为"普通"，如图 6-48 所示。

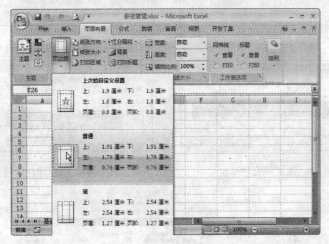

图 6-48　设置页边距

（4）此时工作表工作区出现横、竖虚线，以显示页面边距，如图 6-49 所示。用户如果要在一页打印工资汇总表，在操作时就应注意，工作表内容不要超出这两条虚线。

图 6-49　页面显示虚线

（5）合并 A1:I1 单元格区域，输入表题"工资汇总表"，将其设置为"隶书"、"22 磅"；输入表头内容，设置其为"黑体"、"14 磅"，并为表头添加边框，如图 6-50 所示。

（6）插入数值调节控件。切换到"开发工具"选项卡，单击"控件"组中的"插入"按钮，从下拉列表中选择"数值调节钮"控件，如图 6-51 所示。

（7）拖动鼠标在 A2 单元格内偏右绘制一个"数值调节钮"控件，然后右键单击该控件，在快捷菜单中选择"设置控件格式"命令，如图 6-52 所示。

图 6-50　输入表题及表头

图 6-51　选择"数值调节钮"控件

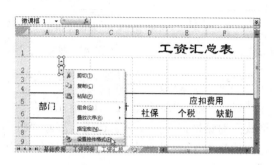

图 6-52　选择"设置控件格式"命令

（8）此时将打开"设置控件格式"对话框，在"控制"选项卡中设置其"当前值"为 2008，"最小值"为 1990，"最大值"为 2100，"步长"为 1，"单元格链接"为\$A\$2，如图 6-53 所示。

（9）切换到"属性"选项卡，清除"打印对象"复选框，如图 6-54 所示，最后单击"确定"按钮关闭对话框。

图 6-53　"控制"选项卡

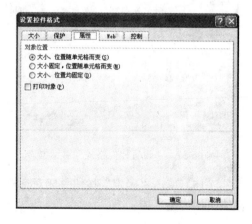

图 6-54　"属性"选项卡

（10）此时可见 A2 单元格中显示"设置控件格式"对话框中设置的当前值，但该值被控件挡住，不能完全显示。选中 A2 单元格，单击"开始"选项卡"对齐方式"组中的"文本左对齐"按钮，设置其对齐方式为左对齐即可解决此问题。

（11）为 A2 单元格的数值设置自定义格式。选中 A2 单元格，单击"开始"选项卡"数字"组右下角的对话框启动器图标，如图 6-55 所示。

（12）此时将打开"设置单元格格式"对话框，切换到"数字"选项卡，选择"自定义"，然后在右侧"类型"文本框中输入数值样式"####"年""，如图 6-56 所示，单击"确定"按钮即可。

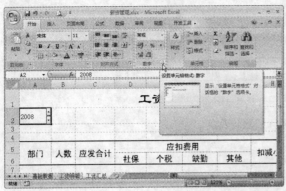

图 6-55　单击"数字"选项组的对话框启动器　　　　图 6-56　自定义 A2 单元格数字格式

（13）按相同的方法，在 B2 单元格右侧插入一个"数值调节钮"控件，打开"设置控件格式"对话框，在"属性"选项卡清除"打印对象"复选框，在"控制"选项卡中设置其"当前值"为 1，"最小值"为 1，"最大值"为 12，"步长"为 1，"单元格链接"为$B$2，如图 6-57 所示。

（14）设置 B2 单元格的对齐方式为左对齐，并打开"设置单元格格式"对话框，自定义其数字格式为"#"月""，如图 6-58 所示。

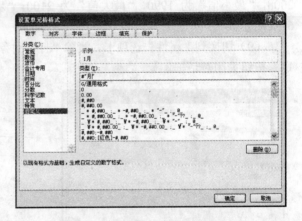

图 6-57　"设置控件格式"对话框　　　　图 6-58　自定义 B2 单元格数字格式

（15）单击"确定"按钮关闭对话框，工作表效果如图 6-59 所示。选中 A2 单元格后，在编辑栏可见其值。

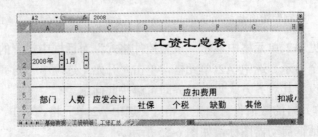

图 6-59　添加数值控件效果

（16）在 I3 单元格中输入文字"[批核后可作付款数据]"，在 I4 单元格中输入文字"[本表必须有员工签名的工资表作为附件，否则视为无效]"，然后选中 I3:I4 单元格区域，设置其对齐方式为右对齐，设置其字体颜色为"橙色"，如图 6-60 所示。

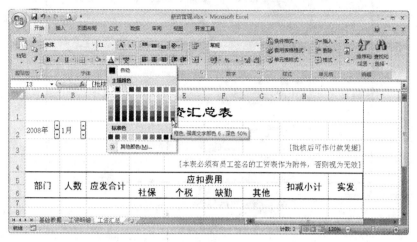

图 6-60 设置对齐方式和字体格式

（17）选中 A7 单元格，在编辑栏中输入公式"=基础数据!D2"，输入完毕按回车键确认输入。

（18）选中 A7 单元格，拖动填充手柄，无格式复制该公式直到 A17 单元格，可见部门为空的单元格显示为 0 值，如图 6-61 所示。

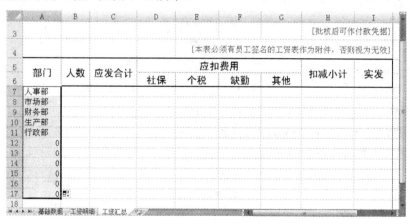

图 6-61 复制引用部门的公式

（19）要使单元格不显示 0 值，可单击"Office 按钮"，在系统菜单中选择"Excel 选项"命令，打开"Excel 选项"对话框，切换到"高级"选项卡，在"此工作表的显示选项"下拉列表中选择工作表为"工资汇总"，然后对"在具有零值的单元格中显示零"复选框的选择，如图 6-62 所示，再单击"确定"按钮。

（20）在 A18 单元格中输入"合计"，设置其为黑体 14 磅，再为表格添加边框，完成效果如图 6-63 所示。

（21）汇总人数项。选中 B7 单元格，在编辑栏中输入以下公式，然后按回车键，并拖动填充手柄无格式复制该公式到该列其他单元格。

=COUNTIF(工资明细!$B$6:$B$10000,"="&$A$2&$B$2&A7)

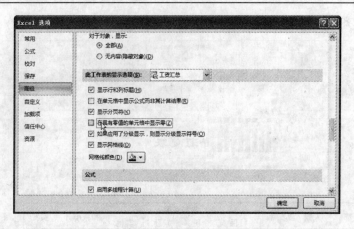

图 6-62 "Excel 选项"对话框

图 6-63 添加合计项及表格边框

（22）此时人数列中并未显示数据，这是因为 A2 和 B2 单元格中的日期显示为 2008 年 1 月，而在工资明细表中并无 2008 年 1 月的工资记录。

（23）通过 A2 和 B2 单元格旁的数值调节按钮，将日期调整为 2008 年 10 月，此时人数列将显示汇总的人数，如图 6-64 所示。

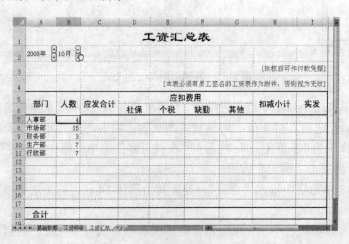

图 6-64 通过数值调节按钮选择日期

（24）自定义人数列的数字格式。选中 B7:B18 单元格区域，打开"设置单元格式"对话框，自定义其格式为"＃"人""，如图 6-65 所示，单击"确定"按钮即可。

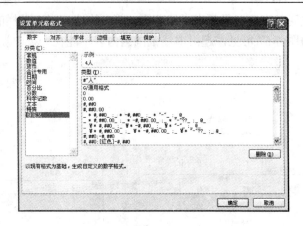

图 6-65 "设置单元格式"对话框

（25）汇总应发合计项。选中 C7 单元格，在编辑栏中输入以下公式，然后按回车键，并拖动填充手柄无格式复制该公式到该列其他单元格。

=SUMIF(工资明细!$B$6:$B$10000,"="&$A$2&$B$2&$A7,工资明细!$N$6:$N$10000)

（26）汇总社保项。选中 D7 单元格，在编辑栏中输入以下公式，然后按回车键，并拖动填充手柄无格式复制该公式到该列其他单元格。

=SUMIF(工资明细!$B$6:$B$10000,"="&$A$2&$B$2&$A7,工资明细!$O$6:$O$10000)

（27）汇总个税项。选中 E7 单元格，在编辑栏中输入以下公式，按回车键，并拖动填充手柄无格式复制该公式到该列其他单元格。

=SUMIF(工资明细!$B$6:$B$10000,"="&$A$2&$B$2&$A7,工资明细!$P$6:$P$10000)

（28）汇总缺勤项。选中 F7 单元格，在编辑栏中输入以下公式，然后按回车键，并拖动填充手柄无格式复制该公式到该列其他单元格。

=SUMIF(工资明细!$B$6:$B$10000,"="&$A$2&$B$2&$A7,工资明细!$Q$6:$Q$10000)

（29）汇总其他项。选中 G7 单元格，在编辑栏中输入以下公式，然后按回车键，并拖动填充手柄无格式复制该公式到该列其他单元格。

=SUMIF(工资明细!$B$6:$B$10000,"="&$A$2&$B$2&$A7,工资明细!$R$6:$R$10000)

（30）汇总扣减小计项。选中 H7 单元格，在编辑栏中输入以下公式，然后按回车键，并拖动填充手柄无格式复制该公式到该列其他单元格。

=SUMIF(工资明细!$B$6:$B$10000,"="&$A$2&$B$2&$A7,工资明细!$S$6:$S$10000)

（31）计算实发项。选中 I7 单元格，在编辑栏中输入公式"=C7-H7"，然后按回车键，并拖动填充手柄无格式复制该公式到该列其他单元格。

（32）选中 C7:I18 单元格区域，单击"开始"选项卡"数字"组中的"数字格式"下拉按钮，选择其格式为"货币"。

（33）将该区域数字格式设置为"货币"后，再调整列宽使单元格的值完全显示，如图

6-66 所示，但此时发现其宽度已经超出虚线范围。单击快速访问工具栏的"打印预览"按钮，预览其打印效果，由图 6-67 可见，超出虚线范围的内容不能在一页中被打印。

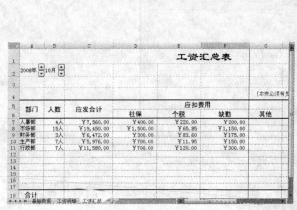
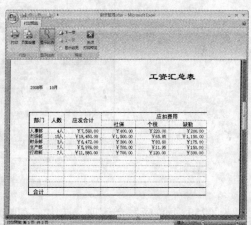

图 6-66　调整列宽　　　　　　　　　　　　图 6-67　打印预览

（34）我们可以通过更改纸张的方向来解决这个问题。切换到"页面布局"选项卡，单击"页面设置"组中的"纸张方向"按钮，从下拉菜单中选择"横向"命令。

（35）此时工作表页面将变为横向，再调整工作表的列宽，使其在打印范围中合理分布，如图 6-68 所示。

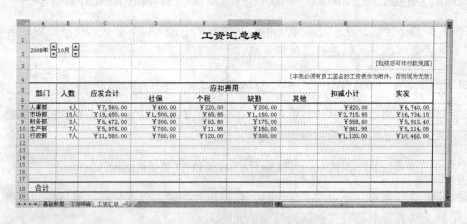

图 6-68　更改纸张方向

（36）计算合计项。选中 B18 单元格，在编辑栏中输入公式"=SUM(B7:B17)"，并按回车键确认输入。

（37）选中 B18 单元格，横向拖动填充手柄，无格式复制公式直到 I18 单元格中，完成效果如图 6-69 所示。

（38）在 A20 单元格中输入文字"批核:_____"，其中，"批核"设置为楷体；在 E20 单元格中输入文字"制表:"，设置字体为楷体，如图 6-70 所示。

（39）选中 F20 单元格，在编辑栏中输入以下公式：

=IF(OR(B18<>0,C18<>0,H18<>0,I18<>0),IF(基础数据!B6="","_____",基础数据!B6),"_____")

部门	人数	应发合计	应扣费用				扣减小计	实发
			社保	个税	缺勤	其他		
人事部	4人	¥7,560.00	¥400.00	¥220.00	¥200.00		¥820.00	¥6,740.00
市场部	15人	¥19,450.00	¥1,500.00	¥65.85	¥1,150.00		¥2,715.85	¥16,734.15
财务部	3人	¥6,472.00	¥300.00	¥83.60	¥175.00		¥558.60	¥5,913.40
生产部	7人	¥5,976.00	¥700.00	¥11.95	¥150.00		¥861.95	¥5,114.05
行政部	7人	¥11,580.00	¥700.00	¥120.00	¥300.00		¥1,120.00	¥10,460.00
合计	36人	¥51,038.00	¥3,600.00	¥501.40	¥1,975.00		¥6,076.40	¥44,961.60

图 6-69　合计计算结果

`=IF(OR(B18<>0,C18<>0,H18<>0,I18<>0),IF(基础数据!B6="","_____",基础数据!B6),"_____")`

行政部	7人	¥11,580.00	¥700.00	¥120.00	¥300.00		¥1,120.00	¥10,460.00
合计	36人	¥51,038.00	¥3,600.00	¥501.40	¥1,975.00		¥6,076.40	¥44,961.60
核 _____			制表：(_____)					

图 6-70　引用制表人名称

该公式表示：如果合计项为空，则制表人显示为下划线；如果合计项不为空，则引用“基本数据”工作表中 B6 单元格的值为制表人。

（40）插入日期[①]。选中 I20 单元格，在其中输入以下公式：

=IF(OR(B18<>0,C18<>0,H18<>0,I18<>0),TODAY(),"____年__月__日")

该公式表示：如果合计项为空，则单元格中显示为制表人显示“____年__月__日”，否则显示为当前日期。

（41）调整工作表的行高，使其在打印范围内合理、均匀分布，单击“打印预览”按钮预览其打印效果，如图 6-71 所示。

图 6-71　最终效果的打印预览

---

① TODAY()函数的使用。

（42）通过数值调节按钮控件调整日期为 2008 年 11 月，可见工资汇总表中的各项汇总自动更改，如图 6-72 所示。

工资汇总表

2008年 11月

[批核后可作付款凭据]

[本表必须有员工签名的工资表作为附件，否则视为无效]

部门	人数	应发合计	应扣费用				扣减小计	实发
			社保	个税	缺勤	其他		
人事部	4人	¥8,200.00	¥400.00	¥220.00			¥620.00	¥7,580.00
市场部	15人	¥22,797.00	¥1,500.00	¥275.00	¥100.00		¥1,875.00	¥20,922.00
财务部	3人	¥7,100.00	¥300.00	¥140.00			¥440.00	¥6,660.00
生产部	7人	¥5,491.00	¥700.00		¥250.00		¥950.00	¥4,541.00
行政部	7人	¥12,725.00	¥700.00	¥175.00	¥50.00		¥925.00	¥11,800.00
合计	36人	¥56,313.00	¥3,600.00	¥810.00	¥400.00		¥4,810.00	¥51,503.00
批核：				制表：曹敏军				2008-12-10

基础数据　工资明细　工资汇总

图 6-72　不同月份的工资汇总表

制作并打印工资报表

下面利用"工资明细"工作表中的数据，按部门、日期生成工资报表并进行打印。其操作步骤如下：

（1）在"薪资管理"工作簿中新建一个名为"工资报表"的工作表。

（2）设置工作表的页面布局。在"页面布局"选项卡中设置"纸张大小"为 A4，"页边距"为"普通"，"纸张方向"为"横向"。

（3）添加调整日期的数值框控件。合并 A1:C1 单元格区域，输入文字"请选择打印工资表时期"，设置其为黑底、白字；再合并 D1:E1 单元格区域，分别在 D1:E1 单元格区域和 F单元格中插入 2 个数值调节框控件，再调整行高，如图 6-73 所示。

请选择打印工资表时期

基础数据　工资明细　工资汇总　工资报表

图 6-73　添加调整日期的数值框控件

（4）设置数值调节框控件的格式。分别右键单击数值调节框控件，在快捷菜单中选择"设置控件格式"命令，打开"设置控件格式"对话框，然后设置"控制"选项卡中的各项值，如图 6-74 和图 6-75 所示。

（5）自定义 D1 和 F1 单元格中的数值格式。选中 D1 单元格，设置对齐方式为"居中"，在"设置单元格格式"对话框"数字"选项卡中选择"自定义"分类，然后在"类型"列表框中选择之前定义的"####"年""格式，如图 6-76 所示；再设置 F1 单元格为"居中"对齐，其数字格式为"#"月"",如图 6-176 所示。完成效果如图 6-177 所示。

图 6-74 设置调整年份

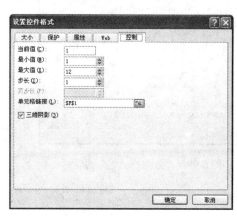

图 6-75 设置调整月份

图 6-76 自定义 D1 单元格数字格式

图 6-77 自定义 F1 单元格数字格式

图 6-78 自定义数字格式效果

（6）设置部门。在 G1 单元格中输入"部门："并居中对齐；选择 H1 单元格，打开"数据有效性"对话框，切换到"设置"选项卡，在"允许"下拉列表框中选择"序列"，在"来源"文本框中输入"=部门"，单击"确定"按钮，如图 6-79 所示。这样，选中 H1 单元格将出现一个下拉按钮，可快速在其中选择不同部门，如图 6-80 所示。

（7）计算要打印的工资报表人数。在 I1 单元格中输入"人数："，设置为居中对齐，选择 J1 单元格，在编辑栏中输入以下公式，如图 6-81 所示。

=IF(OR(D1="",F1="",H1=""),0,COUNTIF(工资明细!B6:B10000,"="&D1&F1&H1))

该公式表示：当日期和部门均不为空时，统计"工资明细"工作表 B 列（辅助列）中符合"D1&F1&H1"的个数。

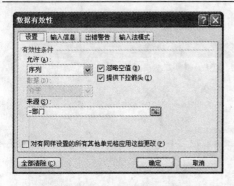

图 6-79 "数据有效性"对话框

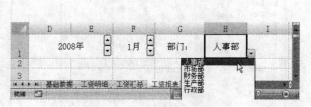

图 6-80 通过下拉列表选择部门

图 6-81 计算打印工资报表人数

（8）选中 J1 单元格，设置其对齐方式为"居中"，在"设置单元格格式"对话框中自定义其数值格式为"#"人""。

（9）计算表格页数[①]。在 K1 单元格输入"表格页数："，并设置为居中对齐，选中 L1 单元格，输入以下公式，如图 6-82 所示。

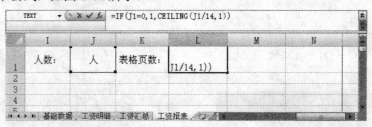

图 6-82 计算表格页数

=IF(J1=0,1,CEILING(J1/14,1))

该公式表示以 14 个工资记录为 1 页。

（10）选中 L1 单元格，设置其对齐方式为居中，在"设置单元格格式"对话框中自定义其数值格式为"#"页""。

（11）设置警告信息。选中 N1 单元格，在其中输入以下公式。

=IF(J1=0,"空白表，请重新选择",IF(J1>84,"超过 84 人将不能打印！",""))

该公式表示：如果报表人数为 0，N1 单元格则显示"空白表，请重新选择"文字，否则为空；当报表人数超过 84 人，则显示"超过 84 人将不能打印！"文字。

（12）选中 N1 单元格，设置对齐方式为"右对齐"，设置字体颜色为红色。通过数值调节框控件调整日期到有工资记录的日期，此时 J1 单元格中人数不为 0，N1 单元格显示为空，

---

① CEILING()函数的使用。

如图 6-83 所示。

（13）设置工资报表标题。合并 A2:N2 单元格区域，在编辑栏输入以下公式：

=IF(D1="","_____",D1)&" 年 "&IF(F1="","___",F1)&" 月份 工资表"

再选中该区域，设置其字体为隶书，字号为 26 磅，并调整行高，如图 6-84 所示。

图 6-83　通过数值调节框调整日期

图 6-84　设置标题格式

（14）引用部门信息。在 A3 单元格输入"部门："，并设置为居中对齐，然后选中 B3 单元格，在编辑栏输入以下公式：

=IF(OR(D1="",F1="",J1=0,H1=""),"_____",H1)

（15）计算工资报表的当前页数。选中 C3 单元格，在编辑栏输入以下公式，如图 6-85 所示；由于该单元格中的值只用于计算时参考，而不被打印，因此将其字体颜色设置为白色。

=COUNTIF($B$3:B3,"="&B3)

图 6-85　计算工资报表的当前页数

（16）通过复制"工资明细"工作表的表头字段，在"工资报表"工作表建立表头，调整列宽使其合理分布于打印范围，并设置表格边框，效果如图 6-86 所示。

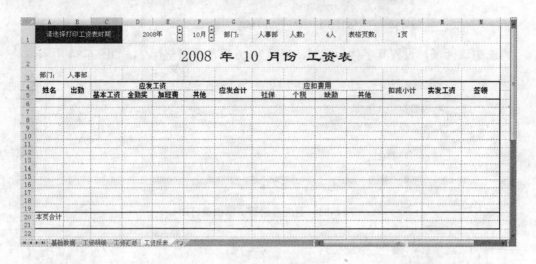

图 6-86　建立表头

（17）调整行高。选中第 4～21 行，单击"开始"选项卡"单元格"组中的"格式"按钮，选择"行高"命令，打开"行高"对话框，设置行高为 21.5，如图 6-87 所示，最后单击"确定"按钮。

（18）显示报表页数。选中 N3 单元格，在编辑栏输入以下公式：

图 6-87　"行高"对话框

="第　"&IF(OR($D$1="",$F$1="",$J$1=0),"__",H3)&" 页，共 "&IF(OR($D$1="",$F$1="",$J$1=0),"__",$L$1)&" 页"

（19）引用员工姓名。选中 A6 单元格，在编辑栏输入以下公式；按回车键，再拖动填充手柄，无格式复制公式直到 A19 单元格。

=IF(ISERROR(VLOOKUP($D$1&$F$1&$H$1&"-"&($C$3-1)*14+COUNTIF(N$6:$N6,"="), 工 资 明 细!$A$6:$T$10000,COLUMN(E$1),0)),0,VLOOKUP($D$1&$F$1&$H$1&"-"&($C$3-1)*14+COUNTIF(N$6:$N6,"="), 工资明细!$A$6:$T$10000,COLUMN(E$1),0))[①]

（20）但是，复制公式后，没有记录的单元格中显示 0 值，感觉不太美观和正规。打开"Excel 选项"对话框，切换到"高级"选项卡，在"此工作表的显示选项"下拉列表中选择工作表为"工资报表"，然后清除"在具有零值的单元格中显示零"复选框，如图 6-88 所示，再单击"确定"按钮。

（21）引用出勤天数。选中 B6 单元格，在编辑栏输入以下公式，如图 6-89 所示；按回车键，再拖动填充手柄，无格式复制公式直到 B19 单元格。

=IF(ISERROR(VLOOKUP($D$1&$F$1&$H$1&"-"&($C$3-1)*14+COUNTIF(N$6:$N6,"="),工资明细!$A$6:$T$10000,COLUMN(H$1),0)),0,VLOOKUP($D$1&$F$1&$H$1&"-"&($C$3-1)*14+COUNTIF(N$6:$N6,"="

---

① COLUMN()函数的使用。

),工资明细!$A$6:$T$10000,COLUMN(H$1),0))

图 6-88　"Excel 选项"对话框

图 6-89　引用出勤天数

（22）引用基本工资项。选中 C6 单元格，在编辑栏输入以下公式，然后按回车键，再拖动填充手柄，无格式复制公式直到 C19 单元格。

=IF(ISERROR(VLOOKUP($D$1&$F$1&$H$1&"-"&($C$3-1)*14+COUNTIF(N$6:$N6,"="),工资明细!$A$6:$T$10000,COLUMN(I$1),0)),0,VLOOKUP($D$1&$F$1&$H$1&"-"&($C$3-1)*14+COUNTIF(N$6:$N6,"="),工资明细!$A$6:$T$10000,COLUMN(I$1),0))

（23）引用全勤奖项。选中 D6 单元格，在编辑栏输入以下公式，然后按回车键，再拖动填充手柄，无格式复制公式直到 D19 单元格。

=IF(ISERROR(VLOOKUP($D$1&$F$1&$H$1&"-"&($C$3-1)*14+COUNTIF(N$6:$N6,"="),工资明细!$A$6:$T$10000,COLUMN(J$1),0)),0,VLOOKUP($D$1&$F$1&$H$1&"-"&($C$3-1)*14+COUNTIF(N$6:$N6,"="),工资明细!$A$6:$T$10000,COLUMN(J$1),0))

（24）引用加班费项。选中 E6 单元格，在编辑栏输入以下公式，然后按回车键，再拖动填充手柄，无格式复制公式直到 E19 单元格。

=IF(ISERROR(VLOOKUP($D$1&$F$1&$H$1&"-"&($C$3-1)*14+COUNTIF(N$6:$N6,"="),工资明细!$A$6:$T$10000,COLUMN(K$1),0)),0,VLOOKUP($D$1&$F$1&$H$1&"-"&($C$3-1)*14+COUNTIF(N$6:$N6,"="),工资明细!$A$6:$T$10000,COLUMN(K$1),0))

（25）引用其他项。选中 F6 单元格，在编辑栏输入以下公式，然后按回车键，再拖动填充手柄，无格式复制公式直到 F19 单元格。

=IF(ISERROR(VLOOKUP($D$1&$F$1&$H$1&"-"&($C$3-1)*14+COUNTIF(N$6:$N6,"="),工资明细!$A$6:$T$10000,COLUMN(L$1),0)),0,VLOOKUP($D$1&$F$1&$H$1&"-"&($C$3-1)*14+COUNTIF(N$6:$N6,"="),工资明细!$A$6:$T$10000,COLUMN(L$1),0))

（26）引用应发合计项。选中 G6 单元格，在编辑栏输入以下公式，然后按回车键，再拖动填充手柄，无格式复制公式直到 G19 单元格。

=IF(ISERROR(VLOOKUP($D$1&$F$1&$H$1&"-"&($C$3-1)*14+COUNTIF(N$6:$N6,"="),工资明细!$A$6:$T$10000,COLUMN(N$1),0)),0,VLOOKUP($D$1&$F$1&$H$1&"-"&($C$3-1)*14+COUNTIF(N$6:$N6,"="),工资明细!$A$6:$T$10000,COLUMN(N$1),0))

（27）引用社保项。选中 H6 单元格，在编辑栏输入以下公式，然后按回车键，再拖动填充手柄，无格式复制公式直到 H19 单元格。

=IF(ISERROR(VLOOKUP($D$1&$F$1&$H$1&"-"&($C$3-1)*14+COUNTIF(N$6:$N6,"="),工资明细!$A$6:$T$10000,COLUMN(O$1),0)),0,VLOOKUP($D$1&$F$1&$H$1&"-"&($C$3-1)*14+COUNTIF(N$6:$N6,"="),工资明细!$A$6:$T$10000,COLUMN(O$1),0))

（28）引用个税项。选中 I6 单元格，在编辑栏输入以下公式，然后按回车键，再拖动填充手柄，无格式复制公式直到 I19 单元格。

=IF(ISERROR(VLOOKUP($D$1&$F$1&$H$1&"-"&($C$3-1)*14+COUNTIF(N$6:$N6,"="),工资明细!$A$6:$T$10000,COLUMN(P$1),0)),0,VLOOKUP($D$1&$F$1&$H$1&"-"&($C$3-1)*14+COUNTIF(N$6:$N6,"="),工资明细!$A$6:$T$10000,COLUMN(P$1),0))

（29）引用缺勤项。选中 J6 单元格，在编辑栏输入以下公式，然后按回车键，再拖动填充手柄，无格式复制公式直到 J19 单元格。

=IF(ISERROR(VLOOKUP($D$1&$F$1&$H$1&"-"&($C$3-1)*14+COUNTIF(N$6:$N6,"="),工资明细!$A$6:$T$10000,COLUMN(Q$1),0)),0,VLOOKUP($D$1&$F$1&$H$1&"-"&($C$3-1)*14+COUNTIF(N$6:$N6,"="),工资明细!$A$6:$T$10000,COLUMN(Q$1),0))

（30）引用其他项。选中 K6 单元格，在编辑栏输入以下公式，然后按回车键，再拖动填充手柄，无格式复制公式直到 K19 单元格。

=IF(ISERROR(VLOOKUP($D$1&$F$1&$H$1&"-"&($C$3-1)*14+COUNTIF(N$6:$N6,"="),工资明细!$A$6:$T$10000,COLUMN(R$1),0)),0,VLOOKUP($D$1&$F$1&$H$1&"-"&($C$3-1)*14+COUNTIF(N$6:$N6,"="),工资明细!$A$6:$T$10000,COLUMN(R$1),0))

（31）引用扣减小计项。选中 L6 单元格，在编辑栏输入以下公式，然后按回车键，再拖动填充手柄，无格式复制公式直到 L19 单元格。

=IF(ISERROR(VLOOKUP($D$1&$F$1&$H$1&"-"&($C$3-1)*14+COUNTIF(N$6:$N6,"="),工资明细!$A$6:$T$10000,COLUMN(S$1),0)),0,VLOOKUP($D$1&$F$1&$H$1&"-"&($C$3-1)*14+COUNTIF(N$6:$N6,"="),工资明细!$A$6:$T$10000,COLUMN(S$1),0))

（32）引用实发工资项。选中 M6 单元格，在编辑栏输入以下公式，然后按回车键，再拖动填充手柄，无格式复制公式直到 M19 单元格。

=IF(ISERROR(VLOOKUP($D$1&$F$1&$H$1&"-"&($C$3-1)*14+COUNTIF(N$6:$N6,"="),工资明细!$A$6:$T$10000,COLUMN(T$1),0)),0,VLOOKUP($D$1&$F$1&$H$1&"-"&($C$3-1)*14+COUNTIF(N$6:$N6,"="),工资明细!$A$6:$T$10000,COLUMN(T$1),0))

（33）计算本页合计。选中 B20 单元格，在编辑栏输入公式"=SUM(B6:B19)"，按回车键，再横向拖动填充手柄，无格式复制公式直到 M20 单元格。

（34）显示总计项。选中 A21 单元格，在编辑栏输入以下公式，按回车键确认公式输入。

=IF($L$1=C3,"总　　计","")

（35）计算总计项。选中 B21 单元格，在编辑栏输入以下公式，按回车键确认公式输入。

=IF(A21="",0,SUMIF($A$20:A20,"="&A20,$B$20:B20))

（36）分别在 C21～M21 单元格中输入以下公式，计算总计项。

=IF(A21="",0,SUMIF($A$20:A20,"="&A20,$C$20:C20))
=IF(A21="",0,SUMIF($A$20:A20,"="&A20,$D$20:D20))
=IF(A21="",0,SUMIF($A$20:A20,"="&A20,$E$20:E20))
=IF(A21="",0,SUMIF($A$20:A20,"="&A20,$F$20:F20))
=IF(A21="",0,SUMIF($A$20:A20,"="&A20,$G$20:G20))
=IF(A21="",0,SUMIF($A$20:A20,"="&A20,$H$20:H20))
=IF(A21="",0,SUMIF($A$20:A20,"="&A20,$I$20:I20))
=IF(A21="",0,SUMIF($A$20:A20,"="&A20,$J$20:J20))
=IF(A21="",0,SUMIF($A$20:A20,"="&A20,$K$20:K20))
=IF(A21="",0,SUMIF($A$20:A20,"="&A20,$L$20:L20))
=IF(A21="",0,SUMIF($A$20:A20,"="&A20,M$20:$MB20))

（37）引用制表人。在 A22 单元格中输入"制表人:"，将其设置为"楷体"；选中 B22 单元格，在编辑栏输入以下公式：

=IF(OR($D$1="",$F$1="",$J$1=0,基础数据!$B$6=""),"＿＿＿＿",基础数据!$B$6)

（38）插入日期。选中 N22 单元格，在编辑栏输入以下公式：

=IF(OR($D$1="",$F$1="",$J$1=0,$H$1=""),"＿＿年＿月＿日",TODAY())

（39）至此，工资表便制作完成，其效果如图 6-90 所示。

（40）批量修改公式。为便于复制该报表，需将公式中的某些绝对引用的单元格改为相对引用。切换到"公式"选项卡，单击"公式审核"组中的"显示公式"按钮。

（41）此时单元格中显示为公式，而不是值。选中 A6:M19 单元格区域，切换到"开始"选项卡，单击"编辑"组中的"查找和选择"下拉按钮，从下拉菜单中选择"替换"命令，如图 6-91 所示。

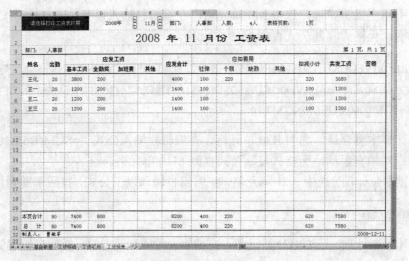

图 6-90　完成效果

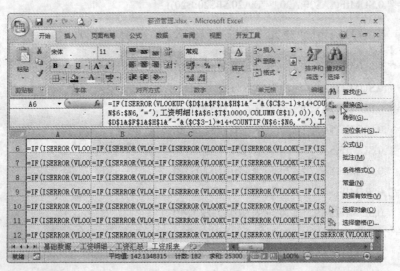

图 6-91　选择"替换"命令

（42）此时将打开"查找和替换"对话框。单击"选项"按钮，展开对话的其他选项，选择"查找范围"为"公式"，在"查找内容"文本框中输入"N\$6"，在"替换为"文本框中输入"N6"，如图 6-92 所示。

（43）单击"全部替换"按钮，Excel 将自动完成替换，把公式中的 N\$6 引用全部替换为 N6。

（44）按照相同的操作，打开"查找和替换"对话框，进行如图 6-93 所示的设置，将公式中的 \$C\$3 引用全部替换为 C3。

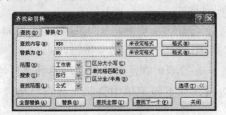

图 6-92　设置替换选项

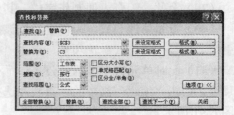

图 6-93　"查找和替换"对话框

（45）查找、替换完成后，再切换到"公式"选项卡，再次单击"公式审核"组中的"显示公式"按钮，使单元格中显示为值。

（46）复制工资报表。选中 A2:N22 单元格区域，按 Ctrl＋C 组合键复制，然后选择 A23 单元格，按 Ctrl＋V 组合键粘贴。

（47）选中 A23 单元格，在编辑栏输入公式"＝A2"，如图 6-94 所示。再选中 B24 单元格，输入公式"＝B3"。这样，再次复制工资报表时，这 2 个单元格中将采用相对引用，所得结果才能正确。

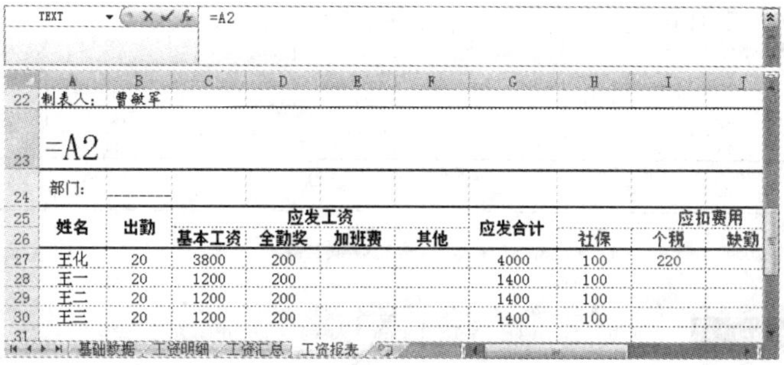

图 6-94 输入相对引用公式

（48）为了检验复制的工资报表中公式的正确性，可以追踪引用的单元格。选中 A28 单元格，单击"公式"选项卡"公式审核"组中的"追踪引用单元格"按钮，此时工作表中将显示箭头，用于指示公式所引用的单元格，如图 6-95 所示。

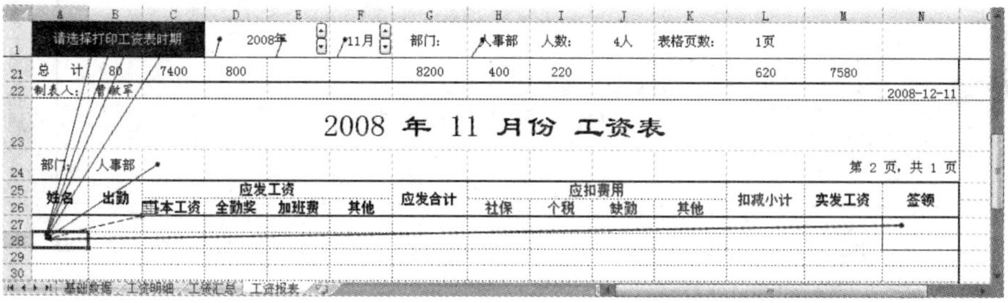

图 6-95 追踪所引用的单元格

（49）取消追踪。单击"公式"选项卡"公式审核"组中的"移去箭头"按钮，即可删除追踪单元格所绘制的箭头。

（50）复制其他工资表。选中 A23:N43 单元格区域，按 Ctrl＋C 组合键复制，然后选择工资表的末行[①]，按 Ctrl＋V 组合键粘贴，一共粘贴 4 次，使工作表中工资表的数量一共有 6 张；调整各个工资表的行高，使每张工资表都处于不同打印区域内。

（51）通过调整时间和部门来验证工资报表的正确性。设置时间为 2008 年 11 月，设置部门为"市场部"，则人数为 15，工资表一共 2 页，如图 6-96 所示。

（52）设置时间为 2008 年 12 月，部门为"市场部"，可见 J1 单元格的人数、B3 单元格的部门、N3 单元格的页数及制表人、日期均为空，N1 单元格出现红色提示"空白表，请重新选择"，如图 6-97 所示。

---

① 注意：工资表之间不能空行，一定要接着。

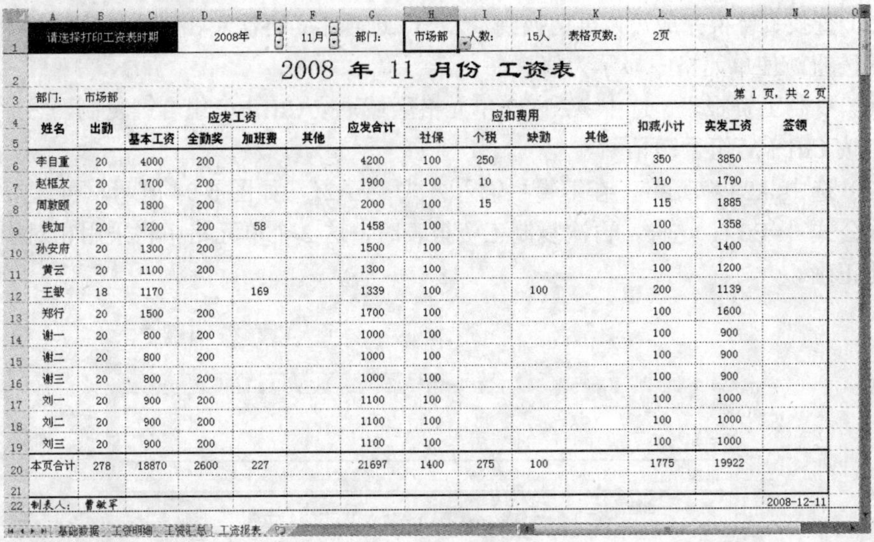

请选择打印工资表时期	2008年	11月	部门:	市场部	人数:	15人	表格页数:	2页

2008 年 11 月份 工资表

部门: 市场部　　　　　　　　　　　　　　　　　　　　　　　第 1 页, 共 2 页

姓名	出勤	应发工资				应发合计	应扣费用				扣减小计	实发工资	签领
		基本工资	全勤奖	加班费	其他		社保	个税	缺勤	其他			
李自重	20	4000	200			4200	100	250			350	3850	
赵框友	20	1700	200			1900	100	10			110	1790	
周毅颐	20	1800	200			2000	100	15			115	1885	
钱加	20	1200	200	58		1458	100				100	1358	
孙安府	20	1300	200			1500	100				100	1400	
黄云	20	1100	200			1300	100				100	1200	
王敏	18	1170		169		1339	100		100		200	1139	
郑行	20	1500	200			1700	100				100	1600	
谢一	20	800	200			1000	100				100	900	
谢二	20	800	200			1000	100				100	900	
谢三	20	800	200			1000	100				100	900	
刘一	20	900	200			1100	100				100	1000	
刘二	20	900	200			1100	100				100	1000	
刘三	20	900	200			1100	100				100	1000	
本页合计	278	18870	2600	227		21697	1400	275	100		1775	19922	

制表人：曹敏军　　　　　　　　　　　　　　　　　　　　　　　　2008-12-11

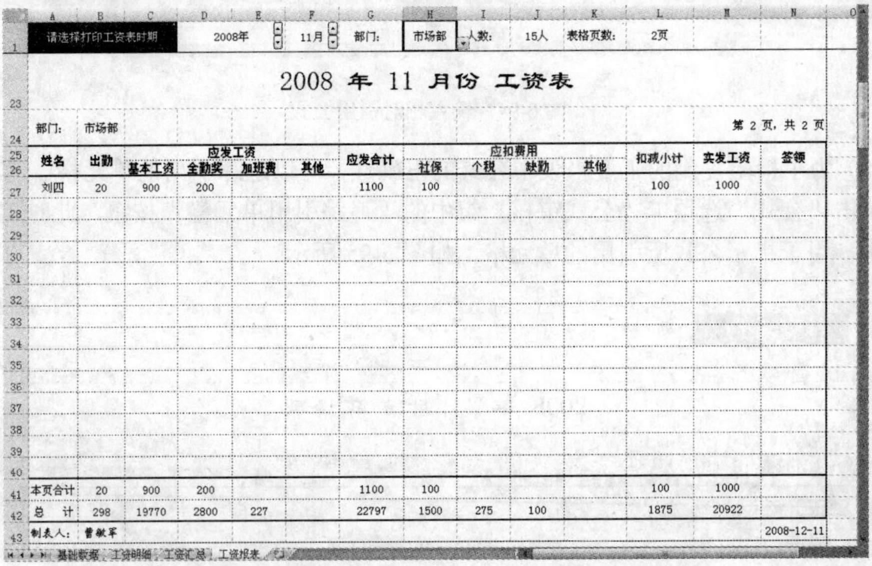

请选择打印工资表时期	2008年	11月	部门:	市场部	人数:	15人	表格页数:	2页

2008 年 11 月份 工资表

部门: 市场部　　　　　　　　　　　　　　　　　　　　　　　第 2 页, 共 2 页

姓名	出勤	应发工资				应发合计	应扣费用				扣减小计	实发工资	签领
		基本工资	全勤奖	加班费	其他		社保	个税	缺勤	其他			
刘四	20	900	200			1100	100				100	1000	
本页合计	20	900	200			1100					100	1000	
总　计	298	19770	2800	227		22797	1500	275	100		1875	20922	

制表人：曹敏军　　　　　　　　　　　　　　　　　　　　　　　　2008-12-11

图 6-96　2008 年 11 月市场部工资表

（53）命名打印区域。切换到"公式"选项卡，单击"定义的名称"组中的"定义名称"按钮。

（54）此时将打开"新建名称"对话框，如图 6-98 所示。在"名称"文本框中输入名称"报表打印"，选择范围为"工资报表"，在"引用位置"文本框中输入以下公式：

=OFFSET(工资报表!$A$2,,,工资报表!$L$1*21,14)[①]

该公式表示：从"工资报表"工作表 A2 单元格起，返回工资报表引用区域的行数为（工资表页数×21），列数为 17。

（55）打印指定区域。切换到"页面布局"选项卡，单击"页面设置"组右下角的对话框启动器。

----

① OFFSET()函数的使用。

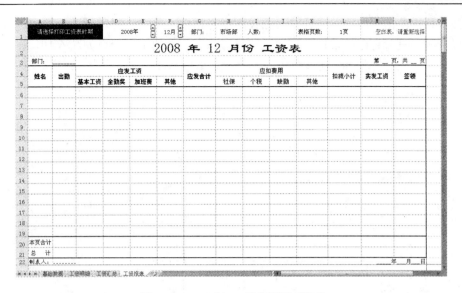

图 6-97　2008 年 12 月市场部工资表

图 6-98　"新建名称"对话框

（56）此时将打开"页面设置"对话框，切换到"工作表"选项卡，如图 6-99 所示，单击"打印区域"文本框后的拾取器①。

（57）此时"页面设置"对话框将折叠起来，切换到"公式"选项卡，单击"定义的名称"组中的"用于公式"下拉按钮，从下拉菜单中选择前面刚刚定义的打印区域"报表打印"，如图 6-100 所示。

图 6-99　"工作表"选项卡

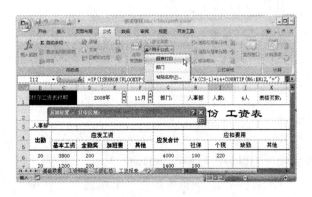

图 6-100　选择"报表打印"

① 设置打印区域。

（58）再次单击拾取器，展开"页面设置"对话框，单击"打印预览"按钮进入预览页面，可以看到，设置打印区域后，打印预览只显示有记录的工资表，如图 6-101 所示。

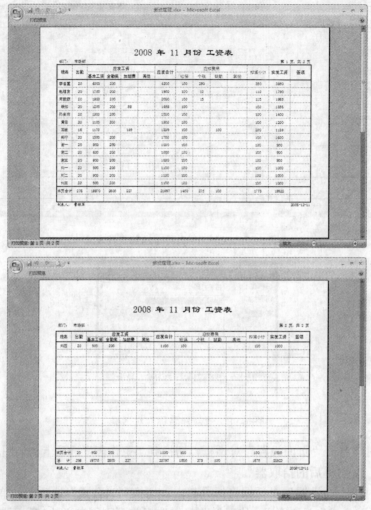

图 6-101　工资表打印预览

制作并打印工资条

通常，企业在发放工资时会同时发放员工的工资条。在 Excel 2007 中制作的每个工资条都应该包括标题，而且工资条之间应隔有空行，以便打印出来裁剪。制作并打印工资条的操作步骤如下：

（1）在"薪资管理"工作簿中新建一个名为"工资条数据"的工作表，该工作表用于保存制作工资条的数据。

（2）切换到"工资明细"工作表，选中 E3:T4 单元格区域（表头部分），再单击"开始"选项卡"剪贴板"组中的"复制"按钮，将 E3:T4 单元格区域复制到剪贴板。

（3）切换到"工资条数据"工作表，选中 A1 单元格，再单击"开始"选项卡"剪贴板"组中的"粘贴"下拉按钮，从下拉菜单中选择"粘贴值"命令进行，将复制的内容粘贴进去。

（4）再复制"工资明细"工作表中 2008 年 11 月份的工资记录，粘贴到"工资条数据"工作表以 A3 单元格开始的单元格区域中，单击"粘贴选项"按钮，从弹出的快捷菜单中选择"值和数字格式"命令。

（5）调整列宽使工作表中的数据能完全显示。单击 A1 单元格，将鼠标指针指向 A1 单元格边缘，当鼠标指针变成 ♣ 状时，按下左键拖动 A1 单元格到 A2 单元格①，如图 6-102 所示；按相同操作将其他处于第一行的包含表头的单元格移至第 2 行。

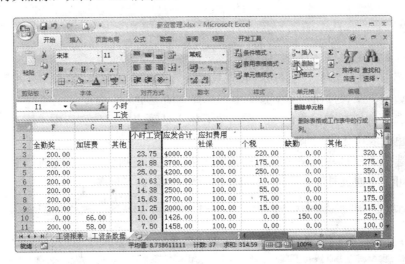

图 6-102　移动单元格

（6）删除多余列②。选中 I 列（小时工资项），单击"开始"选项卡"单元格"组中的"删除"按钮，将其删除，如图 6-103 所示。

图 6-103　删除多余列

（7）删除多余行③。当所有标题都移至第 2 行后，可将空白的第 1 行删除。单击第 1 行的行标号，选中该行，再单击"开始"选项卡"单元格"组中的"删除"按钮，将第 1 行删除。

（8）新建一个名为"工资条"的工作表，切换到"页面布局"选项卡，设置"纸张大小"为 A4，"页边距"为"普通"，"纸张方向"为"横向"。

（9）选中 A1 单元格，在编辑栏中输入如下公式：

=IF(MOD(ROW(),3)=0,"",IF(MOD(ROW(),3)=1,工资条数据!A$1,INDEX(工资条数据!$A:A,(ROW()+4)/3,COLUMN()))))④

---

① 在工作表中移动单元格。

② 在工作表中删除列。

③ 在工作表中删除行。

④ ROW()函数的使用。

（10）选中 A1 单元格，横向拖动填充手柄，复制该公式直到 O1 单元格，如图 6-104 所示。

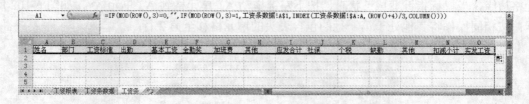

图 6-104　横向填充公式

（11）选中 A1:O1 单元格区域，拖动填充手柄直到第 3 行，如图 6-105 所示。

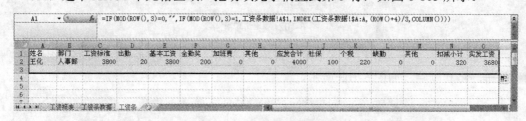

图 6-105　纵向填充公式

（12）选中 A1:O2 单元格区域，设置其对齐方式为"居中"，单击"开始"选项卡"字体"组中"边框"下拉按钮，在下拉菜单中选择"所有框线"命令。

（13）选中 A1:O1 单元格区域，单击"开始"选项卡"字体"组中"填充"下拉按钮，在展开的颜色列表中选择"茶色"。

（14）选中 A1:O3 单元格区域，拖动填充手柄向下复制公式，其完成效果如图 6-106 所示。由该图可见，通过复制公式，在工作表中将自动生成工资条。

	姓名	部门	工资标准	出勤	基本工资	全勤奖	加班费	其他	应发合计	社保	个税	缺勤	其他	扣减小计	实发工资
1	姓名	部门	工资标准	出勤	基本工资	全勤奖	加班费	其他	应发合计	社保	个税	缺勤	其他	扣减小计	实发工资
2	王化	人事部	3800	20	3800	200	0	0	4000	100	220	0	0	320	3680
3															
4	姓名	部门	工资标准	出勤	基本工资	全勤奖	加班费	其他	应发合计	社保	个税	缺勤	其他	扣减小计	实发工资
5	张漫雨	行政部	3500	20	3500	200	0	0	3700	100	175	0	0	275	3425
6															
7	姓名	部门	工资标准	出勤	基本工资	全勤奖	加班费	其他	应发合计	社保	个税	缺勤	其他	扣减小计	实发工资
8	李自重	市场部	4000	20	4000	200	0	0	4200	100	250	0	0	350	3850
9															
10	姓名	部门	工资标准	出勤	基本工资	全勤奖	加班费	其他	应发合计	社保	个税	缺勤	其他	扣减小计	实发工资
11	赵铁友	市场部	1700	20	1700	200	0	0	1900	100	10	0	0	110	1790
12															
13	姓名	部门	工资标准	出勤	基本工资	全勤奖	加班费	其他	应发合计	社保	个税	缺勤	其他	扣减小计	实发工资
14	钱小散	财务部	2300	20	2300	200	0	0	2500	100	55	0	0	155	2345
15															
16	姓名	部门	工资标准	出勤	基本工资	全勤奖	加班费	其他	应发合计	社保	个税	缺勤	其他	扣减小计	实发工资
17	孙不二	财务部	2500	20	2500	200	0	0	2700	100	75	0	0	175	2525

图 6-106　自动生成工资条

（15）单击快速工具栏的"打印预览"按钮，预览工资条的打印效果，如无问题，即可打印。

通过电子邮件批量发送工资单

除了向员工发放裁剪的工资条，还可通过发送电子邮件的方式，向每隔员工发送电子工资单。这需要用到 Word 2007、Excel 2007 和 Outlook 2007 这 3 个软件，其操作步骤如下：

（1）在“工资条数据”工作表 P 列为每位员工添加电子邮箱信息，如图 6-107 所示。

	姓名	应发合计	社保	个税	缺勤	其他	扣减小计	实发工资	邮箱
2	王化	4000.00	100.00	220.00	0.00		320.00	3680.00	wanghua@163.com
3	张漫雨	3700.00	100.00	175.00	0.00		275.00	3425.00	zhangmy@163.com
4	李自重	4200.00	100.00	250.00	0.00		350.00	3850.00	lizhiz@163.com
5	赵框友	1900.00	100.00	10.00	0.00		110.00	1790.00	zhaoky@163.com
6	钱小散	2500.00	100.00	55.00	0.00		155.00	2345.00	qianxs@163.com
7	孙不二	2700.00	100.00	75.00	0.00		175.00	2525.00	sunbuer@163.com
8	周敦颐	2000.00	100.00	15.00	0.00		115.00	1885.00	zhoudy@163.com
9	赵一平	1426.00	100.00	0.00	150.00		250.00	1176.00	zhaoyp@163.com
10	钱加	1458.00	100.00	0.00	0.00		100.00	1358.00	qianjia@163.com
11	孙安府	1500.00	100.00	0.00	0.00		100.00	1400.00	sunanfu@163.com
12	曹敏军	1900.00	100.00	10.00	0.00		110.00	1790.00	caomjun@163.com
13	黄云	1300.00	100.00	0.00	0.00		100.00	1200.00	huanyu@163.com
14	王敏	1339.00	100.00	0.00	100.00		200.00	1139.00	wangming@163.com

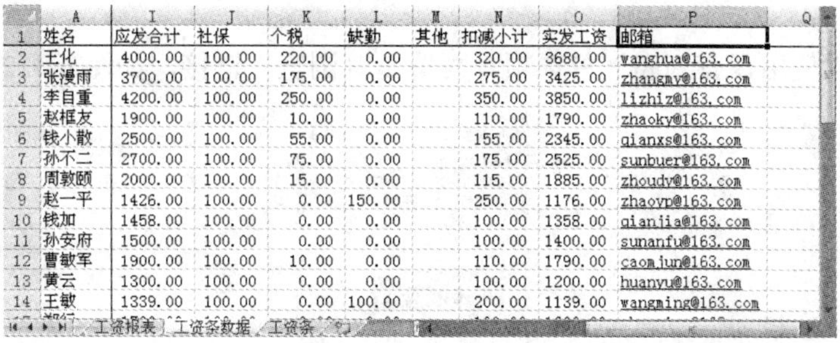

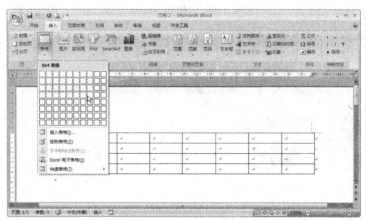

图 6-107 添加电子邮箱信息

（2）打开 Word 2007，新建一个空白文档，在文档中插入一个 8×4 的表格，如图 6-108 所示。

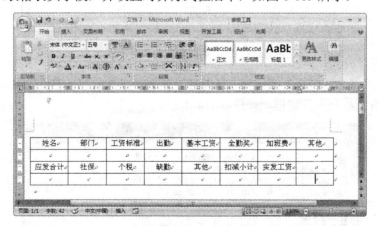

图 6-108 插入表格

（3）输入表格表头字段，并设置对齐方式位居中，如图 6-109 所示。

图 6-109 建立表头字段

（4）切换到“邮件”选项卡，单击“开始邮件合并”组中的“开始邮件合并”下拉按钮，在下拉菜单中选择“邮件合并分步向导”命令。

（5）此时将打开“邮件合并”窗格，选择“电子邮件”单选项，单击“下一步：正在启动文档”链接，如图 6-110 所示。

（6）选择"使用当前文档"单选项，再单击"下一步：选取收件人"链接，如图 6-111 所示。

（7）选择"使用现有列表"单选项，再单击"浏览"链接，如图 6-112 所示。

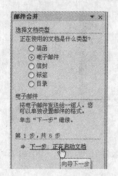 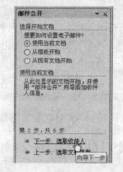 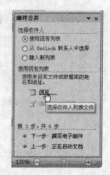

图 6-110　邮件合并向导（1）　　　图 6-111　邮件合并向导（2）　　　图 6-112　邮件合并向导（3）

（8）此时将打开"选取数据源"对话框，找到并选择"薪资管理"工作簿，如图 6-113 所示。

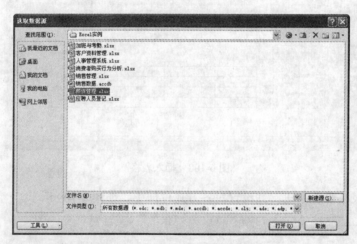

图 6-113　"选取数据源"对话框

（9）单击"打开"按钮，打开"选择表格"对话框，选中"工资条数据"工作表，选中"数据首行包含列标题"复选框，如图 6-114 所示。

图 6-114　"选择表格"对话框

（10）单击"确定"按钮，打开"邮件合并收件人"对话框，如图 6-115 所示，单击"确定"按钮即可。

（11）返回"邮件合并"窗格，单击"下一步：撰写电子邮件"链接，如图 6-116 所示。

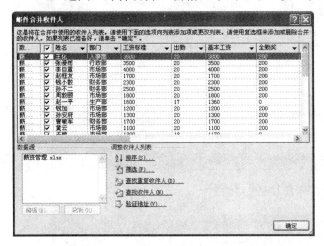

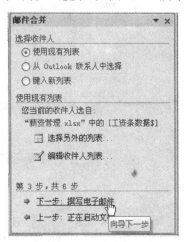

图 6-115 "邮件合并收件人"对话框   图 6-116 邮件合并

（12）将光标定位到表格"姓名"字段下的空白单元格，切换到"邮件"选项卡，单击"编写和插入域"组中的"插入合并域"按钮，从下拉菜单中选择"姓名"选项在单元格中插入域，如图 6-117 所示。

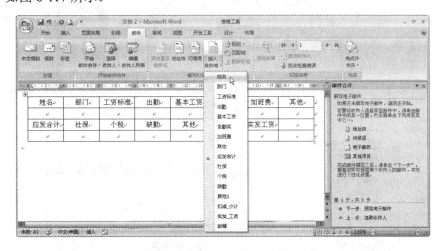

图 6-117 插入"姓名"域

（13）按照相同的方法，为表格中的各个字段下的单元格插入对应的域，完成效果如图 6-118 所示。然后再单击"邮件合并"窗格中"下一步：预览电子邮件"链接。

（14）单击"邮件"选项卡"预览结果"组中的记录按钮，可预览邮件结果，如图 6-119 所示即为第 3 条邮件记录的结果。最后单击"下一步：完成合并"链接。

（15）接下来在"邮件合并"窗格中单击"电子邮件"链接，如图 6-120 所示。

（16）此时将打开"合并到电子邮件"对话框，在"收件人"下拉列表中选择"邮箱"域，在"主题行"文本框中输入邮件主题"工资条"，默认保持邮件格式为"HTML"，在"发送记录"选项组中选择"全部"单选项，如图 6-121 所示。

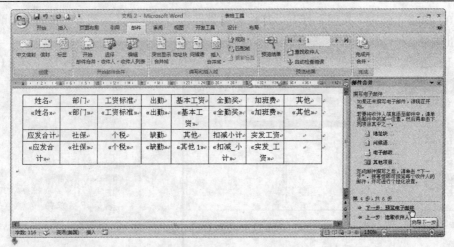

图 6-118 邮件合并向导（4）

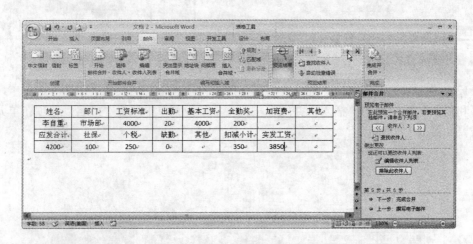

图 6-119 邮件合并向导（5）

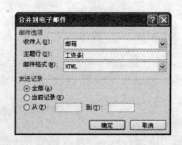

图 6-120 邮件合并向导（6）　　　图 6-121 "合并到电子邮件"对话框

　　（17）单击"确定"按钮，Word 2007 将自动合并邮件，并向"薪资管理"工作簿中"工资条数据"工作表所列出的所有员工发送其工资单。打开 Outlook 2007，可见发件箱中有通过 Word 2007 合并的所有邮件，如图 6-122 所示。

　　（18）双击收件箱邮件列表中的邮件，可打开邮件窗口查看其内容，如图 6-123 所示，确认无误后，即可发送邮件。

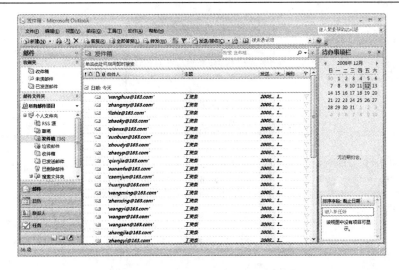

图 6-122　Outlook 2007 的发件箱

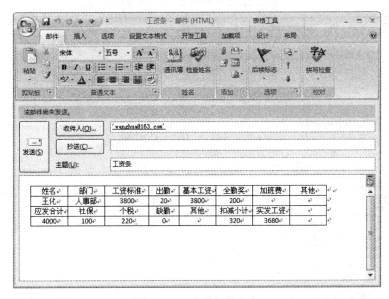

图 6-123　查看邮件内容

管理工作表

由于"工资条数据"工作表只作为"工资单"工作表的数据来源，因此可以在工作簿中将其隐藏起来，其操作步骤如下：

（1）切换到"工资条数据"工作表，在工作表标签栏上单击鼠标右键，从弹出的快捷菜单中选择"隐藏"命令[①]。

（2）选择"隐藏"命令后，工作表标签栏上将不再显示"工资条数据"工作表。

（3）如果要取消工作表的隐藏，可在工作表标签栏上单击鼠标右键，从弹出的快捷菜单中选择"取消隐藏"命令。

（4）此时将打开"取消隐藏"对话框，在"取消隐藏工作表"列表框中选择要取消隐藏的工作表"工资条数据"，再单击"确定"按钮，如图 6-124 所示。

---

① 在工作簿中隐藏工作表。

图 6-124　"取消隐藏"对话框

（5）为了保护工作表中的公式和控件不被更改，可将工作表保护起来[①]。切换到需要保护的工作表，如"工资条"，单击"审阅"选项卡"更改"组中的"保护工作表"按钮，如图 6-125 所示。

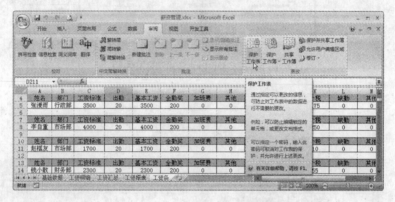

图 6-125　单击"保护工作表"按钮

（6）此时将打开"保护工作表"对话框，在文本框中键入密码（本例使用密码为 123），再勾选允许用户进行的操作，如 6-126 图所示。单击"确定"按钮，打开"确认密码"对话框，再次输入密码，如图 6-127 所示。

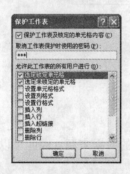
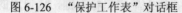

图 6-126　"保护工作表"对话框　　　　图 6-127　"确认密码"对话框

（7）单击"确定"按钮，即可保护工作表，如果在工作表中执行不被允许的操作，将弹出如图 6-128 所示的提示框，提示操作不被接受。

（8）如果要撤销工作表的保护状态，可切换到被保护的工作表，单击"审阅"选项卡"更改"组中的"撤销工作表保护"按钮。

（9）此时将打开"撤销工作表保护"对话框，在"密码"文本框中输入设置的保护密码

---

① 保护工作表的方法。

（本例使用密码为 123），如图 6-129 所示，再单击"确定"按钮即可。

图 6-128 工作表保护提示

图 6-129 "撤销工作表保护"对话框

知识点总结

本案例涉及以下知识点：

（1）在不同工作簿移动或复制工作表；

（2）文本连接符的使用；

（3）在单元格中快速输入相同数据；

（4）数值调节控件的使用；

（5）更改纸张方向；

（6）在单元格中显示公式；

（7）查找与替换；

（8）追踪引用单元格；

（9）设置打印区域；

（10）在工作表中移动单元格；

（11）在工作表中删除行、列；

（12）在工作簿中隐藏工作表；

（13）在工作簿中保护工作表。

（14） SUBTOTAL()、 OFFSET()、 ISERROR()、 TODAY()、 CEILING()、 COLUMN()和 ROW()等函数的使用。

在对上述知识点进行具体应用的时候，需要注意以下事项。

1．显示公式与单元格之间的关系

有时，当公式使用引用单元格[1]或从属单元格[2]时，检查公式的准确性或查找错误的根源会很困难。为了帮助检查公式，可以使用"追踪引用单元格"和"追踪从属单元格"命令，以图形方式显示或追踪这些单元格与包含追踪箭头的公式之间的关系。

值得注意的是，要使用该功能，必须在"Excel 选项"对话框"高级"类别的"此工作簿的显示选项"部分中，检查是否在"对于对象，显示"下选择了"全部"单选项，如图 6-130 所示。

图 6-130 "Excel 选项"对话框

还有，如果公式引用了其他工作簿中的

---

[1] 引用单元格是指被其他单元格中的公式引用的单元格。例如，如果单元格 D10 包含公式"=B5"，那么单元格 B5 就是单元格 D10 的引用单元格。

[2] 从属单元格中包含引用其他单元格的公式。例如，如果单元格 D10 包含公式"=B5"，那么单元格 D10 就是单元格 B5 的从属单元格。

单元格，还需要打开该工作簿，Excel 无法引用未打开的工作簿中的单元格。

使用追踪单元格功能后，蓝色箭头显示无错误的单元格，红色箭头显示导致错误的单元格。如果所选单元格被另一个工作表或工作簿上的单元格引用，则会显示一个从所选单元格指向工作表图标的黑色箭头。但是，必须首先打开该工作簿，Excel 才能追踪这些从属单元格。

2．隐藏工作表

在管理或分析工作表时，用户可以将含有重要数据的工作表或暂时不使用的工作表隐藏起来，以方便管理或编辑。隐藏的工作表中的数据是不可见的，但是仍然可以在其他工作表中引用这些数据。

值得注意的是，隐藏工作表时，至少要保留当前工作簿中有一张工作表可见；在取消工作表的隐藏时，每次只能取消一张工作表。

而且，如果工作表是由 VBA（Visual Basic for Applications）代码隐藏的，那么用户不能使用"取消隐藏"命令来显示它。如果用户使用的工作簿包含 VBA 宏，并且在处理隐藏的工作表时遇到了问题，请与工作簿的所有者联系以了解详细信息。

除了在工作簿中隐藏工作表，还可以在 Windows 任务栏上隐藏或显示工作簿窗口，其方法是：打开"Excel 选项"对话框，单击"高级"类别，在"显示"下，清除或选中"在任务栏中显示所有窗口"复选框，如图 6-131 所示。

图 6-131　隐藏或显示工作簿窗口

3．本案例所涉及的函数

（1）SUBTOTAL()函数

SUBTOTAL()函数用于返回列表或数据库中的分类汇总。通常，使用"数据"选项卡"大纲"组中的"分类汇总"命令更便于创建带有分类汇总的列表。一旦创建了分类汇总，就可以通过编辑 SUBTOTAL()函数对该列表进行修改。

SUBTOTAL()函数的语法如下：

SUBTOTAL(function_num, ref1, ref2, ...)

其中，function_num 是为 1～11（包含隐藏值）或 101～111（忽略隐藏值）之间的数字，指定使用何种函数在列表中进行分类汇总计算，如表 6-1 所示。

表 6-1　function_num 参数值所代表的函数

Function_num （包含隐藏值）	Function_num （忽略隐藏值）	函数
1	101	AVERAGE()
2	102	COUNT()
3	103	COUNTA()
4	104	MAX()
5	105	MIN()
6	106	PRODUCT()
7	107	STDEV()
8	108	STDEVP()
9	109	SUM()
10	110	VAR()
11	111	VARP()

ref1, ref2,…为要进行分类汇总计算的 1～254 个区域或引用。

如果在 ref1, ref2,… 中有其他的分类汇总（嵌套分类汇总），将忽略这些嵌套分类汇总，以避免重复计算。

当 function_num 为从 1～11 的常数时，SUBTOTAL()函数将包括通过"隐藏行"命令所隐藏的行中的值；当 function_num 为从 101～111 的常数时，SUBTOTAL()函数将忽略通过"隐藏行"命令所隐藏的行中的值。

值得注意的是，SUBTOTAL()函数将忽略任何不包括在筛选结果中的行，不论使用什么 function_num 值。SUBTOTAL()函数适用于数据列或垂直区域，不适用于数据行或水平区域，例如，当 function_num 大于或等于 101，需要分类汇总某个水平区域时，如

SUBTOTAL(109,B2:G2)，则隐藏某一列不影响分类汇总，但是隐藏分类汇总的垂直区域中的某一行就会对其产生影响。

还有，如果所指定的某一引用为三维引用，SUBTOTAL()函数将返回错误值"#VALUE!"。

（2）IS 函数

IS 函数是一类函数的统称，这类函数可检验指定值并根据参数取值返回逻辑值 TRUE 或 FALSE。例如，如果参数 value 引用的是空单元格，则 ISBLANK()函数返回逻辑值 TRUE，否则，将返回逻辑值 FALSE。IS 函数的语法如下：

ISBLANK(value)

ISERR(value)

ISERROR(value)

ISLOGICAL(value)

ISNA(value)

ISNONTEXT(value)

ISNUMBER(value)

ISREF(value)

ISTEXT(value)

IS 函数的参数 value 是必需的，是要检验的值，可以是空白（空单元格）、错误值、逻辑值、文本、数字、引用值，或者引用要检验的以上任意值的名称，如表 6-2 所示。

表 6-2　value 参数值的情况

函数	value 如果为以下内容，则返回 TRUE
ISBLANK()	值为空白单元格
ISERR()	值为任意错误值（除去"#N/A"）
ISERROR()	值为任意错误值（"#N/A"、"#VALUE!"、"#REF!"、"#DIV/0!"、"#NUM!"、"#NAME?"或"#NULL!"）
ISLOGICAL()	值为逻辑值
ISNA()	值为错误值"#N/A"（值不存在）
ISNONTEXT()	值为不是文本的任意项（请注意，此函数在值为空单元格时返回 TRUE）
ISNUMBER()	值为数字
ISREF()	值为引用
ISTEXT()	值为文本

在对某一值执行计算或执行其他操作之前，可以使用 IS 函数获取该值的相关信息。例如，通过将 ISERROR()函数与 IF()函数结合使用，可以在出现错误时执行其他操作，例如本案例中出现的公式：

=ROUND(G6/IF(ISERROR(VLOOKUP(DATE (C6,D6,1),基础数据!F:G,2,0)),基础数据!$B$2, VLOOKUP(DATE(C6,D6,1),基础数据!F:G,2,0))* H6,0)

此公式检验函数"VLOOKUP(DATE (C6,D6,1),基础数据!F:G,2,0)"返回的值是否存在错误情形。如果存在，则 IF()函数返回单元格引用"基础数据!$B$2"中的值；如果不存在，则 IF()函数返回"VLOOKUP(DATE (C6,D6,1),基础数据!F:G,2,0)"的值。

（3）OFFSET()函数

OFFSET()函数以指定的引用为参照系，通过给定偏移量得到新的引用。返回的引用可以为一个单元格或单元格区域，并可以指定返回的行数或列数。其语法如下：

OFFSET(reference,rows,cols,height,width)

其中，reference 作为偏移量参照系的引用区域。需要注意的是，reference 必须为对单元格或相连单元格区域的引用，否则，OFFSET()函数返回错误值"#VALUE!"。

rows 为相对于偏移量参照系的左上角单元格上（下）偏移的行数。如果使用 5 作为参数 rows，则说明目标引用区域的左上角单元格比 reference 低 5 行。行数可为正数（代表在起始引用的下方）或负数（代表在起始引用的上方）。

cols 为相对于偏移量参照系的左上角单元格左（右）偏移的列数。如果使用 5 作为参数 cols，则说明目标引用区域的左上角的单元格比 reference 靠右 5 列。列数可为正数（代表在起始引用的右边）或负数（代表在起始引用的左边）。

height 为高度，即所要返回的引用区域的行数，值得注意的是，height 必须为正数。

width 为宽度，即所要返回的引用区域的列数，width 也必须为正数。

注意： 如果行数和列数偏移量超出工作表边缘，OFFSET()函数返回错误值"#REF!"；如果省略 height 或 width，则假设其高度或宽度与 reference 相同。OFFSET()函数实际上并不移动任何单元格或更改选定区域，它只是返回一个引用。OFFSET()函数可用于任何需要将引用作为参数的函数，例如，公式 SUM(OFFSET(A1,1,2,3,1)) 将计算比单元格 A1 靠下 1 行并靠右 2 列的 3 行 1 列的区域的总值。

（4）TODAY()函数

TODAY()函数用于返回当前日期的序列号，该函数没有参数。

如果在输入函数前，单元格的格式为"常规"，则 Excel 会将单元格格式更改为"日期"。如果要查看序列号，则必须将单元格格式更改为"常规"或"数值"。

如果 TODAY()函数并未按预期更新日期，则可能需要更改控制工作簿或工作表重新计算时间的设置。

（5）CEILING()函数

CEILING()函数将参数 number 向上舍入（沿绝对值增大的方向）为最接近的 significance 的倍数。其语法如下：

CEILING(number,significance)

其中，number 为要舍入的数值；significance 为用以进行舍入计算的倍数。

注意： 如果参数为非数值型，CEILING()函数返回错误值"#VALUE!"；无论数字符号如何，都按远离 0 的方向向上舍入，如果数字已经为 Significance 的倍数，则不进行舍

入；如果 number 和 significance 符号不同，则 CEILING()函数返回错误值"#NUM!"。

例如，公式"=CEILING(0.345, 0.01)"返回值为 0.35；公式"=CEILING(1.2,2)"返回值为 2；公式"=CEILING(-2.8,-2)"返回值为-4。

（6）COLUMN()函数

COLUMN()函数用于返回指定单元格引用的列号。其语法如下：

COLUMN(reference)

参数 reference 为可选的，是要返回其列号的单元格或单元格区域。如果省略参数 reference 或该参数为一个单元格区域，并且 COLUMN()函数是以水平数组公式的形式输入的，则 COLUMN()函数将以水平数组的形式返回参数 reference 的列号。

如果参数 reference 为一个单元格区域，并且 COLUMN()函数不是以水平数组公式的形式输入的，则 COLUMN()函数将返回最左侧列的列号。

如果省略参数 reference，则假定该参数为对 COLUMN()函数所在单元格的引用。

要注意的是，参数 reference 不能引用多个区域。

例如，公式"=COLUMN(A10)"返回 1，因为列 A 为第 1 列。

（7）ROW()函数的使用

ROW()函数用于返回引用的行号，其语法如下：

ROW(reference)

其中，reference 为需要得到其行号的单元格或单元格区域，如果省略 reference，则假定是对 ROW()函数所在单元格的引用。

如果 reference 为一个单元格区域，并且 ROW()函数作为垂直数组输入，则 ROW()函数将以垂直数组的形式返回 reference 的行号。

另外，Reference 不能引用多个区域。

例如本案例在自动生成工资条时，使用了如下公式：

=IF(MOD(ROW(),3)=0,"",IF(MOD(ROW(),3)=1,工资条数据!A$1,INDEX(工资条数据!$A:A,(ROW()+4)/3,COLUMN()))))

该公式按这样一种思路编制：

每个工资条包括 3 行，第 1 行为工资项目标识，第 2 行为具体数据，第 3 行为空行。这样，可以利用 MOD()函数来判断，利用 ROW() 求得当前行数，再执行 MOD(ROW(),3)。

● 如果其值为 0，即能被 3 整除，则为空行。

● 如果其值为 1，则为第 1 行，即工资单字段行，返回"工资条数据!A$1"单元格的值。采用混合引用可以保证公式横向填充时，其行数不变，列数作对应变化；在纵向填充时，行数和列数都不会发生变化。

● 当 MOD(ROW(),3)的值为 0 和 1 时，其引用是不变的，只有当 MOD(ROW(),3)的值为 2 时，情况才比较复杂，因为根据行数不同，其引用的值要发生变化，这样才能打出每位员工的工资条。通过观察，发现工资条第 2 行对应于"工资条数据"工作表的第 2 行，工资条第 5 行对应于"工资条数据"工作表第 3 行，工资条第 8 行对应于"工资条数据"工作表第 4 行，因此可以通过以下公式来得到引用行号：

(ROW()+4)/3

再利用 COLUMN()得到引用列号，最后用以下公式引用"工资条数据"工作表对应的员工工资数据：

INDEX(工资条数据!$A:A,(ROW()+4)/3,COLUMN())

拓展训练

为了对 Excel 2007 和以往的旧版本在操作上进行比较，下面专门在 Excel 2003 中利用销售数据生成一个销售报表，以此来了解不同版本在操作上的差别，从而进一步加深对 Excel 2007 易用性的体验。其打印预览效果如图 6-132 所示。

关键操作步骤如下：

（1）建立客户表，命名名称。选中要命名的名称区域，选择"插入"菜单中"名称"下的"定义"命令，如图 6-133 所示。

（2）打开"定义名称"对话框，输入名称，确定引用位置，如图 6-134 所示。

（3）设置数据有效性。切换到"销售报表"工作表，选中要引用名称作为列表的单元格，选择"数据"菜单下的"有效性"命令，如图 6-135 所示。打开"数据有效性"对话框，设置其数据有效性为"序列"，来源为"=客户名称"。

（4）建立销售报表的各项表头字段，如图 6-136 所示。

（5）切换到"销售数据"工作表，在 A 列建立辅助列，选中 A2 单元格，输入公式"=D2&E2"，然后填充该公式到该列其他单元格中。

（6）输入计算数量和销售金额的公式，再填充该公式到该列其他单元格中，如图 6-137 所示，再计算合计项。

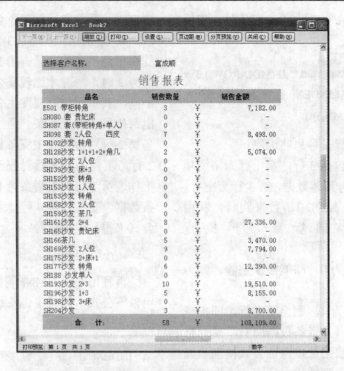

图 6-132 销售报表打印效果

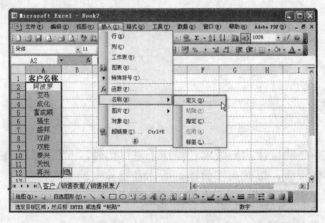

图 6-133 选择"定义"命令

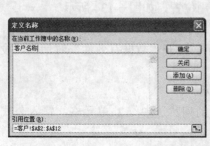

图 6-134 "定义名称"对话框

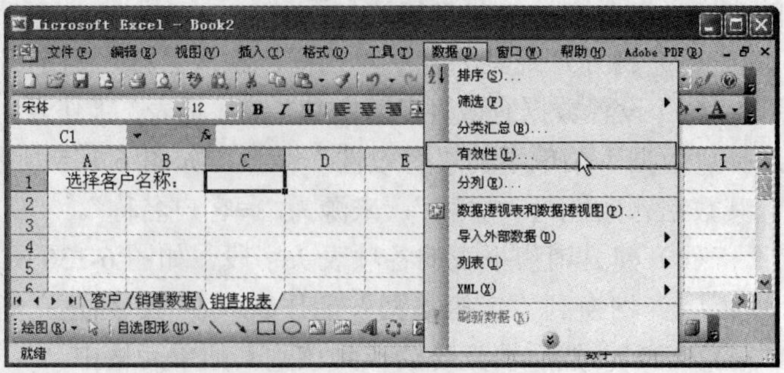

图 6-135 选择"有效性"命令

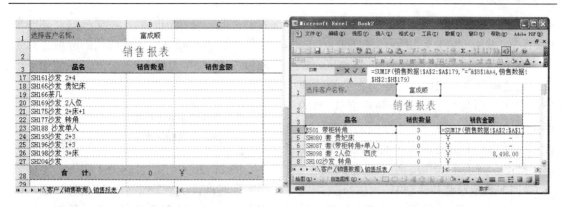

图 6-136　建立销售报表标识　　　　　　　图 6-137　输入并填充公式

（7）切换到"销售数据"工作表，隐藏辅助列。切换到"客户"工作表，选择"格式"菜单中"工作表"项下的"隐藏"命令隐藏工作表，如图 6-138 所示。

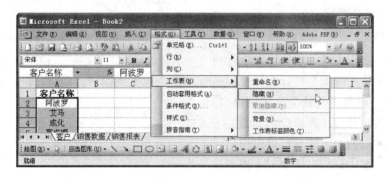

图 6-138　隐藏工作表

（8）打印销售报表。选中销售报表的数据区域，选择"文件"菜单中的"打印区域"下的"设置打印区域"命令，将选中区域设置为打印区域，执行打印命令即可

职业快餐

辞退福利的处理原则

　　财政部发布的新企业会计准则规范了企业职工薪酬的会计处理和相关信息的披露，明确界定了职工薪酬的具体范围，包括因解除与职工的劳动关系而给予的补偿，这就是"辞退福利"。

　　辞退福利通常采取解除劳动关系时一次性支付补偿的方式，也有通过提高退休后养老金或其他离职后福利标准的方式，或者将职工薪酬的工资部分支付到辞退后未来某一期间。

　　作为一个会计工作者，必须了解新企业会计准则下辞退福利的计量，严格按照辞退计划条款的规定，合理预计并确认辞退福利产生的负债。

　　辞退福利通常采取一次性补偿、提高养老金或延迟工资支付期三种方式。在会计实务中，通常采用一次性补偿的方式。但在我的职业生涯中，曾遇到过几例辞退福利的处理工作。其中，还有一例涉及到延迟支付期的方式。

例1：就在刚刚过去的 2008 年年底，为了应对金融危机带来的经营压力，公司管理层制定了一项裁员计划，计划规定从 2009 年 1 月 1 日起辞退部分加工车间的职工。该计划已经与职工工会达成一致，且经董事会正式批准，将于下一年度内实施完毕。

（1）假定该裁员计划中，职工没有任何选择权，则应根据计划规定直接在计划制定时计提应付职工薪酬。经过计算，计划裁掉 100 人，预计补偿总额为 700 万元。应做如下处理：

借：管理费用 7 000 000
　　贷：应付职工薪酬——辞退福利 7 000 000

（2）假定在该计划中，职工可以进行自愿选择，这时，最关键的是预计拟接受辞退的职工的数量。按照《企业会计准则第 13 号——或有事项》有关计算最佳估计数的方法，预计接受辞退的职工数量可以根据最可能发生的数量确定，也可以按照发生概率计算确定。

①假定企业预计各级别职工拟接受辞退的预计补偿总额为 300 万元。应做如下处理：

借：管理费用 3 000 000
　　贷：应付职工薪酬——辞退福利 3 000 000

②以加工车间工龄 10 年以上的高级工

为例，假定该级别的职工接受辞退计划的最佳估计数为 2.45 人，则应确认的辞退福利金额为 2.45×20 万元＝49 万元。应做如下处理：

借：管理费用 490 000
　　贷：应付职工薪酬——辞退福利 490 000

例2：2000 年，公司为了在下一年度顺利实现转产，也曾制定了一项裁员计划，但该项计划职工没有选择权。裁员计划已经与职工工会达成一致，且经董事会正式批准，实质性裁员工作将于下一年度内实施完毕。但根据协议，补偿款项 240 万元全部在计划实施 2 年后支付。

（1）假定适当的折现率为 7%，经计算，补偿款项 240 万元折现后的金额为 2 096 253 元。当企业实施裁员计划时，进行如下处理：

借：管理费用 2 096 253
　　未确认融资费用 303 747
　　贷：应付职工薪酬——辞退福利 2 400 000

（2）两年后实际支付辞退款项时，进行如下处理：

借：应付职工薪酬——辞退福利 2 400 000
　　贷：银行存款 2 400 000
借：财务费用 303 747
贷：未确认融资费用 303 747

案例 7

财务管理应用

源文件：\Excel 2007 实例\财务管理.xlsm

情景再现

"余经理早。"在等电梯的时候，我碰上了我的顶头上司余经理——50 来岁，是我们部门资历最老的会计。

以前也经常碰到余经理，不过她对我等普通职员总是不假辞色，平淡若水，打招呼也只就是点点头。

出人意料的是，这次余经理显然不同往常，居然对我笑了笑，说："小曹，你不错，打卡后来我办公室一趟。"

电梯来了，将余经理让进电梯后，她又和我寒暄了几句，慈眉善目，着实令我有些受宠若惊。

打了考勤卡之后，我直接到了余经理办公室。余经理指着椅子，让我坐下，说："小曹，你做的那个薪资管理的表格我看了，十分有用，小林在我面前也经常夸奖你。"

原来如此，怪不得余经理今天态度转变这么多。

"没什么，只要有用就可以。"我谦虚地说。

"是这样的，平时我们部门都是手工做账，一直也没上什么财务系统，你知道，那些软件都挺贵的，咱们公司还没那么财大气粗。所以希望你用 Excel 做个简单的财务处理系统。"余经理说出了这次谈话的主旨。

"这个任务有点重，我怕做不来。"这倒不是谦虚，我觉得自己确实没什么把握。

"其实也没什么，就是做个记账凭证，在凭证中录入数据后能自动把数据保存到一起，以方便生成科目汇总表和总账。"余经理说。

"那我尽量试试吧，争取把它做好，到时还请你多给些意见。"我说。

任务分析

使用 Excel 2007 建立一个名为"财务管理"的工作簿，要求如下：

● 建立科目设置表，设置总账科目、明细科目的科目代码；

● 设计记账凭证，要求在凭证中录入数据后自动将记账凭证中的数据以表的形式保存到其他工作表，能自动清除记账凭证中的数据。

● 通过记账凭证的数据自动生成科目汇总表。

● 通过科目汇总表生成总分类账。

流程设计

完成该任务的基本流程如下：

首先设计会计科目和记账凭证工作表，然后录入凭证，再生成科目汇总表，最后通过科目汇总生成总分类账，即可完成任务。

任务实现

设计会计科目

会计科目是编制会计报表的基础，是记账和算账的重要工具。通常会计科目分为一级科目、二级科目和明细科目。

一级科目按资产、负债、所有者权益、收入、费用以及利润等类别分别进行设置，它是设置总分类账的依据，因此也可称之为总账科目；二级科目比总账科目详细，比明细科目概括，介于二者之间；明细科目是对某一分类科目进行详细分类的会计科目。

为了便于登记账簿、查阅科目，我们对于每个会计科目，除了以文字名称命名外，还需要为其编制一个数字代码，如 1001 表示现金，1002 表示银行存款等。

设计会计科目的操作步骤如下：

（1）新建一个名为"财务管理"的工作簿，将 Sheet 1 工作表重命名为"科目设置"，然后输入如图 7-1 所示的内容。

图 7-1　输入表题和表头数据

（2）在"科目代码"和"总账科目"列输入科目代码和对应的总账科目，如图 7-2 所示。

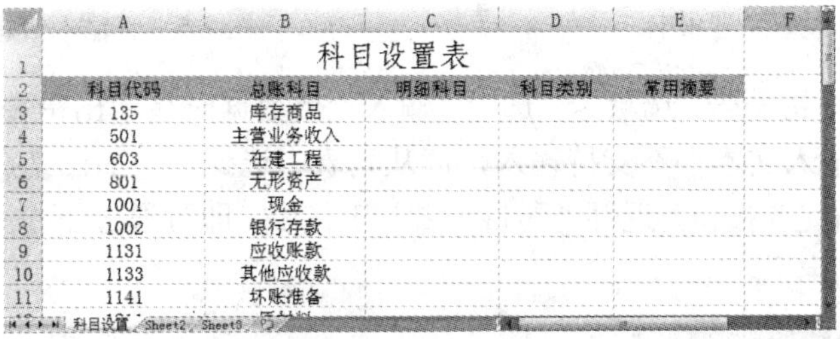

图 7-2　输入科目代码和总账科目

（3）插入明细科目[①]。明细科目代码就是在其所属总账科目代码后面添加的 01、02、03 等。例如银行存款总账科目有 2 个明细科目，分别是建行和农行，则可分别用 100201 和 100202 表示。选中第 9 行和第 10 行，然后单击鼠标右键，从弹出的快捷菜单中选择"插入"命令。

（4）此时将在第 9 行和第 10 行上方插入 2 个空白行，输入明细科目的代码和对应的科目，如图 7-3 所示。

---

① 快速插入多行。

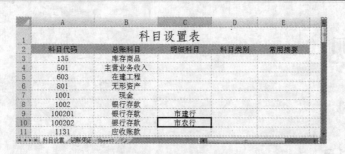

图 7-3　建立明细科目

（5）按相同的操作方法，建立其他明细科目及其代码。

（6）输入科目类别。科目类别有借、贷两种，因此可以通过列表输入。选中"科目类别"字段下的单元格区域，单击"数据"选项卡"数据工具"组中的"数据有效性"下拉按钮，从下拉菜单中选择"数据有效性"命令。

（7）此时将打开"数据有效性"对话框，在"设置"选项卡中设置"允许"为"序列"，在"来源"文本框中输入"借,贷"，如图 7-4 所示。

（8）切换到"输入信息"选项卡，选中"选定单元格时显示输入信息"复选框，在"标题"文本框中输入"提示："，在"输入信息"文本框中输入"请从列表中选择正确的类别！"，如图 7-5 所示。

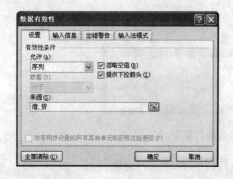

图 7-4　"设置"选项卡

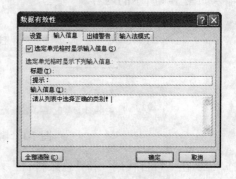

图 7-5　"输入信息"选项卡

（9）切换到"出错警告"选项卡，选中"输入无效数据时显示出错警告"复选框，在"错误信息"文本框中输入文本"不支持输入，请从列表中选择！"，如图 7-6 所示。

（10）单击"确定"按钮，返回"科目设置"工作表，即可通过下拉列表的方式输入"科目类别"，如图 7-7 所示。

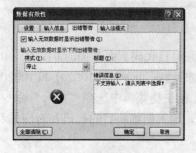

图 7-6　"出错警告"选项卡

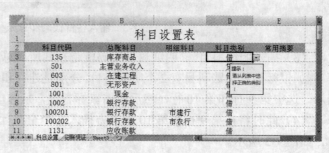

图 7-7　输入"科目类别"

（11）输入“常用摘要”，该列数据用于填写记账凭证时使用，完成的科目设置表如图 7-8 所示。

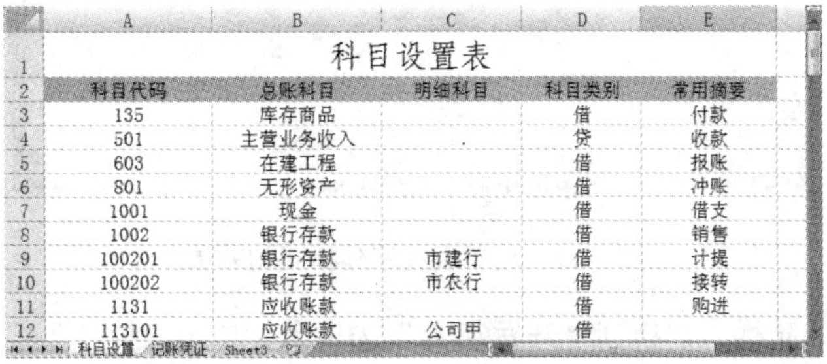

科目设置表				
科目代码	总账科目	明细科目	科目类别	常用摘要
135	库存商品		借	付款
501	主营业务收入		贷	收款
603	在建工程		借	报账
801	无形资产		借	冲账
1001	现金		借	借支
1002	银行存款		借	销售
100201	银行存款	市建行	借	计提
100202	银行存款	市农行	借	接转
1131	应收账款		借	购进
113101	应收账款	公司甲	借	

图 7-8　完成科目设置表

（12）选中第 3 行，再切换到“视图”选项卡，单击“窗口”组中的“冻结窗格”按钮，从下拉菜单中选择“冻结拆分窗格”命令。

（13）此时，工作表的前两行被冻结，拖动滚动条，工作表的前两行一直显示在工作表窗口中，如图 7-9 所示。

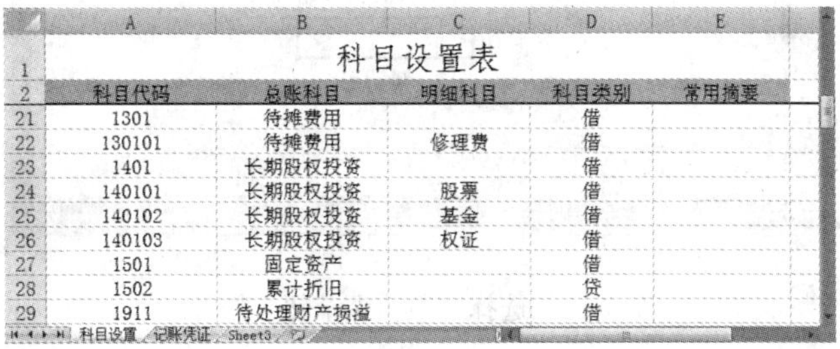

科目设置表				
科目代码	总账科目	明细科目	科目类别	常用摘要
1301	待摊费用		借	
130101	待摊费用	修理费	借	
1401	长期股权投资		借	
140101	长期股权投资	股票	借	
140102	长期股权投资	基金	借	
140103	长期股权投资	权证	借	
1501	固定资产		借	
1502	累计折旧		贷	
1911	待处理财产损溢		借	

图 7-9　冻结窗格

制作记账凭证

记账凭证也称传票，是一种以审查合格的原始凭证（如发票）为依据，按登记账簿的要求归类整理，由会计人员编制的作为记账直接依据的凭证。制作记账凭证的操作步骤如下：

（1）切换到 Sheet 2 工作表，将其重命名为“记账凭证”，在工作表中输入如图 7-10 所示的内容。

记账凭证

单位：　日期：　凭证号：

摘要	科目代码	总账科目	明细科目	借方金额	贷方金额	
						附件
						张

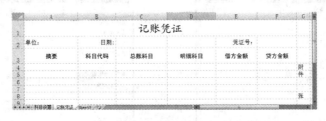

图 7-10　输入表格内容

（2）双击 A1 单元格，选中“记账凭证”文本，在“开始”选项卡中单击“字体”组中的“下划线”下拉按钮，选择“双下划线”命令[①]。

① 为单元格的文本设置下划线。

（3）再设置其字体颜色为红色，完成效果如图 7-11 所示。

图 7-11 设置表题字体格式的效果

（4）选中 C2 单元格，切换到"开发工具"选项卡，单击"控件"组中的"插入"按钮，在下拉列表中选择"数值调节钮"控件，如图 7-12 所示。

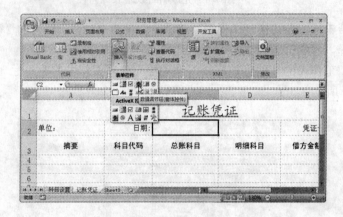

图 7-12 选择"数值调节钮"控件

（5）拖动鼠标在 C2 单元格中绘制"数值调节钮"控件，然后右键单击该控件，从弹出的快捷菜单中选择"设置控件格式"命令。

（6）此时将打开"设置控件格式"对话框，切换到"属性"选项卡，清除"打印对象"复选框的选中状态，再切换到"控制"选项卡，其设置如图 7-13 所示。

（7）按相同方法，在 D2 单元格中插入"数值调节钮"控件以调节其月份，控件格式设置如图 7-14 所示。

图 7-13 设置调节年份的控件

图 7-14 设置调节月份的控件

（8）在 F2 单元格中插入"数值调节钮"控件以调节凭证张数，控件格式设置如图 7-15 所示。

图 7-15　设置调节凭证张数的控件

（9）再设置 C2 单元格的对齐方式为"居中"，将其数字格式自定义为"# "年""；设置 D2 单元格的对齐方式为"左对齐"，其数字格式自定义为"# "月""；设置 F2 单元格的对齐方式为"左对齐"，完成效果如图 7-16 所示。

图 7-16　自定义数字格式和对齐方式

（10）设置记账凭证的边框。选中 A3:F12 单元格区域，单击"开始"选项卡"字体"组中的"表格"下拉按钮，从下拉菜单中选择"其他边框"命令。

（11）打开"设置单元格格式"对话框，切换到"边框"选项卡，选择线条样式为双实线，再单击"外边框"按钮，为选定区域添加外边框，如图 7-17 所示。

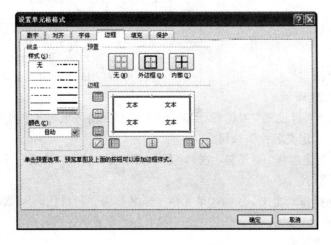

图 7-17　添加外边框

（12）添加内部框线。选择线条样式为虚线，线条颜色为红色，单击"内部"按钮，为选定区域添加内框线，如图 7-18 所示。

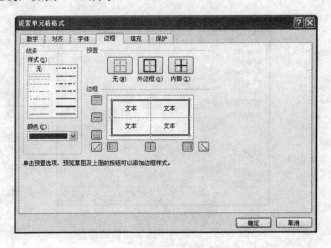

图 7-18　添加内部框线

（13）单击"确定"按钮，返回工作表，再选中 E3:F12 单元格区域。

（14）打开"设置单元格格式"对话框，切换到"边框"选项卡，选择线条样式为双实线，再单击预览框中的左边线，更改其框线，如图 7-19 所示。

（15）再选择线条样式为实线，单击预览框中的下边线，更改其框线，如图 7-20 所示。

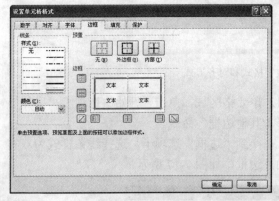

图 7-19　更改左侧框线

图 7-20　更改下部框线

（16）单击"确定"按钮，返回工作表，再合并 A12:D12 单元格区域，输入"合计"，其完成效果如图 7-21 所示。

（17）切换到"科目设置"工作表，选中 E3:E11 单元格区域，再单击"公式"选项卡"定义的名称"组中的"定义名称"按钮。

（18）打开"新建名称"对话框，在"名称"文本框中输入"摘要"，设置"范围"为"工作簿"，如图 7-22 所示。

（19）按相同操作，定义 A3:A68 单元格区域名称为"科目代码"，如图 7-23 所示。

（20）切换到"记账凭证"工作表，选中 A4:A11 单元格区域，单击"数据"选项卡"数据工具"组中的"数据有效性"按钮。

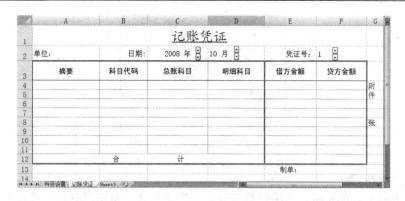

图 7-21　完成效果

图 7-22　定义"摘要"名称

图 7-23　定义"科目代码"名称

（21）打开"数据有效性"对话框，在"设置"选项卡中设置"允许"为"序列"，在"来源"文本框中输入"=摘要"，如图 7-24 所示。

（22）切换到"出错警告"选项卡，取消对"输入无效数据时显示出错警告"复选框的选择①，如图 7-25 所示，单击"确定"按钮。

图 7-24　"设置"选项卡

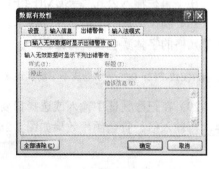

图 7-25　"出错警告"选项卡

（23）选中 B4:B11 单元格区域，打开"数据有效性"对话框，在"设置"选项卡中设置"允许"为"序列"，在"来源"文本框中输入"=科目代码"，如图 7-26 所示，单击"确定"按钮。

（24）通过 B 列的科目代码，自动引用总账科目。选中 C4 单元格，在编辑栏输入以下公式，按回车键后，再拖动填充手柄复制公式直到 C11 单元格。

=IF(B4="","",VLOOKUP(B4,科目设置!$A$3:$C$68,2,TRUE))

---

① 注意，清除该复选框后，A4：A11 单元格区域除了可以通过下拉列表输入数据，也可手动输入数据。

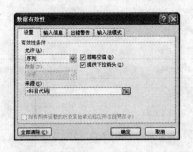

图 7-26 "数据有效性"对话框

（25）选中 C4 单元格，在编辑栏拖动鼠标选中公式，单击"开始"选项卡"剪贴板"组中的"复制"按钮[①]。

（26）选中 D4 单元格，定位到编辑栏，按 Ctrl＋V 组合键，粘贴公式，然后再稍作更改，如图 7-27 所示。更改后的公式如下，再拖动填充手柄复制公式直到 D11 单元格。

=IF(B4=0,"",VLOOKUP(B4,科目设置!$A$3:$C$68,3,TRUE))

图 7-27 输入自动引用明细科目的公式

（27）计算合计。选中 E12 单元格，在编辑栏输入公式"=SUM(E4:E11)"，选中 F12 单元格，在编辑栏输入公式"=SUM(F4:F11)"。

（28）制作借贷不平衡显示的警示。选择 A13 单元格，在编辑栏中输入以下公式，并将 A13 单元格的字体颜色设置为红色。

=IF((E12-F12)=0,"","***借贷不平衡，请重新输入！！！ ***")

（29）在记账凭证中输入或选择摘要；选择科目代码时，总账科目和明细科目出现对应内容，再输入借、贷金额，效果如图 7-28 所示。

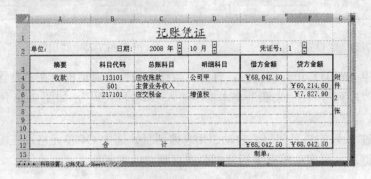

图 7-28 填写记账凭证

---

① 手动复制公式的方法。

（30）如果录入的借贷金额不平衡，则在 A13 单元格会显示红色提示，如图 7-29 所示。

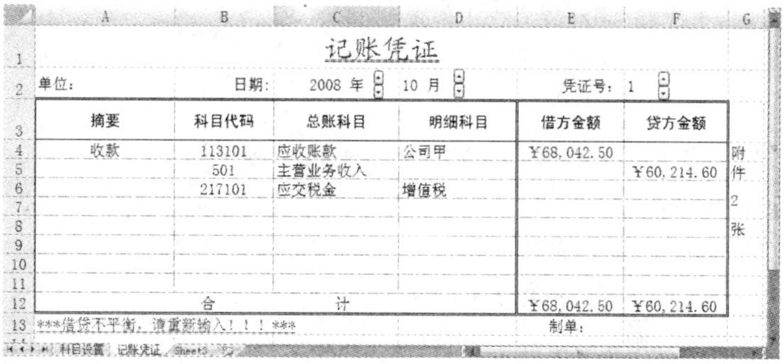

图 7-29　借贷不平衡的警告

录入凭证

按下来要实现的是在"记账凭证"工作表中输入凭证记录，使记录以表格的方式自动保存到其他工作表中，其操作步骤如下：

（1）切换到 Sheet 3 工作表，将其重命名为"凭证录入"，在工作表中按记账凭证中的各项建立表头，如图 7-30 所示。

图 7-30　建立表头

（2）切换到"记账凭证"工作表，单击"开发工具"选项卡"控件"组中的"插入"按钮，在下拉列表中选择"按钮（窗体控件）"，如图 7-31 所示。

（3）拖动鼠标，在记账凭证下方绘制命令按钮，此时将打开"指定宏"对话框，在"宏名"文本框中更改宏名为"保存_Click"，选择"位置"为"当前工作簿"，如图 7-32 所示。

（4）单击"新建"按钮，打开 Microsoft Visual Basic 窗口，在代码窗口中录入以下代码：

图 7-31　选择"按钮（窗体控件）"

图 7-32　"指定宏"对话框

```
Sub 保存_Click()
' 定义工作表变量 w1 代表"凭证录入"工作表
Dim w1 As Worksheet
Set w1 = Worksheets("凭证录入")
' 定义长整形变量 N 和 R，N 用于计数，R 用于表示当前行数
Dim N As Long, R As Long
' 将 R 赋值为"凭证录入"工作表新的一行
R = w1.Range("A65536").End(xlUp).Row + 1
' 如果 R 达到 60000 行，则显示提示框并退出过程
If R >= 60000 Then
    MsgBox "数据已满，不能再录入！"
    Exit Sub
End If
' 将"记账凭证"工作表相关数据复制到"凭证录入"工作表对应单元格
For N = 4 To 11
    If Range("B" & N) = "" Then Exit For
    w1.Range("A" & R + N - 4) = [C2]
    w1.Range("B" & R + N - 4) = [D2]
    w1.Range("C" & R + N - 4) = [F2]
    w1.Range("D" & R + N - 4) = Range("A" & N)
    w1.Range("E" & R + N - 4) = Range("B" & N)
    w1.Range("F" & R + N - 4) = Range("C" & N)
    w1.Range("G" & R + N - 4) = Range("D" & N)
    w1.Range("H" & R + N - 4) = Range("E" & N)
    w1.Range("I" & R + N - 4) = Range("F" & N)
Next
End Sub
```

（5）关闭 Microsoft Visual Basic 窗口，返回"记账凭证"工作表，将按钮控件上显示的名称改为"保存"，并调整控件大小，如图 7-33 所示。

图 7-33　更改控件显示名称及大小

（6）在记账凭证中输入数据，单击"保存"按钮，切换到"凭证录入"工作表，而且可以看到，已自动将"记账凭证"工作表的数据保存到"凭证录入"工作表对应的单元格中，如图 7-34 所示。

	A	B	C	D	E	F	G	H	I	J
1	年	月	凭证号	摘要	科目代码	总账科目	明细科目	借方金额	贷方金额	
2	2008	10	1	收款	130101	待摊费用	修理费	68042.5		
3	2008	10	1		501	主营业务收入		0	60214.6	
4	2008	10	1		217101	应交税金	增值税		7827.9	
5										
6										
7										
8										

科目设置 / 记账凭证 / 凭证录入 /

图 7-34　自动保存数据

（7）选中 A～I 列，将其对齐方式设置为"居中"，选中 H 列和 I 列，设置其数字格式为"货币"，完成效果如图 7-35 所示。然后再设置工作表不显示零值（具体方法参看案例 6）。

	A	B	C	D	E	F	G	H	I	J
1	年	月	凭证号	摘要	科目代码	总账科目	明细科目	借方金额	贷方金额	
2	2008	10	1	收款	130101	待摊费用	修理费	￥68,042.50		
3	2008	10	1		501	主营业务收入	0		￥60,214.60	
4	2008	10	1		217101	应交税金	增值税		￥7,827.90	
5										
6										
7										

科目设置 / 记账凭证 / 凭证录入 /

图 7-35　设置"凭证录入"工作表格式

（8）按相同的方法，在"保存"按钮右侧绘制插入一个按钮控件，在"指定宏"对话框中更改宏名为"清除_Click"，设置其位置为"当前工作簿"，如图 7-36 所示。

（9）单击"录制"按钮，打开"录制新宏"对话框①，在"说明"文本框中输入对该宏的描述，如图 7-37 所示。

图 7-36　"指定宏"对话框

图 7-37　"录制新宏"对话框

（10）单击"确定"按钮，此时"开发工具"选项卡"代码"组中的"录制宏"按钮变为"停止录制"按钮，表示目前正处于录制状态，即这时在工作表中的操作将被录制下来。选中 A4:A11 单元格区域，单击鼠标右键，从快捷菜单中选择"清除内容"命令②，如图 7-38 所示。

（11）按相同方法，清除 B4:B11 单元格区域的内容。

（12）再清除 E4:F11 单元格区域的内容。

---

① 在工作表中录制宏。

② 在工作表中清除内容。

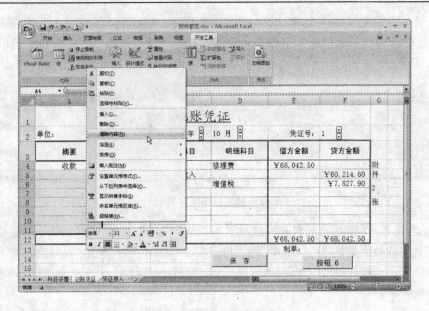

图 7-38　清除摘要内容

（13）选中 G6 单元格，清除其内容，至此，该宏所执行的操作已经录制完毕，单击"停止录制"按钮，完成宏的录制。

（14）将按钮显示名称更改为"清除"，再选中"保存"和"清除"按钮控件，单击"页面布局"选项卡"排列"组中的"对齐"按钮，在下拉菜单中选择"底端对齐"命令对齐控件，如图 7-39 所示。

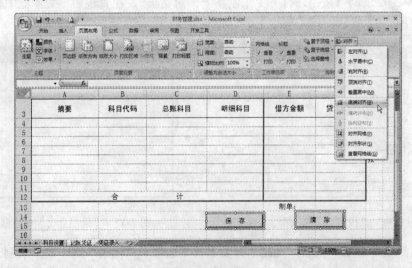

图 7-39　对齐控件

（15）单击快速工具栏上的"保存"按钮，此时将弹出一个无法保存的提示框，如图 7-40 所示。

（16）单击"否"按钮，打开"另存为"对话框，选择"保存类型"为"Excel 启用宏的工作簿（*.xlsm）"，如图 7-41 所示。

（17）单击"保存"按钮进行保存，并关闭该工作簿。打开该工作簿所保存的文件夹，可见启用宏的工作簿（*.xlsm）文件图标上出现一个黄色感叹号以示区别，如图 7-42 所示。

图 7-40 无法保存提示框

图 7-41 "另存为"对话框

图 7-42 启用宏的工作簿(*.xlsm)文件图标

(18)双击"财务管理.xlsm"工作簿,重新打开该工作簿,工作簿窗口功能区下方将显示安全警告,提示宏已被禁用,如图 7-43 所示。

(19)单击"选项"按钮,打开"Microsoft Office 安全选项"对话框,选择"启用此内容"单选项,如图 7-44 所示,再单击"确定"按钮关闭对话框,此时安全警告将被关闭。

(20)这样,就能够通过"记账凭证"工作表输入凭证,利用"保存"按钮将数据保存在"凭证录入"工作表,如图 7-45 所示。

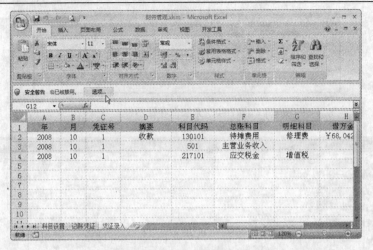

图 7-43　显示安全警告

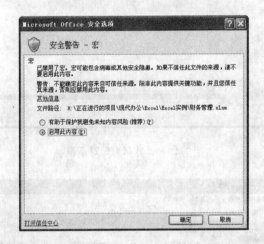

图 7-44　"Microsoft Office 安全选项"对话框

图 7-45　录入记账凭证

（21）编制借贷平衡公式。在 J1 单元格输入"借贷平衡"，选择 J2 单元格，在编辑栏输入以下公式，如图 7-46 所示，再将该单元格字体颜色设置为红色。这样，当借贷平衡时，该单元格显示为空，当借贷不平衡时，该单元格以红色字体显示警告"***借贷不平衡，请检查!!! ***"。

=IF((SUM(H2:H10000)-SUM(I2:I10000))<>0,"","***借贷不平衡，请检查!!! ***")

图 7-46　编制借贷平衡公式

生成科目汇总表

科目汇总表是一种典型的汇总型记账凭证，它根据一次性凭证定期整理、汇总各类账户的发生额，并以此登记总账的依据。科目汇总表可以根据一次性凭证生成，其操作步骤如下：

（1）打开"财务管理"工作簿，新建一个名为"科目汇总表"的工作表，在工作表中输入如图 7-47 所示的内容。

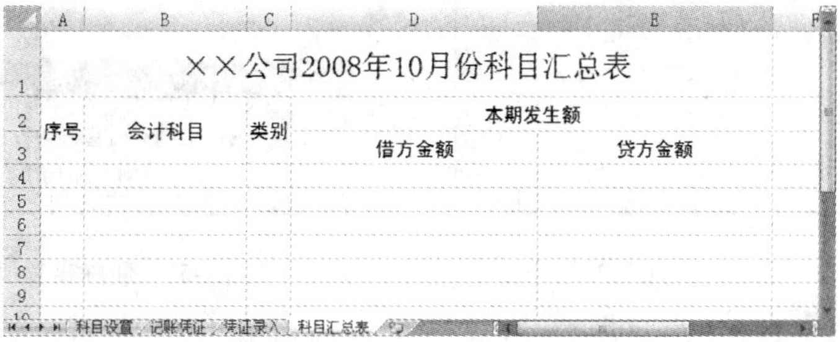

图 7-47　输入表格内容

（2）从"科目设置"工作表中复制"会计科目"列和"科目类别"列的数据到"科目汇总表"工作表对应的列标识下，如图 7-48 所示。

图 7-48　复制数据

（3）在"科目汇总表"工作表中选中"会计科目"列和"类别"列的数据区域，切换到"数据"选项卡，单击"数据工具"组中的"删除重复项"按钮[①]，如图 7-49 所示。

（4）此时将打开"删除重复项"对话框，选中"列 B"复选框，如图 7-50 所示。

---

① 删除工作表中的重复记录。

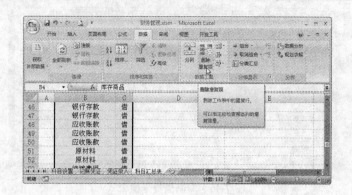

图 7-49　单击"删除重复项"按钮

（5）单击"确定"按钮，系统将弹出一个提示框，提示已将所选列的重复值删除，如图 7-51 所示，单击"确定"按钮即可。

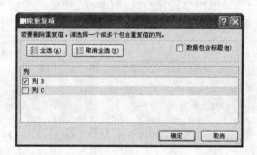

图 7-50　"删除重复项"对话框　　　　　图 7-51　删除重复值提示框

（6）选中 D4 单元格，在编辑栏输入以下公式计算"库存商品"科目借方金额的合计值，如图 7-52 所示，并按回车键确认公式输入。

=SUMIF(凭证录入!$F$2:$F$286,科目汇总表!B4,凭证录入!$H$2:$H$286)

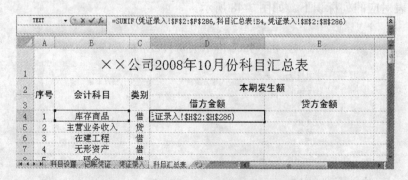

图 7-52　计算"库存商品"科目借方金额的合计值

（7）同样，选中 E4 单元格，在编辑栏输入以下公式计算"库存商品"科目贷方金额的合计值，并按回车键确认公式输入。

=SUMIF(凭证录入!$F$2:$F$286,科目汇总表!B4,凭证录入!$I$2:$I$286)

（8）拖动填充手柄，分别向下复制 D4 和 E4 单元格的公式直到 D45 和 E45 单元格。合并 A46:C46 单元格区域，输入“合计”，在 D46 单元格中输入求和公式“=SUM(D4:D45)”，在 E46 单元格中输入求和公式“=SUM(E4:E45)”，如图 7-53 所示。

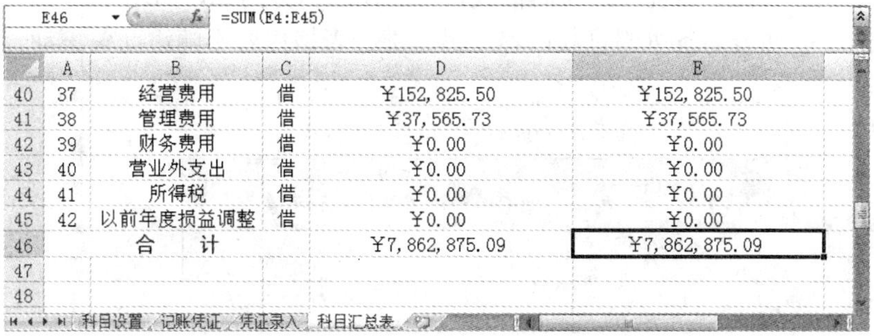
E46 =SUM(E4:E45)

	A	B	C	D	E
40	37	经营费用	借	¥152,825.50	¥152,825.50
41	38	管理费用	借	¥37,565.73	¥37,565.73
42	39	财务费用	借	¥0.00	¥0.00
43	40	营业外支出	借	¥0.00	¥0.00
44	41	所得税	借	¥0.00	¥0.00
45	42	以前年度损益调整	借	¥0.00	¥0.00
46		合　计		¥7,862,875.09	¥7,862,875.09
47					
48					

图 7-53　对借方金额和贷方金额求和

（9）为科目汇总表添加边框进行美化，完成效果如图 7-54 所示。

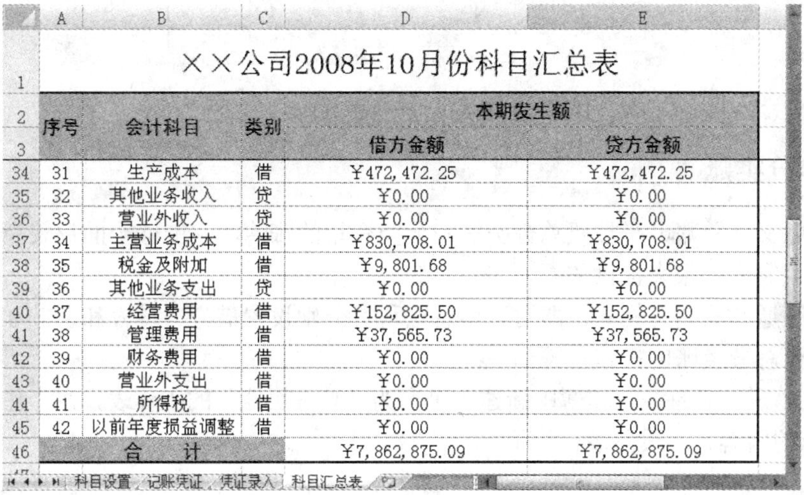
××公司2008年10月份科目汇总表

序号	会计科目	类别	本期发生额	
			借方金额	贷方金额
31	生产成本	借	¥472,472.25	¥472,472.25
32	其他业务收入	贷	¥0.00	¥0.00
33	营业外收入	贷	¥0.00	¥0.00
34	主营业务成本	借	¥830,708.01	¥830,708.01
35	税金及附加	借	¥9,801.68	¥9,801.68
36	其他业务支出	贷	¥0.00	¥0.00
37	经营费用	借	¥152,825.50	¥152,825.50
38	管理费用	借	¥37,565.73	¥37,565.73
39	财务费用	借	¥0.00	¥0.00
40	营业外支出	借	¥0.00	¥0.00
41	所得税	借	¥0.00	¥0.00
42	以前年度损益调整	借	¥0.00	¥0.00
合　计			¥7,862,875.09	¥7,862,875.09

图 7-54　添加边框

（10）选中 A1:E46 单元格区域（即选中 10 月份的科目汇总表），按 Ctrl＋C 组合键复制该区域，然后选择 A48 单元格，按 Ctrl＋V 组合键进行粘贴，调整行高，并更改相关公式和表格标题，建立 11 月份的科目汇总表，如图 7-55 所示。

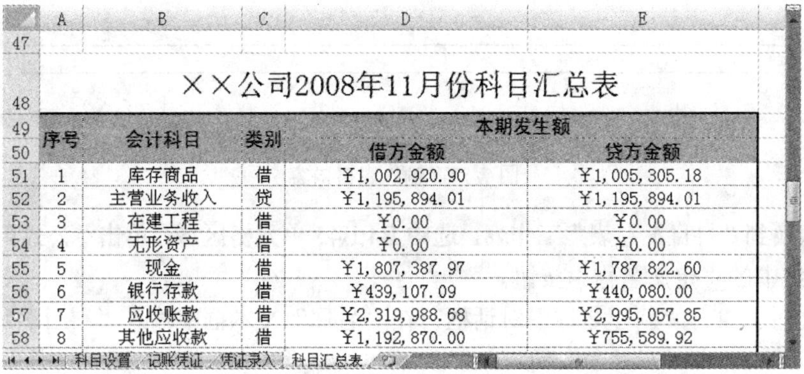
××公司2008年11月份科目汇总表

序号	会计科目	类别	本期发生额	
			借方金额	贷方金额
1	库存商品	借	¥1,002,920.90	¥1,005,305.18
2	主营业务收入	贷	¥1,195,894.01	¥1,195,894.01
3	在建工程	借	¥0.00	¥0.00
4	无形资产	借	¥0.00	¥0.00
5	现金	借	¥1,807,387.97	¥1,787,822.60
6	银行存款	借	¥439,107.09	¥440,080.00
7	应收账款	借	¥2,319,988.68	¥2,995,057.85
8	其他应收款	借	¥1,192,870.00	¥755,589.92

图 7-55　通过复制建立 11 月份的科目汇总表

（11）拆分表格以便同时浏览多个表格内容①。选中第 48 行，单击“视图”选项卡“窗口”组中的“拆分”按钮。

（12）此时工作表中出现一条横向框线，将工作表一分为二，如图 7-56 所示，在这两个部分其中一部分拖动滚动条可浏览其内容，另一部分表格内容不随滚动条滚动。

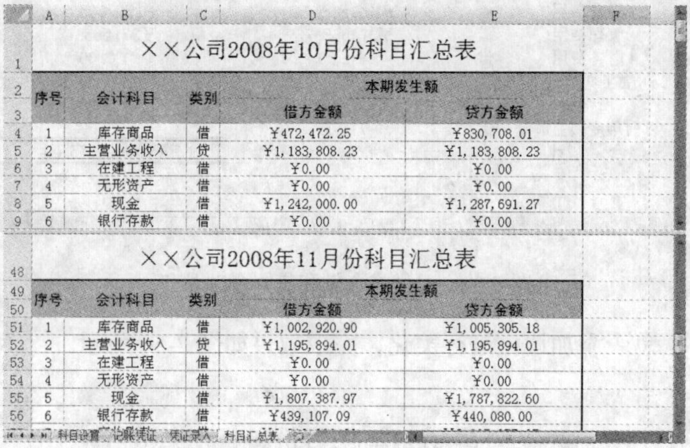

××公司2008年10月份科目汇总表

序号	会计科目	类别	本期发生额 借方金额	贷方金额
1	库存商品	借	￥472,472.25	￥830,708.01
2	主营业务收入	贷	￥1,183,808.23	￥1,183,808.23
3	在建工程	借	￥0.00	￥0.00
4	无形资产	借	￥0.00	￥0.00
5	现金	借	￥1,242,000.00	￥1,287,691.27
6	银行存款	借	￥0.00	￥0.00

××公司2008年11月份科目汇总表

序号	会计科目	类别	本期发生额 借方金额	贷方金额
1	库存商品	借	￥1,002,920.90	￥1,005,305.18
2	主营业务收入	贷	￥1,195,894.01	￥1,195,894.01
3	在建工程	借	￥0.00	￥0.00
4	无形资产	借	￥0.00	￥0.00
5	现金	借	￥1,807,387.97	￥1,787,822.60
6	银行存款	借	￥439,107.09	￥440,080.00

图 7-56　拆分窗口效果

制作总分类账

总分类账又称总账，是按照总分类账户分类登记的账簿，它能够全面反映企业的经济活动状况，为编制会计报表提供依据。

总分类账通常采用三栏式，即对各个总账科目分别设置借方、贷方和余额 3 个基本的金额栏目。制作总分类账的操作步骤如下：

（1）在“财务管理”工作簿中新建一个名为“总分类账”的工作表，在工作表中输入如图 7-57 所示的内容，并设置表格边框。

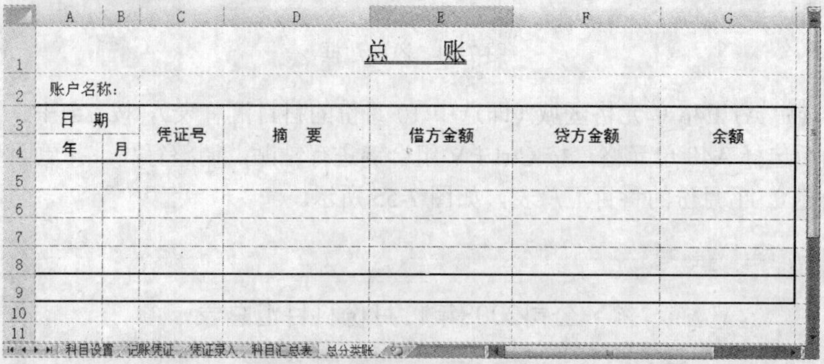

总　账

账户名称：

日期 年	月	凭证号	摘　要	借方金额	贷方金额	余额

图 7-57　输入表格内容

（2）切换到“科目汇总表”工作表，选中 B4:B45 单元格区域，单击“公式”选项卡“定义的名称”组中的“定义名称”按钮。

（3）此时将打开“新建名称”对话框，在“名称”文本框中输入“科目名称_无重复”，

① 拆分窗口的方法。

如图 7-58 所示，单击"确定"按钮。

图 7-58 "新建名称"对话框

（4）返回"总分类账"工作表，选中 C2 单元格，切换到"数据"选项卡，单击"数据工具"组中的"数据有效性"按钮。

（5）打开"数据有效性"对话框，在"设置"选项卡中设置"允许"为"序列"，单击"来源"文本框后的拾取器，折叠对话框，再切换到"公式"选项卡，单击"定义的名称"组中的"用于公式"按钮，从下拉菜单中选择之前定义的名称"科目名称_无重复"，如图 7-59 所示。

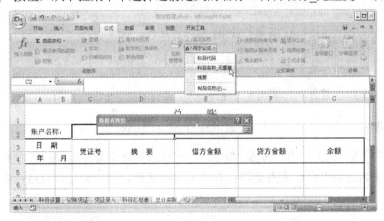

图 7-59 选择名称

（6）单击拾取器返回"数据有效性"对话框，如图 7-60 所示。

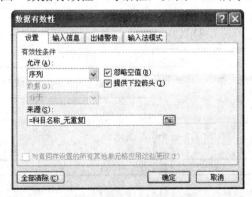

图 7-60 "数据有效性"对话框

（7）单击"确定"按钮，输入日期、摘要等数据，并假设各类总账科目的余额都为 1 000 000，如图 7-61 所示。

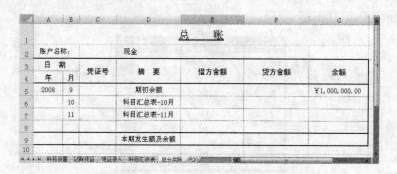

图 7-61 输入日期、摘要等数据

（8）选中 E6 单元格，在编辑栏中输入以下公式：

=VLOOKUP(总分类账!$C$2,科目汇总表!$B$4:$E$45,3,FALSE)

（9）选中 F6 单元格，在编辑栏中输入以下公式：

=VLOOKUP(总分类账!$C$2,科目汇总表!$B$4:$E$45,4,FALSE)

（10）选中 E7 单元格，在编辑栏中输入以下公式：

=VLOOKUP(总分类账!$C$2,科目汇总表!$B$51:$E$92,3,FALSE)

（11）选中 F7 单元格，在编辑栏中输入以下公式：

=VLOOKUP(总分类账!$C$2,科目汇总表!$B$51:$E$92,4,FALSE)

（12）选中 E9 单元格，输入公式"=SUM(E6:E8)"合计借方金额；选中 F9 单元格，输入公式"=SUM(F6:F8)"合计贷方金额；选中 G9 单元格，输入公式"=G5+E9-F9"，计算余额。

（13）至此，总分类账便建立完成，通过在 C2 单元格下拉列表中选择总账科目，例如，选择"银行存款"科目，如图 7-62 所示。此时，将显示"银行存款"科目的借、贷方金额及余额，如图 7-63 所示。

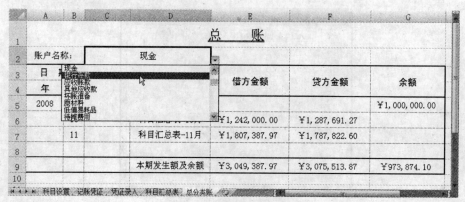

图 7-62 选择总账科目

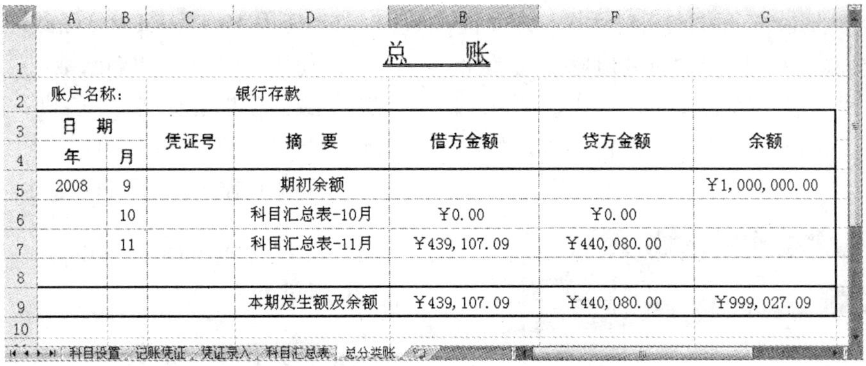

总　账						
账户名称:		银行存款				
日　期		凭证号	摘　要	借方金额	贷方金额	余额
年	月					
2008	9		期初余额			￥1,000,000.00
	10		科目汇总表-10月	￥0.00	￥0.00	
	11		科目汇总表-11月	￥439,107.09	￥440,080.00	
			本期发生额及余额	￥439,107.09	￥440,080.00	￥999,027.09

图 7-63　显示选定科目的借、贷方金额及余额

知识点总结

本案例涉及以下知识点：

（1）快速插入多行；

（2）为单元格的文本设置下划线；

（3）手动复制公式；

（4）命令按钮控件的使用；

（5）在工作表中录制宏；

（6）在工作表中清除内容；

（7）删除工作表中的重复记录；

（8）拆分窗口。

在以后的实际应用过程中，需要注意下面的一些细节。

1. 在 Excel 2007 中使用宏

宏是通过一次单击就可以应用的命令集，它们几乎可以自动完成用户在程序中执行的任何操作，甚至还可以执行一些匪夷所思的任务。

宏其实就是编程，但用户却在不需要知道任何编程知识的情况下也可以使用它们。在 Office 程序中可以创建的多数宏都是用一种称为 Microsoft Visual Basic for Applications（通常称为 VBA）的语言编写的。

宏可以节省时间，并可以扩展日常使用程序的功能。使用宏可以自动执行重复的文档制作任务，简化繁冗的操作，还可以创建解决方案（例如，自动创建要定期使用的文档）。VBA 高手们可以使用宏创建包括模板、对话框在内的自定义外接程序，甚至可以存储信息以便重复使用。

举个例子来说，假设需要在文档中设置 50 个表格的格式，即使设置每个表格的格式只需 5 分钟，完成这项任务也要 4 个多小时。如果录制一个宏来设置表格的格式，然后编辑该宏，使之在整个文档中重复执行更改，那么完成这项任务就不是几个小时了，只需几分钟就足够了。

在录制宏时，需要注意：宏名的第一个字符必须是字母，后面的字符可以是字母、数字或下划线字符。宏名中不能有空格，下划线字符可用做单词的分隔符。如果使用的宏名还是单元格引用，则可能会出现错误消息，指示宏名无效。

当包含宏的工作簿打开时，该宏的快捷键将覆盖任何对等的默认 Excel 快捷键。

当需要删除宏时，可以执行以下操作：

（1）在“开发工具”选项卡的“代码”组中单击“宏”按钮。

（2）此时将打开"宏"对话框，在"位置"下拉列表中，选择含有要删除的宏的工作簿，在"宏名"列表框中，单击要删除的宏的名称，再单击"删除"按钮即可，如图7-64所示。

图7-64 "宏"对话框

2. 使用 VLOOKUP() 函数注意事项

在使用 VLOOKUP()函数时，必须保证引用区域的值以升序排序，否则 VLOOKUP()函数可能无法返回正确的值。

本案例在制作记账凭证时使用了如下公式：

=IF(B4="","",VLOOKUP(B4,科目设置!$A$3:$C$68,2,TRUE))

该公式使用了函数"VLOOKUP(B4,科目设置!$A$3:$C$68,2,TRUE)"，因此，必须对"科目设置!$A$3:$C$68"区域的第一列（即 A 列）进行排序，否则其返回值有可能会出现错误。此时需切换到"科目设置"工作表，选中 A 列任意单元格，再单击"数据"选项卡"排序和筛选"组中的"升序"按钮进行排序。

拓展训练

为了对 Excel 2007 和以往的旧版本在操作上进行比较，下面专门在 Excel 2003 中，通过录制宏来自动生成 VBA 代码，以供控件调用。在如图7-65所示的工作表中，单击"隐藏工作表"按钮，将隐藏 Sheet 2 和 Sheet 3 工作表，单击"显示工作表"按钮，将显示这两个工作表。通过这个训练，我们可以了解不同版本在操作上的差别，从而进一步加深对 Excel 2007 易用性的体验。

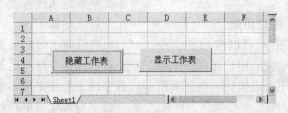

图7-65 宏示例

关键操作步骤如下：

（1）打开"控件工具箱"。选择"工具"菜单中的"自定义"命令，如图7-66所示。

（2）打开"自定义"对话框，在"工具栏"选项卡中勾选"控件工具箱"复选框，如图7-67所示。

（3）在工作表中绘制命令按钮，如图7-68所示。

图 7-66 选择"自定义"命令

图 7-67 "自定义"对话框

图 7-68 绘制命令按钮

（4）右键单击命令按钮控件，从快捷菜单中选择"命令按钮 对象"下的"编辑"命令，更改控件标签名称，如图 7-69 所示。按相同的方法，绘制另一个命令按钮控件并更改名称。

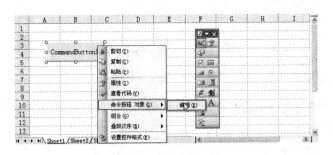

图 7-69 更改控件标签名称

（5）录制宏。选择"工具"菜单中"宏"下的"录制新宏"命令，如图 7-70 所示。

（6）打开"录制新宏"对话框，为新宏取名，单击"确定"按钮，如图 7-71 所示。

（7）隐藏 Sheet 2 和 Sheet 3 工作表，宏录制完毕后单击"停止录制"按钮，如图 7-72 所示。

（8）按相同的方法录制取消隐藏的宏。然后双击命令按钮控件，打开 VBA 窗口，双击左侧"模块"类别，找到录制宏生成的代码并选中，如图 7-73 所示。

图 7-70 选择"录制新宏"命令

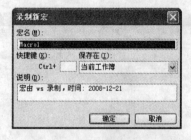

图 7-71 "录制新宏"对话框

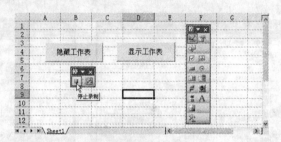

图 7-72 停止录制宏

图 7-73 选中宏代码

（9）复制宏代码到对应的命令按钮控件代码中，并做相应修改。其中，隐藏工作表命令按钮控件的代码如下：

```
Private Sub CommandButton1_Click()
If Sheets("Sheet2").Visible = True And Sheets("Sheet3").Visible = True Then
    Sheets(Array("Sheet2", "Sheet3")).Select
    Sheets("Sheet2").Activate
    ActiveWindow.SelectedSheets.Visible = False
    Application.Width = 450
    Application.Height = 348
Else
```

```
        MsgBox ("工作表已经隐藏")
    End If
End Sub
```

显示工作表命令按钮控件的代码如下：

```
Private Sub CommandButton2_Click()
    Sheets("Sheet2").Visible = True
    Sheets("Sheet3").Visible = True
End Sub
```

（10）关闭 VBA 窗口，单击"控件工具箱"上的"退出设计模式"按钮。此时在工作表中单击命令按钮即可执行相应操作。

职业快餐

关于会计差错分析

会计差错是指在会计核算时，由于确认计量记录等方面出现的差错，包括会计政策使用上的差错、会计估计上的差错、其他差错等。

对于会计差错的账务处理应该基于以下三个标准考虑：

（1）发现的时间。根据发现的时间，可以把会计差错分为日后期间发现的会计差错和当期发现的会计差错两类。这决定了会计人员应遵循及时性原则，于发现会计差错时进行更正处理。

（2）差错所属的期间。根据差错所属的期间可以把会计差错分为属于当年的会计差错和属于以前年度的会计差错两类。这决定了会计人员应更正哪一会计期间的相关科目。

（3）重要性。根据差错的重要性可以将其分为重大会计差错与非重大差错（通常某项交易或事项的金额占该类交易或事项全额10%及以上，则认为重大）。这也决定了会计人员应更正哪一会计期间的相关科目。

根据这三个标准可以形成以下七种具体的会计差错，其账务处理方法也有同有异。

（1）当期发现的当年度的会计差错，不论重大或非重大，其账务处理的基本方法是：立即调整当期相关科目。这样处理的原因在于，当年度的会计报表尚未编制，无论会计差错是否重大，均可直接调整当期有关出错科目。

例如，2008 年 12 月发现了一项管理用固定资产漏提折旧 1000 元，则发现时应做如下分录，并调整相关科目：

借：管理费用 1000
　　贷：累计折旧 1000

（2）当期发现的以前年度非重大会计差错，其账务处理的方法也是直接调整当期相关科目。对于该类会计差错尽管与以前年度相关，但根据重要性原则，可直接调整发现当年的相关科目，而不必调整发现当年的期初数。因而账务处理方法同（1）。

（3）当期发现的以前年度的重大差错，

其账务处理的基本方法是：涉及损益的，通过"以前年度损益调整"科目过渡，调整发现年度的年初留存收益；不影响损益的，调整发现年度会计报表相关项目的期初数。

例如，某公司 2008 年底发现 2007 年一项已完工投入使用的在建工程未结转到固定资产，金额为 100 万元，2007 年应计折旧为 20 万元（公司所得税率为 33%，按净利润 10% 提取法定盈余公积，5% 提取法定公益金），经分析上述事项属重大会计差错，要求做出调整。

账务处理如下：

借：固定资产 100
　　贷：在建工程 100
借：以前年度损益调整 20
　　贷：累计折旧 20
借：应交税金——应交所得税 6.6
　　贷：以前年度损益调整 6.6
借：利润分配——未分配利润 13.4
　　贷：以前年度损益调整 13.4
借：盈余公积——法定盈余公积 1.34
　　盈余公积——法定公益金 0.67
　　贷：利润分配——未分配利润 2.01

（4）日后期间发现的当年度的会计差错（不论重大或非重大）应视同当期发现的当年度的会计差错，因此其账务处理方法同（1）。

（5）日后期间发现的报告年度的会计差错（重大或非重大）。报告年度是指当年的上一年，由于上一年会计报表尚未报出，故称上一年为报告年度。由于该会计差错发生于报告年度，因此，其账务处理方法为：按资产负债表日后事项的调整事项处理，根据《资产负债表日后事项》准则执行。

（6）日后期间发现的报告年度以前的非重大会计差错，其账务处理的方法同（5），原因在于，将属于报告年度以前的会计差错调整报告年度会计报表相关项目，可及时对外反映真实的财务信息，符合会计的重要性原则和及时性原则，同时亦不妨碍会计信息可比性。

（7）日后期间发现的报告年度以前的重大会计差错。对于该类重大会计差错，由于不是发生在报告年度，因此不能作为资产负债表日后调整事项处理，而是应该将差错的累积影响数调整发现年度的年初留存收益以及调整相关项目的年初数。故此，其账务处理方法同（3）。

案例 8

制作会计报表

源文件：Excel 2007 实例\会计报表.xlsx

情景再现

自从用了薪资管理表格后，林姐的工作便轻松了许多，而她对 Excel 的兴趣也变得浓厚起来，经常向我请教 Excel 使用中的一些问题。

这天，林姐问我："小曹，你说 Excel 这么方便，这就年底了，我们编制资产负债表是不是也可以用 Excel 呢？"

"当然，林姐。这比手工做账更不容易出错。"随着 Excel 与工作结合使用经验的丰富，我也更有信心。

"那如果用 Excel 把资产负债表做出来，能不能只让别人在指定的区域进行更改，而不改动表的其他结构呢？"林姐又问。

"没问题，可以设定密码的。"我笑着说。

"那我们一起来把这个报表做出来吧。"林姐说。看来她的信心也是大增。

"没问题，林姐，你掌厨，我来打下手。"我轻松地说。

任务分析

使用 Excel 2007 建立一个名为"会计报表"的电子表格，要求如下：

● 利用科目汇总表建立总账。

● 编制资产负债表，并设定密码，保护资产负债表的结构不被修改。

● 编制企业利润表。

● 对工作簿进行加密，防止他人查看。

流程设计

完成以上任务可按以下流程进行：

首先建立总账，然后编制资产负债表并设置保护措施，再编制利润表。最后对工作簿进行管理。

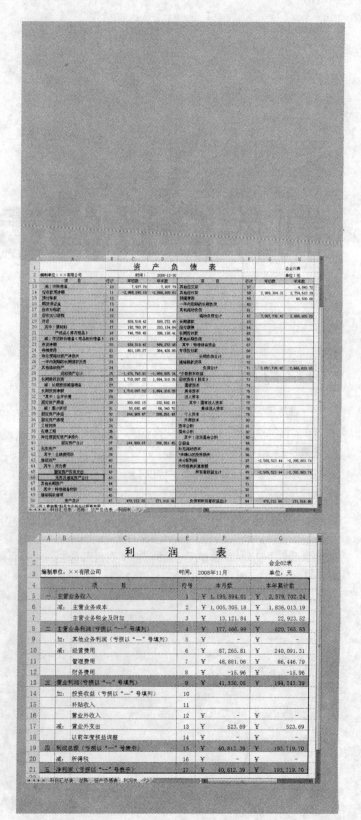

任务实现

建立总账

在编制资产负债表之前需要通过科目汇总表建立总账，为资产负债表提供数据。其操作步骤如下：

（1）新建一个名为"会计报表"的工作簿，再打开上一案例中建立的"财务管理"工作簿，切换到"科目汇总表"工作表，在标签栏单击鼠标右键，从快捷菜单中选择"移动或复制工作表"命令。

（2）此时将打开"移动或复制工作表"对话框，在"将选定工作表移至工作簿"下拉列表中选择"会计报表.xlsx"，在"下列选定工作表之前"列表框中选择 Sheet 1，并选中"建立副本"复选框，如图 8-1 所示。

（3）单击"确定"按钮，将"科目汇总表"复制到"会计报表"工作簿中，然后关闭"财务管理"工作簿，选中"科目汇总表"中含公式的单元格，从编辑栏可见其引用位置，如图 8-2 所示。

图 8-1　移动或复制工作表

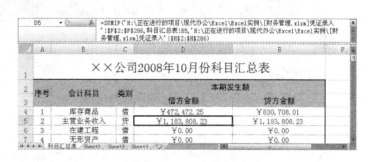

图 8-2　显示公式引用位置

（4）断开工作表链接。切换到"数据"选项卡，单击"连接"组中的"编辑链接"按钮，如图 8-3 所示。

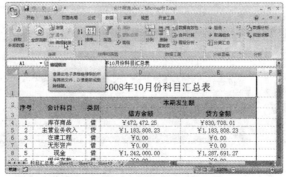

图 8-3　单击"编辑链接"按钮

（5）此时将打开"编辑链接"对话框，在列表框中选择"科目汇总表"所链接的源工作簿"财务管理.xlsm"，如图 8-4 所示。

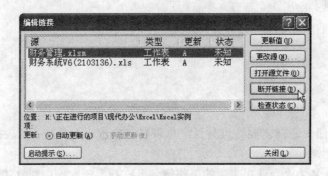

图 8-4　"编辑链接"对话框

（6）单击"断开链接"按钮，此时将弹出一个提示框，单击其中的"断开链接"按钮，此时工作表中的公式将转换成数值。

（7）切换到 Sheet 2 工作表，将其更名为"总账"，在工作表中输入如图 8-5 所示的内容。

图 8-5　输入表格内容

（8）复制"科目汇总表"工作表中"科目名称"和"科目类别"的相关数据到"总账"工作表的对应项目下，再输入"总账"表的期初余额数据，如图 8-6 所示。

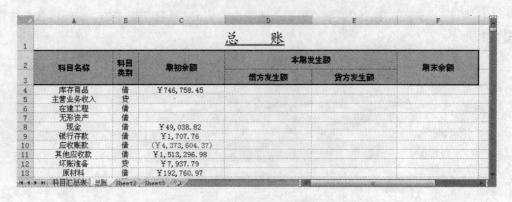

图 8-6　输入科目名称、科目类别和期初余额

（9）选择 D4 单元格，在其中输入合计"库存商品"本期的借方发生额的公式，按回车

键后拖动填充手柄复制该公式到该列其他单元格。

=SUMIF(科目汇总表!B:B,总账!A4,科目汇总表!D:D)

（10）选择 E4 单元格，在其中输入合计"库存商品"本期的贷方发生额的公式；按下回车键后拖动填充手柄复制该公式到该列其他单元格。

=SUMIF(科目汇总表!B:B,总账!A4,科目汇总表!E:E)

（11）计算期末余额。选择 F4 单元格，在其中输入计算"库存商品"期末余额的公式，按下回车键后拖动填充手柄复制该公式到该列其他单元格。

=IF(B4="借",C4+D4-E4,C4+E4-D4)

（12）最后为表格设置边框，并冻结拆分窗格，其完成效果如图 8-7 所示。

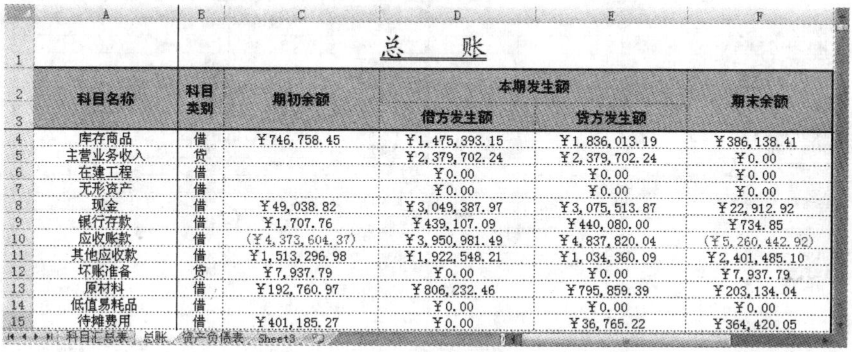

科目名称	科目类别	期初余额	本期发生额		期末余额
			借方发生额	贷方发生额	
库存商品	借	￥746,758.45	￥1,475,393.15	￥1,836,013.19	￥386,138.41
主营业务收入	贷		￥2,379,702.24	￥2,379,702.24	￥0.00
在建工程	借		￥0.00	￥0.00	￥0.00
无形资产	借		￥0.00	￥0.00	￥0.00
现金	借	￥49,038.82	￥3,049,387.97	￥3,075,513.87	￥22,912.92
银行存款	借	￥1,707.76	￥439,107.09	￥440,080.00	￥734.85
应收账款	借	(￥4,373,604.37)	￥3,950,981.49	￥4,837,820.04	(￥5,260,442.92)
其他应收款	借	￥1,513,296.98	￥1,922,548.21	￥1,034,360.09	￥2,401,485.10
坏账准备	贷	￥7,937.79			￥7,937.79
原材料	借	￥192,760.97	￥806,232.46	￥795,859.39	￥203,134.04
低值易耗品	借		￥0.00	￥0.00	￥0.00
待摊费用	借	￥401,185.27	￥0.00	￥36,765.09	￥364,420.05

图 8-7 设置边框并冻结拆分窗格

编制资产负债表

资产负债表又称财务状况表，它根据会计等式"资产＝负债＋所有者权益"按一定分类标准和顺序，将企业一定时间内的资产、负债和所有者权益等项目适当排列，并按一定要求编制而成。编制资产负债表的操作步骤如下：

（1）切换到 Sheet 2 工作表，将其更名为"资产负债表"，并在表格中建立各项字段，其中资产项目放在左边，负债及所有者权益项目放于右边；再设置表格边框，完成效果如图 8-8 所示。

（2）计算货币资金的年初数和年末数。货币资金的计算公式如下：

货币资金＝现金＋存款

因此，在 C4 单元格中输入以下公式：

=总账!C8+总账!C9

在 D4 单元格中输入以下公式，如图 8-9 所示：

=总账!F8+总账!F9

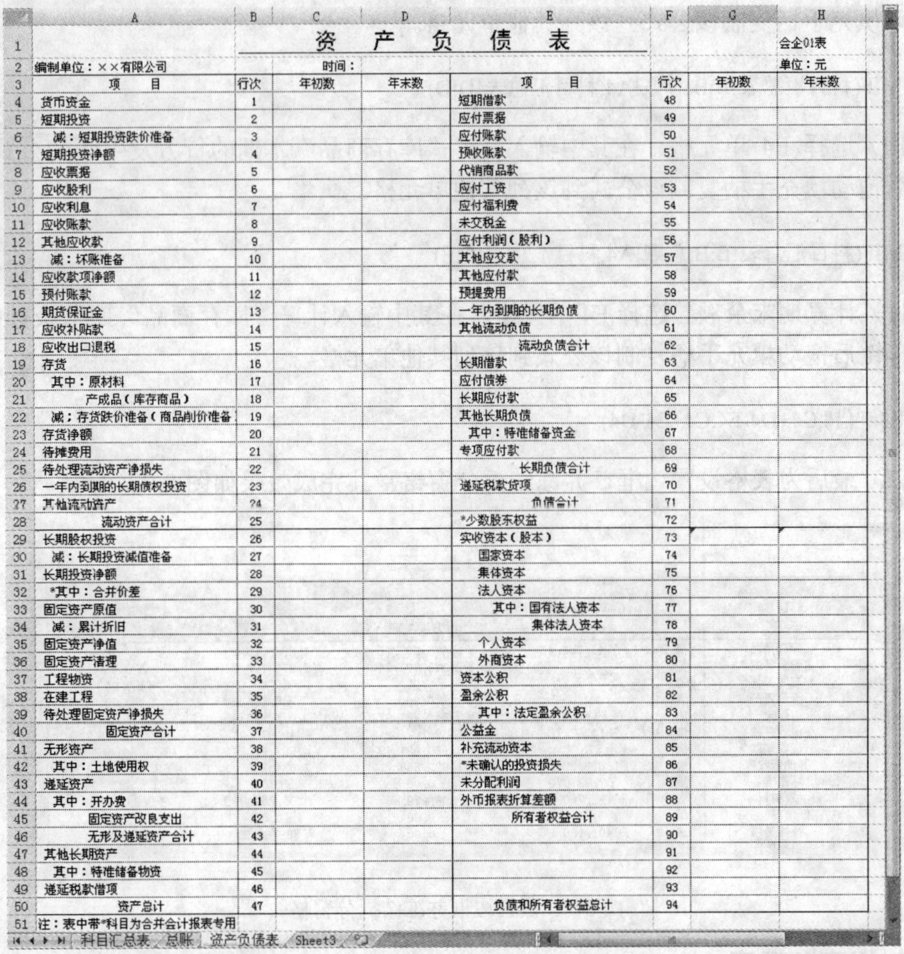

	A	B	C	D	E	F	G	H
1			资 产 负 债 表					会企01表
2	编制单位：××有限公司		时间：					单位：元
3	项 目	行次	年初数	年末数	项 目	行次	年初数	年末数
4	货币资金	1			短期借款	48		
5	短期投资	2			应付票据	49		
6	减：短期投资跌价准备	3			应付账款	50		
7	短期投资净额	4			预收账款	51		
8	应收票据	5			代销商品款	52		
9	应收股利	6			应付工资	53		
10	应收利息	7			应付福利费	54		
11	应收账款	8			未交税金	55		
12	其他应收款	9			应付利润（股利）	56		
13	减：坏账准备	10			其他应交款	57		
14	应收款项净额	11			其他应付款	58		
15	预付账款	12			预提费用	59		
16	期货保证金	13			一年内到期的长期负债	60		
17	应收补贴款	14			其他流动负债	61		
18	应收出口退税	15			流动负债合计	62		
19	存货	16			长期借款	63		
20	其中：原材料	17			应付债券	64		
21	产成品（库存商品）	18			长期应付款	65		
22	减：存货跌价准备（商品削价准备	19			其他长期负债	66		
23	存货净额	20			其中：特准储备资金	67		
24	待摊费用	21			专项应付款	68		
25	待处理流动资产净损失	22			长期负债合计	69		
26	一年内到期的长期债权投资	23			递延税款贷项	70		
27	其他流动资产	24			负债合计	71		
28	流动资产合计	25			*少数股东权益	72		
29	长期股权投资	26			实收资本（股本）	73		
30	减：长期投资减值准备	27			国家资本	74		
31	长期投资净额	28			集体资本	75		
32	*其中：合并价差	29			法人资本	76		
33	固定资产原值	30			其中：国有法人资本	77		
34	减：累计折旧	31			集体法人资本	78		
35	固定资产净值	32			个人资本	79		
36	固定资产清理	33			外商资本	80		
37	工程物资	34			资本公积	81		
38	在建工程	35			盈余公积	82		
39	待处理固定资产净损失	36			其中：法定盈余公积	83		
40	固定资产合计	37			公益金	84		
41	无形资产	38			补充流动资本	85		
42	其中：土地使用权	39			*未确认的投资损失	86		
43	递延资产	40			未分配利润	87		
44	其中：开办费	41			外币报表折算差额	88		
45	固定资产改良支出	42			所有者权益合计	89		
46	无形及递延资产合计	43				90		
47	其他长期资产	44				91		
48	其中：特准储备物资	45				92		
49	递延税款借项	46				93		
50	资产总计	47			负债和所有者权益总计	94		
51	注：表中带*科目为合并会计报表专用							

科目汇总表 总账 资产负债表 Sheet3

图 8-8 建立资产负债表的各项字段

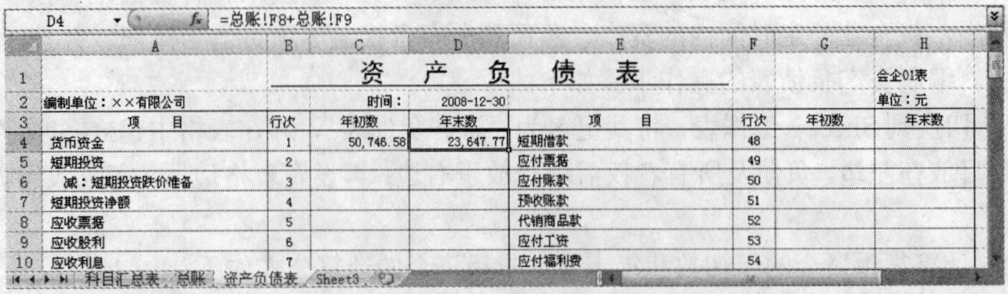

D4 =总账!F8+总账!F9

	A	B	C	D	E	F	G	H
1			资 产 负 债 表					会企01表
2	编制单位：××有限公司		时间：	2008-12-30				单位：元
3	项 目	行次	年初数	年末数	项 目	行次	年初数	年末数
4	货币资金	1	50,746.58	23,647.77	短期借款	48		
5	短期投资	2			应付票据	49		
6	减：短期投资跌价准备	3			应付账款	50		
7	短期投资净额	4			预收账款	51		
8	应收票据	5			代销商品款	52		
9	应收股利	6			应付工资	53		
10	应收利息	7			应付福利费	54		

科目汇总表 总账 资产负债表 Sheet3

图 8-9 计算货币资金的年初数和年末数

（3）计算短期投资净额。短期投资净额的计算公式如下：

短期投资净额＝短期投资－短期投资跌价准备

因此，在 C7 单元格中输入公式“=C5-C6”，在 D7 单元格中输入公式“=D5-D6”，如图 8-10 所示。

（4）资产负债表中未特别说明的其他各项引用“总账”工作表中的相关数据，年初数引用期初余额，年末数引用期末余额。

图 8-10　计算短期投资净额

（5）计算应收款项净额。应收款项净额的计算公式如下：

应收款项净额＝（应收账款＋其他应收款）－坏账准备

因此，在 C14 单元格输入以下公式：

=SUM(C11:C12)-C13

在 D14 单元格输入以下公式，如图 8-11 所示。

=SUM(D11:D12)-D13

图 8-11　计算应收款项净额

（6）计算存货。存货的计算公式如下：

存货＝原材料＋低值易耗品＋库存商品

因此，在 C19 单元格输入以下公式：

=总账!C13+总账!C14+总账!C4

在 D19 单元格输入以下公式，如图 8-12 所示。

=总账!F13+总账!F14+总账!F4

（7）计算存货净额。存货净额的计算公式如下：

存货净额＝存货－存货跌价准备（商品削价准备）

因此，在 C23 单元格中输入公式"=C19-C22"，在 D23 单元格中输入公式"=D19-D22"，如图 8-13 所示。

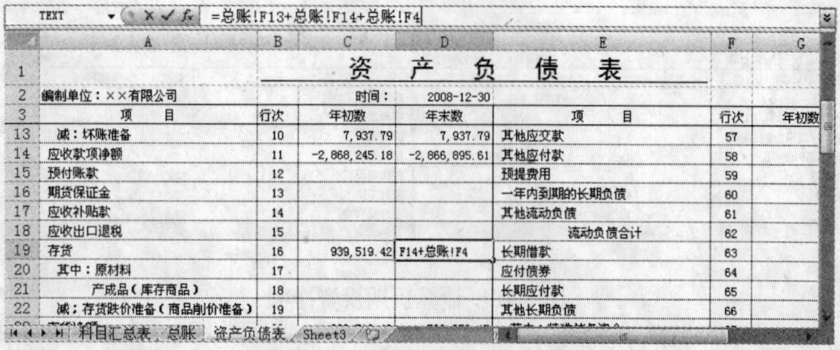

图 8-12　计算存货

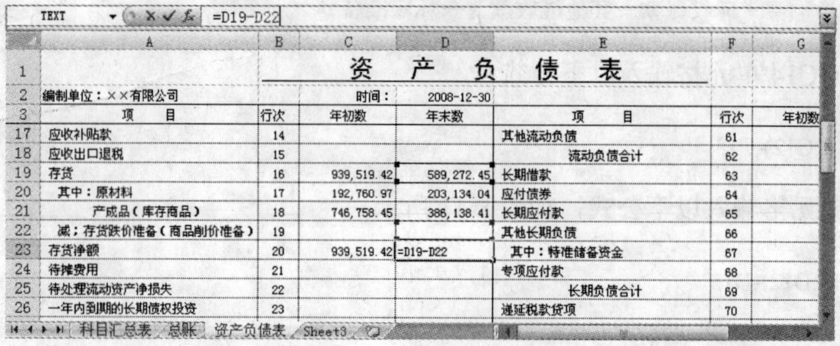

图 8-13　计算存货净额

（8）计算流动资产合计。流动资产合计的计算公式如下：

流动资产合计＝货币资金＋短期投资净额＋应收票据＋应收股利＋应收利息＋应收款项净额＋预付账款＋期货保证金＋应收补贴款＋应收出口退税＋存货净额＋待摊费用＋待处理流动资产净损失＋一年内到期的长期债权投资＋其他流动资产

因此，在 C28 单元格输入以下公式：

=SUM(C4,C7:C10,C14:C18,C23:C27)

在 D28 单元格输入以下公式，如图 8-14 所示。

=SUM(D4,D7:D10,D14:D18,D23:D27)

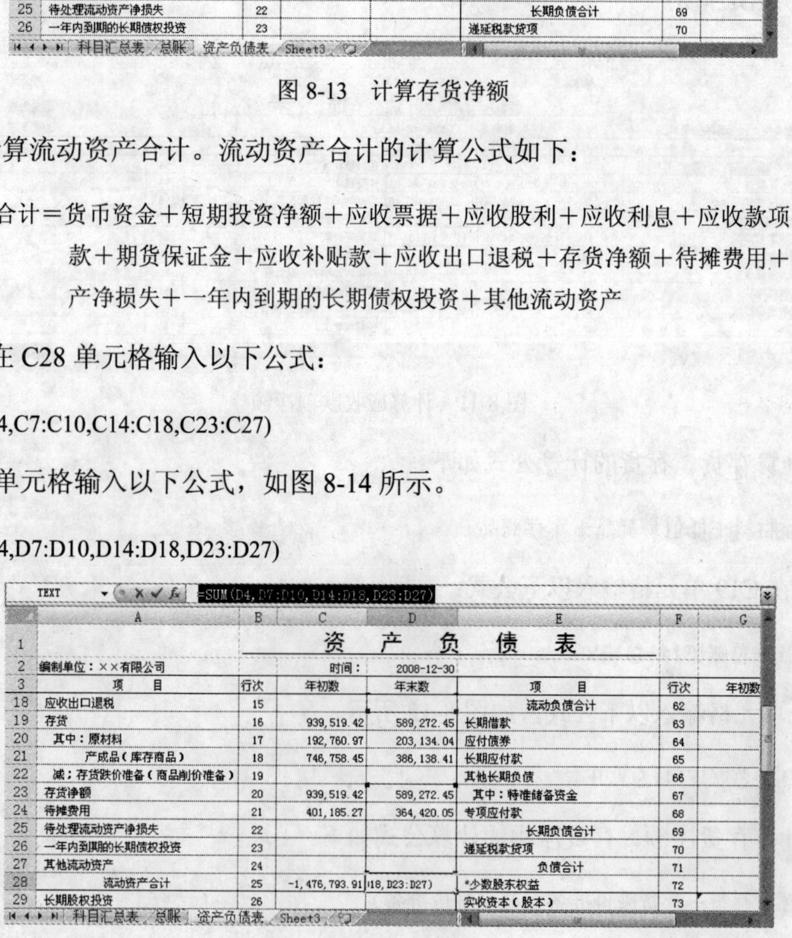

图 8-14　计算流动资产合计

（9）计算长期投资净额。长期投资净额的计算公式如下：

长期投资净额＝长期股权投资－长期投资减值准备

因此，在 C31 单元格中输入公式"=C29-C30"，在 D31 单元格中输入公式"=D29- D30"，如图 8-15 所示。

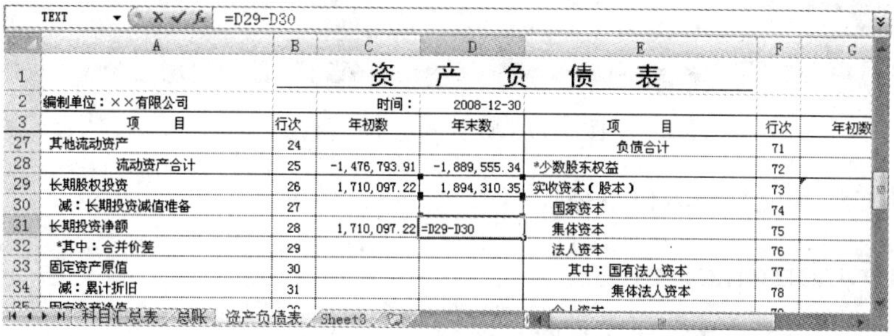

图 8-15　计算长期投资净额

（10）计算固定资产净值。固定资产净值的计算公式如下：

固定资产净值＝固定资产原值－累计折旧

因此，在 C35 单元格中输入公式"=C33-C34"，在 D35 单元格中输入公式"=D33-D34"，如图 8-16 所示。

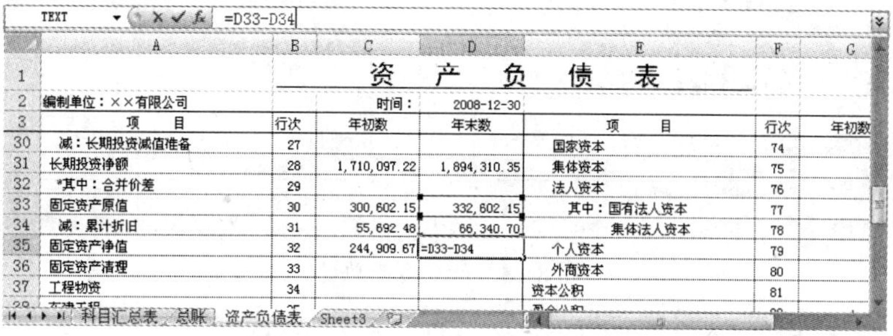

图 8-16　计算固定资产净值

（11）计算固定资产合计。固定资产合计的计算公式如下：

固定资产合计＝（固定资产净值＋固定资产清理＋工程物资＋在建工程）－待处理固定资产净损失

因此，在 C40 单元格输入以下公式：

=SUM(C35:C38)-C39

在 D40 单元格输入以下公式，如图 8-17 所示。

=SUM(D35:D38)-D39

（12）计算资产总计。资产总计的计算公式如下：

资产总计＝流动资产合计＋长期投资净额＋固定资产合计＋

　　　　无形资产＋递延资产＋其他长期资产＋递延税款借项

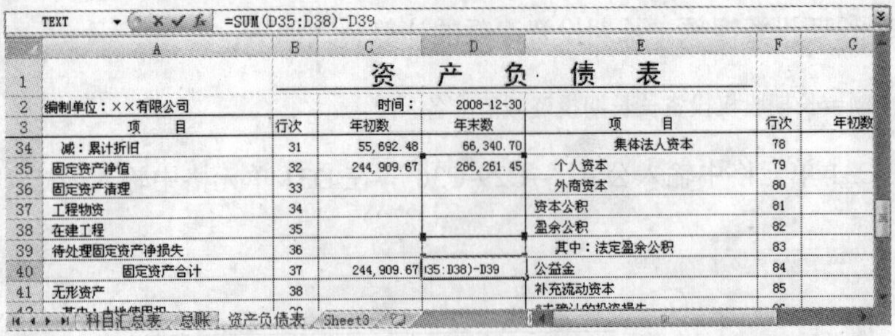

图 8-17 计算固定资产合计

因此，在 C50 单元格输入以下公式：

=SUM(C49,C47,C43,C41,C40,C31,C28)

在 D50 单元格输入以下公式，如图 8-18 所示。

=SUM(D49,D47,D43,D41,D40,D31,D28)

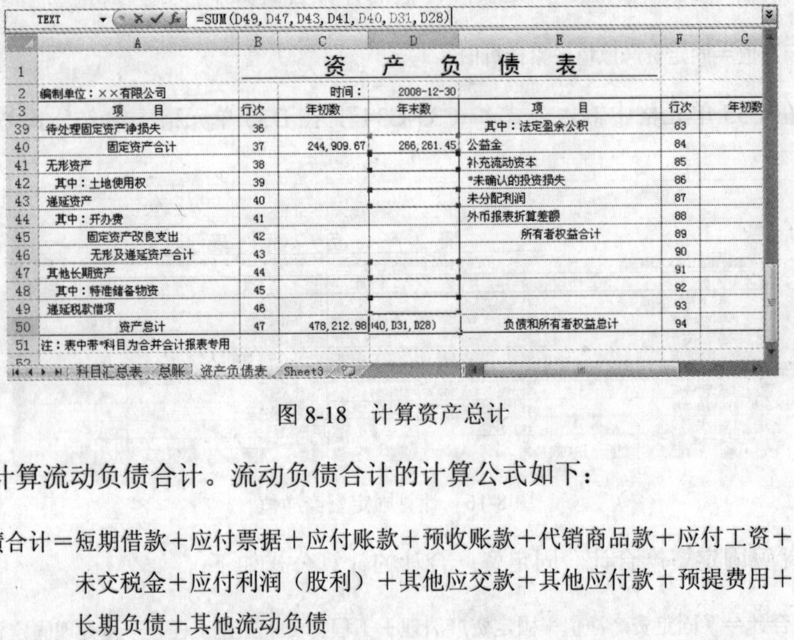

图 8-18 计算资产总计

（13）计算流动负债合计。流动负债合计的计算公式如下：

流动负债合计＝短期借款＋应付票据＋应付账款＋预收账款＋代销商品款＋应付工资＋应付福利费＋
未交税金＋应付利润（股利）＋其他应交款＋其他应付款＋预提费用＋一年内到期的
长期负债＋其他流动负债

因此，在 G18 单元格输入以下公式：

=SUM(G4:G17)

在 H18 单元格输入以下公式，如图 8-19 所示。

=SUM(G4:G17)

（14）计算长期负债合计。长期负债合计的计算公式如下：

长期负债合计＝长期借款＋应付债券＋长期应付款＋其他长期负债＋专项应付款

因此，在 G25 单元格输入以下公式：

=SUM(G19:G22,G24)

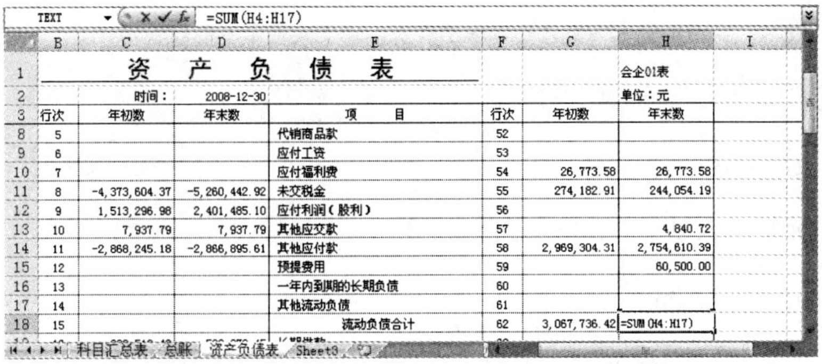

=SUM(H4:H17)

行次	年初数	年末数	项　　目	行次	年初数	年末数
5			代销商品款	52		
6			应付工资	53		
7			应付福利费	54	26,773.58	26,773.58
8	-4,373,604.37	-5,260,442.92	未交税金	55	274,182.91	244,054.19
9	1,513,296.98	2,401,485.10	应付利润（股利）	56		
10	7,937.79	7,937.79	其他应交款	57		4,840.72
11	-2,868,245.18	-2,866,895.61	其他应付款	58	2,969,304.31	2,754,610.39
12			预提费用	59		60,500.00
13			一年内到期的长期负债	60		
14			其他流动负债	61		
15			流动负债合计	62	3,067,736.42	=SUM(H4:H17)

图 8-19　计算流动负债合计

在 H25 单元格输入以下公式，如图 8-20 所示。

=SUM(H19:H22,H24)

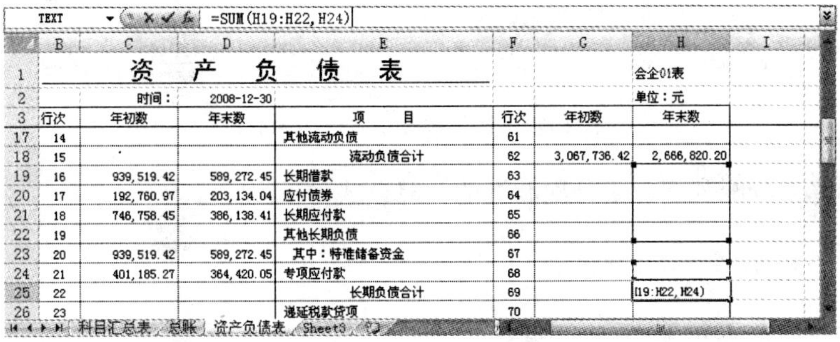

=SUM(H19:H22,H24)

行次	年初数	年末数	项　　目	行次	年初数	年末数
14			其他流动负债	61		
15			流动负债合计	62	3,067,736.42	2,666,820.20
16	939,519.42	589,272.45	长期借款	63		
17	192,760.97	203,134.04	应付债券	64		
18	746,758.45	386,138.41	长期应付款	65		
19			其他长期负债	66		
20	939,519.42	589,272.45	其中：特准储备资金	67		
21	401,185.27	364,420.05	专项应付款	68		
22			长期负债合计	69		(19:H22,H24)
23			递延税款贷项	70		

图 8-20　计算长期负债合计

（15）计算负债合计。负债合计的计算公式如下：

负债合计＝流动负债合计＋长期负债合计＋递延税款贷项

因此，在 G27 单元格输入以下公式：

=SUM(G18,G25,G26)

在 H27 单元格输入以下公式，如图 8-21 所示。

=SUM(H18,H25,H26)

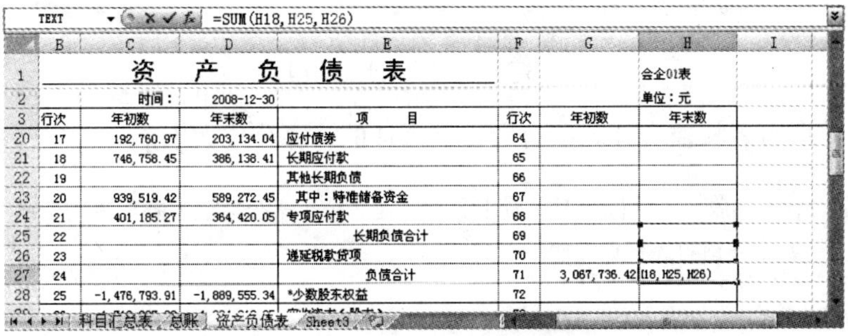

=SUM(H18,H25,H26)

行次	年初数	年末数	项　　目	行次	年初数	年末数
17	192,760.97	203,134.04	应付债券	64		
18	746,758.45	386,138.41	长期应付款	65		
19			其他长期负债	66		
20	939,519.42	589,272.45	其中：特准储备资金	67		
21	401,185.27	364,420.05	专项应付款	68		
22			长期负债合计	69		
23			递延税款贷项	70		
24			负债合计	71	3,067,736.42	(18,H25,H26)
25	-1,476,793.91	-1,889,555.34	*少数股东权益	72		

图 8-21　计算负债合计

（16）计算实收资本（股本）。实收资本（股本）的计算公式如下：

实收资本（股本）＝国家资本＋集体资本＋法人资本＋个人资本＋外商资本

因此，在 G29 单元格输入以下公式：

=SUM(G30:G32,G35:G36)

在 H29 单元格输入以下公式，如图 8-22 所示。

=SUM(H30:H32,H35:H36)

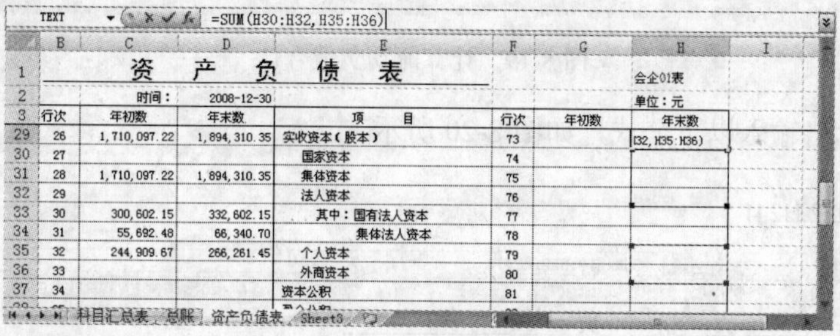

图 8-22　计算实收资本（股本）

（17）计算未分配利润。未分配利润的计算公式如下：

未分配利润＝利润分配＋本年利润

因此，在 G43 单元格输入以下公式：

=总账!C33+总账!C32

在 H43 单元格输入以下公式，如图 8-23 所示。

=总账!F33+总账!F32

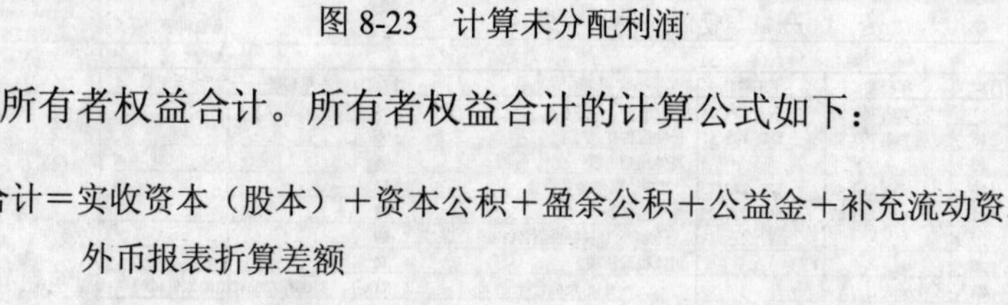

图 8-23　计算未分配利润

（18）计算所有者权益合计。所有者权益合计的计算公式如下：

所有者权益合计＝实收资本（股本）＋资本公积＋盈余公积＋公益金＋补充流动资本＋未分配利润＋
　　　　　外币报表折算差额

因此，在 G45 单元格输入以下公式：

=SUM(G43:G44,G40:G41,G37:G38,G29)

在 H45 单元格输入以下公式，如图 8-24 所示。

=SUM(H43:H44,H40:H41,H37:H38,H29)

图 8-24　计算所有者权益合计

（19）计算负债和所有者权益总计。负债和所有者权益总计的计算公式如下：

负债和所有者权益总计＝负债合计＋所有者权益合计

因此，在 G50 单元格中输入公式"=G27+G45"，在 H50 单元格中输入公式"=H27+H45"，如图 8-25 所示。

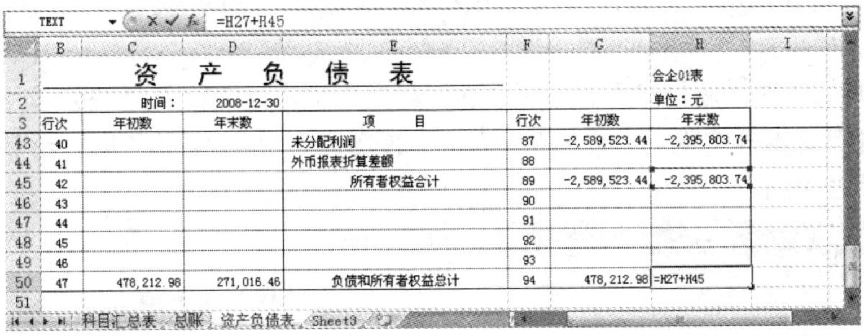

图 8-25　计算负债和所有者权益总计

（20）根据会计等式"资产＝负债＋所有者权益"编制公式，当等式不成立时以红色字符提醒。选中 H51 单元格，输入以下公式，并设置其字体颜色为红色，如图 8-26 所示。

=IF(AND(G50=C50,H50=D50),"","***数据有误，请检查核对！***")

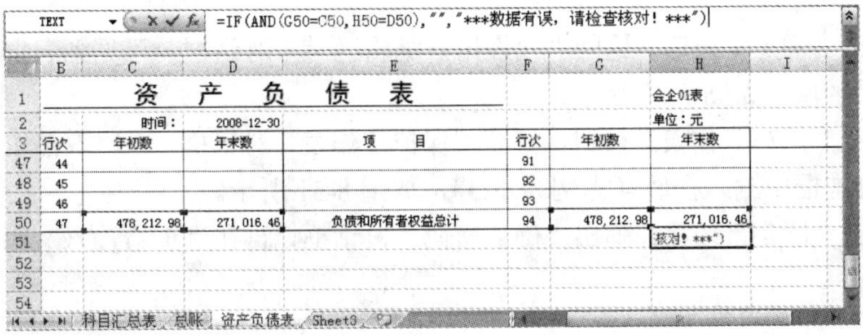

图 8-26　编制平衡公式

（21）美化工作表。将资产负债表中的项目、行次及含有合计公式的单元格填充为茶色，完成效果如图 8-27 所示。

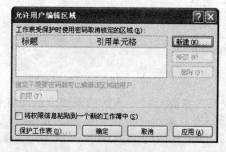

图 8-27　美化工作表

保护资产负债表

下面设置允许用户编辑区域[①]，在保护工作表的同时又能允许用户编辑指定区域，其操作步骤如下：

（1）切换到"资产负债表"工作表，然后切换到"审阅"选项卡，单击"更改"组中的"允许用户编辑区域"按钮。

（2）此时将弹出一个"允许用户编辑区域"对话框，如图 8-28 所示，单击对话框中的"新建"按钮。

（3）此时将弹出"新区域"对话框，在"标题"文本框中输入允许编辑区域的名称，在"引用单元格"文本框中输入允许用户编辑区域的引用，本例为资产负债表中未被填充的单元格，如图 8-29 所示。

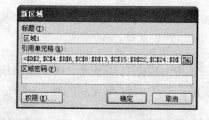

图 8-28　"允许用户编辑区域"对话框

图 8-29　"新区域"对话框

（4）单击"确定"按钮，返回"允许用户编辑区域"对话框，可见列表框中出现新建的允许用户编辑区域，如图 8-30 所示。

（5）单击"保护工作表"按钮，打开"保护工作表"对话框，在"取消工作表保护时使用的密码"文本框中输入密码（本例为 123），如图 8-31 所示。

（6）单击"确定"按钮，弹出"确认密码"对话框，再在"重新输入密码"文本框中重复输入密码。

---

① 设置允许用户编辑区域。

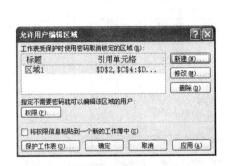

图 8-30 设置区域之后　　　　　　　图 8-31 "保护工作表"对话框

（7）单击"确定"按钮即可保护工作表，此时资产负债表中除了设置的允许用户编辑区域外，其他区域都处于保护状态，当编辑受保护区域时，将弹出如图 8-32 所示的只读提示框，提示用户无法继续操作。

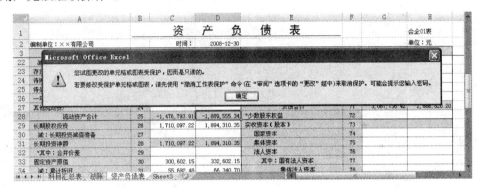

图 8-32 只读提示

编制利润表

利润表也称损益表或收益表，它是一种反映企业在一定期间内的经营成果的财务报表。下面制作 2008 年 11 月份的利润表，其操作步骤如下：

（1）在"会计报表"工作簿中新建一个名为"利润表"的工作表，在工作表中输入利润表的各项字段，并设置框线和填充色，完成效果如图 8-33 所示。

（2）利润表中"本月数"中的金额引用"科目汇总表"工作表中 2008 年 11 月份的数据；"本年累计数"中的金额引用"总账"工作表中的数据。以引用主营业务收入的本月数为例，选中 F5 单元格，输入"＝"，然后切换到"科目汇总表"工作表，选择要引用的单元格 E52，如图 8-34 所示。

（3）按下回车键，自动返回"利润表"工作表，选中 F5 单元格，可见已引用正确数值，编辑栏上显示其引用位置，如图 8-35 所示。

（4）计算主营业务利润。主营业务利润的计算公式如下：

主营业务利润＝主营业务收入－主营业务成本－主营业务税金及附加

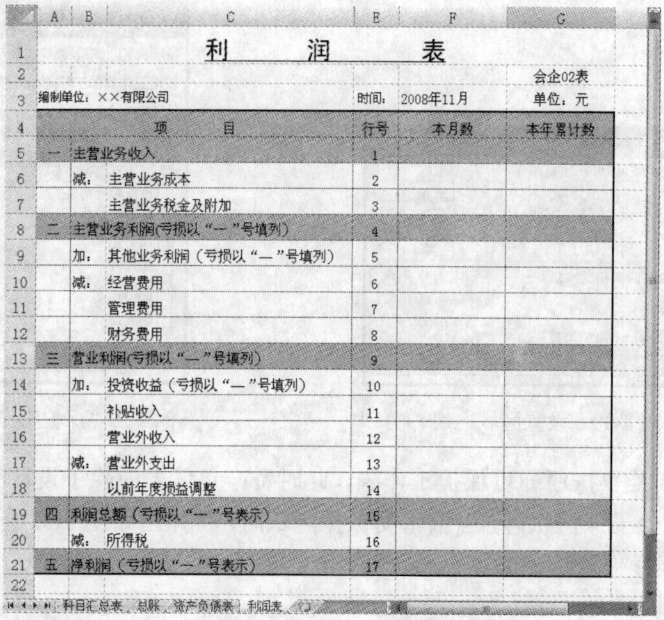

图 8-33 建立利润表各字段

图 8-34 引用"科目汇总表"工作表中的数据

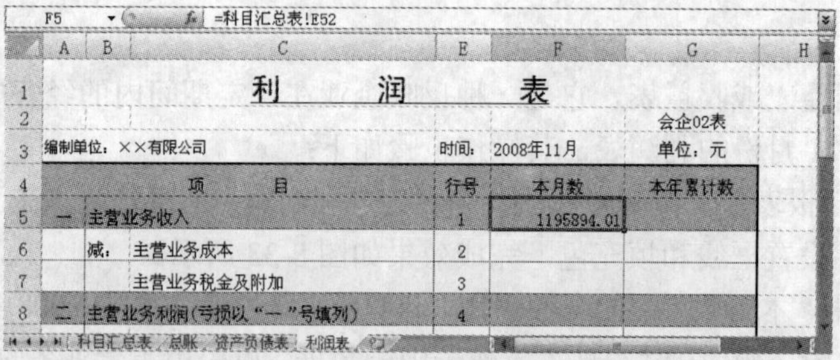

图 8-35 完成引用

因此，选择 F8 单元格，在其中输入公式"=F5-F6-F7"；选择 G8 单元格，在其中输入公式"=G5-G6-G7"，如图 8-36 所示。

（5）计算其他业务利润。其他业务利润的计算公式如下：

其他业务利润＝其他业务收入－其他业务支出

因此，选择 F9 单元格，在其中输入以下公式：

=科目汇总表!E82-科目汇总表!E86

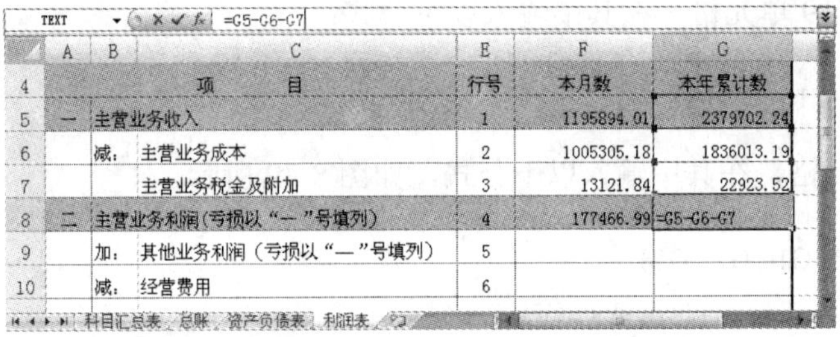

图 8-36　计算主营业务利润

选择 G9 单元格，在其中输入以下公式，如图 8-37 所示。

=总账!E35-总账!E39

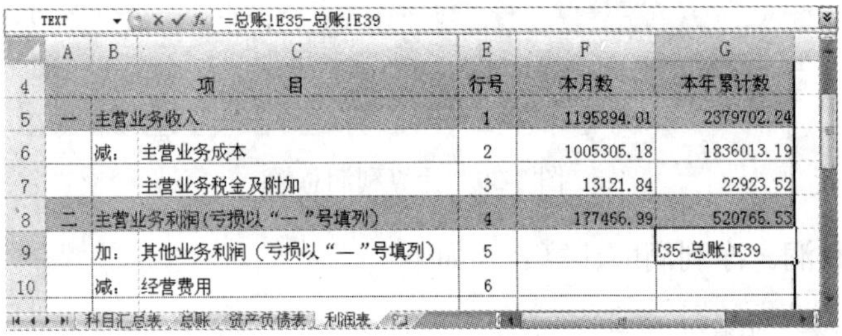

图 8-37　计算其他业务利润

（6）计算营业利润。营业利润的计算公式如下：

营业利润＝主营业务利润＋其他业务利润－经营费用－管理费用－财务费用

因此，选择 F13 单元格，在其中输入以下公式：

=F8+F9-F10-F11-F12

选择 G13 单元格，在其中输入以下公式，如图 8-38 所示。

=G8+G9-G10-G11-G12

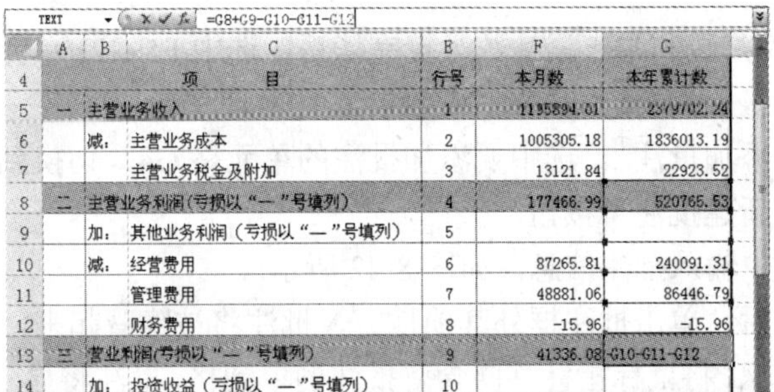

图 8-38　计算营业利润

（7）计算利润总额。利润总额的计算公式如下：

利润总额＝营业利润＋投资收益＋补贴收入＋营业外收入－营业外支出－以前年度损益调整

因此，选择 F19 单元格，在其中输入以下公式：

=F13+F14+F15+F16-F17-F18

选择 G19 单元格，在其中输入以下公式，如图 8-39 所示。

=G13+G14+G15+G16-G17-G18

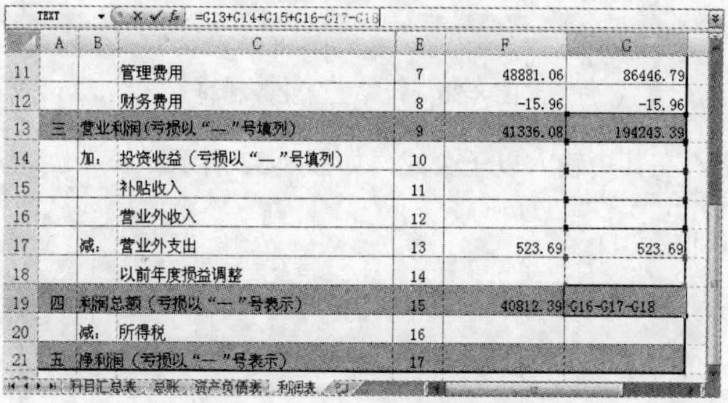

图 8-39　计算利润总额

（8）计算净利润。净利润的计算公式如下：

净利润＝利润总额－所得税

因此，选择 F21 单元格，在其中输入公式"=F19-F20"；选择 G21 单元格，在其中输入公式"=G19-G20"，如图 8-40 所示。

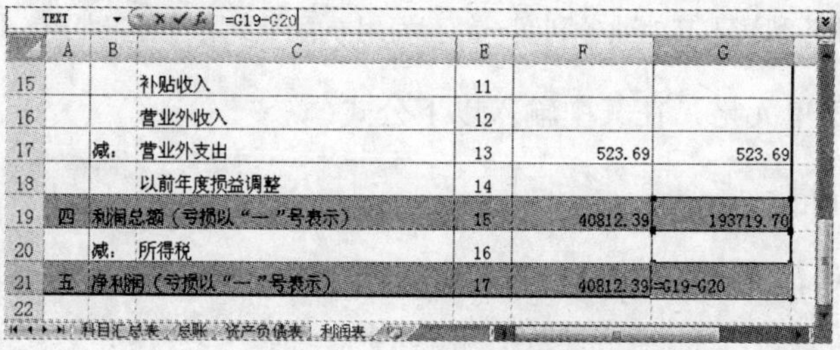

图 8-40　计算净利润

（9）利润表的本月数和本年累计数计算完毕后，选中 F5:G21 单元格区域，将其数字格式设置为"会计专用"，再调整列宽，完成效果如图 8-41 所示。

（10）为利润表添加批注[①]。选中要添加批注的单元格 G4，切换到"审阅"选项卡，单击"批注"组中的"新建批注"按钮。

（11）在批注框中输入批注信息，如图 8-42 所示。

（12）输入批注后，单击批注框外其他地方，批注将被隐藏起来，含有批注的单元格右上角有一个红色的标识。将鼠标指针移向含有批注的单元格，批注将显示在屏幕上，如图 8-43 所示。

（13）如果要在屏幕上一直显示批注，可单击"审阅"选项卡"批注"组中的"显示所有批注"按钮；再次单击"显示所有批注"按钮即可隐藏所有批注。

---

① 添加批注的方法。

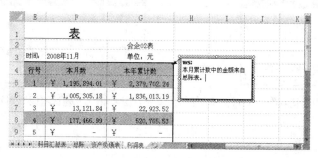

图 8-41 利润表完成效果

图 8-42 输入批注信息

图 8-43 显示批注

管理工作簿

我们不希望其他用户更改"会计报表"工作簿的结构，因此要保护工作簿[①]，其操作步骤如下：

（1）打开"会计报表"工作簿，切换到"审阅"选项卡，单击"更改"组中的"保护工作簿"按钮，从下拉菜单中选择"保护结构和窗口"命令，如图 8-44 所示。

（2）此时将打开"保护结构和窗口"对话框，选中要保护的工作簿部分，如"结构"，在"密码"文本框中输入保护密码（本例使用密码 123），如图 8-45 所示。

---

① 保护工作簿的方法。

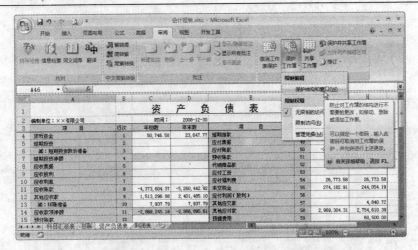

图 8-44　选择"保护结构和窗口"命令

（3）此时将打开"确认密码"对话框，再次输入密码，如图 8-46 所示。

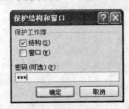

图 8-45　"保护结构和窗口"对话框　　　　图 8-46　"确认密码"对话框

（4）单击"确定"按钮，此时工作簿的结构被保护起来。在工作表标签栏单击鼠标右键，可见快捷菜单中的工作表相关命令均不可用，如图 8-47 所示。

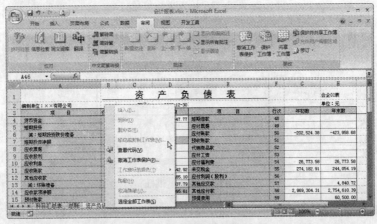

图 8-47　被保护的工作簿

（5）如果要撤销工作簿的保护，可再次单击"审阅"选项卡"更改"组中的"保护工作簿"按钮，从下拉菜单中单击"保护结构和窗口"命令。

（6）在打开的"撤销工作簿保护"对话框中输入工作簿保护密码（123），单击"确定"按钮即可。

（7）如果不希望其他用户查看"会计报表"工作簿，还可以对整个工作簿进行加密①。

---

① 加密工作簿的方法。

单击"Office 按钮",打开主菜单,选择"准备"项下的"加密文档"命令,如图 8-48 所示。

图 8-48 选择"加密文档"命令

(8)此时将打开"加密文档"对话框,在中输入密码(本例使用密码 123),如图 8-49 所示,单击"确定"按钮,将打开"确认密码"对话框,再次输入密码后单击"确定"按钮。

(9)加密文档后,当用户打开工作簿时,会弹出一个"密码"对话框要求用户输入密码,只有输入正确密码,单击"OK"按钮后才能打开该工作簿,如图 8-50 所示。

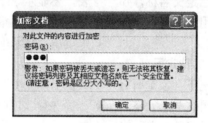

图 8-49 "加密文档"对话框

图 8-50 要求输入密码

知识点总结

本案例涉及以下知识点：

（1）编辑工作表链接；

（2）设置允许用户编辑的区域；

（3）添加批注；

（4）保护工作簿；

（5）加密工作簿。

在实际应用这些知识点的过程需要注意如下一些细节。

1. 编辑工作表链接

在断开到外部引用的源工作簿的链接时，源工作簿中使用该值的所有公式都将转换成它们的当前值。需要注意的是，这个操作是无法撤销的，是不可逆的，如果用户没有十分把握，最好保存目标工作簿的副本。

还有，如果链接使用了已定义名称，那么该名称不会被自动删除，用户需要在工作表中删除该名称。

2. 解锁受保护工作表中的特定区域

保护工作表后，默认情况下会锁定所有单元格，这意味着将无法编辑这些单元格。为了能够编辑单元格，同时只将部分单元格锁定，用户可以在保护工作表之前先取消锁定单元格，然后只锁定特定的单元格和区域。此外，还可以允许特定用户编辑受保护工作表中的特定区域。

在保护工作表时，密码为可选项。如果不提供密码，则任何用户都可以取消对工作表的保护并更改受保护的元素。

如果要授予特定用户编辑受保护工作表中区域的权限，用户的计算机必须运行Microsoft Windows XP或更高版本，并且用户的计算机必须在某个域中，还可以指定区域密码，而无需使用需要域的权限。

需要注意的是，只有在工作表不受保护时才可以使用"允许用户编辑区域"命令。

如果单元格属于多个区域，则有权编辑这些区域的用户可以编辑单元格；如果用户

尝试一次编辑多个单元格，并且有权编辑部分而非全部单元格，则系统会提示用户逐个选择并编辑单元格。

3. 打印批注

使用批注可为工作表中包含的数据提供更多相关信息，有助于使工作表更易于理解。例如，可以将批注作为给单独单元格内的数据提供相关信息的注释，或者可为列标题添加批注，指导用户应在该列中输入何种数据。

默认情况下，批注不会被打印出来。用户可以将批注按工作表上的样子打印出来，也可以将批注打印在工作表的末尾。其操作方法如下：

（1）切换到要打印的批注所在的工作表，要显示单个批注，单击包含批注的单元格，然后在"审阅"选项卡上的"批注"组中单击"显示/隐藏批注"按钮。

（2）要显示所有批注，单击"审阅"选项卡上"批注"组中"显示所有批注"按钮。

（3）切换到"页面布局"选项卡，单击"页面设置"组右下角的对话框启动器，打开"页面设置"对话框。

（4）在"工作表"选项卡上的"批注"下拉列表框中，选择"如同工作表中的显示"或"工作表末尾"选项，如图8-51所示。

图8-51　"页面设置"对话框

（5）最后单击"打印"按钮即可。

拓展训练

为了对 Excel 2007 和以往的旧版本在操作上进行比较，下面专门使用 Excel 2003 制作如图 8-52 所示的资金项目汇总表，以此来了解不同版本在操作上的差别，从而进一步加深对 Excel 2007 易用性的体验。

		资 金 项 目 汇 总 表		
	上期余额	38,774,173.99元		
		本 月 发 生		备　　注
		收　入	支　出	
本月收入	本月收入	174,265.09	0.00	
	内部转款	666,150.15	0.00	
	招标保证金	8,000.00	0.00	
	其他收入	22,553.78	0.00	
	收 入 合 计	870,969.02	0.00	
本月支出	采购支出	0.00	12,520.00	
	基建支出	0.00	800.00	
	工资支出	0.00	54,000.00	
	劳动保险费	0.00	10,000.00	
	税金支出	0.00	3,525.51	
	内部往来	0.00	67,854.60	
	协议款	0.00	200.00	
	销售提成	0.00	50,000.00	
	保证金支出	0.00	4,500.00	
	投标保证金	0.00	1,000.00	
	其他支出	0.00	12,345.00	
	支 出 合 计	0.00	216,745.11	
当 前 余 额		39,428,397.90		

图 8-52　资金项目汇总表

关键操作步骤如下：

（1）建立资金项目汇总表，并删除多余工作表。

（2）设置允许用户编辑区域。选择"工具"菜单"保护"项下的"允许用户编辑区域"命令，如图 8-53 所示，在打开的"允许用户编辑区域"对话框中设置允许用户编辑的区域。

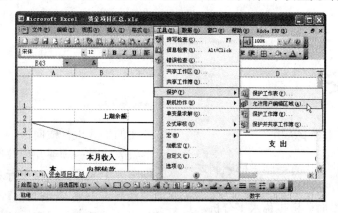

图 8-53　允许"允许用户编辑区域"命令

（3）保护工作表。选择"工具"菜单"保护"项下的"保护工作表"命令，如图 8-54 所示，在打开的"保护工作表"对话框中设置保护密码和需要保护的工作表项目。

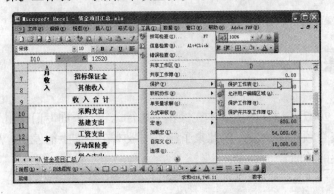

图 8-54　选择"保护工作表"命令

（4）设置工作簿密码，保护文档不被查看。选择"工具"菜单中的"选项"命令。

（5）打开"选项"对话框，切换到"安全性"选项卡，在"打开权限密码"文本框中输入设置的密码（本例使用密码 123），如图 8-55 所示。

（6）单击"确定"按钮，打开"确认密码"对话框，再次键入密码后单击"确定"按钮即可。

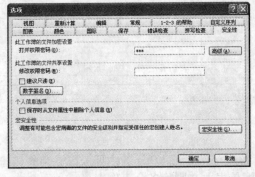

图 8-55　"选项"对话框

职业快餐

掌握报表的横向分析

作为一个会计工作者，除了能编制会计报表，还应能进行会计报表的横向分析。

会计报表的横向分析也称水平分析，是将连续数期报表中的相应项目增减情况以百分比的形式进行横向比较，即将最后一期财务报表中某一项或几项数据与前一期或前几期报表中的相应项目进行对应比较，将其增减额列示出来，同时计算出增减的百分比。如果比较两期的报表，则将较前一期报表的数据作为基数。如果比较三期以上的报表，则有两种方法可供选择：

（1）以最早一期报表数字作基数进行比较，这种方法称为定比法。

（2）将每一期报表的有关数据分别与其前一期报表的相应数据进行比较，这种方法称为环比法。

以环比法为例，表 8-1 所示为某公司的利润表。

表 8-1　利润表

××公司　　　　　　　　　　　　　　单位：万元

项目	2005 年	2006 年	2007 年	2008 年
销售收入	2850	3135	3323	3389
减：销售成本	1425	1581	11685	1966
销售毛利	1425	15544	1638	1423
减：期间费用	400	430	600	520
营业利润	1025	1124	1038	903
加：营业外收支净额	75	65	117	67
税前利润	11100	1189	1155	970
减：所得税	363	392	381	320
净利润	737	797	774	650
加：年初未分配利润	263	557	875	1185
可供分配利润	1000	1354	16449	1835
减：提取公积金	74	80	77	65
应付股利	369	399	387	325
年末未分配利润	557	875	1185	1445

根据此表数据编制的比较损益表（变动差额和百分比报表）如表 8-2 所示。表中的数据是这样计算得出的：

差额＝本期金额－上期金额；

百分比＝差额÷上期金额

通过利润表和比较损益表可以看出：

表 8-2　比较损益表（变动差额和百分比报表）

项目	2006 年		2007 年		2008 年	
	差额	%	差额	%	差额	%
销售收入	285	10	188	6	66	2
减：销售成本	156	11	104	5	281	17
销售毛利	129	9	84	7	-215	-13
减：期间费用	30	8	170	40	-80	-13
营业利润	99	10	-86	-8	-135	-13
加：营业外收支净额	-10	-13	52	80	-50	-43
税前利润	89	8	-34	-3	-185	-16
减：所得税	29	8	-11	-3	-61	-16
净利润	60	8	-23	-3	-124	-16

（1）销售收入的增长越来越慢。

（2）销售成本的增长快于销售收入的增长。

（3）2008 年毛利的下降速度很快，应查明 2008 年度销售成本上升 17% 的具体原因。

（4）期间费用的趋势是增长，2008 年得到控制。

（5）除 2007 年外，营业外损益基本稳定。

（6）净利润趋势下降。

因此，可以认为该企业盈利能力在下降，主要原因是销售成本大幅升高。

会计报表的横向分析可以通过采用上述方法编制比较财务报表来进行。在编制比较报表时，如有三期或更多期的报表数据参加比较，则必须注明比较的基年数，因为选择不同年份作为基数年会得到不同的增减金额和百分比。

教育部文科计算机基础教学指导委员会立项教材
Computer Arts Based On The Ministry Of Education Steering Committee Of Project Teaching Materials

高等学校文科类专业"十一五"计算机规划教材

根据《高等学校文科类专业大学计算机教学基本要求》组织编写

丛书主编 卢湘鸿

非线性编辑技术高级教程

徐亚非 王勇 岳婧雅 潘大圣 编著

清华大学出版社

北京

内 容 简 介

    本教程介绍的 Final Cut Studio 非线性剪辑的软件包包含了 Final Cut Pro 视频剪辑软件(可用于剪辑 DV、SD、HD 以及电影)、Cinema Tools 高级工具(可在 Final Cut Pro 中剪辑电影和 24P HD)、Soundtrack Pro 配乐及音效制作软件、Live Type 动画字幕软件、Motion 运动图形设计制作软件、Color 校色软件、Compressor 高质量的编码软件以及 DVD Studio Pro 工具软件,(可用于制作 DVD)。

    Final Cut Studio 非线性剪辑的软件包中的每个软件都负责完成一项专门任务,为整部电影服务,这是一般的非编软件无法单独完成的。

    本书以 Final Cut Studio 软件包为核心内容,带领读者使用软件特定功能,并且通过实例的讲解,给予有志向从事电影、电视制作人或高校的学生在动手的过程中逐步掌握每项技术的关键步骤。

图书在版编目(CIP)数据

非线性编辑技术高级教程 / 徐亚非等编著. --北京:清华大学出版社,2012.2
(高等学校文科类专业"十一五"计算机规划教材)
ISBN 978-7-302-28027-9

Ⅰ. ①非… Ⅱ. ①徐… Ⅲ. ①非线性编辑系统-高等学校-教材 Ⅳ. ①TN948.13

中国版本图书馆 CIP 数据核字(2012)第 023036 号

责任编辑:谢　琛　薛　阳
封面设计:常雪影
责任校对:胡伟民
责任印制:李红英

出版发行:清华大学出版社
          网　　　址:http://www.tup.com.cn,http://www.wqbook.com
          地　　　址:北京清华大学学研大厦 A 座　　　　　　邮　　编:100084
          社 总 机:010-62770175　　　　　　　　　　　邮　　购:010-62786544
          投稿与读者服务:010-62776969,c-service@tup.tsinghua.edu.cn
          质量反馈:010-62772015,zhiliang@tup.tsinghua.edu.cn
印 装 者:北京鑫海金澳胶印有限公司
经　　销:全国新华书店
开　　本:185mm×260mm　　　　　印　张:8　　　　　字　　数:190 千字
          附光盘 1 张
版　　次:2012 年 2 月第 1 版　　　　　　　　　　印　　次:2012 年 2 月第 1 次印刷
印　　数:1~4000
定　　价:22.00 元

产品编号:034553-01

前　言

　　早期电影只是将拍摄到的自然景物、舞台表演原封不动地放映到银幕上。美国导演 D. W. 格里菲斯开创了采用分镜头拍摄的方法,然后再把这些镜头组接起来的剪辑艺术。在很长一段时间里,剪辑是导演的工作。但随着有声电影的出现,声音和音乐素材的剪辑也进入了影片的制作过程,剪辑工艺越来越复杂,剪辑设备也越来越先进,于是出现了专门的电影剪辑师。剪辑师是导演重要的合作者,参加与导演有关的一切创作活动,如分镜头剧本的拟定、排戏、摄制、录音等。对剪辑的依赖程度,因导演的不同工作习惯而异,但剪辑师除了应该完全地体现导演创作意图外,还可以提出新的剪辑构思,建议导演增删某些镜头,调整和补充原来的分镜头设计,改变原来的节奏,突出某些内容或使影片的某一段落含义更为深刻、明确。

　　剪辑是对影片的二度创作。而数字技术让这种创作所想即刻能所见。这不仅是工作效率的提高,还使得艺术家的思维方式、电影的表现形式都获得了极大的丰富。

　　数字非线性剪辑技术使电影的制作过程越来越简化、形象化、实时化,效果越来越漂亮、生动,于是创作者开始不满足于仅仅达到传统工艺追求的再现现实的效果了,开始要求数字时代的影像要具有鲜明的时代感、形式感,强调视觉效果,表达个人的风格与品位,影像的假定性更为突出。

　　目前,非线性剪辑已经成为电影电视节目编辑的主要方式,由于其数字化的记录方式,强大的兼容性,相对较少的投资等特点,目前已被广泛应用。多用于大型文艺晚会,影视节目,以及电视、电视剧片头,宣传片的制作。多个非线性编辑系统通过联网后,可以成为一个独立的资源平台,不仅能起到资源共享的作用,同时还能为音像资料的保存工作节约相当的成本。现在许多电视台,电影电视节目制作公司在节目制作与播出时通过非线性编辑技术已经实现了无磁带编辑,无母带播出等优势。

　　数字非线性剪辑技术对现代电影电视的创作观念有着非常大的影响,过去电影的影像是非常贴近现实的,用光、分镜头和剪辑都是依据现实来规划创作的。而进入数字时代后,很多具体而繁复的工作变得轻松,鼠标一点,输入几个数字,就能搞定过去需要消耗大量时间和人力才能完成的工作。非线性编辑引入了磁盘记录和存储、图形用户界面(GUI)和多媒体等新的技术和手段,使电影电视节目制作将向数字化方向迈进一大步。

　　同时,非线性剪辑中多种多样、花样翻新、可自由组合的多种特技方式,使制作的节目丰富多彩,将电影电视制作水平提高到了一个新的层次。

　　数字非线性剪辑技术可以创造情绪,超越电影剧本的描述,超越导演的想象。全新 Final Cut Studio 提供了百余种新功能,拥有众多可以帮助用户更快地工作、更有效地协

作、获得更佳效果的超凡创新,极大提升了电影制作的艺术和技术水准。

本教程不仅是一本简述软件操作技术的书,更多是涉及了技术与剪辑艺术的结合,希望读者能利用它创造出自己的艺术作品。

作　者

2011 年 8 月

目　录

第 1 章　精剪技巧 ……………………… 1

　1.1　基本对话的精剪技巧 …………… 1

　　思考与练习 ……………………… 5

　1.2　多人对话的精剪技巧 …………… 6

　　思考与练习 ……………………… 10

第 2 章　效果 ……………………………… 11

　2.1　运动效果 ……………………… 11

　　思考与练习 ……………………… 23

　2.2　变速 …………………………… 23

　　思考与练习 ……………………… 29

　2.3　合成模式 ……………………… 29

　　思考与练习 ……………………… 34

　2.4　动态遮罩 ……………………… 35

　　思考与练习 ……………………… 39

　2.5　嵌套序列 ……………………… 39

　　思考与练习 ……………………… 45

　2.6　LiveType 动画字幕 …………… 46

　　思考与练习 ……………………… 63

第 3 章　色彩校正 ……………………… 64

　3.1　视频色彩基础 ………………… 64

　　思考与练习 ……………………… 66

　3.2　评估视频图像 ………………… 67

　　思考与练习 ……………………… 70

　3.3　校正曝光失误 ………………… 70

　　思考与练习 ……………………… 72

　3.4　校正白平衡 …………………… 73

　　思考与练习 ……………………… 76

　3.5　实现限制效果和个性化色调 … 76

第 4 章　混合音轨 ……………………… 80

　4.1　音频基础 ……………………… 80

　　思考与练习 ……………………… 86

　4.2　声音创作 ……………………… 87

　　思考与练习 ……………………… 89

　4.3　音频轨道操作 ………………… 89

　　思考与练习 ……………………… 94

　4.4　录制解说轨道 ………………… 94

　　思考与练习 ……………………… 95

　4.5　音频输出 ……………………… 95

　　思考与练习 ……………………… 98

第 5 章　项目管理 ……………………… 99

　5.1　媒体管理示例 ………………… 99

　5.2　备份和恢复 …………………… 100

　　思考与练习 ……………………… 102

　5.3　媒体管理器的功能 …………… 103

　　思考与练习 ……………………… 105

第 6 章　输出和编码 …………………… 106

　6.1　输出影片 ……………………… 106

　　思考与练习 ……………………… 111

　6.2　关于编码 ……………………… 111

附录　术语表 …………………………… 119

第1章　精剪技巧

对话场景是电影中最为常见的场面,剪辑对话也是每一位从事剪辑工作的人必须进行的训练。通常在剧本上,都会有大段的对话台词,这些台词被视为剪辑的中心,但是剪辑不是把所有的台词都理顺就大功告成了,剪辑要在恰当的时候将演员的台词、表演剪开,与另一个镜头相连接,以产生合乎情理或是出乎意料的效果,这才是考验剪辑师的功力之所在。

1.1　基本对话的精剪技巧

学习目的

运用 Final Cut Pro 的各种工具,进行基本对话的剪接练习,并通过景别和正反打镜头构建电影蒙太奇的构架。

知识点

(1) 将基本对话的编辑技巧应用于实例来进行讲解。

(2) 使用"波纹"和"卷动"微调编辑点。

(3) 使用插入或转移"覆盖编辑"。

(4) "修剪编辑"窗口的使用。

(5) 对入点和出点使用编辑。

具体操作步骤

一、熟悉素材

(1) 在 Dock 栏中打开 Final Cut Pro 软件,单击"文件">"新项目",然后选择"菜单">"输入">"文件",在"选取文件"对话框中选择"素材">"精剪"中的媒体文件,或者按command+I 键导入。

(2) 在检视器中播放该片段。

这部分的素材是采用 SONY PMW EX3 型高清摄像机拍摄的,格式为 Apple XDCAM EX 1080i50,视频尺寸为 1920×1080。通过"素材">"精剪"可以看到剧本,通过对素材和剧本的熟悉可以了解故事的顺序和结构,以及故事的气氛。

对于导演和剪辑师来说,坐在剪辑台前浏览素材,要关注演员的表演、台词和动作的连贯性,以及镜头运动和光线的连贯性等因素对影片整体的影响。对于整部影片来说,有时候一个镜头有缺陷,但其中有的部分可能很好,即使就那么一两秒,也可为整部影片所用,这就要求剪辑师认真地读懂剧本,对整个影片做到心中有数,才能更有效地识别有价

值的素材。

素材有如下几个内容。

- 男生宿舍的全景(包括两个从外面端着饭盒进来的学生——靳飞和居翔,以及一开始就坐在床前吃饭的杜哲宇和黄晶),在全景中演员表演了全部的对话内容;
- 画面右侧的居翔和黄晶、画面左侧的杜哲宇和靳飞都分别有近景的镜头;
- 四个人分别的特写镜头。

这个场景是用传统的手法拍摄的,提供了充足的内容可供选择,编辑的方法是:首先把主镜头编辑进来,然后分别覆盖特写镜头,建立了总体结构后,再回过头来,细调每一个编辑点。

在浏览器窗口的灰色区域右击鼠标,选择"显示为中图标",然后按照叙事的顺序排列片段,让同样内容的镜头垂直排列,这样有利于构思接下来的工作,如图 1-1 所示。

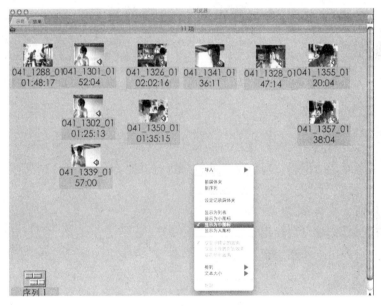

图　1-1

一般来说有演员表演的剧情片,一个镜头的内容通常都会拍摄不只一条,因为演员表演的因素,如台词说错了、动作不到位,或者是镜头运动的问题等,所以整理和熟悉素材是剪辑前的重要工作。从众多的素材中挑选有用的内容十分烦琐,但是 Final Cut Pro 为我们提供了一些便利的功能。

- 调取缩略图:用鼠标右击浏览器顶部的选项标题部分,如图 1-2 所示。

图　1-2

- 在弹出的关联菜单中选择"显示缩略图",如图 1-3 和图 1-4 所示。

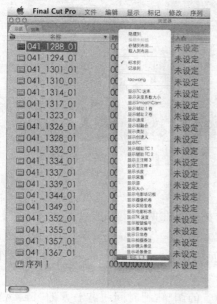

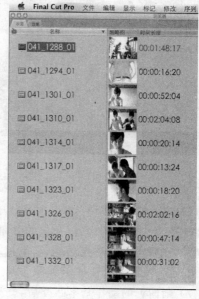

图　1-3　　　　　　　　　　　　　　　图　1-4

如果要隐藏缩略图,重复上述动作,在弹出的菜单中选择"隐藏列"即可。

【注意】 缩略图显示的画面为片段的第一帧,或者是入点的那一帧,所以看到的缩略图也许并不能代表该片段的真实内容。要更改缩略图的显示,可以将片段在检视器中打开,将播放头移动到标志性的画面上,然后选择"菜单">"标记">"设定标志帧",浏览器中的缩略图即可被更新。或是用鼠标在浏览器中单击缩略图并拖动,浏览其内容,在找到标志性画面时,按下 control 键,然后松开鼠标,再放开 control 键,缩略图即可被更新。

二、具体操作

(1) 从浏览器中找到全景镜头素材 041_1288_01,双击使其在检视器中打开,找到导演说"开始"的位置,并大约在 05:17:47:19 的位置设置入点(因为表演在结尾的时候自然停止,所以先不设置出点)。

(2) 使用"覆盖编辑"的模式编辑到时间线中(让序列自动适合素材的格式,并为序列命名为"日内-对话-粗剪")。

(3) 在浏览器中找到画面右侧的居翔和黄晶的近景镜头 041_1339_01,并在检视器中打开。(这是一个从侧面拍的镜头,另外两个从正面拍摄的镜头可以作为剧情的补充元素,把观众的注意力集中到每个人的对话内容上去)

(4) 把播放头放在居翔坐下的过程中。因为在时间线上居翔比较大的动作是他走到床边坐下的动作,和近景中的进画、坐下可以匹配。(时间线上居翔的声音不是很清楚,因为在全景的景别里,人离摄像机比较远,声音的效果不是很好,所以要考虑使用近景别的声音,而通常电影画面剪接的原则是"动接动",通过动作镜头的连接形成灵活的画面调度,并且通过动作剪接让观众忽略"剪接"的存在)

(5) 回到检视器中,找到和画面中匹配的动作位置,并设置入点,然后把素材以"覆盖编辑"的方式编辑到时间线中,如图1-5所示。

图 1-5

（6）观看剪接的效果，并在时间线中把播放头放置在两个镜头的接点处，然后按"\"键，播放播放头前后的内容（播放的时间长度可以在"用户">"偏好设定"中按照自己的需要调整），动作点的设置要精确，如果相差较多，可以使用"波纹"工具来修剪单个镜头的入点或出点。

（7）画面上的动作基本匹配后，就要进行声音的调整，把时间线右上方的"链接选择"关闭，以确保只修剪声音部分。在声音片段中找到全景镜头中居翔开始说话前的位置，然后使用"选择"工具把该镜头音频部分的出点选中并拖曳到位，然后用同样的方法把后面近景镜头的声音延长到前面，填补空白。

【注意】 音频轨道上不要留下空白，因为在有画面的情况下即使演员没有说话，也会有空气的噪声存在，也就是所谓的"底噪"，而音频轨道上的空白使声音电平完全不存在，会引起观众的警觉。

（8）调整动作点的连接。在工具调板中选择"卷动"工具，并在时间线上双击剪辑点，打开"修剪编辑"窗口，左侧是时间线上播放头左边的镜头出点，右侧是时间线上播放头右边镜头的入点，可以在这个窗口中一目了然地观察动作点的匹配情况。首先确认工具是"卷动"工具，然后使用键盘上的"{"或"}"（也可以用<或>）来微调动作的连接，通过反复的调整，会发现剪辑工作的微妙之处在于动作幅度的改变会导致画面节奏随之改变。

【注意】 窗口中下部有一个"动态修剪"的选择，如果选择该项，则可以用键盘的 J、K、L 键来修剪（单按 J/L 键是以正常速度前后播放，反复 J/L 键是快速前后播放；同时按住 K+J/K+L 键将减速前后播放），如图 1-6 所示。

图 1-6

三、"修剪编辑"窗口的使用

"修剪编辑"窗口是一种特殊环境,对于前后关联镜头的修剪非常方便。

该窗口分为两个部分,左边显示时间线上播放头左侧片段的出点,右边显示时间线上播放头右侧片段的入点。两个绿色条高亮度显示"修剪编辑"窗口将影响的编辑点。

"修剪编辑"窗口的修剪方法如下。

(1) 在搓擦条中拖动片段的入点或出点。

(2) 使用 J、K、L 键移动播放头找到希望的位置,使用 I 或 O 键设定入点或出点(或单击"标记"按钮)。

(3) 如果启用了"动态"选项,则使用 J、L 键移动播放头在找到希望的位置时,按下 K 键,编辑点即修剪到播放头位置。

(4) 使用"动态"按钮两侧的"单帧修剪"、"多帧修剪"按钮,进行修剪。"多帧修剪"按钮的步长设定在"用户偏好设定"窗口"编辑"标签中的"多帧的修剪长度"中可以更改,如图 1-7 所示。

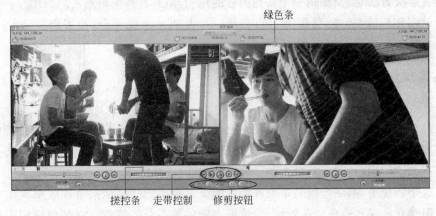

图　1-7

关闭"修剪编辑"窗口,可以执行以下任意操作。

(1) 在时间线或画布中将播放头从该编辑点处移开;

(2) 单击时间线中编辑点以外的任何地方,以取消时间线中所选择的编辑点;

(3) 按 command＋W 键。

思考与练习

1. 时间线中设置入点和出点的快捷键是什么?

2. 修剪的时候使用"波纹"工具有什么用途?

3. "卷动"工具可以调整哪两个编辑点?

4. 可以使用什么修饰键来创建一个新的标志帧?

5. 在时间线上关闭"链接选项"有什么用途?

6. 什么工具可以用来在时间线中拖动一个编辑点?

7. 哪两个快捷键可以用来一次一帧地调整编辑点？

1.2 多人对话的精剪技巧

学习目的

运用 Final Cut Pro 的各种工具，进行多人对话的剪接练习，并通过景别和正反打镜头构建电影蒙太奇的构架。

知识点

(1) 将多人对话的编辑技巧应用于实例来进行讲解。

(2) 转移镜头的概念。

从一个人的某个片段剪辑到他的另一个片段，称之为"跳剪"。观众对"跳剪"会产生不适感。解决方法是，新编辑一个其他内容的镜头，用来替换编辑点之间的内容。这些替代镜头就叫转移镜头。转移镜头可以是同一个片段的其他部分，也可以是完全不同的素材。

具体操作步骤

一、熟悉素材

通过基本对话精剪技巧的介绍，我们把全景和近景剪接到了一起，下面要处理多人对话的精剪技巧——转移镜头的使用。为近景镜头 041_1339_01 添加转移镜头：镜头中演员居翔有大段的独白，对面两个人的反应可以在适当的时候出现。

在这个影片中，第一个镜头是表现场景的全景镜头，交代了"故事在哪里发生"和"都有谁"，但观众还要知道角色在做什么，他们之间的关系是怎样的。如果剪辑师不用镜头的调度来回答这些问题，观众马上就会失去兴趣。

如果反过来，以一个近景开始一个场景，然后继续切换近景镜头展开故事，"谁"的问题已经出现，而"故事在哪里发生"观众仍不知道，这个场景的现实感将会被模糊，进而让观众产生疑惑。

剪辑师的工作要尽量隐藏人为的痕迹，要确保屏幕上出现的动作和声音非常自然并且真实可信，要让观众进入到故事情节中，而不要让他们被"剪接"拉出来。

优秀的剪接应该是观众在观看影片时意识不到剪接的存在，他们被影片本身所吸引，而当他们看完整部影片后，会对影片的叙事方法表示赞赏。

二、添加转移镜头

(1) 在时间线上播放刚刚剪辑的两个片段，在居翔说"前两天我买了一袋法式小面包"后停下，这时他是面向对面的两个同学的，那么继续加入对面靳飞和杜哲宇的镜头。

(2) 在浏览器中找到 041_1350_01，并在检视器中打开，找到台词相对应的位置设置入点(大约 06：02：59：13)，然后标记 2s 的长度。

(3) 将时间线轨道控制面板的音频部分"源"和"目的"断开连接，然后将检视器中的

素材视频部分覆盖编辑进来,如图 1-8 所示。

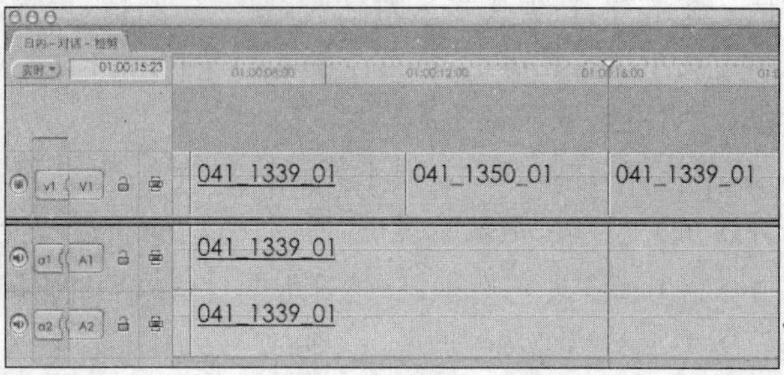

图　1-8

【注意】　"源"和"目的"的连接类似在两台录像机之间复制磁带,"源"相当于放机,用小写的 v1、a1、a2 分别代表视频和音频左、右声道;"目的"相当于录机,用大写的 V1、A1、A2 表示;连接状态相当于放机和录机的接线,决定将要把什么内容(视频或音频)编辑到时间线上。

(4) 回放视频,如果发现剪接点不够精确,可以到最后再来精调这些细微的地方。

(5) 在浏览器中找到长度 20s 的镜头 041_1355_01,这是一个没有任何台词的镜头,拍摄它的目的就是为了在剪辑时充当转移镜头,其实只需要用到其中的三到四秒钟。

(6) 在时间线上找到居翔说"哪个到咱们寝室偷东西吃"的位置,把标记的素材视频部分编辑进来,并回放,如图 1-9 所示。

图　1-9

【注意】　使用特写镜头是吸引注意力较为有效的作法。不继续使用刚才的转移镜头是由于剧情的需要。居翔丢的"法式小面包"就是杜哲宇偷吃的。就像写作文我们会重点"强调"一样,使用一个景别更近的特写镜头,来暗示这一点,演员也通过夸张的表演强调了这种"潜台词"。所以在选择素材时,应该注意演员的动作,尽量挑选其中最有意思的部分。

三、剪切转折点

时间线上的对话还在继续,在剪接多人对话时,要考虑剧情、台词和人物的特点。剧本分配给每个角色的时间不会是相等的,在这个场景中没有台词的演员不等于不重要,我们还是要从全局着眼,注重电影蒙太奇的法则。

在前面的段落里,靳飞没有开口说话,但不能忽略这个人物,否则到了后面他再出场说话,会显得突兀,好像是突然"跳"进故事里的,所以在接下来的部分,要加入他的内容。

(1)继续播放时间线上刚才剪辑的部分,杜哲宇的特写过后,是居翔和黄晶两人的对话近景,找到居翔说"这个不是钱不钱的问题"之前。

(2)在浏览器里找到041_1328_01,这是一个单独拍摄的转移镜头,声音为演员提供表演的参考节奏,所以只要关注画面上的表演是否合适就可以,声音将不会被编辑进时间线。

(3)注意检视器中靳飞的视线,应该是配合对面两个人的对话而变化,标记合适的入点和出点。

(4)将时间线轨道控制面板的音频部分"源"和"目的"断开连接,然后将检视器中的素材视频部分覆盖编辑进来。

(5)回放剪接的效果,然后继续播放,找到黄晶最后一句话"免得自己长胖了也好",然后停止播放。

(6)在浏览器中找到041_1357_01并在检视器中打开,找到杜哲宇开口"哎"之前一点的位置,并标记入点。

(7)在时间线轨道控制面板上将音频部分"源"和"目的"连接,然后将检视器里标记好的素材编辑进时间线。

四、使用工具来微调编辑点

我们已经在时间线上得到了一个粗剪的影片段落,之所以说是粗剪,是因为我们仅仅是按照剧本的时间顺序把每个镜头需要的部分组接了起来,在镜头之间的衔接上还显得粗糙甚至勉强。接下来,要利用 Final Cut Pro 的几个工具来调整编辑点,让影片变得更加流畅。

(1)单击时间线任意空白处以保证其处于活跃状态,按 home 键,让播放头回到开始处,再按"↓"键两次,播放头会跳到第二个编辑点,按"\"键播放该编辑点前后的内容。

(2)调整演员的表演,观察转移镜头的位置是否太"紧"了,如果在居翔的话中接对方的反应,就显得有点快,那么应该把转移镜头向后调整一点,按 S 键两次(或在工具调板中选择),然后切换为"滑动"工具,单击转移镜头,并向右轻轻拖动,这时可以按 N 键关闭吸附功能,拖动后再播放这部分,转移镜头的位置被移动了,而它左面的镜头出点被延长,右面的镜头入点被剪短,整个序列并没有变化,如图 1-10 和图 1-11 所示。拖动时,画布会显示左边片段的出点帧和右边片段的入点帧,如图 1-12 所示。

(3)如果对结果不够满意,还可以使用"滑动"工具,按 shift 键同时单击时间线中的转移镜头(这时工具会切换为"选择"),然后使用键"{"和"}"或是"<"和">"进行单帧的修剪,直到满意为止。

【注意】 滑动编辑,可以在时间线中其他两个片段之间移动片段的位置,而不会产生空隙。片段的内容与长度都不变,只是在时间线中的位置发生改变,相邻片段会变长或缩短

图　1-10

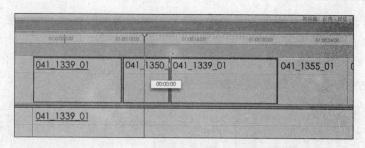

图　1-11

图　1-12

来进行补偿(前后片段必须有足够的余量),序列总长度不会变化。

(4) 按 A 键,回到"选择"工具。

(5) 继续调整下一个转移镜头的编辑点,按"↓"键,让播放头跳到下一个转移镜头,也就是杜哲宇的特写,但是发现这个镜头中他始终垂着眼睛,镜头画面不符合要求,那么应用备选镜头:041_1354_01,在浏览器里找到这个镜头并双击打开,用它来替换时间线上的那个不太理想的转移镜头。

(6) 在检视器里,将播放头放置在杜哲宇抬眼向对面看的位置(约 06∶07∶52∶23)。

(7) 在时间线上,将播放头放置在杜哲宇特写镜头的当中位置,然后用鼠标将检视器中的画面拖动到画布上,在弹出的"叠层"选项中选择"替换",如图 1-13 所示。

图　1-13

(8) 松开鼠标,新的镜头就被编辑到时间线上了。

【注意】 "替换编辑",这个功能可以放置一个相同长度的片段到序列中去替换当前

片段,替换的原则是检视器播放头的位置和时间线播放头的位置对齐,而要替换的素材内容会自动向播放头的两侧填充。

（9）播放新的片段,发现一些不满意的地方:一开始杜哲宇就抬着眼睛。不如让他先垂着眼睛吃饭,然后再抬眼看对方。

图　1-14

（10）双击时间线上的 041_1354_01 片段,在检视器里打开,然后按 S(或在工具调板中选择),切换为"滑移工具",如图 1-14 所示。

（11）用"滑移工具"单击时间线上的转移镜头并向左拖动(拖动的幅度可以大一些),同时注意检视器里入点、出点移动的情况——在拖动的时候,它们同时也在移动。

【注意】 "滑移编辑"不会更改片段在时间线中的位置和长度,但它可以同步移动该片段的入点和出点,从而更改片段在时间线中显示的部分。使用"滑移工具"时注意该片段必须有足够的余量。

（12）按 shift 键同时单击时间线中的转移镜头(这时工具会切换为"选择"),然后使用键"{"和"}"或是"＜"和"＞"进行单帧的修剪。

（13）经过多次尝试,找到演员的最佳表演部分。

细节的调整是精剪的核心工作,素材的拍摄往往是断断续续的,而剪辑工作就是把这些看似散乱的素材连接起来,用流畅的故事来吸引观众。

五、对话场景一般的拍摄、剪辑规律

- 用全景或中全景来交代场面,以确定人物的位置;
- 同一类型视线的人物镜头的近景和特写展开对话内容;
- 以特写描写人物特定的心理活动(即"潜台词");
- 景别的切换通常以动作作为机会;
- 对话方向的切换通常以声音作为机会;
- 强调剪辑的节奏、镜头的景别所带来的暗示。

剪辑是影片的二度创作。作为剪辑师,应该主动地把握影片的节奏。

在"素材"媒体夹中,还有关于这个场景的其他素材,希望大家可以跳出剧本的局限,剪辑师应该对每一种可能性都不放过,灵活进行创作。比如:如果把居翔的台词从某一处断开,插入外景空镜头,再切回到对话,带给观众的感觉是"时间过去了一天";或者插入居翔起来拿牙签的动作,就能让观众感觉对话时间被延长。

思考与练习

1. "源"和"目的"的作用是什么?
2. "滑移"工具调整的是哪两个编辑点?
3. 使用"滑动"工具的时候,可以影响到多少个片段?
4. "替换编辑"功能有什么作用?
5. "滑移编辑"功能有什么作用?

第2章 效 果

下面通过实践范例,循序渐进地对 Final Cut Pro 的各种效果的制作进行讲解,实例的演练能够使我们更加深入了解 Final Cut Pro 软件在制作影片效果方面的特性,并且在以后的创作中能够举一反三。每个实例中均涉及 Final Cut Pro 的一些具体的功能,比如运动效果、变速、合成模式、动态遮罩、嵌套、动画字幕。掌握这些效果的制作,能够帮助我们制作出吸引观众的影片。

2.1 运 动 效 果

学习目的

运动效果常用于电视节目制作,如分屏、展开和图像的飞入飞出等,还能和字幕、图形等形式结合。改变运动属性能够改变片段的风格和外观,从而增强视觉冲击力。在这个小节中,首先要学习运动效果的基础知识,以及如何设置和修改运动的属性,产生一些基本的静态效果;然后通过关键帧动画的设置实现动态的运动效果。结合实例可以学习到如何设置各种生动的运动效果。

知识点

(1) 熟悉运动属性,以及改变这些属性的方法。

(2) 调整缩放与旋转、裁剪、变形。

(3) 创建带有关键帧动画的运动效果。

(4) 创建并修改运动路径。

(5) 使用贝塞尔手柄来自定效果。

具体操作步骤

首先要了解哪些元素和参数可以使画面运动起来。在学习运动效果制作之前,先来制作一些静态的效果,以熟悉运动属性。

一、缩放与旋转

(1) 建立一个新的项目,单击"文件">"新项目",为新序列命名为"运动基础"。

(2) 单击"菜单">"输入">"文件",在"选取文件"对话框中选择"素材">"效果">"运动效果",这里有三个片段。

(3) 将镜头 041_1419_01 编辑到时间线上,然后双击该片段,在检视器中打开,单击"运动"标签,如图 2-1 所示。(当前的参数均为默认值,几乎所有的这些参数都可以在检视器中或直接在画布中进行修改)

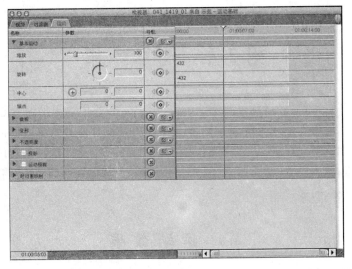

图 2-1

(4) 在画布中单击"显示"按钮,在弹出的菜单中选择"影像＋线框",如图 2-2 所示。(对于时间线中选中的片段,画布上会显示一个 X,线框显示允许以图形化的方式——缩放、旋转等对图像属性进行修改)

图 2-2

(5) 在画布中,将光标定位在线框的 4 个白色角点之一上,光标变为十字交叉线。

(6) 单击并向内拖动,图像即被缩小,检视器"运动"标签的缩放参数会随之改变,如图 2-3 和图 2-4 所示。

【注意】 通常应该尽量避免放大图像超过 100%,因为超过了图像本来的分辨率,会使图像变得模糊。

(7) 在线框内任何地方单击鼠标,并向任意方向拖动即可改变图像的位置,这个操作也可在检视器"运动"标签的"中心"设置实现,如图 2-5 和图 2-6 所示。

(8) 在图像的 4 个角之一上移动鼠标,当鼠标指针变成旋转的箭头时,可旋转图像,

图　2-3

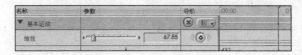

图　2-4

图　2-5

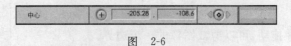

图　2-6

或者按住 command 键拖动,可同时进行缩放、旋转,如图 2-7 和图 2-8 所示。(旋转参数亦可在检视器"运动"标签中的旋转部分以度数的方式调整)

(9)在检视器"运动"标签中,单击"基本运动"的红色 X 重设按钮,即可将所有参数复

图 2-7

图 2-8

原至默认值,使图像恢复到原来的样子,如图 2-9 所示。

二、裁剪

（1）在检视器"运动"标签里,单击剪裁左边的小三角以显示参数,如图 2-10 所示。

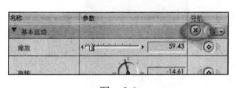

图 2-9

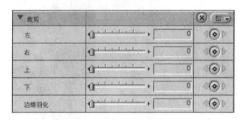

图 2-10

（2）用鼠标拖动任意滑块,即可在画布上看到图像被剪裁,亦可将鼠标指针置于滑块上方,轻轻滑动鼠标滚珠,效果相同。

（3）从工具调板中选择"剪裁工具"或按 C 键,如图 2-11所示。

（4）将光标定位在画布中 4 条绿色的图像边界线之一上,光标变成剪裁图标。

（5）单击鼠标并拖动,可以剪裁图像的一个边界。

（6）将光标定位在一个角点,单击并拖动鼠标,即可同时剪裁图像的宽和高,如图 2-12 所示。

【注意】

● 等比例修剪宽和高：使用剪裁工具单击角点并按住 shift 键；

图 2-11

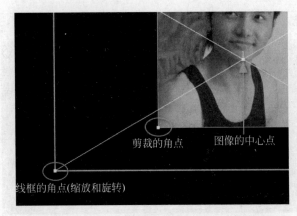

剪裁的角点　　图像的中心点

线框的角点(缩放和旋转)

图　2-12

- 同时修剪两个平行的边：拖动一边同时按住 command 键；
- 同时修剪 4 个边：拖动一个角点同时按住 command 键；
- 同时并等量修剪 4 个边：拖动角点同时按住 command＋shift 键。

（7）单击剪裁的红色 X 重设按钮，恢复到图像的原始状态。

三、变形

（1）在检视器"运动"标签中，单击变形左边的小三角，显示参数。

（2）选择工具调板中的"变形"工具，或按 C 键两次，如图 2-13 所示。

（3）拖动图像 4 个角点之一，即可看到变形效果，如图 2-14 所示。

图　2-13

图　2-14

（4）在参数中拖动宽高比滑块，可对图像的垂直或水平比例进行变形。在画布中，使用"选择"工具，然后按住 shift 键同时拖动角点，也可实现同样的操作，如图 2-15 所示。

（5）单击变形的红色 X 重设按钮，恢复图像原始状态。

【注意】　除了单击重设按钮恢复默认值，还可以按照下面的办法进行操作：在时间线上右击片段，在弹出的菜单上选择"去掉属性"，如图 2-16 所示，在弹出的对话框中钩

图　2-15

选想要恢复的设置，单击"好"按钮即可，如图 2-17 所示。

图　2-16

图　2-17

　　通过上面的练习我们已经知道如何设置和修改运动的属性来产生一些基本的静态效果。静态效果在片段持续时间内都将保持不变，如果想让这些效果在片段播放的时候以动态出现，就要通过关键帧动画来实现。比如在片段开始的地方将缩放设置为 0，然后在 2s 的地方将缩放设置为 100％，那么效果将是：黑屏，然后片段慢慢放大，用 2s 的时长放大到满屏。那么 0 和 100％ 是关键帧的参数，两个位置：开始处和 2s 处，就是关键帧的位置。只需要设定片段开始和结束的效果，中间变化的过程由软件自动检测并生成。

　　四、配置窗口布局

　　（1）重新定位检视器、浏览器和时间线窗口，检视器窗口可以被拉的相当宽，如图 2-18 所示。

　　（2）选择"窗口"＞"整齐排列"＞"存储窗口布局"，在弹出的保存对话框中命名为"运

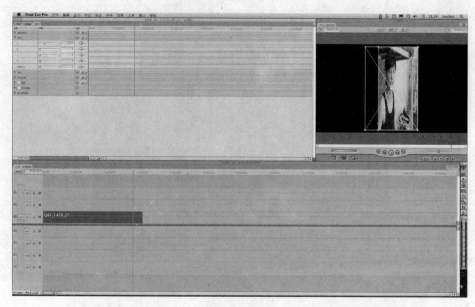

图 2-18

动效果",然后保存。

(3)以后可以随时调用这个布局。

五、创建关键帧动画——剪裁分屏

(1)修改浏览器中三个片段的名字,041_1421_01改为"杜"、041_1419_01改为"靳"、041_1428_01改为"黄",这样在时间线上能更容易地识别它们。

(2)将三个片段叠加编辑到时间线上,如图2-19所示。(注意顺序)

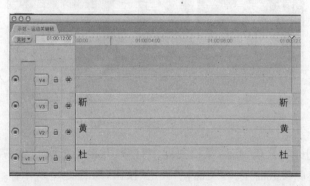

图 2-19

(3)将三个片段分别剪裁,并调整中心点位置,如图2-20和图2-21所示。

(4)通常在进行动画设定的时候,都是先确定画面运动到位后的效果和参数,然后再向前推,设定开始的效果和参数。那么,按照图2-21所示的样子剪裁并安排好三个片段的中心点后,就可以推导它们是从什么样子开始变化成现在的效果的。

(5)画面在开始时中间的靳飞是满屏的,然后用大约2s的时间剪裁到现在的样子,把两边的黄晶和杜哲宇的片段显露出来,那么我们就可以推导设置动画关键帧的参数。

图　2-20

图　2-21

（6）双击时间线上片段"靳"，在检视器中打开，并单击"运动"标签，将播放头定位在2s的位置，单击裁剪参数的左、右关键帧"设定"按钮，如图2-22所示。

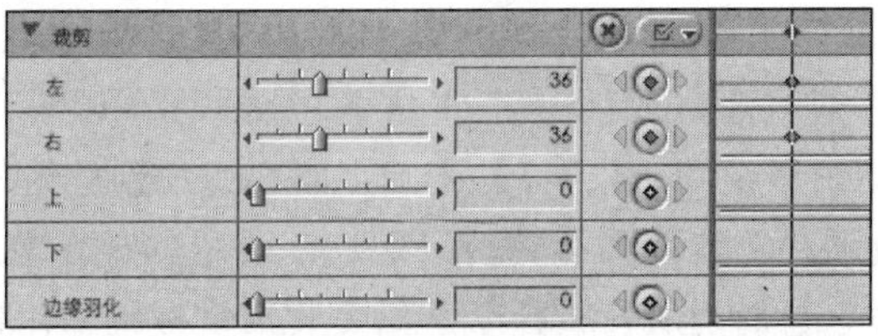

图　2-22

（7）将播放头定位到片段的第一帧，将左、右的参数设定为 0，或向左拖动滑块，让其为 0，如图 2-23 所示。

图　2-23

（8）播放时间线序列，审查一下效果。片段"靳"将在 2s 内由满屏剪裁至中间，画布上出现三个人的近景图像。

（9）根据以上步骤，还可以让另外两个没有动作的片段也动起来，比如"黄"可以由下至上的剪裁，而"杜"则以相反的方向出现，如图 2-24 所示。

图　2-24

（10）调整剪裁中的"边缘羽化"参数，可以让图像剪裁的边缘变得柔和。

六、创建关键帧动画——运动分屏

刚才使用的是剪裁参数制作的效果，也可以使用其他参数相结合来制作不同的效果，如使用基本运动的缩放和中心点，剪裁制作一个运动的分屏效果——让图像从屏幕外飞进来，停止在屏幕合适的位置上。

（1）在时间线上将三个片段的运动属性去除，恢复到它们原始的样子。

（2）将"黄"和"杜"片段的缩放参数设置为 50%，"靳"设置为 75%，并剪裁右边至画面中饮水机的位置。

（3）单击画布的"显示"按钮，选择"棋盘 1"，这样方便查看图像的边缘，并方便对齐，如图 2-25 所示。

（4）单击画布显示"百分比"按钮，选择"适合全部"，以显示图像全部，将图像按下图排列定位，如图 2-26 所示。

（5）首先来设定"靳"的运动路线，设定它以 2s 时长从屏幕的右侧飞入，到上图的位置。

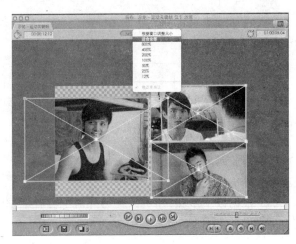

图　2-25　　　　　　　　　　　　图　2-26

（6）在时间线上双击该片段在检视器中打开，在"运动"标签中 2s 的位置设置中心点的关键帧。

（7）将检视器播放头移动到片段的第一帧。

（8）在画布中用鼠标单击"靳"片段，并向右拖动至画面外，如果想要保持水平的运动路径，可在拖动同时按住 shift 键，如图 2-27 所示。画布上会出现一条运动的路径，在检视器"运动"标签的中心点中自动生成关键帧，如图 2-28 所示。

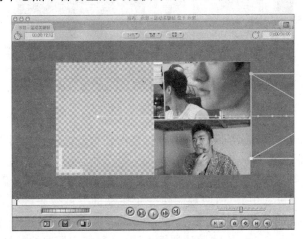

图　2-27

图　2-28

（9）播放时间线序列，审查运动效果。

（10）接下来，设定"黄"片段从屏幕上方进入，这次我们添加上旋转效果。

（11）双击时间线该片段，在检视器中打开它的"运动"标签，将播放头定位在 1 秒 12 帧的位置，然后设定中心点和旋转的关键帧。

（12）在时间线上将播放头定位在第一帧（因为片段已经在检视器中打开，检视器中的播放头也会同步移动），在画布中用鼠标单击"黄"片段，并向下拖动至画面外，看到画布中出现运动路径。

（13）在检视器的旋转参数中设定 360，旋转关键帧设定完成，如图 2-29 所示。

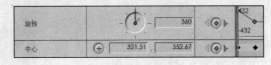

图　2-29

（14）播放时间线序列，审查效果。

（15）还剩下的一个片段，可以设想它出现的方式，但是要注意时间顺序的安排，然后参考上面的步骤设置它的运动。

【注意】　在运动路径上可以应用贝塞尔曲线控制，如图 2-30 和图 2-31 所示。

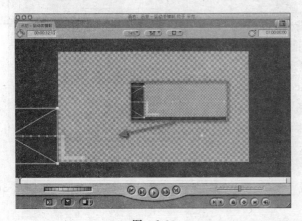

图　2-30　　　　　　　　　　　　　　　　　　　图　2-31

当设定好一个片段的运动路径后，如果将光标移动到路径中的节点上，光标会变成钢笔工具，单击即可出现绿色的关键帧指示（同时会在检视器中添加关键帧）。如果右击该关键帧节点，即可制作贝塞尔控制手柄，如图2-32～图2-34所示。这样可以拖动该关键

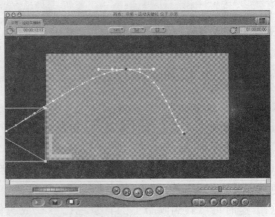

图　2-32　　　　　　　　　　　　　　　　　　　图　2-33

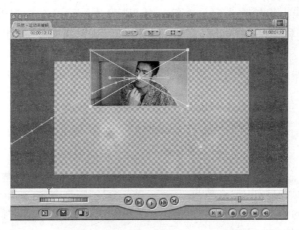

图 2-34

帧节点,产生平滑的弧线运动路径。

七、创建关键帧动画——改变背景色

在调整完所有片段的运动后,还可以为序列增加一个背景色,这个背景色也可以设置动画效果。

(1)在时间线上选中所有片段(command+A)。

(2)按 option+"↑"键,将在空置的 V1 轨道上添加一个背景色。

(3)单击检视器的视频发生器,选择"遮罩"、"颜色",如图 2-35 所示。

图 2-35

(4)将颜色遮罩编辑到时间线 V1 轨道上,并使其长度符合其他片段,如图 2-36 所示。

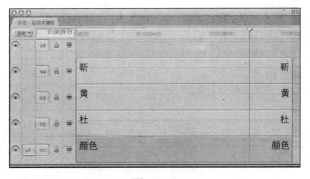

图 2-36

(5)在时间线中双击颜色遮罩,将其在检视器中打开,并单击"控制"标签,如图 2-37 所示。

(6)在检视器中将播放头定位在第一帧,并设定关键帧,然后单击颜色选择器,选择"红色",单击"确认"按钮。

(7)这时可以看到画布上的背景色已经变成我们选择的颜色,再将检视器播放头定

图　2-37

位到最后一帧,再次打开颜色选择器,选择色盘上红色对面的"绿色",单击"确认"按钮。

(8) 回放时间线,可以看到背景的颜色改变的动画效果。

【注意】　在实际应用中,颜色或图案都能成为背景,当然也可以使用 Photoshop 这样的图形图像处理软件来绘制属于自己的背景图像,但要注意的是,不要使用饱和度过高的颜色,那样有可能会产生电视信号不允许的噪波。

思考与练习

1. 从哪里可以查看"运动"参数?
2. 如何在画布上直接修改运动参数?
3. 在哪里可以设定和调整运动关键帧?
4. 什么是运动路径?
5. 用哪种工具能够隐藏一个画面中不必要的部分?

2.2　变　　速

学习目的

变速效果是 Final Cut Pro 提供的丰富多彩的效果类型中常用的一种,掌握变速工具的使用,达到创造性的利用变速为影片增加视觉效果。

知识点

通常可能会因为各种原因要更改速度设置。例如,可能要解决序列中的编辑问题。在这种情况下,可以进行适配填充编辑,使片段更长以填充更多时间,或者在操作所用的时间比所需的时间长时使片段变短。可以使用变速来创建变化的速度,从慢动作更改为快动作以及从前进更改为后退。变速还能使片段中的特定帧出现在序列的特定点上。片段中的其余帧自动播放得更快或更慢以进行补偿。

(1) 速度的基础知识。

所有片段的默认速度为 100%。

- 慢动作:速度小于 100%。
- 快动作:速度超过 100%。
- 变速:使用时间重映射功能,速度随设置变化而变化。

(2) 更改速度如何影响片段的时间长度。

(3) 使用时间重映射工具实现变速。

时间重映射是通过将某个帧指定给新的时间来进行变速,而其他帧都会相应地重复或跳过进行补偿,从而产生慢动作或快动作。

(4) 使用贝塞尔曲线来调整变速效果。

(5) 使用变速控制创建静帧。

(6) 使用运动检视器。

具体操作步骤

一、更改速度如何影响片段的时间长度

更改片段的速度会影响片段的时间长度。如果选取 50% 的速度,那么片段的时间长度为原时间长度的两倍;如果将速度更改为 200%,那么片段的时间长度就只有原时间长度的一半。例如,如果将 10s 长的片段设定为以 50% 的速度回放,Final Cut Pro 将复制该片段中的帧以使片段变成 20s 长,以较慢的速度回放。如果将片段的速度增长为 200%,Final Cut Pro 跳过帧并使片段的长度为 5s,它将以相对快的速度回放。

【注意】 我们应用的速度设置不会应用于磁盘上的片段源媒体,而且可以随时更改。

(1) 建立一个新项目,导入"素材"媒体夹 >"效果">041_1368_01 镜头,并编辑到时间线上,如图 2-38 所示。

图　2-38

(2) 在时间线上找到演员跳下床的动作点(大约在 01∶00∶18∶05 处),按 B 键(刀片工具)将片段剪开。(这是一个包含男演员一系列动作的镜头,我们可以将演员跳下床后的部分加快速度,来获得一种滑稽的效果)

(3) 按 A 键切换回"选择"工具,并选中右面的片段,对这部分进行加速。

(4) 按 command+J 键,打开"速度"工具对话框(也可在"修改"菜单中选择"速度"命令),如图 2-39 所示。

(5) 在"速度"栏中输入数字 200,确保"帧融合"是被选择的,单击"好"按钮确认。

【注意】 创建慢动作可能会导致画面频闪抖动,为了减少这种效果,通常在"速度"对

话框中打开"帧融合","帧融合"会使用显示在重复帧任一边的两个帧并创建新的中间帧作为这两个帧的合成,使得慢动作回放更为平滑。

（6）播放查看镜头效果,如果觉得还不够滑稽,可以重复上面的步骤,再加快些,比如 400%。

【注意】　当时间线上的片段更改过速度,片段的名字旁边会出现数字显示该片段的速度参数,如图 2-40 所示。

图　2-39

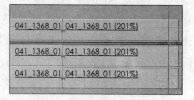
图　2-40

二、运动模糊

（1）导入"素材"媒体夹＞"效果"＞041_1359_01 镜头,双击它在检视器中打开。

（2）这个镜头我们标记出手拉开抽屉的完整动作,时间码 06：10：27：13 至 06：10：28：09 之间,大约 2s 的时间长度,设定好入点、出点后,编辑到时间线上。

（3）在时间线上单击选中片段,按 command＋J 键,打开"速度"工具对话框,在"速度"栏中输入数字 30,确保"帧融合"是被选择的,单击"好"按钮确认,如图 2-41 所示。

（4）审查镜头运动,发现动作被放慢了,还可以尝试更低的速度,如 10%。（随着速度的减慢,会发现图像变得模糊,动作变得很奇怪,出现了叠影,甚至有点闪烁的样子）

（5）在时间线上复制该片段,接在它后面。

（6）双击该片段在检视器中打开,单击"运动"标签,打开"运动模糊"参数,将"运动模糊"名称前的选择框点选（打钩）,让它处于启用状态,将模糊设为 1000,样本设为 16,并渲染,如图 2-42 所示。

图　2-41

图　2-42

【注意】 在极其慢的速度下（比如低于20%）即使使用了"帧融合"仍然会产生抖动或频闪，要进一步减少此效果，可以使用"运动"标签中的"运动模糊"属性。运动模糊是一种加强的渲染效果，非常消耗渲染时间，越高的设置耗费的时间就越多。

（7）渲染完成后，播放两个片段，经过对比运动效果，发现运动模糊会减少拖影，虽然动作还不是很清晰，但至少不像先前那样闪烁。

【注意】 通常镜头能否看清楚取决于拍摄的时候能否拍到足够多的动作细节，我们在电影中看到的慢动作效果（比如《黑客帝国》中的"子弹时间"）是用高速摄影机拍摄的，正常的电影以每秒24格画面拍摄、放映，而高速摄影可以以每秒上百格画面的速度来拍摄，也就是说每个动作的细节都有足够多的画面与之对应，而电视摄像机则没有这种功能，即使是目前新型号的高清摄像机也只能以一倍多的速度拍摄和记录，所以摄像机拍到的素材想要慢放的话，效果是有一定局限性的。

三、使用时间重映射工具实现变速

变速允许一个片段中有各种不同的速度形式同时存在。

仍然以041_1368_01镜头为例，再次将该镜头编辑到时间线上，这次不将它剪开，而是使用"时间重映射"工具在片段内实现变速。

（1）单击时间线轨道左下角的"开关片段关键帧"，时间线的片段下方将会显示均匀的刻度，如图2-43和图2-44所示。

图 2-43   图 2-44

【注意】 这些刻度叫做"时间线速度指示"，正常情况下均匀排列，表示速度为100%；如果进行了减速，速度指示的间隙会分隔的开一些；如果进行了加速，间隙分隔会密一些；如果进行倒放，则显示为红色。

（2）按S键三次，选择"时间重映射"工具（或在工具调板中选择），如图2-45所示。

（3）在时间线上浏览片段，将播放头放在黄晶说完台词掀起被子下床的位置（约01：00：20：15），并单击，然后找到黄晶快要跑到门口的位置（约01：00：28：01），再次单击。

图 2-45

（4）完成为变速的区间设定两个关键帧，也就是将片段分成了三个部分（虽然没有将片段剪切开，但关键帧将决定片段可以从入点到关键帧、关键帧到关键帧、关键帧到出点之间发生的变化）。

（5）在片段关键帧的区域单击鼠标，选择"时间重映射＞时间图"，这样可以看到时间重映射的关键帧，如图2-46所示。

（6）在第二个关键帧单击鼠标并向右拖动，可以看到如图2-47所示的提示信息，同

时速度指示的显示也会产生变化。

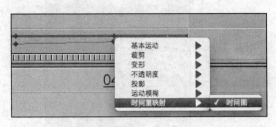

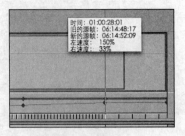

图　2-46　　　　　　　　　　　　　　　　图　2-47

（7）变速的效果已经产生了，我们还可以再次拖动时间重映射的关键帧，让左边速度更高一些，效果会更明显。

（8）用鼠标拖动下图所示位置，可以将关键帧编辑显示部分放大，这样方便直接在速度指示线图上进行编辑，如图 2-48 所示。

四、使用变速控制创建静帧

我们刚才已经制作了一个简单的变速效果，现在用时间重映射工具来制作一个在播放中产生静帧的效果，这种效果经常用于出现特定字幕或人物介绍的时候。

图　2-48

（1）在时间线上浏览片段，将播放头放在黄晶看手机的位置（约 01：00：16：23），我们将让这个动作变成静止，停留三秒钟，然后再继续播放。

（2）用"时间重映射"工具在播放头的位置单击以添加一个速度关键帧，然后输入"＋3"，将播放头向前移动 3s。

（3）再次单击，以增加一个新的速度关键帧。

（4）将播放头定位在第一个关键帧上（可开启吸附功能方便定位）。

（5）选择菜单"显示"＞"匹配帧"＞"主片段"，或按 F 键。这样源片段将在检视器中打开，并停留在同样的帧上。

（6）使用"时间重映射"工具，在时间线上单击第二个关键帧的位置（不是关键帧图区，而是片段本身），然后观察速度工具提示，旧的源帧和新的源帧是一样的，当拖动时间重映射工具时，新的源帧将会变化，被重新分配，画布也将被更新，如图 2-49 所示。

（7）向左拖动，直到画布中显示的帧与检视器中显示的帧完全匹配（速度工具提示的新的源帧时间码也和检视器中的时间码一致），如图 2-50 所示。

【注意】 关键帧图和速度指示刻度都可以帮助用户识别什么时候实现了静帧：关键帧图会显示为水平线；速度指示刻度则不会有任何点存在。

（8）播放序列，审查静帧和变速的效果。

【注意】 当创建静帧时，要知道：可能在计算机显示器上看到的效果很好，但在电视上看起来会有闪烁，这是画面中有水平运动的原因。如果出现闪烁，可以使用"去除交错滤镜"（"效果"＞"视频滤镜"＞"视频"＞"去除交错"）来消除闪烁。

图　2-49

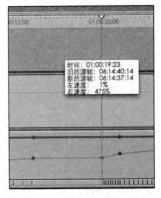

图　2-50

五、使用贝塞尔曲线来调整变速效果

用以上方法创建的速度效果有时候会显得比较突然，可以创建一种平滑的、渐变的速度变化。

（1）对关键帧图中的第三个关键帧使用鼠标右击，从关联菜单中选择"平滑点"，如图 2-51 所示。

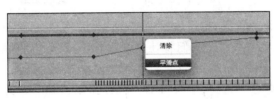

图　2-51

（2）贝塞尔曲线控制手柄出现，可以拖动手柄来试着进行变速效果的修改。

【注意】　操作时要非常小心，小的移动会带来戏剧性的效果。直接拖动单侧手柄也会影响另外一边，如果按住 shift 键，可以独立调整单侧的曲线。

（3）经过多次尝试，不管是快还是慢，都会让原来正常速度播放的情节产生不一样的效果，我们还可以将曲线下拉，成下陷状，产生倒放的效果，如图 2-52 所示。

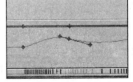

图　2-52

【注意】　贝塞尔曲线的坡度越陡，速度越快，越缓越慢，水平状为静帧，下陷则为倒放，速度指示刻度显示为红色。

六、使用运动检视器

在时间线中使用速度效果并控制检视器中的"运动"标签中的时间重映射部分也可以实现。

（1）用"选择"工具双击时间线上的片段，将它在检视器中打开。

（2）单击"运动"标签，打开时间重映射参数，如图 2-53 所示。

（3）选择"钢笔"工具（按 P 键），即可在绿色的速度指示线上添加或修改关键帧。

在"运动"标签中最方便的是去除所有速度关键帧的重设按钮。而如果在时间线上，则要使用"去掉属性"＞"速度"的选项。

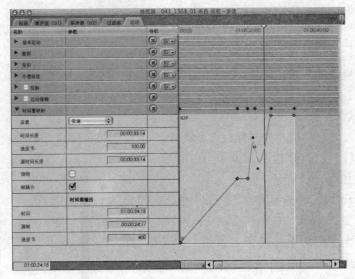

图　2-53

思考与练习

1．"帧融合"的作用是什么？

2．从哪个菜单中选择"速度"命令？

3．"运动模糊"具有什么样的作用？

4．怎样识别什么时候实现了静帧？

5．如何判断一个序列的速度是否已经被修改过？

6．当将片段加入到时间线上时，哪种编辑方法可以自动改变片段的速度？

2.3　合　成　模　式

学习目的

通过 Final Cut Pro 中多种合成模式的学习，把图像合成起来得到多样化的效果。

知识点

两个图像混合在一起称为合成。而合成是通过不同的数学方程来计算片段图像中的像素点的，这些数学方程就是合成模式。Final Cut Pro 软件为我们提供了超过十种的合成模式。

要应用合成模式，在时间线上必须要有两个片段，它们在时间和空间上复叠。

（1）使用网屏模式制作漫射效果。

（2）使用乘法模式制作纹理效果。

（3）使用视频发生器制作合成效果。

（4）合成模式的工作原理。

具体操作步骤

一、合成模式的应用

（1）建立一个新项目，导入"素材"＞"效果"＞"合成模式"中的片段。并存储项目命名为"合成模式"。

（2）将片段"夜景"编辑到时间线 V1 轨道上，并将播放头定位在第一帧。

（3）将片段"数码墙"拖动到画布，在出现的"编辑叠层"上选择"叠加"。

（4）选中云片段，并选择菜单"修改"＞"合成模式"＞"添加"，如图 2-54 所示。

（5）这种模式把两个片段像素值相加，V2 轨道的片段上黑色的地方变成透明，而亮的地方变得更亮。

（6）用鼠标右击时间线中"数码墙"片段，在弹出的菜单中选择"合成模式"＞"减法"。这种合成模式使得所有交叠的颜色变暗，好像产生了近似于照相底片的效果。

在本章节有详细的合成模式说明，就不再一一举例，下面使用合成模式来制作一些效果。

二、使用网屏模式制作漫射效果

（1）将 041_1454_01 片段编辑到时间线 V1 轨道上，并复制它到 V2 轨道上，使用合成模式来产生新的效果。

（2）选中 V1 轨道上的片段，并选择"效果"＞"视频滤镜"＞"模糊"＞"高斯模糊"，将模糊半径设为15。

（3）选择 V2 轨道上的片段并设置为"网屏"合成模式。

图 2-54

【注意】 合成后的图像产生了一种漫射效果，图像被软化并变亮，但不会丢失任何细节和清晰度，这和在摄影机镜头前面加上柔光镜的效果是一样的。如果将合成模式改为"添加"，则亮的地方会变得更亮，当然这也是一种效果，可原来图像的白电平会超标，而网屏模式则不然，它的色彩最高限度是纯白，因此不会产生过亮的结果。如果使用增亮模式，则只会影响那些比50％ 灰更黑的像素。所以看上去近似的效果，在应用时要根据要求加以选择。

三、使用乘法模式制作纹理效果

（1）使用视频发生器的文字工具制作一屏字幕，如图 2-55 所示的"乘法模式"，选择较粗的字体（Hei），字号尽量大（100），字距设为 10，这样能更清楚地观察效果。

（2）将制作好的字幕编辑到时间线的 V1 轨道上（不用很长，有 2s 就可以）。

（3）选择浏览器中的片段"云"，叠加编辑至 V2 轨道上。

（4）将"云"的合成模式设置为"乘法"，如图 2-55 所示。（乘法模式将白色像素看作透明，黑色像素看作不透明）

图　2-55

四、复杂的合成模式效果

（1）新建一个序列，可以命名为"多层合成"。

（2）将片段"云"设定 4s 长度，编辑到时间线 V1 轨道上。

（3）将片段"色彩"以叠加方式编辑至 V2 轨道上。

（4）将片段"色彩"合成模式设定为网屏。

（5）将片段"时间码"编辑到 V3 轨道上，和下面两个片段对齐。

（6）将"时间码"合成模式设定为减法。

（7）渲染并播放序列，如图 2-56 和图 2-57 所示。（由于"色彩"片段是从亮到暗变化的，可以很容易观察网屏这种合成模式对明暗的合成效果）

图　2-56

五、使用视频发生器制作合成效果

（1）使用视频发生器的文字工具制作一屏字幕，如"渐变"，字型尽量粗大些，容易看出效果。

图 2-57

（2）将字幕编辑到时间线 V1 轨道上。

（3）使用视频发生器，选择"渲染">"自定渐变"，使用默认值即可，并编辑到 V2 轨道上。

（4）将渐变片段合成模式设置为"乘法"，如图 2-58 所示。

图 2-58

（5）双击时间线字幕片段，在检视器里修改文字的颜色，会看到画布中字幕的颜色渐变也随之改变。

（6）在时间线上同时选中渐变和字幕两个片段，按 option＋"↑"键，将它们移动到 V2 和 V3 轨道上。

（7）将浏览器中 041_1462_01 片段编辑到时间线的 V1 轨道上。

（8）由于合成的关系，V3 轨道上的渐变使得字幕和 V1 的图像右边变暗，可以通过嵌套来改变这种效果，如图 2-59 所示。

（9）带有渐变效果的文字出现在画面上，而对 V1 轨道上的图像没有影响。

图　2-59

六、合成模式的工作原理

· 正常

"正常"是片段的默认合成模式。当片段使用"正常"合成模式时,仍可以通过使用其"不透明度"参数或 Alpha 通道调整其透明度。

· 加法

"加法"强调每个交叠图像中的白色,减淡所有其他的交叠颜色。将每个交叠像素的颜色值加到一起。结果是所有交叠的中间范围颜色值都被减淡。任何图像中的黑色都变成透明,而任何图像中的白色都将保留下来。

受加法合成模式影响的两个片段的顺序无关紧要。

建议方法:对于根据图像的较亮区域(如高光)使一副图像有选择性地将纹理添加至另一幅图像上,加法合成模式将非常有用。也可以使用淡化和网屏合成模式制作此效果的变化模式。

· 减法

"减法"使所有交叠颜色变暗。前景图像中的白色变暗,而背景图像中的白色反转前景图像中的交叠颜色值,产生底片效果。

前景图像中的黑色变成透明,而背景图像中的黑色予以保留。

交叠的中间范围颜色值根据背景图像的颜色变暗。在背景比前景亮的区域,背景图像变暗。在背景比前景暗的区域,颜色被反转。

受减法合成模式影响的两个片段的顺序非常重要。

· 差分

"差分"合成模式与"减法"合成模式类似,它只是对可能被减法合成模式极度变暗的

图像区域进行了不同的着色。

受差分合成模式影响的两个片段的顺序无关紧要。

• 网屏

"网屏"强调每个交叠图像最亮的部分,但是可以将两幅图像的中间颜色值更加均匀地混合到一起。

任一图像中的黑色允许交叠图像进行完全透视。特定临界值下面的较暗中间值允许显示更多交替图像。两幅图像的白色均透视在生成的图像中。

受网屏合成模式影响的两个片段的顺序无关紧要。

建议方法:"网屏"合成模式对于除去前景素材后面的黑色特别有用,它也是使用亮度键的另一种方法。当要将余下的前景素材根据其亮度与背景图像混合时,屏幕合成模式非常有用。它非常有利于辉光效果和增亮效果,并且有利于模式反射。它也可以使用加法合成模式和增亮合成模式制作此效果的变化模式。

• 强光

前景图像中的白色和黑色可以阻挡背景图像中的交叠区域。另一方面,背景图像中的白色和黑色将与前景图像中的交叠中间颜色值进行交互。

根据背景色值的亮度,交叠的中间颜色值将以不同的方式混合到一起。较亮的背景中间值将通过网屏混合。另一方面,较暗的背景中间值将通过乘法混合到一起。

可视的效果是背景图像中的较暗颜色值将加强前景图像中的交叠区域,而背景图受强光合成模式影响的两个片段的顺序非常重要。

• 柔光

"柔光"合成模式与重叠合成模式类似。前景图像中的白色和黑色变为半透明,但是与背景图像的颜色值进行交互。另一方面,背景图像中的白色和黑色将替换前景图像中的交叠区域。所有的交叠中间颜色都将混合到一起,制作的着色效果比重叠合成模式制作的效果要更加均匀。

受柔光合成模式影响的两个片段的顺序非常重要。

• 增亮

增亮合成模式强调每幅交叠图像的最亮部分。由于对每幅图像中的每个像素进行了比较,并保留任一图像中的最亮像素,因此最终的图像是由一组抖动的出自每幅图像的最亮像素组合而成。两幅图像的白色均透视在生成的图像中。

受增亮合成模式影响的两个片段的顺序无关紧要。

思考与练习

1. 同一种合成模式由于处于上面的片段不同是否可以产生不同的效果?

2. 使用网屏合成模式能够产生什么样的效果?

3. 怎样做可以弱化合成模式的效果?

2.4 动态遮罩

学习目的

本节将学习 Final Cut Pro 视频轨道的动态遮罩效果。掌握 Aplha 动态遮罩以及亮度动态遮罩的概念及使用方法。

知识点

在合成模式中还有两种特殊的模式：动态遮罩——Alpha、动态遮罩——亮度。

什么是遮罩以及如何使用遮罩？

遮罩起源于电影和摄影。传统意义的遮罩指的是放在摄影机镜头前面防止拍摄时胶片曝光的不透明物，然后，摄影机可以往回倒，形状相反的遮罩被应用在胶片其他部分的曝光。结果是在不同时间拍摄的两个不同图像结合在同一帧中。这种技术又称为二次曝光。

数字技术使用了相同的原理：摄影机中的遮罩是手工制作物，数字剪辑软件可以在计算机中绘制遮罩并应用。

（1）创建 Aplha 动态遮罩。

Aplha 动态遮罩是使用透明效果（Aplha 通道）使一个片段遮罩另一个片段。

（2）创建亮度动态遮罩。

亮度动态遮罩也能够使一个图片被放在下面的片段遮罩，不过它使用片段图像的亮度层次而不是 Aplha 通道来决定一个像素是否透明。

（3）使用动态遮罩产生视频在文字中的效果。

具体操作步骤

一、动态遮罩——Alpha

当将动态遮罩——Alpha 合成模式应用到选定的片段时，下面片段中的 Alpha 通道将被应用于所选片段上。使用此合成模式只需要两个片段，但在大多数情况下，会使用三个层。

- 前景（顶层）：该层出现在背景层的顶部，可以通过 Alpha 通道查看。将动态遮罩——Alpha 合成模式应用到此层。
- Alpha 通道（中间层）：该层为前景层提供 Alpha 通道（透明度信息）。
- 背景（底层）：此可选层出现在所有前景图像被 Alpha 通道掩盖的位置的下方。背景图像可以是单个层，也可以是融合透明度或合成模式的多个层。如果不存在背景层，画布将显示默认的 Final Cut Pro 背景色（如棋盘、黑色、白色等），黑色在输出和导出期间显示。

（1）建立一个新的序列，命名为"动态遮罩"，将其他已打开的序列关闭。

（2）使用视频发生器建立一个字幕片段，如"Alpha"，字型可以大一些。

（3）将字幕编辑到时间线上的 V1 轨道上。

（4）将浏览器中的片段"云"编辑到 V2 轨道上，字幕的上方。

（5）将"云"的合成模式设置为"动态遮罩——Alpha"，马上就能在画布里看到效果，如图 2-60 所示。

图　2-60

（6）按下 option＋P 键，播放每一帧，云在镂空的文字中运动，效果很漂亮。

（7）还可以给"云"片段试着制作模糊的效果，而文字则不会受到影响。

（8）将两个片段选中，并上移至 V2 、V3 轨道上。

（9）在浏览器中找到片段"夜景"并编辑到 V1 轨道上。这样就增加了一个背景。

（10）双击时间线上"云"，在检视器中打开，并选择菜单"效果"＞"视频滤镜"＞"影像控制"＞"色彩平衡"，根据画布来调节字幕的效果，如图 2-61 所示。

图　2-61

（11）还可以尝试添加其他的滤镜，给字幕添加更炫的效果，或者将字幕改为其他的带有 Alpha 通道的图形文件，获得图像和图形的合成，如图 2-62 所示。（使用视频发生器的"渲染"＞"薄膜"来代替文字）

图　2-62

二、动态遮罩——亮度

动态遮罩——亮度合成模式与动态遮罩——Alpha 合成模式的功能相同，但是其透明度可以从下面片段的亮度信息（而不是 Alpha 通道）推导而得。亮度信息可以从 RGB 通道的灰度值推导而得，白色等于透明，黑色等于不透明。

（1）从浏览器中找到"外景"片段，并编辑它到时间线的 V1 轨道上。在拍摄这个场景的时候天气非常差，整个天空都是灰白色的，我们将为它加上漂亮的云。

（2）将浏览器中的"云"片段编辑到 V3 轨道上，"外景"片段的上方。

（3）从视频发生器中选择"渲染"＞"自定渐变"，并编辑到 V2 轨道上，让它处于两个片段当中，如图 2-63 所示。

（4）将三个片段修剪为相同长度。

（5）将时间线"云"片段的合成模式设置为"动态遮罩——亮度"，这时可以看到效果，如图 2-64 所示。

图　2-63　　　　　　　　　　　　　　　　图　2-64

这当然还不是我们要的,接下来,我们将修改渐变的参数,以符合效果需求。

(6)双击时间线上的渐变片段,在检视器中打开控制,将渐变方向设置为180,渐变宽度设置为60,并单击开始的十字坐标,将其调整到画布中天上较高的位置,如图 2-65 和图 2-66 所示。

图 2-65

图 2-66

(7)基本的效果形成了,接下来可以根据画布上的效果,进一步微调各项参数。

(8)给"外景"片段添加色彩平衡(或者三路色彩校正)滤镜,调整色彩和云的颜色相匹配,如图 2-67 所示。

图 2-67

三、制作带有渐变背景的字幕

利用制作好的合成片段,添加一个带有渐变背景的字幕。

(1)将时间线上的片段"云"、"自定渐变"、"外景"选中,并将它们嵌套。

(2)使用视频发生器制作字幕,如"亮度遮罩",并将其编辑到 V4 轨道上。

(3)使用视频发生器生成自定渐变,编辑到 V2 轨道上。

(4)使用视频发生器生成颜色(具体什么颜色用户自己决定,只要不是太饱和的颜色都可以),编辑到 V3 轨道上,如图 2-68 所示。

（5）选中 V3 轨道的颜色遮罩片段，将合成模式设置为动态遮罩——亮度。

（6）选择剪裁工具，在画布的"影像＋线框"模式下，剪裁颜色遮罩的顶部和底部，让它正好成为文字的背景。

（7）调整自定渐变，直至理想效果，如图 2-69 所示。

图　2-68　　　　　　　　　　　　　　　　图　2-69

思考与练习

1．"动态遮罩——Alpha"和"动态遮罩——亮度"的概念分别是什么？

2．Alpha 动态遮罩利用什么原理将一个片段与另一个片段合成？

3．动态遮罩在什么情况下是非常有用的？

2.5　嵌 套 序 列

学习目的

在处理包含多层和许多片段的复杂序列时，如果想要将许多连续的片段当做一个整体来对待，可以使用嵌套序列。本小节通过对 Final Cut Pro 中嵌套功能的学习来有效地完成复杂的工作。

知识点

在掌握了一些编辑技巧之后，我们也许觉得在时间线上处理一个一个的片段有点简单。当我们的想法开始多起来之后，时间线上的轨道也就开始多起来，这时候利用"嵌套序列"是个有效的途径，它可以将多个连续的、在不同轨道上的片段"包装"成一个片段，然后，就像处理一般的片段一样，添加滤镜、缩放或旋转。

嵌套序列在以下情况中非常有用：

- 为影片的每个场景制作一个序列,然后将所有序列按照顺序放进一个主序列中,对于时间较长的电影或电视剧来说,是提高工作效率的好方法;
- 在处理复杂的效果时,可以使用以嵌套的序列降低渲染工作量,将包含复杂效果的音频和视频放入不同的序列中,然后渲染它们,再将这些序列嵌套到影片的主序列中,就可以更改已嵌套的序列的入点和出点,而无须渲染内部的片段;
- 嵌套序列的另一个重要好处是控制效果的顺序。比如说,在制作分屏画面时,对单个片段调整运动参数,然后再将它们整体的运动或效果参数进行调整。

(1) 基本嵌套技术的掌握。

(2) "嵌套序列"和"主嵌套"之间的实时链接功能。

(3) 利用嵌套功能制作运动效果。

具体操作步骤

一、基本嵌套的操作步骤

(1) 开启 Final Cut Pro 建立一个新的项目,并命名为"嵌套序列";

(2) 从"素材"文件夹的"效果"中将"嵌套序列"文件夹导入,里面有 4 个片段;

(3) 将这 4 个片段分别在检视器中打开,设定入点、出点,都标记为 5s 的长度;

(4) 将标记好的片段编辑到时间线上;

(5) 使用视频发生器的文字工具制作一个简单的字幕,如"学生实验",并放置在 V2 轨道上,并将文字移动至左下角,如图 2-70 所示;

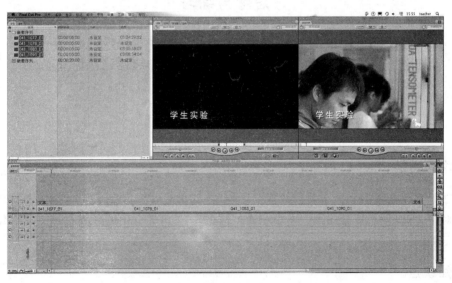

图 2-70

(6) 在浏览器里建立一个新的序列,命名为"主嵌套",并打开它;

(7) 从浏览器中将"嵌套序列"拖放到时间线上的"主嵌套"里,就像拖放一个一般的片段一样。

【注意】 在这个基本的嵌套序列中,可以看到时间线上"主嵌套"里面的"嵌套序列"

外观和一般片段一样,只不过颜色有点差异,当双击它时,它会回到原来的"嵌套序列",以便作出修改。而"嵌套序列"和"主嵌套"之间的关系是实时链接的,当修改了嵌套序列后,就马上能在主嵌套里看到修改后的结果。

二、"嵌套序列"和"主嵌套"之间的实时链接

(1)在时间线顶端单击"嵌套序列"标签;

(2)双击 V2 轨道上的文字片段,在检视器中打开它;

(3)在检视器中单击"控制"标签,在文本框中继续输入"纺织专业",然后在文本框以外的任何地方单击,以强制将文本更新到画布中,并调整字号和中心点,以便能在画布中完整地看到文字;

(4)在时间线顶部单击"主嵌套"标签,可以发现这里的文本已经被更新。

如果需要对多个片段应用一个效果,嵌套序列是个很好的办法。比如在接下来的例子中,我们将把所有片段变成黑白和作旧效果。

(1)确定在时间线中打开"主嵌套";

(2)单击选中"嵌套序列";

(3)选取菜单"效果">"视频滤镜">"影像控制">"去饱和",可以看到该滤镜已经作用于"嵌套序列"的全部片段。实际上它是将"嵌套序列"当作了一个整体而使用了滤镜。如果要修改滤镜参数,必须在检视器中打开嵌套序列。通常,双击一个时间线上的片段就可以将它在检视器中打开,如果双击已经嵌套好的序列,它会在时间线上以一个新的标签那样打开;

(4)在时间线上用鼠标右击"嵌套序列",在弹出的关联菜单中选择"在检视器中打开"。或者可以用鼠标单击选中后,按下 Enter 键,也可以选取菜单"显示""序列",如图 2-71 所示;

图 2-71

(5)在检视器中,单击"过滤器"标签,使得"去饱和"滤镜的参数可见;

(6)将"数量"设定为 60;

(7)画布中可以看到,画面已经呈现出作旧的老电影的效果。

三、"嵌套序列"操作步骤

如果将多轨道上的多个片段结合成一个整体,就可对其进行更丰富的效果处理。

(1)在时间线顶端单击"嵌套序列"标签,如图 2-72 所示;

(2)将 4 个视频片段的缩放参数都设置为 50,并依次放置在 V1 至 V4 轨道上,文本放置在 V5 轨道上,并调整文本片段的时长和中心位置,如图 2-73 所示;

(3)在时间线上选择这 4 个视频片段;

图　2-72

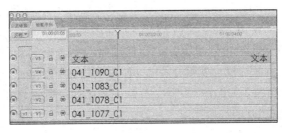

图　2-73

（4）选取菜单"序列"＞"嵌套项"，如图 2-74 所示；

（5）在弹出的嵌套项对话框的名称栏中输入"分屏运动效果"，并单击"好"按钮，如图 2-75 所示；

图　2-74

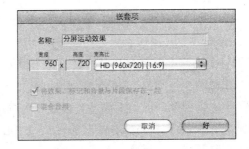

图　2-75

(6) 现在可以看到,原来的 4 个片段已经变成了一个(嵌套),画布上的图像没有改变;

(7) 用鼠标右击"分屏运动效果",选择"在检视器中打开";

(8) 按下 home 键,使播放头处于序列最开始的位置;

(9) 在检视器的"运动"标签中设置旋转参数关键帧为 0,最后一帧设定旋转参数为1440(四圈);

(10) 继续设定缩放参数,在开始 1s 的位置设置关键帧,参数为 100,最后一帧参数为 0;

(11) 使用 option+P 键来播放,或是使用工具中的 Quick View 来观看。

四、"嵌套序列"运动路径的改变

现在,片段消失在一个黑色的背景里,可以放置一个新的背景上去,并稍许改变一下片段的运动路线。

(1) 在时间线上选中"分屏运动效果",并按下 option+"↑"键,将其移动到 V2 轨道上;

(2) 选择检视器右下角的视频发生器,选择"渲染">"薄膜",并编辑到 V1轨道上;

(3) 选择变形工具,然后按下 home 键使播放头回到序列开始处,如图 2-76 所示;

(4) 单击画布"显示"按钮并选择"影像+线框";

图 2-76

(5) 用变形工具拖动画面中心到左下方,如图 2-77 所示;

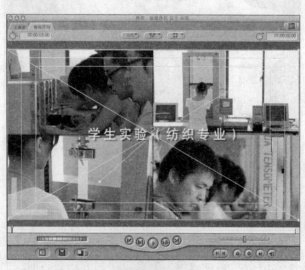

图 2-77

(6) 这样就修改了片段的锚点,也就是旋转和缩放的中心点;

(7) 使用 option+P 键来播放,或是使用工具中的 Quick View 来观看;

(8) 继续为片段添加修饰,可以为它设置投影效果,这样在深色的背景前能起到很好的衬托作用,如图 2-78 所示;

（9）为它添加滤镜"边框"＞"斜面"和"变形"＞"波浪状"，如图 2-79 和图 2-80 所示。

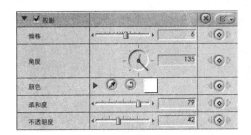

图　2-78

图　2-79

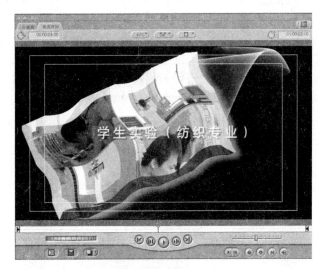

图　2-80

五、利用嵌套功能制作运动效果

（1）选择时间线上的"分屏运动效果"，并在检视器里打开；

（2）去除所有滤镜和运动参数；

（3）在时间线上双击"分屏运动效果"，它会以序列方式在时间线上打开；

（4）将 4 个片段水平排列在画面中，注意单个片段的缩放参数仍然为 50，如图 2-81 所示；

（5）选择菜单"序列"＞"嵌套项"，并将尺寸修改为 1920×1080；

（6）单击时间线"嵌套序列"，设置画布尺寸的弹出菜单为"适合全部"，这时能看到 4 个片段，如图 2-82 所示；

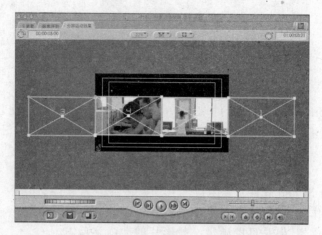

图　2-81

图　2-82

（7）接下来,将"分屏运动效果"在检视器中打开,将缩放参数设定为200;

（8）按 home 键将播放头移动到序列开始,并在画布中将片段移动到画面的左边框与画布的右边界对齐,并在检视器中设定中心点关键帧;

（9）将播放头移动到最后一帧,在画布中,移动片段到右边框与画布的左边界对齐,系统将自动添加一个新的关键帧,画布上也将会出现一个运动路径;

（10）使用 option＋P 键来播放,或是使用工具中的 Quick View 来观看。

思考与练习

1. 怎样创建嵌套序列?
2. 对一个嵌套序列做修改是否会影响到其他序列?
3. 嵌套序列是否可以包含其他的嵌套序列?
4. 尝试利用对一个视频片段做嵌套序列,观察效果的变化。

2.6 LiveType 动画字幕

学习目的

通过 Final Cut Pro 软件附带的动画字幕软件 LiveType 的使用，使艺术家、编辑和制作人能够花费比用其他应用程序创作少得多的时间来创作令人难以置信的动画字幕。

知识点

在 Final Cut Studio 软件套装中包含了 LiveType 字幕软件，这是一个非常简单而有用的动画字幕制作软件，虽然在效果的丰富和复杂方面无法和专业字幕机相比较，但是可以满足一般影片的动画字幕需求，如图 2-83 所示。

LiveType 的核心是一个媒体库，这个库里存放着很多动画字幕的基本组件，如字体、纹理等，使用时只需一一调用即可。

认识 LiveType 工作界面。

（1）打开 LiveType 软件，会发现它和 Final Cut Pro 近似。该软件由画布、检查器、媒体浏览器和时间线这 4 个窗口组成，窗口可以自由浮动，也可移动以及调整大小，如图 2-84 所示。

图 2-83

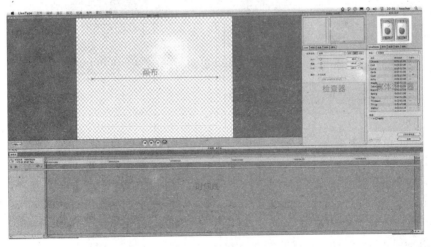

图 2-84

- 画布中显示时间线中所制作的图像，可在这里调整图形的位置、运动路径等；
- 检查器用于输入文字、设置有关的参数；
- 媒体浏览器用于访问和调用预置的 LiveFonts、普通字体、纹理和字幕的效果；
- 时间线的作用和 Final Cut Pro 类似，是序列的图形化表示，在这里可以添加关键帧、更改时间长度等。

（2）在媒体浏览器中单击 LiveFonts 标签。屏幕上会显示出一个预设的动画字体列表，每个字体的名称和时间长度显示在列表中，"已安装"列表是显示当前电脑上安装了

LiveFonts。选择 LiveFonts 中的类别"专业系列">"聚光灯",并从媒体浏览器顶部预览所产生的变化,也可使用上、下箭头键移动查看列表中其他选项,如图 2-85 所示(LiveFonts 是软件制造商预设的内容,所以只能更改它的大小、颜色等基本参数,而无法作个性化的调整,目前也不支持中文)。

(3)单击"字体"标签,可以看到电脑上安装的可用字体,如图 2-86 所示。

(4)单击"纹理"标签,如图 2-87 所示(这个标签中有一个纹理列表,是用来填充背景、文字或图形的。单击"类别",在弹出选项中可以查看更多的纹理)。

图 2-86

图 2-85

图 2-87

(5)单击"物件"标签,如图 2-88 所示(这个标签中有一个动画图形列表,每个图形都有内建的 Alpha 通道,它们可以被使用在文字或背景上,也可以作为独立的图形对象被添加到 Final Cut Pro 中。单击"类别",在弹出选项中可以查看更多的物件)。

(6)单击"效果"标签,如图 2-89 所示(这是一些预置的运动构件,可以用于 LiveType

图 2-88

图 2-89

中的任何素材,也可以用于产生如缩放、移动、旋转、闪烁等运动效果。单击"类别",在弹出选项中可以查看更多的效果)。

具体操作步骤

一、制作一个简单的文字效果

(1)选择菜单"编辑">"项目属性",设置为 HDTV720p16∶9,如图 2-90 和图 2-91 所示。

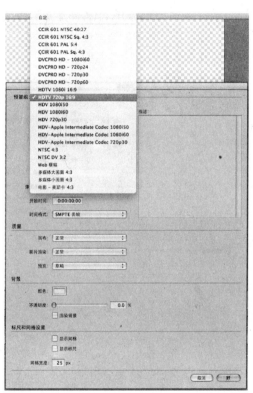

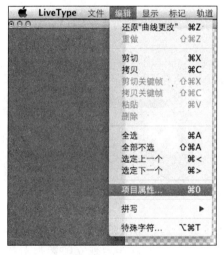

图　2-90　　　　　　　　　　　图　2-91

(2)选择菜单"文件">"存储",命名为"简单字幕"并存储,时间线上的"序列"标签被更新,如图 2-92 所示。

(3)单击检查器左上方的文本框,输入"简单文字运动效果",如图 2-93 所示。时间线轨道上会自动生成一个黄色的字幕条,样子类似 Final Cut Pro 中的时间线片段,画布中的文字下方有一条蓝色的线,表示该字幕在画面中的位置,浅绿色的文字/动作安全框也显示在画布上,如图 2-94 所示。

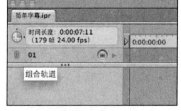

图　2-92

(4)单击"文本"标签,并拖动"大小"滑块,查看文字大小的变化,也可以直接在数字区输入数值 95,以确定文字的大小。

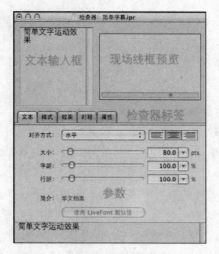

图　2-93

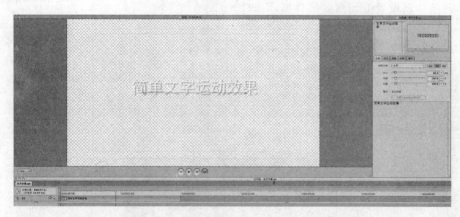

图　2-94

（5）单击"样式"标签，阴影的效果是默认添加的，也可以用"启用"复选框来指定，如图 2-95 所示。

（6）把"缩放 X"滑标更改为 120，再按 tab 键，y 轴也变为 120，再把"偏移 X"设置为 12。

【注意】　数字区右侧的锁，用于 x 轴和 y 轴同步变化，也可以直接单击打开它，单独设置。

（7）单击"时程"标签，其时间长度为 2s，可以在这里更改它的长度，也可以在时间线中用鼠标拖曳文字片段的右边缘，达到同样的目的。然后把这个文字片段的长度改为 4s，并且将时间线播放头移动到尾部，按下 O 键设定出点（入点已经默认在第一帧了），如图 2-96 所示。

（8）单击"属性"标签，并保证单击了"字形"按钮，也可以试着更改其中的参数，以查看其对字形的影响。

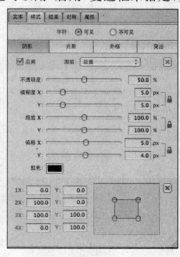

图　2-95

图　2-96

（9）单击颜色块，并选择自己喜欢的颜色。

二、简单的字幕运动效果

（1）在媒体浏览器中单击"效果"标签，在"类别"里选择"幻想"，在"名称"列中选择"字群"。

（2）单击媒体浏览器底部的"应用"按钮或双击该效果的名称。"字群"效果被添加在时间线的 01 轨道下方，显示为一个紫色的效果条。它的长度短于文字片段，因为这个效果的默认长度为 1∶06，而文字的时长是 4s，如图 2-97 所示。紫色效果条中的菱形点为运动关键帧，如图 2-98 所示。（在检查器的线框预览窗口中可以看到文字以线框的方式显示，并结合新设置的动画效果在循环播放）

图　2-97

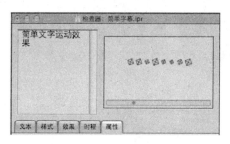

图　2-98

（3）单击画布下方的"播放"按钮，可以查看文字在"字群"效果的作用下是如何运动的。第一次播放的速度可能会有点卡，当第一次播放时，会发现时间线上方原本有一条红色的渲染指示线（这和 Final Cut Pro 很像），等播放头完全经过后就变成绿色了，再次播放就是实时的效果了。这是软件利用电脑的 RAM 进行播放的。

（4）在时间线上单击效果条，然后单击检查器中的"时程"标签，将"序列"滑标拖到 8 的位置。在时间线中可以看到效果条的左侧开头部分变成了浅紫色，并且出现了一格格的标记，这些标记表示的是效果的顺序，也就是说文字会一个个地显示出来。

（5）用鼠标拖曳效果条的右侧边缘，延长它直到其长度与上方的文字片段一样长，如图 2-99 所示。

（6）这样就得到了一个 4s 长度的运动字幕效果。在媒体浏览器"效果"中的任何一

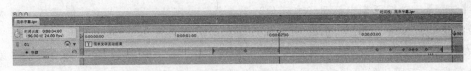

图 2-99

个效果都可以用上面的方式来添加和修改,也可为一个文字片段添加多个效果,效果将被叠加应用(如同在 Final Cut Pro 中对一个片段使用多个滤镜效果),如图 2-100 所示。

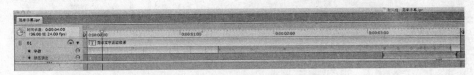

图 2-100

三、创建自定义字幕运动效果

(1)单击时间线上的"字群"效果条,并按 delete 键,将其删除。

(2)选择菜单"轨道">"添加新效果",按快捷键 command+E,时间线文字片段下方会显示出一个新的效果条。

(3)用鼠标拖曳效果条的右侧边缘,延长它直到其长度与上方的文字片段一样长,如图 2-101 所示。

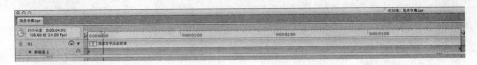

图 2-101

(4)在画布的缩放弹出菜单中,把显示尺寸改为 50%,如图 2-102 所示。

(5)把播放头移动到时间线开始的位置,单击效果条以选中,这是为了规定效果将从第一帧开始播放。

(6)在画布中单击一个文字,并把它拖到可视区以外,所有的文字都将跟着移动,并且在消失后留下一条蓝色的线和离开的路径,如图 2-103 所示。

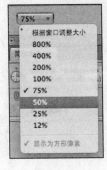

图 2-102

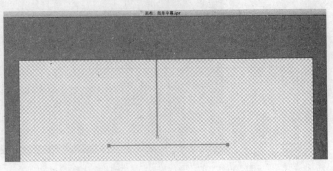

图 2-103

【注意】 线框预览中显示了文字的运动效果：文字从可视区上方缓缓落下。形成这种动画效果的原因在于：一个效果条在刚建立的时候具有开始和结尾两个默认的关键帧，在步骤(5)中规定了效果从第一帧开始，并在步骤6中把文字的位置定好，而结尾关键帧没有移动，下图的红圈即关键帧的位置，如图2-104所示。

图 2-104

（7）单击画布中的"播放"按钮，查看效果。

（8）将播放头移动到1∶15左右的位置。

（9）选择菜单"轨道"＞"添加关键帧"，按快捷键command＋K，如图2-105所示。在效果条中播放头的位置上会出现一个菱形的关键帧，如图2-106所示。

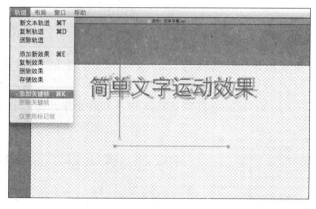

图 2-105

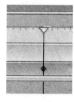

图 2-106

（10）单击画布中的"单"字，拖到画布的左下角，如图2-107所示。（这样可以制成文字从画面上方掉落又弹起的效果）

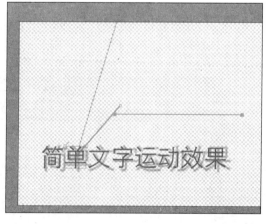

图 2-107

四、创建简单的标题动画

（1）单击检查器中的"效果"标签，能够看到刚才建立的"新效果"。

（2）再添加一个新效果（选择菜单"轨道"＞"添加新效果"，按快捷键 command＋E）。

（3）在检查器中用鼠标双击新效果的名称，将第一个新效果命名为"掉落弹跳"，第二个新效果命名为"分开弹跳"，如图 2-108 所示。

（4）在时间线中单击第二个效果条"分开弹跳"的中间部分，并向右拖动，把中间部分对准上面效果条的关键帧，并将播放头移动到该位置，在同样的位置为"分开弹跳"添加一个关键帧，如图 2-109 所示。

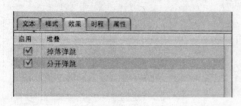

图　2-108

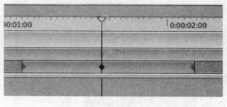

图　2-109

（5）在画布中选择"简"字，然后在检查器中取消"分开弹跳"效果前面复选框的启用标记，并且隔一个字就这样设定一个，确保相邻的两个字的状态是不一样的。

（6）单击画布中的"单"字，向右下方拖动，如图 2-110 所示。

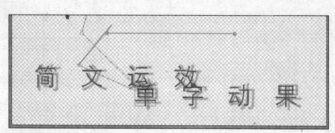

图　2-110

（7）单击画布中的"播放"按钮，查看效果。

（8）单击媒体浏览器中的"纹理"标签，选择类别为"草图"，名称"方格纸"，并单击下方的"应用于新轨道"。

（9）方格纸被作为 02 轨道上的片段应用了进来，用鼠标拖曳它的右侧边缘，使它的长度和上面文字片段一样长。

通过前面的练习，已经对使用 LiveType 制作动画字幕进行了初步的掌握，下面的练习将会把 LiveType 字幕和 Final Cut Pro 结合起来，并进行更多的效果制作。

五、LiveType 字幕和 Final Cut Pro 结合创建简单的动画字幕

（1）启动 Final Cut Pro，并建立新项目，导入"素材"中的"效果"＞"嵌套序列"，并编辑某一个 5 s 时长的片段到时间线上，如 041_1077_01。

（2）确保时间线处于活跃状态，选择菜单"文件"＞"导出"＞"用于 LiveType"，如图 2-111 所示。

（3）在浏览器中右击 041_1077_01 片段，并选择弹出菜单"项属性"＞"格式"，查看视频速率和帧尺寸，并设定 LiveType 中的项目属性，如图 2-112 所示。

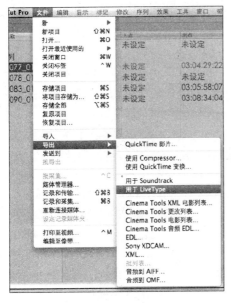

图　2-111

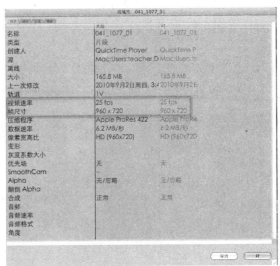

图　2-112

（4）回到 LiveType，关闭打开的项目，并设置新的项目为步骤（3）中的格式，以保证制作的字幕回到 Final Cut Pro 后与序列相匹配，如图 2-113 所示。

（5）选择菜单"文件"＞"存储"，并命名为"标题字幕"。

（6）选择菜单"文件"＞"放置背景影片"，选择刚才从 Final Cut Pro 中导出的影片文件，如图 2-114 所示。

（7）影片作为背景出现在 02 轨道上，如图 2-115 所示。（图中红圈标明的分隔符，是分隔片段和背景用的，分隔符的宽线条以下为背景轨道）

（8）在时间线中单击 01 轨道，并在检查器的文本输入框内输入"纺织实验"。

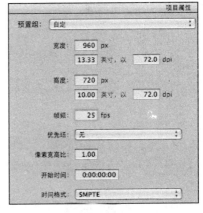

图　2-113

（9）选择文本对齐方式为"垂直"，选择较明显的黑体，并调整字距。

（10）在时间线中将文字片段的长度调整到和背景影片一样长。

（11）添加效果"幻想"中的"方法"和"收缩"，"方法"被应用在开始处，而"收缩"被应用在结束处。

（12）选择菜单"文件"＞"渲染影片"，"渲染背景"的选项不要勾上。指定存储的位置，并单击"好"按钮，如图 2-116 所示。（这里使用影片作为背景的目的是为了准确地定位字幕，而字幕最终是要使用在 Final Cut Pro 里，所以渲染时不需要渲染背景）

图　2-114

图　2-115

图　2-116

（13）渲染完成后,软件会打开一个窗口播放渲染好的影片。

（14）回到 Final Cut Pro 中,选择菜单"文件">"导入">"文件",将刚才渲染的字幕文件导入。

（15）将字幕文件放在时间线的 V2 轨道上,如图 2-117 所示。

（16）渲染并播放得到的效果。

在接下来的练习中,将会使用文字来创建更有意思的字幕效果,文字有时候不再是简单的具体文字,它会成为各种几何图形遮罩。

六、LiveType 字幕和 Final Cut Pro 结合创建复杂的动画字幕

（1）首先回到 LiveType 界面,并将先前打开的项目关闭。

（2）设置新项目属性为 HDTV 720P16：9,并存储,命名为"动画遮罩字幕"。

（3）在媒体浏览器中选择"纹理",从"类别"中选择"商业",找到"椭圆（HD）25",并单击"应用于新轨道"。

（4）现在这个纹理效果被应用在背景轨道上了,因为选择的是一个高清的全屏元素,

所以无须对它进行位置或缩放的处理。

（5）在时间线上将播放头移动到6s的位置，并按下O键设定出点。

（6）单击该纹理，并在检查器中单击"时程"标签，因为该纹理的时长为5s，所以将"循环"改为2。通常不去修改速度，因为速度变慢可能会使图像产生不好的效果。

（7）在空着的01轨道上单击，以激活它。

（8）在检查器中单击文本输入框，能够看到光标在输入框中闪烁。

（9）选择菜单"编辑"＞"特殊字符"，如图2-118所示。

图　2-117　　　　　　　　　　　　　图　2-118

（10）按图2-119所示，选择"符号"＞"几何形状"，双击其中的黑色方块"■"。

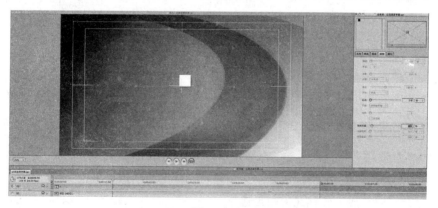

图　2-119

（11）现在文本输入框中、画布上应该出现了这个方块，但是在画布上它显示为白色。

（12）单击时间线中的黄色片段，在检视器的"时程"标签中，将它的时程修改为6s，如图2-119所示。

（13）在文本输入框中，选中黑色方块，按command＋C键复制，再按command＋V键粘贴三次，就得到了4个方块。

（14）在"文本"标签中，将大小设定为 300，字距为 75，如图 2-120 所示。

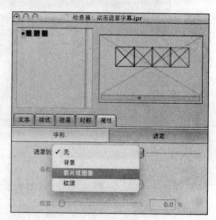

图　2-120

（15）单击画布上最左边的方块，选中它。

（16）单击"属性"标签，然后单击"遮罩按钮"。

（17）单击"遮罩到"＞"影片或图像"，如图 2-121 所示。

（18）在弹出的对话框中选择"素材"＞"效果"＞"嵌套序列"＞041_1077_01。影片会出现在方框中，这时影片只会显示出一部分。

（19）在"属性"标签的遮罩中，设定缩放为 0，图像的大部分可以显示出来，因为制作的方块是方形，而影片是高清尺寸的矩形，所以还是有部分内容不能完全显示出来，但在这个练习里并不重要。

图　2-121

（20）现在可以重复步骤（15）至（18），选择第二、第四个方块，把它们遮罩到其他影片上。把第三个方块留下，以备制作一个单独的遮罩，如图 2-122 所示。

图　2-122

（21）现在选择画布中还空着的第三个方块，被选中的方块会有一个蓝色的细线框出现。

（22）在媒体浏览器中单击"纹理"标签，从类别中选择"烟雾"，找到"吹送"，并双击它或单击下方"应用到遮罩"按钮，画布中会出现这个纹理效果。

（23）在属性中修改它的缩放为0，并将"循环播放"选项打钩选择（这是因为"吹送"纹理只有3：09的时长）。

（24）按画布下方的"播放"按钮，查看工作成果，并注意随时存盘，如图2-123所示。

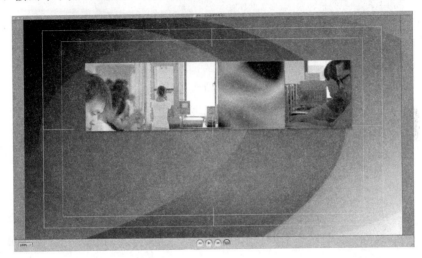

图　2-123

七、为复杂的动画字幕添加图形

（1）选择菜单"轨道"＞"新文本轨道"，按快捷键command＋T，建立一个新的文本轨道，如图2-124所示。

（2）在时间线上选中新的轨道，并在检查器的文本输入框内单击，看到输入光标闪烁。

（3）选择菜单"编辑"＞"特殊字符"＞"符号"＞"几何形状"＞"—"。

（4）将"—"的时程设置为6s。

（5）单击检查器"属性"标签，单击"字形"按钮，将缩放参数后面的锁解开。

图　2-124

（6）在画布中用鼠标拖曳"—"的右上角，直到适合画面的宽度。如果拖曳过程中高度也跟着动了，可在属性的字形缩放参数中将y值重新设定为100，如图2-125所示。

（7）在时间线中单击01轨道，以确保被选中，选择菜单"轨道"＞"复制轨道"命令。

（8）在画布中，按住shift键拖动白色条，直到它移动到方块的上边缘，如图2-126所示。

【注意】 首先要规划整个动画字幕的运动形式，然后设计每一个步骤，这和在Final

图　2-125

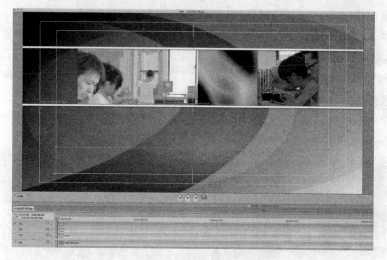

图　2-126

Cut Pro 中对片段进行运动参数设定以产生动画效果是一样的。不论作品是给老师看还是给客户看,他们都希望能先看到画面里有什么,客户更关心他们想要的东西是否出现在画面里,所以我们上面花了大量的时间来设置每个元素。一旦画面的主要元素确定了,剩下的就是这些元素以何种方式出现、运动或者消失。

【注意】　在接下来的步骤中,要将左起的第一、第四个方块在 3s 的时候运动到画外去,将第二、第三个方块放大,并加上新的文字,让整个动画字幕变得更完整。

(9) 首先单击时间线 03 轨道上的片段,将播放头移动到 3s 的位置,然后选择菜单"轨道">"添加新效果"。

(10) 将出现的紫色效果条移动到播放头的位置,确保效果在 3s 后开始,如图 2-127所示。

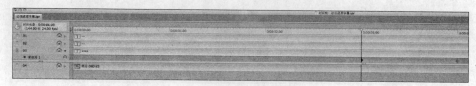

图　2-127

（11）用鼠标单击效果条右端的小三角，这是效果的结尾关键帧，单击后，它的颜色会变得深一些，并且播放头也会移动过来（或者按 shift＋K 键移动），如图 2-128 所示。

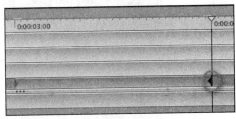

图 2-128

【注意】 按 shift＋K 键向右移动播放头至下一个关键帧，按 option＋K 键向左移动至前一个关键帧。效果在被添加时总是应用到轨道内的所有内容上，如果要让某个字单独运动，就要在效果的控制中单独选择那个字启用，而让别的字停用。

（12）单击检查器的"效果"标签，将新效果命名为"左移出画"。

（13）在画布中，单击第二个方块，并单击检查器"效果"标签中的"启用"复选框，以取消对效果的应用。对第三个方块也采取同样的方法。现在只有第一、第四个方块被应用了"左移出画"的效果。

（14）选择画布左下方的"显示尺寸"按钮，让画面以 50% 显示。

（15）在画布中单击第四个方块以选中，并向左拖动，直到它移动到可视区外。拖动时可按住 shift 保持水平，如图 2-129 所示。

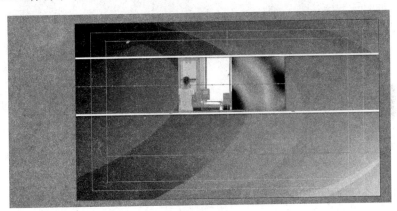

图 2-129

（16）回放以审查效果的应用情况。

【注意】 第一个运动效果已经制作好了，接着我们要为第二、第三个方块来制作效果，让这两个方块向画面的下方放大。

（17）确保 03 轨道被选中，选择菜单"轨道"＞"添加新效果"，一个新的效果条出现，把它拖到"左移出画"效果下方，如图 2-130 所示。

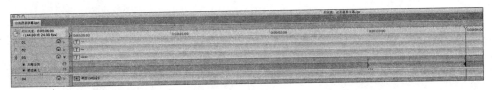

图 2-130

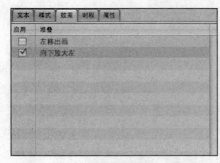

图 2-131

（18）在检查器"效果"标签中，将新效果命名为"向下放大左"，如图 2-131 所示。

（19）在检查器文本输入框中，用鼠标小心地选中第一个方块，然后在"效果"标签里选择"停用"，第三、第四个方块也同样。这样一来，"向下放大左"效果只作用于第二个方块。

（20）在时间线中单击"向下放大左"右边的关键帧，并在画布中单击选中第二个方块，然后单击检查器的"属性"标签。

（21）在"字形"＞"缩放"参数中输入 285，注意要保持比例锁定。

（22）在画布中拖动已经放大的第二个方块，放置在画面左下部，如图 2-132 所示。

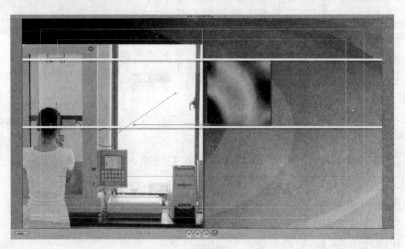

图 2-132

（23）播放并审查动作的设置。

（24）接下来为 03 轨道建立一个新效果，并命名为"向下放大右"。

（25）让"向下放大右"效果仅作用于第三个方块。

（26）在时间线中单击"向下放大右"右边的关键帧。

（27）在检查器"属性"标签中设置缩放为 285。

（28）在画布中拖动已经放大的第三个方块，放置在画面右下部。

（29）播放以查看 4 个方块的运动效果。

（30）（4 个方块的运动已经制作完毕，接下来要让两条白色的线跑到合适的位置上）在时间线上单击 02 轨道，为它添加一个新效果，并命名为"旋转"，如图 2-133 和图 2-134 所示。

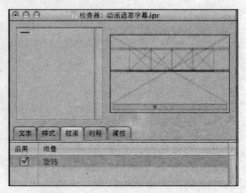

图 2-133

图　2-134

（31）在时间线"旋转"效果条上选中右边的结尾关键帧。

（32）在检查器里单击"效果"标签，单击参数，并从弹出的菜单中选择"旋转"，如图 2-135 所示。

（33）单击"加号"按钮，将旋转参数添加到活跃的参数列表中，如图 2-136 所示。

（34）在活跃的参数列表中双击"旋转 0"在弹出的对话框中输入 90，并单击"好"按钮确认，如图 2-137 所示。（这时，可以看到画布上的白线竖起来了）

（35）在时间线中单击 01 轨道片段，为它添加新效果，并命名为"上移"。

（36）在时间线上选中"上移"效果条的结尾关键帧，并按住 shift 键向上拖动至两个方块的顶部。

（37）播放并审查动画效果。

现在可以看到工作成果了。不过目前所有元素的运动都是同时开始和结束的。如果想要改变，比如让第一、第四个方块先飞出去，然后第二个方块再放大并下移，第三个方块晚一点再移动到位。这样的改变在 LiveType 中是很方便的，只要拖动相应的效果条，把它们的位置按照要求的先后排列即可，如图 2-138 所示。这样，就改变了效果发生的时间，画面中各个元素的运动就会有先有后了。

图　2-135

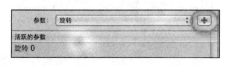

图　2-136

图　2-137

八、为复杂的动画字幕添加文字

（1）选择菜单"轨道">"新文本轨道"，并在文本输入框中输入"Experiment"（实验）。

（2）在媒体浏览器中单击 LiveFonts 标签，选择类别中的"专业系列"，找到"聚光灯"，并单击"应用"按钮。

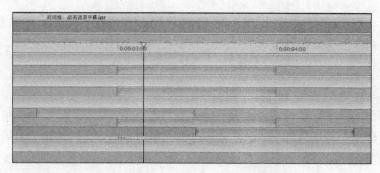

图 2-138

（3）在时间线上，拖动 01 轨道的文字片段，让它从 1s 的位置开始，并将它的长度设为 2s。

（4）单击媒体浏览器的"效果"标签，选择类别"淡入淡出"，找到"挤压进入"和"挤压退出"，并单击"应用"按钮。

（5）播放审查结果。

思考与练习

1．自己创建动画字幕的运动效果，通过添加关键帧来修改参数。

2．根据图 2-139 制作结尾的动画字幕效果。

图 2-139

第3章 色彩校正

影视制作的数字化使得校色成为一个必需的工作流程,几乎所有的影视作品都会经过校色的步骤才会和观众见面。色彩校正可以调整影片整体的色调和反差以达到导演要求的整体气氛,也可以调整局部的色调和反差,从而容纳更多的细节和层次,还可以使用一些特殊技巧,来弥补前期拍摄的不足。色彩校正是对视频图像质量提高的处理,同时也是一个完成工业标准化的必需工艺,以保证所制作的影视作品符合广播电视播出的信号标准。过亮和过度饱和的电平信号是不允许播出的。

色彩校正艺术家就是负责把原始的视频图像修改得奇妙一点。本章将通过实践范例,并通过对视频图像的评估以及三路色彩校正滤镜来进行色彩校正,达到校正曝光失误、校正白平衡以及实现限制效果和个性化色调的目的。

3.1　视频色彩基础

学习目的

所有人都会有基本的色彩经验,比如"红灯"意味"停止",或者"白色的天花板"、"绿色的草地",利用这些色彩经验并加强这种效果,是校色的重要目的。

在拍摄过程中,并不是所有镜头都能连续拍完,最常见的是本来在剧本上连贯的一场戏,因为各种原因分成几次拍完,这就导致了每次拍摄素材的光线会有差别,在最后要通过色彩校正来将这些素材整合起来,调整到光线效果看上去是自然、连贯的。

知识点

(1) 视频色彩的成分。

(2) 视频图像的属性。

一、视频色彩的成分

在眼睛的视网膜中,存在三种类型的颜色受体,它们被称为视锥细胞。这三种类型的视锥细胞分别对可见光中的短波波长、中波波长以及长波波长非常敏感。RGB 颜色模型通过使用三个主要的颜色通道来模拟人类视力对图像进行编码的方式:红色、绿色和蓝色。发射的光源(如 CRT 监视器、平板显示器和视频投影机)使用 RGB 颜色模型,图像采集设备(如摄像机和电脑)也是如此。

RGB 颜色模型是加色的,这表示红色、绿色和蓝色通道可结合起来形成系统中所有可用的颜色。当三个原色值均相同时,结果会为中性或灰度。例如,如果这三个原色全部为 0%,结果会为黑色。如果这三个原色全部为 100%(即最大值),结果会为白色。

当三个原色通道的强度几乎相同时,结果会显示为带有一些轻微偏色的中性色,具体

颜色取决于哪一个通道的强度最大。例如,如果红色通道的值比蓝色通道和绿色通道的值高,则结果会是轻微带红色的图像。二次色是两种原色的混合:红色加绿色为黄色,绿色加蓝色为青色,蓝色加红色为洋红色。

二、视频图像的属性

Final Cut Pro 能够显示两种类型的视频图像信息:亮度和色度。

1. 亮度

视频图像的亮度描述了组成图像的亮度层次。这些亮度层次从最深的黑色、各种灰色到最亮的白色。

在 Final Cut Pro 中,从黑色到白色的亮度范围是以百分比来表示的,纯黑色是 0%,纯白色是 100%。另外还有一些范围的明亮白色,叫做超白,从 100% 到 109%。当 Final Cut Pro 的视频示波器中读取亮度值时,图像中的每个像素点都表示成该范围内的某个百分值,如图 3-1 所示。

图 3-1

黑场,中间调和白场的简介如下。

在 Final Cut Pro 的色彩校正滤镜中,用来校正片段的大多数控制分为对黑场、中间调和白场的控制。每个控制都代表图像中亮度值的不同交叠范围,如图 3-2 所示。

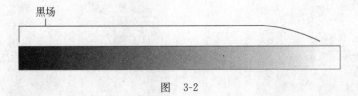

图 3-2

黑场构成片段亮度的最小范围。如果观察从黑场到白场的平滑渐变,则影响黑场的控制将影响图片最左边四分之三的渐变(从黑色到灰色)。控制对图像的黑场的影响在亮度大约为 75% 时开始减小,如图 3-2 所示,这不包括图像的最亮部分。

中间调构成图像的大部分灰色色调。对于相同的渐变,影响中间调的控制将影响中间二分之一的渐变,而不包括非常白和非常黑的部分。控制对图像的中间调的影响在亮度为 25% 和 75% 时开始减少,这不包括图像的最亮部分和最暗部分,如图 3-3 所示。

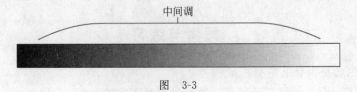

图 3-3

白场构成片段亮度的最大范围。对于此渐变,影响白场的控制影响最右边二分之一

的渐变,从灰色到白色。控制对图像的白场的影响在亮度大约为 25％时开始减少,这不包括图像的最暗部分,如图 3-4 所示。

图　3-4

当使用仅影响其中一个范围的控制时,对图片的色相、饱和度和亮度电平所作的所有更改仅仅在亮度的特定范围内的区域中发生。这允许用户仅在需要的地方执行目标明确的色彩校正,例如,细心处理高光的色相而保留暗调,反之亦然。

2. 色度

色度是用来描述两种颜色属性术语:色相和饱和度。

1) 色相

色相描述实际颜色本身,即颜色是红色、绿色还是黄色。色相在色轮上以角度体现,如图 3-5 所示。

2) 饱和度

饱和度描述颜色的强度,即颜色是鲜红还是浅红。完全降低了饱和度的图像根本就没有颜色,是一个灰度图像。饱和度也是在色轮上体现的,但它表现为从色轮中心到边缘的距离,如图 3-6 所示。

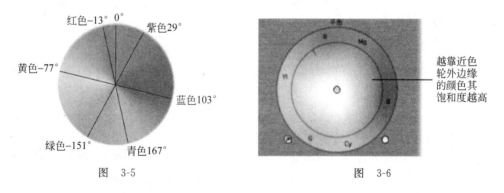

图　3-5

图　3-6

查看色轮时,注意它是组成视频的红、绿和蓝主色的混合色。这些颜色之间为黄色、青色和洋红色,是由等量原色混合而成的间色。这些颜色在色轮的外部边缘最强烈。饱和度逐渐降低至中心的纯白色时,表示没有色彩。

思考与练习

1. 视频色彩是由什么成分组成的?

2. Final Cut Pro 能够显示哪两种类型的视频图像信息?

3.2　评估视频图像

学习目的

本小节中会学一种严格的色彩校正：评估视频图像。学会看懂矢量显示器、直方图、波形监视器、RGB 分列显示仪以及掌握启用范围检查。

知识点

如何防止非法广播电平的产生。

初学者在制作影片时常犯的一个错误是过分依赖电脑显示器而使用鲜艳的颜色，但事实上，其色度和亮度电平往往超出可以广播的"合法"范围。

广播设施对广播所允许的亮度和色度的最大值是有限制的。如果视频超出这些限制，则将出现变形、颜色相互渗透、节目的白场和黑场冲掉或者图片信号渗透到音频信号中并导致音频失真。任何情况下，超出标准信号的电平都会造成不可接受的传输质量。

由于上述原因，在对已编辑序列中的片段执行色彩校正时，需要确保视频的亮度和色度电平保留在称为广播合法或广播可接受的参数内。如果不小心，很容易将序列中的片段电平推到很高，因此应该使用 Final Cut Pro 的范围检查选项来确保设定的亮度和色度电平保持合法。

菜单"工具"＞"视频观测仪"，如图 3-7 所示。

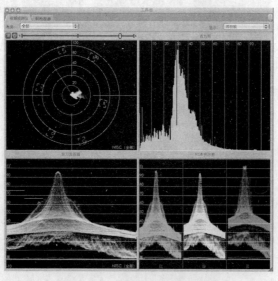

图　3-7

1. 看懂矢量显示器（图 3-8）

矢量显示器在图形标尺上显示图像中颜色的分布。视频中的颜色由落在此标尺内某个位置的一系列相连点来表示。标尺的角度表示显示的色相以及表示红、绿和蓝主色和

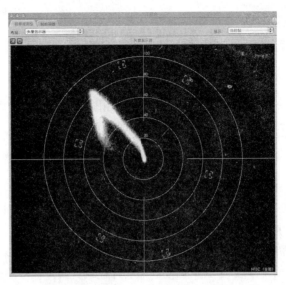

图 3-8

黄、青和洋红次色的目标。从标尺的中心到外圈的距离表示当前显示的颜色的饱和度。标尺的中心表示零饱和度,而外圈表示最大饱和度。

2. 看懂直方图(图 3-9)

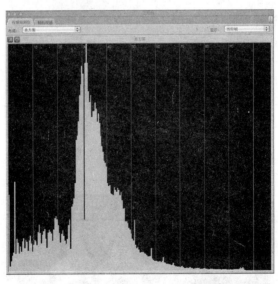

图 3-9

直方图很直观地给出视频帧中所有亮度值和亮度值的相对分布,从黑场到超白。它实际上是一种条形图,其中 x 轴表示亮度百分比,范围为 $0 \sim 100$。标尺上每一级的线条高度表示图像中处于该亮度百分比的像素数(相对于所有其他值)。

3. 看懂波形监视器(图 3-10)

波形监视器显示当前检查的片段中的相对亮度和色度饱和度电平,这些值是从左到

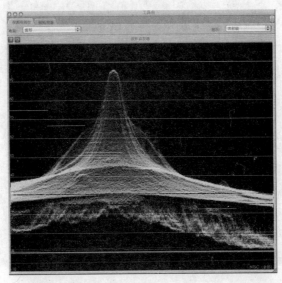

图   3-10

右显示的。镜像画面中的图像从左至右显示的是电平的相对分布。显示的波形中的波峰和波谷对应画面中的亮点和暗区。

4．看懂 RGB 分列显示仪（图 3-11）

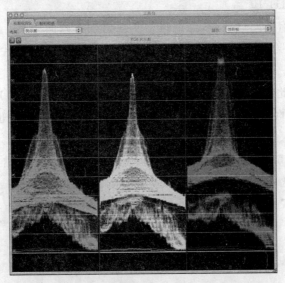

图   3-11

RGB 分列显示仪如同三个并排的波形监视器，它可以将视频显示为三个单独的由红色、绿色和蓝色组成的波形。这些波形着色为红色、绿色和蓝色便可以很容易地标识它们。

5．启用范围检查（图 3-12）

可以从"显示"菜单的"范围检查"子菜单选取以下选项。

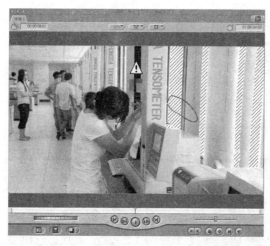

图 3-12

- 亮度溢出：如果选取此选项，则红色斑马条纹出现在画面中亮度大于100％的所有区域中，而绿色斑马条纹出现在画面中亮度为90％～100％的区域中。黄色感叹号图标表示亮度太"高"。绿色注记号表示图片中的所有亮度都是合法的。出现范围内图标(带有向上箭头的绿色注记号)表示何时显示90％到100％的亮度(亮度都不超过100％)。

- 色度溢出：启用此选项时，红色斑马条纹出现在画面中具有非法色度值的区域中。黄色感叹号图标表示色度太"高"。绿色注记号表示图片中的所有色度都是合法的。

- 两者：启用此选项时，红色斑马条纹表示画面中有亮度大于100％的区域和具有非法色度值的区域。如果斑马条纹出现，则黄色感叹号标记也会出现，表示有些电平太高了。

【提示】 当使用其中一个色彩校正滤镜时，"色度溢出"和"两者"选项都特别有用。如果将片段的色度增加至广播不能接受的电平，它们将向用户发出警告。

思考与练习

1. 亮度的合法广播范围是波形检视器读数的多少到多少？
2. 启用亮度溢出选项时，红色斑马条纹出现在画面中的什么区域？

3.3   校正曝光失误

学习目的

在本小节中，使用三路校色滤镜来解决前期拍摄时造成的曝光失误。

知识点

首先来了解一下，为什么会出现这样曝光不准确的现象。

从素材文件夹里导入 041_1078_01 和 041_1090_01 两个片段，并将它们编辑到时间线上，让软件的界面布局保持为"色彩校正"状态，并将视频观测仪调整为"波形监视器"。

分析一下上面这个曝光过度的镜头 041_1078_01（图 3-13），对于人物的曝光是正确的，可是作为背景的窗户部分完全曝光过度了，呈现出"死白"的状态，这种情况又称为"高光溢出"，在高亮度的部分几乎看不到应有的细节。现代的高清摄像机可以记录超白电平的信号，也就是在上图右侧的波形监视器里看到的：白电平超过了 100％，而正常的播出标准是不允许超白电平存在的。

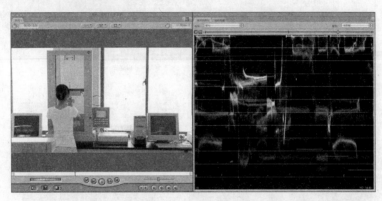

图 3-13

具体操作步骤

一、校正曝光过度

下面尝试着把画面精细地调整一下，看看能不能将超白的亮度溢出部分调整回来，以显示更多的细节。

（1）为 041_1078_01 镜头添加三路色彩校正滤镜，然后添加广播安全滤镜。（添加这个滤镜是为了禁止任何超白的出现，可以任意的调整亮度，而不用担心超过安全范围），如图 3-14 所示。在波形监视器里，可以看到白色值已经强制降到 100％ 以下，如图 3-15 所示。

（2）单击三路色彩校正滤镜标签，可以试将白场亮度滑块向右拖动，同时查看波形监视器，白色值到 100％ 后就不动了，即使把滑块拖到头，画面仍然不会超过 100％，如图 3-16 所示。

（3）现在按住 shift 键单击色盘右下角的"还原"按钮，将滤镜值还原。

（4）调整黑场的亮度滑块，让亮度值向下移动，这样整个画面的反差增大了，然后再将中间调的亮度滑块向左调，将整个画面的中灰部分变暗，这是为下一步调整亮部作准备。

（5）向右拖动白场亮度滑块，发现波形监视器的亮度值产生了变化，同时画面也在变化：整个画面的反差变得大了，高光部分的细节显现了出来，窗外的景物看得清楚了，而

图   3-14

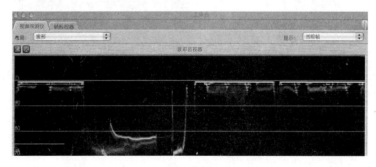

图   3-15

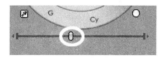

图   3-16

整个画面的层次变得更加丰富了。

【注意】　通常情况下对影像画面的要求是：要有适当的反差，足够的细节，丰富的层次。拍摄时因为种种原因——可能没有等到合适的自然光线、没有足够的灯光照明而导致某些镜头曝光不够理想，那么在后期校正的时候，应该尽量还原现场的光线效果，以达到导演和摄影师对剧情的要求。

思考与练习

请利用以上练习的步骤，调整曝光不足的镜头，使 041_1090_01 达到合适的程度，从而增加画面的层次，如图 3-17 所示。

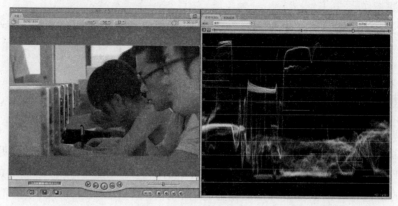

图　3-17

3.4　校正白平衡

学习目的

在拍摄时,往往因为各种原因导致色彩上的问题,比如忘记校正白平衡,或者是使用了摄像机的自动功能,也可能是导演到了后期剪辑的时候希望调整一下色调以适合剧情的气氛。本小节主要利用三路色彩校正滤镜来校正白平衡。

知识点

Final Cut Pro 的色彩校正滤镜简介如下。

Final Cut Pro 有多个可以用于调整片段的黑场、白场和色彩平衡的滤镜。

(1) 色彩校正。

色彩校正滤镜是执行简单色彩校正的基本滤镜。虽然不像三路色彩校正滤镜有那么多的功能,但硬件对它的实时支持性更好一些。

(2) 三路色彩校正。

三路色彩校正滤镜可以提供更精确的颜色控制,能够对图像的黑场、中间调和白场的色彩平衡进行单独调整。

(3) RGB 平衡。

提高或降低 RGB 颜色空间中每个通道(红、绿和蓝)的高光、中间调和黑场的电平。

(4) 调整高亮饱和度和暗饱和度。

有时,应用其中一个色彩校正滤镜可能导致图像的高光和黑场中有不想要的颜色。这两个滤镜(实际上是具有两个不同默认设置的相同滤镜)允许用户消除这些不想要的颜色。

(5) 广播安全和 RGB 限制。

广播安全滤镜提供一种快速方法来处理亮度和色度电平超出视频的广播限制的片段。如果要限制非法的 RGB 电平,可以使用广播安全滤镜中的 RGB 限制控制或使用

RGB 限制滤镜。

【注意】 Final Cut Pro 中用来执行主色彩校正的滤镜为色彩校正滤镜和三路色彩校正滤镜。每个滤镜对实时处理都有不同的需求，具体使用哪个滤镜取决于用户安装的视频硬件。

具体操作步骤

一、利用三路色彩校正滤镜校正画面白平衡

在拍摄以下这场戏的时候，现场的主要光线是学生宿舍的日光灯，辅助照明是一盏色温为 3300K 小红头灯，所以在画面左下方的男生的白色 T 恤衫的颜色是准确的，画面正中的男生的白色背心则呈现出奇怪的偏蓝色，而剧情又发生在晚上，所以导演希望将画面色调调整一下，以符合剧情的戏剧效果。

我们将利用 Final Cut Pro 的三路色彩校正滤镜来完成这个镜头的校色工作。

（1）打开"素材"＞"色彩校正"媒体夹，将所有片段导入 Final Cut Pro 的项目中，并把 041_1417_01 编辑到时间线上，随后将窗口布局调整为"色彩校正"（菜单"窗口"＞"色彩校正"），将视频观测仪选择到"列示图"，可以看到，这个镜头的蓝色部分大大高于红色部分，如图 3-18 所示。

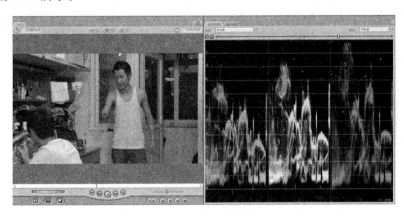

图　3-18

（2）双击时间线上的片段在检视器里打开，并选择菜单"效果"＞"视频滤镜"＞"色彩校正"＞"三路色彩校正"，这样滤镜会被应用到片段上。

（3）单击检视器上方的"三路色彩校正"，进入调整界面。

（4）首先要调整这个镜头的白平衡，单击"白场"色盘左下角的"吸管"按钮，然后在画布上男生的白色背心上单击一下，这时会发现，整个画面的色调变得暖了起来，这是因为我们通过这个动作，重新定义了画面的白平衡，如图 3-19 所示。

（5）单击"工具台"＞"帧检视器"，可以通过它来比较滤镜添加前后的效果，不光是白色背心，包括墙面、家具的色调都发生了变化。

（6）接下来可以按照自己的想法来进行一步调整画面的色彩效果，比如通过每个色盘下方的"饱和度"划块来调整一下画面的反差和亮度，比如希望在中间调部分增加一些

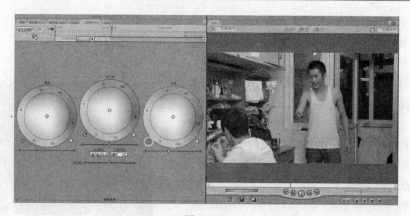

图   3-19

暖调,那么可以在中间调的色盘上用鼠标拖动中心的小圆点向左上方 R 和 Y1 方向移动,按住 command 键可以加大拖动的幅度,这样可以看到进一步的变化。

二、利用中间调吸管校正画面色彩

如果碰到要调整的镜头里没有白色调,那么可以使用中间调"吸管"按钮选择灰色调。中间调一般占图像的绝大多数,中间调的平衡盘能影响亮度为 25%～75% 的图像。现在我们尝试用中间调吸管来对这个镜头进行色彩平衡调整。

(1)按住 shift 键单击色盘下的右下角的"还原"按钮,让图像都恢复到未校正状态。

(2)单击中间调色盘左下角的吸管。

(3)用吸管在画布上单击画面中我们认为应该是灰色调的部分。

(4)查看结果,如果和使用白平衡校正的结果接近,说明校正结果是正确的。

【注意】 校色工作通常会放在剪辑完成后。导演和剪辑师对已经完成的影片进行效果上的进一步润色时,经常碰到的情况是:一个长镜头被剪成多个分镜头应用在影片中,那么一个镜头调整了色调,必须将所有相关的镜头都调整为统一的样子。所有的滤镜都支持复制和粘贴,但我们一定要注意的是:如果一个片段同时被应用了几个滤镜,它们的排列顺序不同,对画面效果的影响也不同。

有时,我们在同一场景中拍摄,但使用的摄影机型号不同,也会导致画面的色彩效果有差异,又或者因为某些客观原因把剧本上的一场戏分成几天拍摄,也会导致剪辑出来的影片在光线和色彩方面不连贯,那么我们都必须对这些镜头进行色彩方面的调整。对多个镜头的对比调整,可以借助"窗口">"整齐排列">"多编辑"的窗口布局,这样我们可以同时对比时间线上相邻的多个镜头,对我们校色工作提供便利,如图 3-20 所示。

图   3-20

三、使用矢量显示器校正画面色彩

通常看一个画面的色彩是否舒服很大程度上是取决于画面中人物的肤色。人脸通常是画面的焦点所在,所以查看人脸的色彩效果显得非常重要。

矢量显示器是查看画面中色彩分布的工具,它有一个简单的功能可判断脸部色调是否自然:"肤色线",如图 3-21 所示。

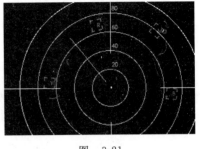

(1) 将 041_1423_01 放置在时间线上并打开"矢量显示器",这是一个近景镜头,脸部在画面中央,但占的比例相对于背后的白墙来说并不算大,所以这时候矢量显示器里显示的信息还不完全是脸部的图像。

图　3-21

(2) 选择"剪裁"工具。

(3) 在画布上剪裁图像,只留下脸部图像,这时观察矢量显示器,看显示值和肤色线的差异,如图 3-22 所示。

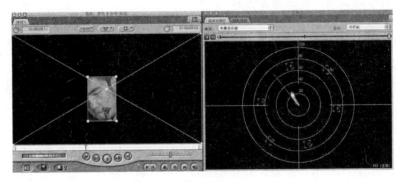

图　3-22

(4) 对比显示值和肤色线的差异,如果对肤色不满意,可以给这个镜头加上一个三路校色滤镜,然后用"中间调平衡控制"来调整肤色。

(5) 最后撤销剪裁,检查整个图像的调整结果。

思考与练习

1. 在 Final Cut Pro 中,使用什么工具来校正有色调偏差的肤色?

2. 如果一个片段同时被应用了几个滤镜,它们的排列顺序不同时,对画面效果是否会产生不同的影响?

3.5　实现限制效果和个性化色调

学习目的

本小节通过对 Final Cut Pro 中校色滤镜的使用实现限制效果和个性化色调。

知识点

对影片中某一种颜色限制,转换为其他颜色——比如在电影《辛德勒的名单》中,那个穿红衣服的小女孩在黑白色调的画面中行走——这种效果在电影或是 MTV 中经常被用到。

在这样的场景中,最好确保处理的颜色是唯一的。而且要保证源素材具有很好的图像质量。一般来说,Mini DV、DVCAM、DVCPRO25 这些设备所拍摄的图像都无法实现高质量的效果处理,因为它们的格式决定了在记录过程中要压缩数据,并丢弃大量的颜色信息,这些信息在通常情况下不被观众察觉,但用于细节处理时,如抠像,它们的数据细节就不够了,那么合成图像的边缘就会产生锯齿,而且模糊不清。所以可以利用 Final Cut Pro 中校色滤镜的使用实现限制效果和个性化色调。

(1) 通过校色滤镜的使用实现对色彩的控制。

(2) 通过校色滤镜的使用制作限制效果。

具体操作步骤

一、通过校色滤镜的使用实现色彩控制

(1) 建立新项目,将"素材">"色彩校正">"雕塑"导入,并存储项目,命名为"限制效果"。

(2) 将片段"雕塑"编辑到时间线上。(这是一个使用 SONY 高清摄像机拍摄的镜头,并转码为 Apple ProRes 422 ,以方便处理)

(3) 将时间线上的片段选中,并在菜单"效果">"视频滤镜">"色彩校正"中选择滤镜中的"色彩校正"。

(4) 双击时间线上的片段,在检视器中打开,并单击"色彩校正"标签,显示色盘和参数。

(5) 单击检视器左下角限制效果的小三角,如图 3-23 所示。

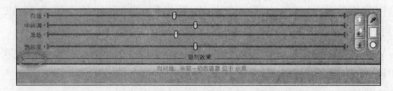

图 3-23

(6) 限制效果参数控制展开。单击右侧的吸管工具,如图 3-24 所示。

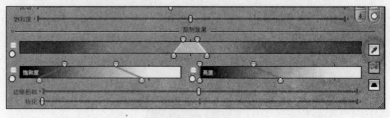

图 3-24

（7）用吸管在画布上单击雕塑中红色部分,将"饱和度"滑块向左拉到底,如图3-25所示。

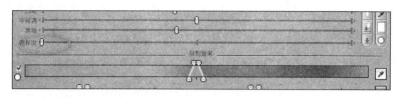

图　3-25

（8）检查画面,画布中的红色部分变成黑白的了,但并不完整,应该继续调整限制效果。

（9）调整限制效果中的"亮度"和"饱和度"滑块,滑块的上手柄代表"范围",下手柄代表"容差"。

（10）当原来的红色部分都变成深灰色后,将步骤（7）中用到的"饱和度"滑块拉回到原来的位置。

（11）转动色相盘,查看画布中的颜色变化。

【注意】　在以上过程中,我们通过色彩校正滤镜选择特定的颜色作为调整对象,在限制效果中用吸管工具指定了特定的颜色为雕塑中的红色,并用"饱和度"和"亮度"滑块作了范围的选择。步骤（7）中降低饱和度,是为了更容易在画布中看到限制的色彩范围,所以当范围选择完成后,应该把它复位。

二、通过校色滤镜的使用制作限制效果

下面,要在前面的基础上进一步为这个片段制作一个色彩隔离的效果:雕塑的红色和它下面的小花被保留为原来的颜色,而其他的部分变成黑白色调。

（1）继续上面的操作,单击"反选"按钮以倒转限制效果,如图3-26所示。

（2）这样红色得以保留而其他部分变成单色。但雕塑下面的小花也变成了单色。

（3）将片段移动至V2轨道上,再次从浏览器中将原始片段编辑至V1轨道上。

使用遮罩将需要保留颜色的部分选出,然后使用同样形状的遮罩剪裁V2轨道上的画面,再将两者相重叠。

（4）将V1轨道上的片段在检视器中打开,对其应用四点图形遮罩滤镜（"效果">"视频滤镜">"遮罩">"四点图形遮罩"）。

（5）将遮罩控制在小花的周围,可以使用一点羽化效果。

（6）将设置好的四点图形遮罩滤镜复制到V2轨道的片段上,并将它设置为"反转",如图3-27所示。

图　3-26

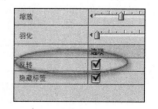

图　3-27

（7）检查效果，如果对边缘不满意，可以继续微调遮罩的位置、平滑角度以及羽化参数。

　　【注意】　色彩校正的过程是基于软件对图像中像素的运算，所以源素材携带的像素信息越多，得到的效果就越好。另外，如果要使用这样的效果，在拍摄时就应该规划并进行评估，然后和摄影师、美术师进行沟通，确保质量要求。

第 4 章 混合音轨

本章将通过实践范例,对 Final Cut Pro 的音频制作进行讲解,实例能够使我们使用 Final Cut Pro 软件制作影片时配合完美的声效,并且在以后的创作中能够灵活运用。

4.1 音频基础

学习目的

通过音频基础小节的讲解了解声音的原理,并对后面进行混合音轨的制作进行理论铺垫。

知识点

电影是视听艺术,通过画面和声音共同完成叙事。一部完整电影作品的声音处理通常暗示了它的专业水平和质量,业余的电影制作人完成了影片的剪辑就算是做完了,而对于专业人士来说,完成画面的剪接仅仅是后期制作的一部分。

人类的听觉是非常敏感的,画面的某些瑕疵有时会被观众忽略,但观众无法忍受一句磕磕巴巴的台词,任何一点不合理的声音效果或是声音断点都会让观众立刻竖起耳朵。

音频文件格式专指存放音频数据的文件的格式。它包括多种不同的格式。

一般获取音频数据的方法是:采用固定的时间间隔,对音频电压采样(量化),并将结果以某种分辨率(例如:CDDA 每个采样为 16 比特或 2 字节)存储。采样的时间间隔可以有不同的标准,如 CDDA 采用每秒 44 100 次;DVD 采用每秒 48 000 或 96 000 次。因此,采样率、分辨率和声道数目(例如立体声为 2 声道)是音频文件格式的关键参数。

需要分清楚的是音频文件和编解码器不同。尽管一种音频文件格式可以支持多种编码,例如 AVI 文件格式,但多数音频文件仅支持一种音频编码。

有两类主要的音频文件格式:

- 无损格式,例如 WAV,PCM,TTA,FLAC,AU,APE,TAK,WavPack(WV)
- 有损格式,例如 MP3,Windows Media Audio(WMA),Ogg Vorbis(OGG),AAC

有损文件格式是基于声学心理学的模型来除去人类很难或根本听不到的声音,例如:一个音量很高的声音后面紧跟着一个音量很低的声音。MP3 就属于这一类音频文件格式。

无损的音频格式(例如 TTA)压缩比大约是 2∶1,解压时不会产生数据/质量上的损失,解压产生的数据与未压缩前的数据完全相同。如需要保证音乐的原始质量,应当选择无损音频编解码器。例如,用免费的 TTA 无损音频编解码器可以在一张 DVD-R 碟上存

储相当于 20 张 CD 容量的音乐。

有损压缩应用很多,但在专业领域使用不多。有损压缩具有很大的压缩比,而且能提供相对不错的声音质量。

音频 CD 格式是 1980 年由飞利浦公司和索尼公司开发的,1982 年公布,此后很少改动。这种格式定义一首歌存放在一个 CDDA 文件中,输入采样率为 44 100 次/秒(即 44.1kHz),每个采样用 16 比特数据存储。立体声数据为 1.4Mb/s。

作为比较,MP3 格式压缩比可以为 1∶12(同样是 44.1kHz 采样率,MP3∶112kb/s,CDDA∶1.4Mb/s)。MP3 格式的开发始于 1987 年在德国的 Fraunhofer IIS,历时 4 年,其间经历了算法的改进和音质的提高。但是由于硬盘的价格较高,这项技术当时应用很少。

1996 年,Winamp1.0 版的发布成为 MP3 格式流行的催化剂。Fraunhofer 开始向采用他们的算法的公司索要许可证费用,因此其他替代的免费算法开始被研发。LAME 发布于 1998 年,并于此后成为主要的 MP3 编码器。最近以来,其他的 MP3 格式的挑战者,包括 Windows Media Audio(微软公司定义的格式)、Ogg Vorbis(一个没有申请专利的自由编解码器)和高级音频编码或者叫 AAC(用于苹果公司的 iTunes)。

非压缩的数据格式简介如下。

目前存在多种非压缩数据格式,其中最流行的是 WAV 格式。WAV 文件的格式灵活,可以储存多种类型的音频数据。对于保存原始的录音数据是一个好的选择。WAV 格式是基于 RIFF 文件格式的,RIFF 格式与 AIFF 和 IFF 格式类似。

BWF(广播声波格式)作为 WAV 的后继者,是由欧洲广播联盟创建的一种标准音频格式。BWF 文件中可以存放元数据。BWF 文件也是基于 RIFF 文件格式的,扩展名是 WAV。有关其信息参见:欧洲广播联盟:Specification of the Broadcast Wave Format——A format for audio data files in broadcasting(广播声波格式描述——一种广播用音频文件格式)。欧洲广播联盟技术文档 3285,1997 年 7 月。

无损压缩的数据格式简介如下。

APE 庞大的 WAV 音频文件可以通过 Monkeys Audio 这个软件进行压缩为 APE 格式。被压缩后的 APE 文件容量要比 WAV 源文件小一半多。通过 Monkey's Audio 解压缩还原以后得到的 WAV 文件可以做到与压缩前的源文件完全一致。

FLAC 格式的源码完全开放,而且兼容几乎所有的操作系统平台。它的编码算法已经通过了严格的测试,而且在文件点损坏的情况下依然能够正常播放。该格式不仅有成熟的 Windows 制作程序,还得到了众多第三方软件的支持。此外该格式是唯一的已经得到硬件支持的无损格式,Rio 公司的硬盘随身听 Karma,建伍的车载音响 MusicKeg 以及 PhatBox 公司的数码播放机都能支持 FLAC 格式。

TTA

WavPack

Tak 类似于 FLAC 和 APE,压缩率类似 APE 而且解压缩速度类似 FLAC,算是综合了两者的优点。此格式的编码器压缩的音频是 VBR,即可变比特率的。

多声道格式简介如下。

从 20 世纪 90 年代起,影院开始将音响系统升级为环绕声系统,它可容纳 2 个以上的声道。环绕声系统中最流行的是微软公司开发的 Windows Media 音频(或称 WMA)中的"Windows Media Audio Professional(Windows Media 音频 专业版)"和苹果公司的 iTunes 所采用的高级音频编码系统(或称 AAC)和杜比数字系统(或称 AC-3)。这三种编解码器都是受版权保护的,其编码器和解码器须支付许可证费用才能获得。最流行的多通道格式叫做 5.1,意思是 5 个环绕声道(左前、前中、右前、左后和右后)和一个低重音声道(因为人的耳朵无法区分低频率声音传来的方向)。

杜比数字(Dolby Digital)是美国公司杜比实验室公司开发的技术,是著名的有损数据压缩的多媒体存储格式。

杜比数字包括多个相类似的压缩技术,当中包括有 Dolby Digital EX,Dolby Digital Live,Dolby Digital Plus,Dolby Digital Surround EX,Dolby Digital Recording,Dolby Digital Cinema,Dolby Digital Stereo Creator 和 Dolby Digital 5.1 Creator。

杜比数字(Dolby Digital),或称 AC-3,是普遍的版本,可以包括多达 6 个独立的声道。最知名的是 5.1 声道技术。在 5.1 声道技术中,5 代表 5 个基本声道,独立连接至五个不同的喇叭(20 至 20,000Hz),分别是右前(RF),中(C),左前(LF),右后(RR),左后(LR);而 1 则代表 1 个低频声效,连接至低音辅助喇叭(20 至 150Hz)。与此同时,杜比数字格式也支持单声道及立体声输出。第一部使用杜比数字编码技术的电影是 1992 年推出的《蝙蝠侠大显神威》(Batman Returns)。第一套以杜比数字编码技术的家用式镭射影碟是 1995 年推出的《迫切的危机》(Clear and Present Danger)。

以下的 codec 名称都是不同的,但也是指杜比数字。

- Dolby Digital;
- DD(Dolby Digital 的缩写,一般会在后面加上声道,即 DD 5.1。不符合杜比标准的缩写);
- Dolby Surround AC-3 Digital(第二个标准发布的名称,只在早期(1995 及 1996 年)使用);
- Dolby Stereo Digital(第一个标准发布的名称,只在早期使用);
- Dolby SR-Digital(当编码时结合 Dolby SR 录音技术时的称呼);
- SR-D(Dolby SR-Digital 的缩写);
- Adaptive Transform Coder 3(与杜比数字的位流格式关联);
- AC-3(上述名称的简称);
- Audio Codec 3,Advanced Codec 3,Acoustic Coder 3(These are backronyms。可是,Adaptive TRansform Acoustic Coding 3,或称 ATRAC3,是索尼开发的另一音效编码格式);
- ATSC A/52(规格标准的名称,现时版本为 A/52 Rev. B)。

具体操作步骤

一、声音原理。

声音是由声波振动空气形成的,人耳收集这些振动并通过大脑翻译形成声音认识。

声音从振源发出并不断向四周辐射。声波有两个主要参数：振幅（从高峰值到低峰值的高度）和频率（两个峰值间的时间），如图 4-1 所示。

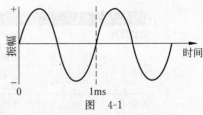

图　4-1

每秒振动的周期称为"赫兹"。一般人耳能听到的范围大约是 20 到 20000Hz。

声音的音量以分贝 dB 为计量单位，它由声波的振幅来决定，一般人耳能听到的音调大约处于 0 到 130dB 的范围内。

在音频技术领域，针对不同的声音，频率响应体现录音的精确程度，技术上用采样率来表示采集与测量声音的非常细小的时间片段。

在数字音频领域，常用的采样率有：

- 8,000 Hz——电话所用采样率，对于人的说话已经足够；
- 11,025 Hz；
- 22,050 Hz——无线电广播所用采样率；
- 32,000 Hz——miniDV 数码视频 camcorder、DAT（LP mode）所用采样率；
- 44,100 Hz——音频 CD，也常用于 MPEG-1 音频（VCD，SVCD，MP3）所用采样率；
- 47,250 Hz——Nippon Columbia（Denon）开发的世界上第一个商用 PCM 录音机所用采样率；
- 48,000 Hz——miniDV、数字电视、DVD、DAT、电影和专业音频所用的数字声音所用采样率；
- 50,000 Hz——20 世纪 70 年代后期出现的 3M 和 Soundstream 开发的第一款商用数字录音机所用采样率；
- 50,400 Hz——三菱 X-80 数字录音机所用采样率；
- 96,000 或者 192,000 Hz-DVD-Audio、一些 LPCM DVD 音轨、BD-ROM（蓝光盘）音轨和 HD-DVD（高清晰度 DVD）音轨所用采样率；
- 2.8224 MHz——SACD、索尼和飞利浦联合开发的称为 Direct Stream Digital 的 1 位 sigma-delta modulation 过程所用采样率。

音频质量还有一个概念称为"动态范围"，又称为"位深度"。

动态范围指的是音频在最强和最低的响度之间的范围。如果动态范围非常好，那么在不同的音频音量之间就会有更大的变化能力。位深度决定了计算机可以录制的音量信息的多少，如图 4-2 所示。

电影音轨通常由很大的动态范围混合而成，这些音轨将会再现在很大的银幕上，用高效而准确的大规模音响系统进行播放，这种音响系统可以再现大音量和平静部分之间的巨大差异，两人间的窃窃私语和高速赛车巨大的引擎声音都能被良好地还原出来，所以电影音频通常都采用较大的动态范围，而普通电视没有装配高效的扬声器设备，因此电视节目中使用的动态范围要小得多。

- 广播电视——6dB
- 录像带——12dB
- 戏剧杜比数字格式——20dB

位长度	何时使用
32 位浮点	Final Cut Pro 混音器的内部分辨率。它允许以非常高的分辨率但最少的误差进行音频计算（如音量控制器音量和效果处理），从而保持数码音频的质量
24 位	已成为大多数音频录制格式的音频行业标准。大多数专业音频接口和电脑音频编辑系统都可以使用 24 位精度进行录制
20 位	用于一些视频格式（例如 Digital Betacam）和音频格式（例如 ADAT Type II）中
16 位	DAT 录机、Tascam DA-88 和 ADAT Type I 多轨道以及音频 CD 都使用 16 位样本。许多数字视频格式（如 DV）使用 16 位音频
8 位	过去，8 位音频经常被用于 CD-ROM 和 Web 视频。目前，16 位音频通常更常使用，但是当导出要用于多媒体的音频时，可用带宽及与目标用户的系统的兼容性是主要的考虑因素

[1] 许多消费类 DV 摄录机允许使用 12 位模式录制 4 个音频通道，但对于专业作品，建议不要这样做。

图　4-2

音频电平是音量的具体表现，以 dB 表示。在数字音频技术中，音频的最高值为 0dB，超过的部分将会被削掉，音频指示器会亮起红灯，所以音频电平永远不会超过 0dB。

音频电平是叠加的，在同一时间播放的音频片段越多，整体的音量就越大。建议混音后的音频电平参考如下：

- 整体混音——－3～－6dB
- 主要音源——－6～－12dB
- 环境和声效——－12～－18dB
- 背景音乐——－18dB

要正确地制作音频，首先要会观看音频指示器，Final Cut Pro 提供了这样的工具如图 4-3 所示，当序列播放时，音频指示器会在高值和低值间跳动，高值表示序列的峰值音量，低值通常接近序列的平均音量，两种音量的差异决定了音频流的动态范围，如图 4-3 所示。

Final Cut Pro 以及大部分剪辑软件都提供了"彩条和音调"发生器，用来校准监视器和扬声器，如图 4-4 所示。

图　4-3

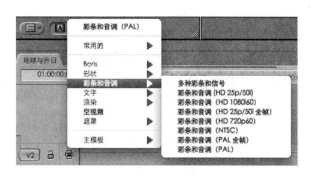

图　4-4

"彩条和音调"发生器会生成一个标准的全色彩、全亮度的视频信号，用来校准监视器，同时生成的一个 1kHz 的正弦波的音调，用以校准监听设备。我们可以通过这个标准

音调来调整我们的监听耳机或扬声器的音量,以适合的音量高度来播放序列,当监听音量被调整到你认为合适的程度后,就不要再动了,以后就可以根据监听设备来感知音频的音量大小是否合适。

　　【注意】　在 Final Cut Pro 中,每个片段都有自己的音量,而在某些专业混音软件中——如 Protools,则是按照每条轨道来设定音量的。

　　如果不反复监听序列中的所有音频片段,如何能确定音频有没有超标呢? Final Cut Pro 提供了一个快速检查的办法:

　　(1) 在时间线上选择要检查的序列;

　　(2) 选择菜单"标记">"音频峰值点">"标记"命令,如图 4-5 所示。

　　Final Cut Pro 会快速地检查一遍序列,如果有电平超过 0dB 的位置,就会在该位置标上橘黄色的标记(Final Cut Pro 7)或绿色的标记(Final Cut Pro 6),如图 4-6 所示。

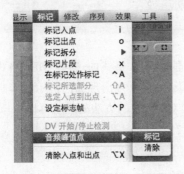

图　4-5

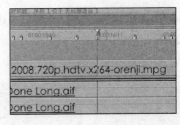

图　4-6

二、使用 CD 或 MP3

经常会为影片添加配乐,而配乐最常见的来源是音乐 CD。

标准的 CD 音频是以 44.1kHz 的采样率记录的,但在 Final Cut Pro 中,都是以 48.0kHz 来工作的。尽管 Final Cut Pro 不需要渲染就可以播放 CD 的音乐轨道,但最好把 CD 音频轨道转换成 48.0kHz,这样 CD 音频可以与视频源的音频在同一采样率下工作。方法如下:

　　(1) 在浏览器窗口中建立一个新的媒体夹,并命名为 CD Track;

　　(2) 选择这个媒体夹,并选择菜单中的"文件">"批导出"命令;

　　(3) 一个空的媒体夹出现在"输出队列"窗口;

　　(4) 直接从 Finder 将 CD 的音频文件拖曳至"输出队列"中的 CD Track 媒体夹,如图 4-7 所示;

　　(5) 在 CD Track 被选中的前提下,单击"设置"按钮;

　　(6) 在"批处理"窗口中设置导出后存储的位置,并选择格式为 AIFF,然后单击"选项"按钮,将"速率"设置为 48.0kHz,如图 4-8 和图 4-9 所示;

　　(7) 单击"确定"按钮,并在"输出队列"窗口中,单击"输出"按钮;

　　(8) 将转换好的音频导入到 Final Cut Pro 中。

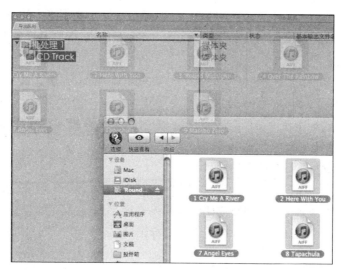

图 4-7

有时从网络上下载一些音乐效果,这些音频通常都是 MP3 格式的,这些 MP3 格式的音效被放在序列音轨中是不会被识别的,会显示为未渲染(序列上方出现红色指示线),直接回放会听到"嘟～嘟～"的声音。我们只要按照上面处理 CD 音轨的方法处理就可以。

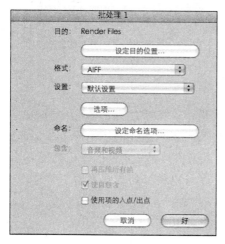

图 4-8

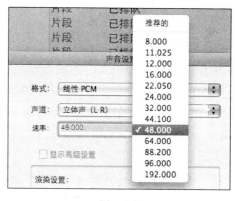

图 4-9

思考与练习

1. 声波有哪两个主要参数?

2. 每秒振动的周期称为什么?

3. 一般人耳能听到的频率范围大约是多少赫兹?

4. 什么叫做音频电平?

4.2　声 音 创 作

学习目的

通过声音创作小节的讲解了解如何为影片添加声音效果和配乐。

具体操作步骤

一部影片的画面剪接初步完成后,就要开始构思精剪,这里的精剪指的是对影片的声音和画面进行更进一步的调整。并且,通过对声音的设计,使得画面更具有吸引力。

首先需要处理的是影片中的对话部分,因为对话是剧情的重要组成,观众对影片故事的理解,很大程度建立在对话上。在下面的例子中,将制作一个预告片,看如何用音效来渲染影片的气氛。

(1) 首先打开素材光盘中的"音频混合"文件夹,查看其中的声效文件夹,里面包含将要使用的声效文件。

(2) 双击项目文件"音频混合-预告片",播放序列。这是一个已经完成了画面剪接的预告片,声音部分只有同期录制的对白,我们将要为它添加音效。

(3) 在开始添加声音时,要规划一下音频轨道,通常来说对于音频轨道的使用原则是:和画面关系的远近决定音轨的位置高低。对于这个实例,对白是和画面关系最紧密的,于是对白声处于 A1、A2 轨,A3、A4 轨放置动效,A5、A6 轨放置声效,A7、A8 轨放置背景音乐。

(4) 不同的声音效果会带来不同的气氛,先为影片中"女鬼"的部分添加"脚步声"效果。从浏览器中将"音频混合"文件夹导入,找到"脚步声"双击打开,在检视器中查看音频波形图,如图 4-10 所示。

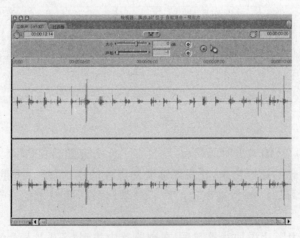

图　4-10

【注意】　像视频一样,音频波形图描述了声音的形象,通过监听和查看波形,我们知道这个脚步声是由远至近,又渐渐走远的。音频波形起伏最高处即是声音离我们(也可理

解为离镜头)最近的地方。了解了这点后,就可以将声音准确地配合画面了。

(5) 查看视频轨道的第一段画面长度,然后将"脚步声"标记出相同的时长,并编辑到A3、A4轨道上,试听得到的效果,如果和画面的进度不相符,只需调整动效的速度即可。但是,后面"女鬼"的部分也要使用相似的声音动效,所以我们不在时间线上修改,而是在检视器里对整个"脚步声"的素材进行修改。

(6) 激活检视器,选择菜单"修改">"速度",将速度设定为45%,然后再编辑到时间线上,得到合适的声音效果。然后将"女鬼"的镜头都配上"脚步声"。要注意的是:当画面中那只手拍到女鬼的肩上时,脚步声要停下来。(在时间线上也可以让音频片段显示为波形图,方法是:单击时间线左下方的小三角按钮,在弹出的菜单中选择"显示音频波形",如图4-11所示)

图　4-11

【注意】 显示音频波形需要占用较多的系统资源,可能会影响电脑的工作速度,所以只有当需要在时间线上将特定的声音对准画面时,才开启这项功能,使用完毕后,再关掉。

编辑好"脚步声"后,影片已经具有了合理的声音:对话部分是原来就有的,"女鬼"部分是代表剧中人物梦境的主观镜头,我们也为它配上了主观视点的脚步声,接下来,要在现实声音的基础上添加一些渲染气氛的音效,以强化影片的感染力。

(7) 在浏览器中找到声效"狼叫声",双击在检视器中打开试听并观察音频波形,这是一段结合了狼的嚎叫和鸟叫的声音,把这些声音编辑到时间线上,和脚步声结合起来,营造一种夜晚中恐惧的气氛,如图4-12所示。

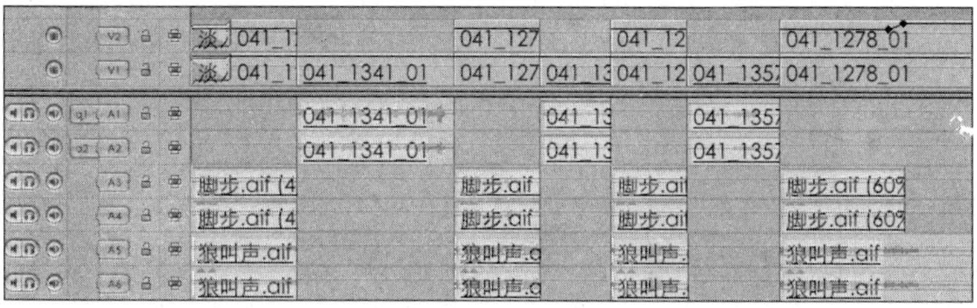

图　4-12

(8) 当"狼叫声"被编辑进时间线后,就具有了6个音频轨道(3个立体声效果),那么这些声音能否被理想的还原出来,让观众感受到声音的层次,是一个重要的问题,我们将在后面的环节中学习如何调整多轨道的声音处理,现在,我们先把所有的声音元素加入进来。

(9) 接下来要为影片添加背景音乐,在浏览器中找到"音乐片段",双击在检视器中打开试听,看看使用哪个部分更能配合影片的气氛。也可以参考素材中的示范影片《音频混合范例片》,从而标记出要使用的部分,并将音乐片段编辑到时间线的A7、A8轨道上,如图4-13所示。

图 4-13

(10) 同上一步一样，在浏览器中找到"紧张"这个音频片段，通过参考示范影片，或自己试听，将音乐编辑到 A7、A8 轨道上的"音乐片段"的后面直到影片结束。

(11) 保存项目，我们将在下一小节中对这部影片进一步进行声音的调整。

思考与练习

1. 音频波形的起伏代表什么？
2. 在时间线上让音频片段显示为波形图的方法是什么？

4.3 音频轨道操作

学习目的

通过本小节的讲解，能够熟练掌握 Final Cut Pro 中音频轨道的操作。

具体操作步骤

一、开启或停用 Final Cut Pro 中的音频轨道

(1) 单击音频轨道的"绿色可听"按钮，停用声音轨道，这个按钮也可影响输出：在停用某音频轨道后，不只回放时听不到，输出也不包含该轨道。这个按钮在制作多语言配音版本时很有效，如图 4-14 所示。

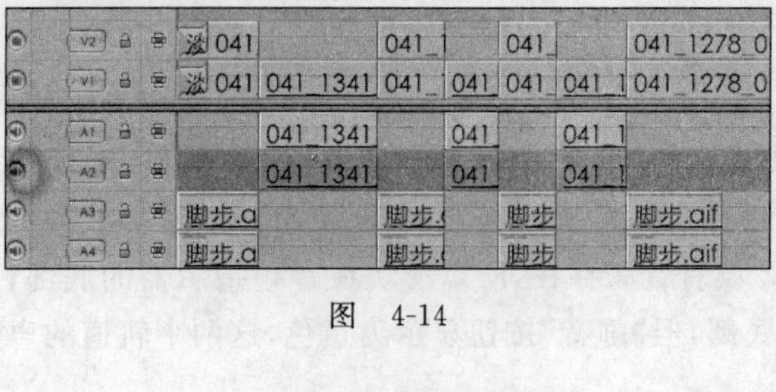

图 4-14

（2）单击时间线下方的"音频控制"按钮，开启两组名为"静音"和"独奏"的按钮，单击"静音"按钮可使该轨道静音；单击"独奏"按钮，则可使其他轨道静音。这两个按钮对输出结果没有影响，如图 4-15 所示。

（3）假如不希望整个轨道都静音，只想让轨道中的某个音频片段静音，则可以使用鼠标右击该片段，在弹出的菜单中选择"启用片段"，使该片段停用，以实现静音，如图 4-16 所示。

图 4-15

图 4-16

【注意】 被停用的片段不会输出。

二、调整各个音频轨道之间的关系

（1）首先将放置配音片段的 A7、A8 轨道设置为静音，然后播放，试听"脚步"和"狼叫声"。试听显示"狼叫声"太大，盖过了脚步声，那么是提高"脚步"的音量还是降低"狼叫声"的音量呢？这时用音频指示器可以查看音频的实时音量，但更好的方法是：多轨道的音量都实时的显示出来，那么调整起来会更加方便。

（2）选择菜单"窗口">"整齐排列">"音频混合"或"工具">"混音器"。一个"混音器"的窗口出现了，如图 4-17 和图 4-18 所示。

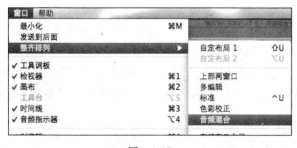

图 4-17

图 4-18

（3）混音器可以显示当前序列中所有音频轨道，并在播放序列时实时显示音量电平的变化，还能像专业调音台一样实时控制音量。图 4-19 是播放序列中第一个镜头的截图，可以看到，A1、A2 没有音频存在，所以滑块在音频指示器的底部；A7、A8 处于静音状态，所以滑块没有在底部，但"静音"按钮显示为黄色，这两个轨道的声音听不到，也不显示

音量电平。

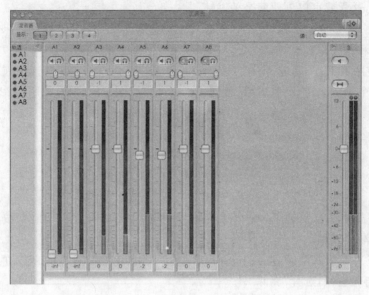

图 4-19

（4）用鼠标向下拖动 A5、A6 轨道的音量滑块，使音量降低，让两轨的音量不会互相遮盖。

（5）继续播放序列，查看对白和两组声效的音量对比，对白的音量应该始终保持在－12～6dB 范围内，音效的音量在－24dB 左右，根据这个原则，调整各个片段的音量直到合适。在拖动滑块操作时，可以按住 command 键，以减慢拖动的幅度，进行更细致的调整。

（6）单击混音器上 A7、A8 轨道的"静音"按钮，解除静音，并回放序列，接着调整背景音乐和其他声音的关系。

【注意】 背景音乐的作用是让一个段落有完整的电影气氛，所以对白和声效都是对应相关画面的，而音乐是贯穿这个段落整体的。为了保证对白和音效都不会被背景音乐覆盖和干扰，还要对背景音乐作适当的处理，让音乐的音量随着对白和声效的变化而变化。

（7）对于音频片段，时间线提供了片段叠层，可单击时间线窗口左下角的"片段叠层"按钮开启（option＋W 键），可以看到音频片段上出现红色的细线，如图 4-20 所示。

（8）从工具调板中选取笔工具（P），如图 4-21 所示。

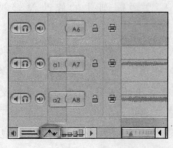

图 4-20

图 4-21

（9）在 A7、A8 轨道的音乐片段开始的位置,用笔工具单击叠层细红线,在 2s 后的位置再次单击,这样就可以创建两个关键帧。

【注意】 单击叠层会同时在 A7、A8 轨道的音乐片段上创建关键帧,因为这是一个链接的立体声对。

（10）使用笔工具,单击第一个关键帧,并将其拖至片段的左下角。在拖动关键帧时,指针变成一个十字线,拖动完成后,就创建了一个声音渐起的过程,如图 4-22 所示。

图　4-22

（11）将播放头移动到序列的开始位置,并单击 A7、A8 轨道的“独奏”按钮,试听刚才制作的音乐渐起效果。

（12）将关键帧取消掉,按住 option 键,一个减号出现在笔工具的右边,表示删除模式,用它单击关键帧,选择“删除”。

【注意】 实时关键帧是 Final Cut Pro 中一个很好用的功能,它可以让我们在回放序列时实时调整音频轨道的音量电平,并在实时调整后可以继续修改。

（13）单击混音器右上角的“录制音频关键帧”按钮,实时记录音频关键帧功能被激活,如图 4-23 所示。

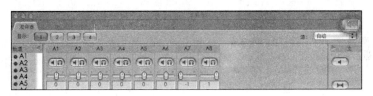

图　4-23

（14）单击菜单 Final Cut Pro＞“用户偏好设置”,选择“编辑”标签栏,确认录制音频关键帧的“全部”选项被选择,单击“好”按钮,如图 4-24 所示。

（15）在时间线中,将播放头移动到序列开始的位置,然后按“空格”键播放。

（16）在混音器里,拖动 A7、A8 轨道的控制滑块,在序列播放的过程中上下移动。在播放了几个片段后停止回放。

（17）在时间线中出现大量的关键帧标记,这说明刚才的修改已经被记录下来,如图 4-25 所示。

【注意】 刚才在用户偏好设置中选择的记录方式是“全部”,这样所有的动作都会被记录下来,但其实对这个练习来说不是太必要,同时也消耗一部分系统资源,所以可以在用户偏好设置中将记录方式更改为“仅峰值”,以减少对系统的占用,并且在修改时更为方便。

（18）单击录制音频关键帧按钮来取消实时关键帧。

【注意】 当完成了记录实时关键帧后,一定要停用此按钮,否则,对检视器和时间线中的音量、声相滑块的调整都将被自动记录成关键帧,有可能会带来意想不到的麻烦。

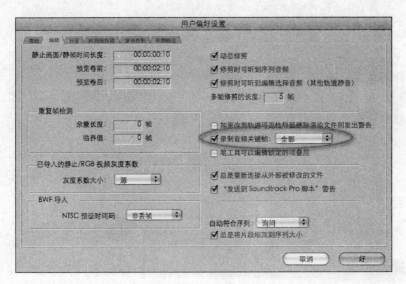

图 4-24

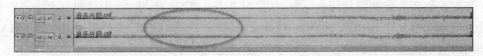

图 4-25

（19）无论是偶然还是特意把关键帧记录到片段中，如果觉得不需要，可以重新设置片段，在时间线中，双击 A7、A8 轨道的音频片段，将其在检视器中打开。

（20）在检视器中，单击"还原"按钮，所有的音量关键帧都会被删除，如图 4-26 所示。

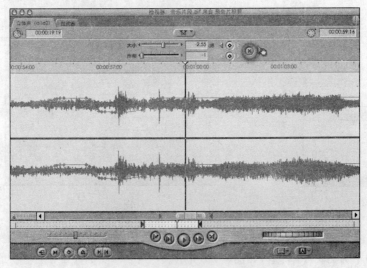

图 4-26

思考与练习

1. 怎样停用声音轨道？停用的音频轨道是否会影响输出？
2. "静音"和"独奏"两个按钮对输出结果是否会产生影响？
3. 怎样删除音频轨道中设置的关键帧？

4.4 录制解说轨道

学习目的

通过本小节的讲解，能够掌握 Final Cut Pro 中如何录制解说轨道。

具体操作步骤

一、录制解说轨道

有时我们要为某些影片配一段解说词，但需要计算它的长度，预先录制一个参考音轨是最方便的选择。在 Final Cut Pro 中，可以使用一个 USB 话筒，或是笔记本电脑、iMAC 电脑的内置话筒来录制音频。

(1) 单击菜单"工具">"配音"，如图 4-27 所示。

(2) "配音"的窗口出现在检视器的位置，如图 4-28 所示。

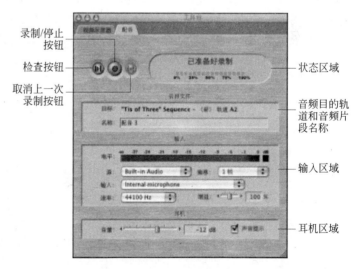

图 4-28

图 4-27

(3) 在时间线上，将源按钮链接到 A7、A8 轨道，因为配音工具会将录制的声音放置在选择轨道的下方，即 A9 轨道，如图 4-29 所示。

(4) 录制的配音将从时间线播放头的位置开始，也可以在时间线上设置入、出点，来配合画面需要的长度。

（5）在名称栏中输入配音的名称。

（6）在"输入"选择正确的声音采集方式，如：内置话筒、DV 等。

（7）耳机区域的"声音提示"是在单击"录音"按钮后发出"滴滴"声，同时状态窗口会变黄，5s 后开始录音，录音时窗口变红，录制完成后，单击"录音"按钮停止录制。

（8）录制完成后，一个新的配音片段出现在时间线上。配音文件会存储在"采集"文件夹中，如图 4-30 所示。

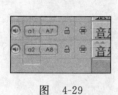

图　4-29

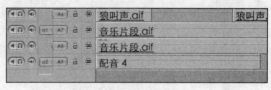

图　4-30

思考与练习

请简述录制解说轨道的步骤。

4.5　音　频　输　出

学习目的

在本章开始，介绍了目前流行的多种音频格式。在通常的情况下，只需要有良好的双声道立体声就足够支持影片，但还需要了解一些事实，当需要把音频交给专业混音师，请他们用工作站来处理自己的作品时应该如何处理？或者影片需要创建一个多声道的版本时，又如何处理？本小节就来处理这些问题。

具体操作步骤

一、在 Final Cut Pro 中配置音频，以应对不同的处理需求。

Final Cut Pro 可以支持 24 个通道的输出，也可以将复杂的音轨录制到 Digital Beta 等设备上。但是这要求我们必须有超过两个输出的音频接口，如果没有多输出的接口，以下的练习依然可以完成，但无法听到除了 1 和 2 的输出轨道的声音。

（1）单击菜单 Final Cut Pro＞"用户偏好设置"，如图 4-31 所示。

图　4-31

（2）选择"音频输出"标签栏，单击"立体声监听：L＋R"按钮，这个设置是不能修改的，所以复制一个设置来进行更改，如图 4-32 所示。

（3）在弹出的选项中设置为 8 输出，这样，音频就可以作为 8 通道输出了，如图 4-33 所示。

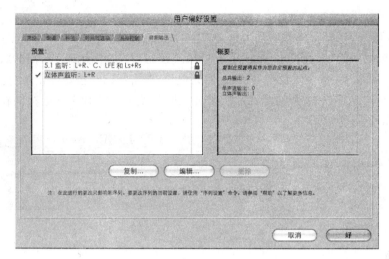

图　4-32

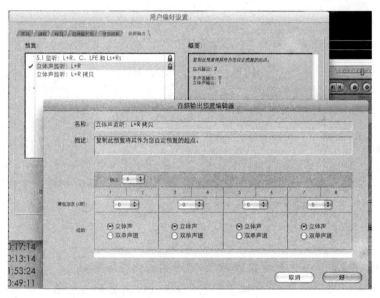

图　4-33

（4）建立一个新项目，并将之前编辑过的序列拖进新项目的序列，这时可以看到混音器的主窗口出现了8个音量指示器。这意味着多输出已经建立，如图4-34所示。

（5）前面讲过，必须有超过两个输出的音频接口，如果没有多输出接口，那么只能输出多通道的数字文件影片，而无法把它输出到外部设备上。

（6）激活时间线，选择"文件"＞"导出"＞"QuickTime影片"，进行导出。

（7）用QuickTime Player打开导出的影片，选择菜单"窗口"＞"显示影片属性"，就能看见多个声音轨道，这些轨道是可以被选择播放或抽出、删除的，如图4-35和图4-36所示。

【注意】　使用以上方法还可以制作5.1声道环绕立体声音频，只要在设置中选择"5.

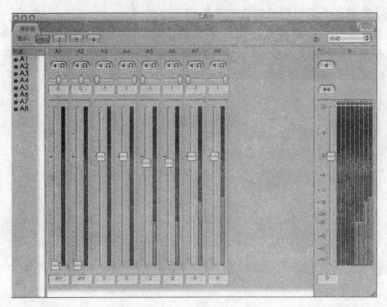

图　4-34

图　4-35

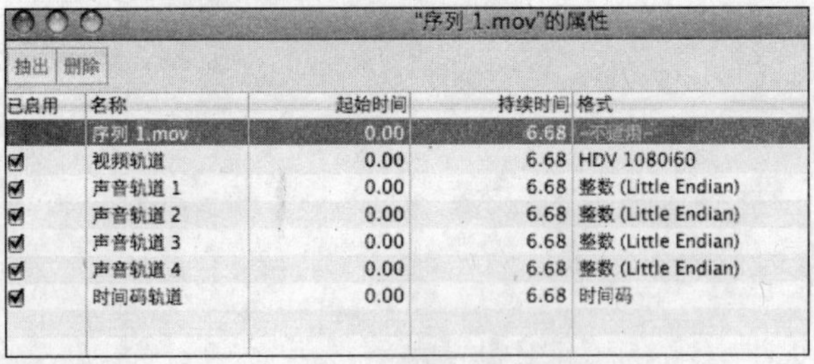

图　4-36

1 监听"即可。为了更好地回放监听音频,建议为计算机配置一块支持多音频输出的声卡。例如混合 5.1 环绕,就需要 6 个扬声器——一个全范围扬声器支持,其中 5 个主要通道,第 6 个扬声器是低音,用来输出 .1 或者低频效果通道。如果要更细致的处理声音的效果,可以使用 Logic 软件来进行进一步的效果处理。

(8) 音频文件还可以独立输出,单击菜单"文件">"导出">"音频到 AIFF",和导出视频一样,出现保存对话框,指定保存位置即可。

(9) 在保存对话框底部的选项中,速率(采样率)和深度在前言中已经讲解过,配置则

可以选择是以多通道还是双声道的方式来输出。

　　【注意】　如果用户的作品需要交给专业的音频工作站来处理——如 Logic，那么可以将音频导出为 OMF 格式，这个格式的文件仍然能保持每个轨道的片段布局，并且能保持每个片段的余量。OMF 文件 7 小时的长度约为 2GB 左右。

思考与练习

　　简述在 Final Cut Pro 中如何导出音频。

第 5 章 项目管理

良好的编辑需要一个组织有效的工作空间。没有什么比管理参数、设置和将片段与数据关联更重要的了。如果不能彻底理解 Final Cu Pro 中数据是如何管理的、怎样采集和修正等问题，那么甚至细小的错误都能引起严重的问题，包括数据丢失。

另外，通过对 Final Cu Pro 项目管理结构的深入理解可以使我们在管理项目、编辑策划方面更加灵活，并能改善工作流程，提高工作效率。

5.1 媒体管理示例

学习目的

通过对 Final Cu Pro 媒体管理步骤的学习提高项目管理的工作效率。

知识点

一、Final Cu Pro 媒体管理示例

步骤 1：记录和采集

从像带采集媒体文件到硬盘。同时在项目中创建代表此媒体文件的片段。

步骤 2：精调序列和管理媒体

虽然在编辑精调序列时，使用的媒体文件越来越少，但这些文件仍然占用宝贵的硬盘空间。一旦完成序列，就可以移去不再需要的媒体文件（或媒体文件部分）。Final Cut Pro 将未使用的媒体文件定义为项目中的任何序列未使用的媒体文件。Final Cu Pro 可以轻松地告诉我们项目中有哪些片段未在任何序列中使用，从而说明哪些媒体文件可能与项目无关。可以使用媒体管理器从硬盘删除未使用的媒体文件。

步骤 3：重新采集媒体

假设通过 Final Cut Pro 删除大量媒体文件而清理了硬盘。但后来发现有一些本来要包含在序列中的片段却没有包含进去。这时，这些片段的媒体文件为离线状态（已从硬盘删除）。因为媒体文件已经不存在，所以不能将这些片段重新连接到媒体文件。我们需要将这些原始素材再次采集到硬盘。Final Cut Pro 可轻松地完成此项任务。片段仍然储存着像带卷号和像带上原始素材的时间码入点和出点，保存了查找媒体和从像带中重新采集媒体所需的信息。

步骤 4：将项目传输到另一个 Final Cut Pro 系统

步骤 5：执行在线编辑和输出到像带

当以低分辨率完成编辑后，可以使用媒体管理器以最高分辨率设置复制完成的序列。我们可以重新采集所有需要的媒体，以最高分辨率创建最终剪辑。

二、Final Cu Pro 媒体管理策略

最好在项目开始之前制定媒体管理策略。作为策略的一部分,有以下几个重要方面需要考虑。

1. 卷名规则

卷名会影响到在 Final Cut Pro 或其他编辑系统的重新采集。所以卷号必须正确,确保 Final Cut Pro 在重新采集媒体时有正确的像带。

2. 片段名称规则

片段有多种命名方式。如果单独记录片段,片段名称就是片段描述,是镜头/拍摄、场景和角度属性的组合。但是,如果通过导入批列表、EDL 或 Final Cut Pro XML 来创建片段,可以不使用这些属性命名片段。这两种情况都需要选取一个非常简明且描述性的名称。

如果是叙事片段,那么使用场景名称和拍摄编号就足够了,因为拍摄脚本提供了排列镜头需要的信息。然而,没有规划的新闻或纪录片素材需要使用描述性更强的名称。

要尽量避免在片段名称中使用特殊字符。如果恰好使用媒体管理器根据片段名称创建新媒体文件,这点就非常重要。

请注意,除了"名称"栏之外,Final Cut Pro 中的片段还有很多属性可用于添加描述性的信息。备注、注释、"标记为好片段"属性、标签和片段内标记都可用来更加准确地描述片段。

3. 媒体文件名称规则

文件名称应避免使用特殊字符。如果正在"记录和采集"窗口记录片段,片段名称将决定文件的名称。也就是说,在片段名称中也要避免使用特殊字符。不要直接在 Finder 中更改媒体文件名称,否则片段会变为离线。

4. 最高分辨率媒体与离线/在线工作流程

可以以最高分辨率采集和编辑媒体,或使用离线/在线工作流程以低分辨率进行采集和编辑,随后以最高分辨率重新采集以进行最终编辑。

5. 使用多个编辑工作站和交换项目文件

如果在多个编辑系统上处理同一个项目,那么需要多份媒体文件。所有系统都可以有相同的最高分辨率媒体副本,或者有些系统可以采用低分辨率媒体文件(例如便携式电脑)而其他系统使用最高分辨率文件。可以将项目文件从一个系统传输到另一个系统,将片段重新连接到本地媒体文件。

5.2 备份和恢复

·学习目的

本小节通过学习如何恢复自动存储的项目、计算机意外关机后打开项目文件以及自动存储功能的设置,掌握如何在 Final Cut Pro 中对项目文件进行备份和恢复。

知识点

如何恢复自动存储的项目。

如果正在处理项目,且决定要返回到以前的存储版本,可以使用"恢复项目"命令。"恢复项目"命令允许用户根据当前活跃项目的可用自动存储版本的创建时间和日期来选取版本。

例如,假设客户看了项目的最新剪辑后不满意但是如果知道客户喜欢在 2005 年 7 月 31 日上午创建的版本,那么可以使用"恢复项目"命令,打开在最接近那个时间创建的自动存储文件。这样就可以将项目恢复至客户喜欢的版本。

【注意】　如果恢复某个项目,该项目将继承自动存储名称"MyProject_MM-DDDYY-HHMM"。然后,Final Cut Pro 会创建一个新的自动存储过程;将项目文件放入名称为该自动存储文件名称的文件夹中,而不是放入名称为原始项目名称的那个文件夹中。如果想在旧项目和恢复的项目之间保持相同一组自动存储文件,则必须使用"存储为"命令,并将项目更名为其原始名称。

(1) 恢复自动存储的项目。

(2) 计算机意外关机后打开项目文件。

(3) 自动存储功能的设置。

具体操作步骤

一、恢复自动存储的项目

(1) 在"浏览器"或"时间线"中单击"项目"标签。

(2) 选取"文件">"恢复项目",如图 5-1 所示。

(3) 在出现的对话框中 ,选取要使用的自动存储文件,然后单击"恢复"按钮,如图 5-2 所示。

图　5-1

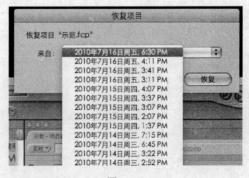

图　5-2

【注意】　一个项目的弹出菜单中的项目数量取决于"自动存储保管库"选项(位于"用户偏好设置"窗口的"通用"标签中)中的设置,此数量对应于 Autosave Vault 文件夹中项目的当前自动存储版本的数量。

（4）当出现一则信息询问是否要恢复文件时，请单击"好"按钮。

【注意】 "浏览器"中的当前项目被选择项目的自动存储版本替换。但项目并不自动存储。请选取"文件">"存储"或按下 command＋S 键，以确定存储了项目。

二、计算机意外关机后打开项目文件

如果计算机突然关机，可以在重新启动计算机后打开最近自动存储的项目文件。

在此情况下，有以下多种选择。

（1）打开项目文件并恢复最近自动存储的版本。

（2）直接从 Finder 中打开最近自动存储的项目版本。在这种情况下，Final Cut Pro 会将打开的自动存储项目视为完全独立的项目，而不改变原始项目文件。如果选取了这种方法，应该将自动存储的版本拖移或复制到平常存储项目文件的位置，并将其重新命名，去掉由自动存储过程添加的附加时间和日期后缀。

三、自动存储功能的设置

（1）选择菜单 Final Cut Pro>"用户偏好设置"，如图 5-3 所示。

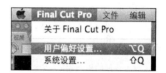

（2）自动存储保管库可进行细节设定，如图 5-4 所示。

图 5-3

（3）自动存储保管库的存储位置在硬盘上的路径为："用户">"文稿">Final Cut Pro Documents>"自动存储保管库"，如图 5-5 所示。

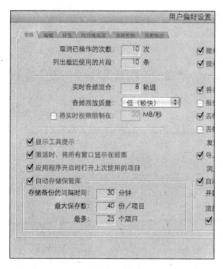

图 5-4

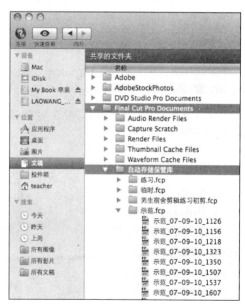

图 5-5

思考与练习

1. 请简述计算机意外关机后打开项目文件的两种方法。

2. Final Cut Pro 中自动存储功能应该在哪里设置？

3. Final Cut Pro 中"自动存储保管库"的存储位置在哪里？

5.3 媒体管理器的功能

学习目的

本小节通过对媒体管理器功能的介绍，掌握如何在 Final Cut Pro 的媒体管理器中拷贝媒体、移动媒体以及删除媒体。

知识点

媒体管理器可以复制现有项目或项目中的单个项，以及相应的媒体文件或这些媒体文件的各个部分。Final Cut Pro 可以单独处理媒体文件和片段。因此，媒体管理器的一些选项确定如何修改、复制或重新连接片段，而其他选项确定如何处理媒体文件。在媒体管理器中执行的大部分任务可手动执行，但是可能非常耗时。而媒体管理器完成这些工作的效率则高得多。

媒体管理器可以完成以下媒体管理任务。

（1）拷贝整个项目或项目中的项。

可以创建一个包含原始项目文件中选定的任何项的新的项目文件，还可以拷贝所有相应的媒体文件。

（2）将所有媒体文件移到暂存磁盘上的单个文件夹中。

在项目过程中，很常见的一种操作是将媒体文件采集到多个文件夹（或多个暂存磁盘）中。可以使用媒体管理器中的"移动"选项将项目的所有媒体文件合并到单个暂存磁盘上的单个文件夹中，并能自动将位置中的所有片段重新连接到媒体文件。

（3）从硬盘删除媒体的未使用部分。

通过使用"从选定项中删除未使用的媒体"选项，可以将媒体文件分成较小的文件。此选项分析当前选定的内容使用了各个媒体文件的哪些部分，然后创建只包含所需媒体的新媒体。如果使用此项并配合"移动"或"使用现有的"选项，则会创建较小的媒体文件，并删除原始文件。

【注意】 这是一种节省磁盘空间的好方法，也可以根据最初引用一个大媒体文件的子片段创建较小的媒体文件，如图 5-6～图 5-8 所示。

具体操作步骤

一、拷贝媒体

（1）按下 Command＋A 组合键选中浏览器中的所有条目。

（2）选择"文件"＞"媒体管理器"命令。

（3）在"媒体"部分，从弹出菜单中选择"拷贝"命令。

这时拷贝与选中的条目相关联的所有媒体（在这个情况下，是整个项目）并将它们放置到一个新位置。

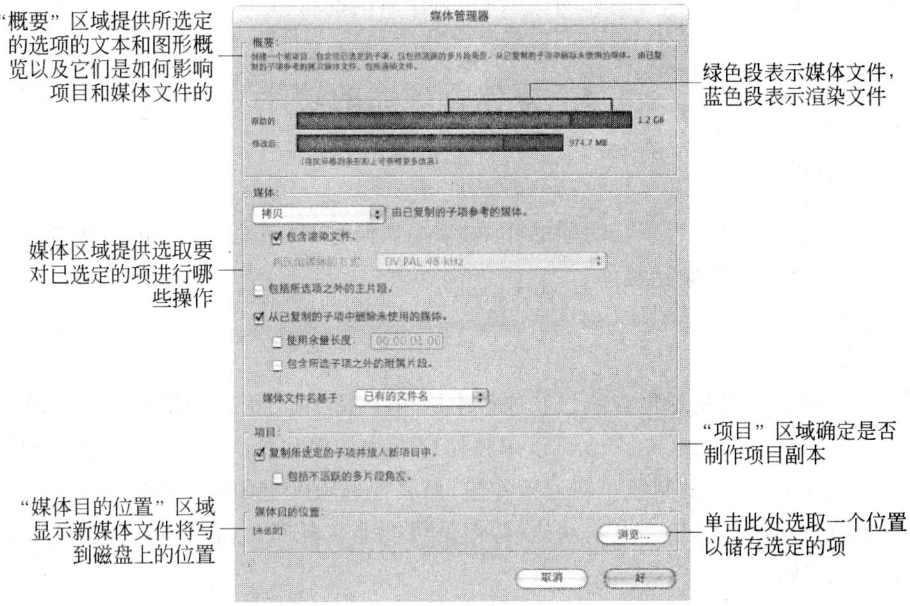

"概要"区域提供所选定的选项的文本和图形概览以及它们是如何影响项目和媒体文件的
媒体管理器
绿色段表示媒体文件，蓝色段表示渲染文件
媒体区域提供选取要对已选定的项进行哪些操作
"项目"区域确定是否制作项目副本
"媒体目的位置"区域显示新媒体文件将写到磁盘上的位置
单击此处选取一个位置以储存选定的项
取消
好

图 5-6

概要
在条形图上移动指针以显示指定项的磁盘空间
原始的:
1.2 GB
修改后:
974.7 MB
"Macintosh HD"上的 759.9 MB (媒体的 00:04:17:10)

图 5-7

媒体:
选择将要对选定的媒体进行的操作
拷贝
由已复制的子项参考的媒体。
包含渲染文件。
DV PAL 48 kHz 变形
包括所选项之外的主片段。
在此处指定附加选项
从已复制的子项中删除未使用的媒体。
使用余量长度:
00:00:01:00
包含所选子项之外的附属片段。
媒体文件名基于:
已有的文件名

图 5-8

(4) 选中"包含渲染文件"复选框。

(5) 在窗口的底部，在"媒体目标"区域，单击"浏览"按钮并为要拷贝的文件选中磁盘

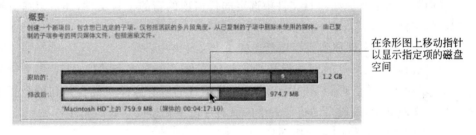

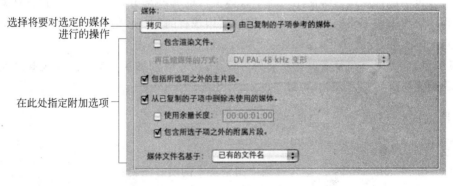

上的一个位置。为拷贝的媒体创建一个新文件夹。这样会将文件从当前的硬盘上复制到另外一个指定的位置上(通常是另外一个移动硬盘)。

(6) 在"媒体"部分,取消选择"从已复制的子项中删除未使用的媒体"复选框。

(7) 将弹出菜单中的"媒体文件名基于"设置为"已有的文件名"。

(8) 确保"复制所选定的子项并放入新项目中"复选框被选中。

(9) 单击"好"按钮。

二、移动媒体

如果磁盘空间有限,可以在媒体管理器中选择移动而不是选择拷贝。

使用这个设置,原始媒体文件会被合并到一个单独的位置中去,并且原始文件会被删除,这样就不会有文件的两份副本了。

三、从硬盘删除媒体的未使用部分

(1) 在"媒体"弹出菜单中,选择"拷贝"选项。

(2) 选中"从已复制的项中删除未使用的媒体"复选框。

【注意】 当选中这个复选框时,对话框顶部的"概要"部分会动态改变。现在,"修改后"媒体条要比"原始的"媒体条小很多。这个差异反应的就是两个被选中序列的片段的入点和出点之外的媒体。

(3) 选中"使用余量长度"复选框,并且设置其值为 1∶00。

【注意】 假定完成了剪辑工作,但是有紧急情况或问题可能需要对编辑进行调整。如果在这个操作完成之后有一个调整发生了,那么添加灵活空间是一个好方式,这样可以便于处理这种不可预见的情况。

(4) 取消选择"包含所选项之外的附属片段"复选框。

【注意】 如果这个复选框是被选中的,媒体管理器会在选中的序列中扫描项目的其余部分从而找到其他使用这个片段的地方。如果这样的片段存在,而且它们有入点和出点,媒体管理器会在新创建的片段中包含那个部分。这就意味着,不会因为忽略了这些片段节省出想象的那么多空间。

(5) 选择"复制所选定的项并放入新项目中"复选框。创建一个仅包含选中序列的新项目并且指向新的修剪过的媒体。

(6) 设置目标,然后单击"好"按钮。

(7) 命名新项目文件,然后单击"存储"按钮,在文件被处理后,新项目会自动打开。

思考与练习

1. 请简述媒体管理器的功能。

2. 在媒体管理中怎样创建较小的媒体文件,并删除原始文件?

第6章 输出和编码

影片经过剪辑、效果和校色终于到了最后的步骤：输出成为一个独立的外部数据，这个过程可以通过输出指令来完成。输出后的影片可以在计算机上播放，向大家展示自己的作品。

如果要进一步将影片制作成为其他指定的平台可以播放的格式，则需要对其进行相应的编码处理，比如制作成 DVD，就需要对影片进行 MPEG 编码，要发布到互联网，则要进行适合 Web 类型的编码。

6.1 输 出 影 片

学习目的

本小节通过对 QuickTime 软件的了解，掌握在 Final Cut Pro 中如何输出"QuickTime 影片"以及"使用 QuickTime 变换"。

知识点

1. 认识 QuickTime

QuickTime 是 Apple 处理视频、声音、图画、动画、文本、互动和音乐的多平台多媒体技术，可在 Mac 和 Windows 计算机上使用。

QuickTime 软件包括以下部分。

(1) QuickTime 播放程序(免费)：用于播放和显示与 QuickTime 兼容的视频、音频、虚拟现实(VR)或图形文件。

(2) QuickTime Pro(付费)：除了播放与显示功能外，还提供了创作功能，可以复制、剪切、编辑音频或视频、创建静止图像、转换格式等功能。

从 Final Cut Pro 导出影片时可以选择"导出">"QuickTime 影片"，它包含多个用于存储不同类型的媒休轨道，视频、音频甚至字幕，QuickTime 影片文件的扩展名为".mov"。

【注意】 很多音、视频文件都有 QuickTime 图标，用鼠标双击这些图标时，"QuickTime 播放程序"都会启动，这些文件都是与 QuickTime 兼容的文件，但它们不一定就是 QuickTime 影片文件。例如，AIFF 文件或 MP3 文件都是与 QuickTime 兼容的音频文件，但它们不是 QuickTime 影片文件。

2. 视频和影片文件格式

- QuickTime 影片文件。
- DV 流文件：DV 流文件以数码方式将同步的音频和视频一起编码到 DV 录像带

上。这些文件主要用于 iMovie。

- AVI 文件：AVI 影片是与 Windows 兼容的数码视频标准。（AVI 表示音频视频交错）
- FLC：最初由 AutoDesk 开发的动画格式。此格式使用能够保持原来质量的无损压缩技术。

3. 多媒体发行文件格式

- MPEG-4：全球多媒体标准，在从移动电话到宽带以及更高带宽等广泛使用的带宽上传送专业品质的音频和视频流。
- 3G：可以导出与 3GPP(第三代合作项目)和 3GPP2(第三代合作项目 2)的设备相兼容的文件。此格式还支持 AMC，这是日本的 KDDI 用户广泛使用的移动多媒体格式，包括 MPEG-4 视频、QCELP 音频和 STML 文本。这是在 MPEG-4 基础上建立的无线设备上高质量多媒体标准。

具体操作步骤

一、输出"QuickTime 影片"

(1) 单击时间线，确保当前序列处于活跃状态，并确认没有入点、出点在时间线上；

(2) 选择菜单命令"文件">"导出">"QuickTime 电影"。

一个"存储"窗口打开，序列的名字被自动放在"存储为"字段中，如图 6-1 所示。

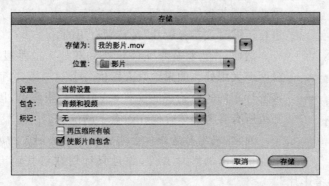

图　6-1

(3) 确保在"设置"弹出菜单中"当前设置"被选中。"包含"弹出菜单被设置为"音频和视频"，并且"标记"弹出菜单应该被设置为"无"，如图 6-2 所示。

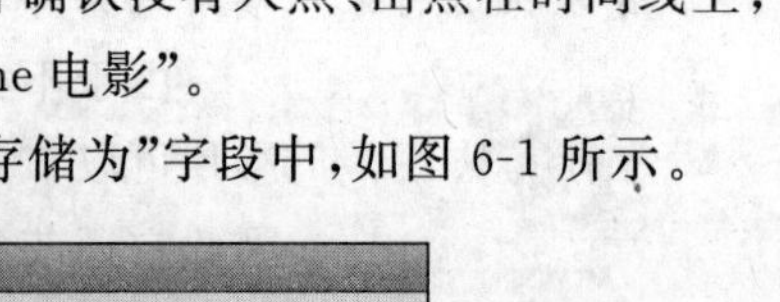

【注意】（图 6-2）

- 无：不会导出任何标记，导出的影片文件包含视频、音频和时间码轨道。

图　6-2

- DVD Studio Pro 标记：会导出章节标记、编辑/剪切标记和手动添加的压缩标记。但是，DVD Stuido Pro 会忽略编辑/剪切压缩标记。
- 压缩标记：此选项同时包含了手动添加的编辑/剪切标记和压缩标记。

- 章节标记：章节标记导出后可用于 Compressor 和 DVD Stuido Pro 中。
- 音频配音标记：配音标记导出后可用于 Soundtrack Pro 中。
- 所有标记："所有标记"选项会将片段或序列中每个类型的标记导出到单独的 QuickTime 文本轨道上。这样，Final Cut Studio 应用程序便可以使用需要的标记。

【注意】 "导出">"QuickTime 影片"可以创建两种类型的 QuickTime 影片——自包含影片或参考影片，如图 6-3 所示。

☑ 使影片自包含

图　6-3

- 自包含影片：自包含影片包含视频和音频媒体——用于创建影片的所有数据都位于单个文件中。可将这样单个的文件安全和方便地复制到其他计算机上，这是一个包含了全部媒体数据信息的文件。
- 参考影片：参考影片是一种很小的文件，包含指向序列中使用的所有已采集片段的指针或引用。实际媒体位于原始文件中。如果在创建参考影片之前，渲染了转场和效果，也将会有指向渲染文件的指针。否则，所有转场和效果将会使用当前的压缩级别进行渲染，然后将其嵌入生成的参考影片中，这样会增加其大小。全部音频轨道、混合音量、交叉渐变和滤音器均被渲染，并且生成的立体声或单声道音频轨道将嵌入参考影片中，如图 6-4 所示。

参考影片

原始媒体文件

图　6-4

由于不必等待已编辑序列的每一帧完成复制，因此输出参考影片可以节省时间。由于指向其他文件的指针需要的空间很小，因此它还节省硬盘空间。当输出序列使用第三方压缩实用工具进行压缩时，"参考影片"是特别有用的。

然而，作为将视频文件传送到其他人的手段，"参考影片"并没有多大用处。如果给某人提供一个参考影片，而且必须提供与该影片相关的原始视频文件，这可能会很复杂，因为我们可能不知道所有参考媒体存储在磁盘上的位置。

通常，输出参考影片会增加影片无法回放的风险。如果要短期使用输出的影片文件，并且只计划在将其输出到的系统上使用，最好使用"参考影片"。

(4) 单击"存储"，要记得导出的影片存放在什么位置，如图 6-5 所示。

图　6-5

【注意】 一旦输出了一个序列，就可以将它导入到项目里，并像其他片段一样查看和编辑；也可以将它用于进一步的处理，如使用 DVD Stuido Pro 或 Compressor 来进行 DVD 的制作。

二、输出"使用 QuickTime 变换"

有时如果需要将视频、音频或静止图像文件用于其他应用程序时,可以使用"导出">"使用 QuickTime 变换"命令来导出 QuickTime 所支持的文件格式。如将影片转换为能在 iPhone 手机上播放的格式,或者是上传到某些视频网站上播放。

"导出">"使用 QuickTime 变换"命令可以生成 QuickTime 所支持的任何类型的媒体文件,例如 AIFF 或 WAVE 音频文件,图形文件或 TIFF 或 JPEG 等静止图像序列,AVI 或 MPEG-4 影片文件。

【注意】 同"导出 QuickTime 影片"命令一样,"导出">"使用 QuickTime 变换"命令可以导出 QuickTime 影片文件,但导出方式略有不同。如果使用该命令导出 QuickTime 影片,请注意此命令通常会重新压缩所有视频帧,即使导出设置使用与序列相同的编码、解码器。

在下面这个练习中将使用"导出">"使用 QuickTime 变换"来输出一个能在网上传输并播放的影片。

(1) 选择菜单命令"文件">"导出">"使用 QuickTime 变换",如图 6-6 所示。

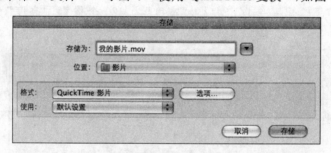

图 6-6

(2) 单击"格式"弹出菜单旁边的"选项"按钮。"影片设置"窗口被打开,显示视频,声音和 Internet 流的当前设置,如图 6-7 所示。

【注意】 在"格式"弹出菜单中的每个选项都有它自己的不同设置。例如,如果选择静止图像,可以选择一个格式,例如 BMP、TIFF 或者 Photoshop,从而从片段或序列中输出一帧。

(3) 在"视频"部分,单击"设置"按钮。"标准视频压缩设置"窗口被打开,显示出当前的压缩设置。

(4) 确保 H.264 被选做"压缩类型",将"数据速率"严格限制在 400Kb/s,其他选项为默认值。单击"好"按钮,如图 6-8 所示。

(5) 在"影片设置"窗口中,单击"大小"按钮。当"输出大小设置"窗口显示出来时,单击

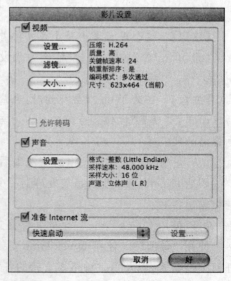

图 6-7

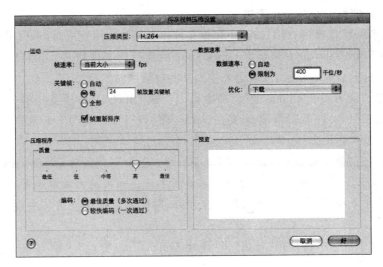

图 6-8

"使用自定大小"。输出一个自定大小,"宽度"为 320 个像素,"高度"为 240 个像素,如图 6-9 所示。

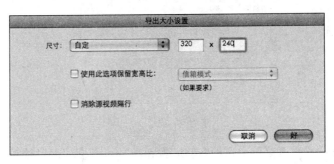

图 6-9

【注意】 这个像素大小是小尺寸影片文件的一个标准。

(6) 单击"好"按钮,关掉"输出大小设置"窗口,再次单击"好"按钮,关闭"影片设置"窗口。

【注意】 当为 Web 准备视频时,也应该实践一下音频的不同格式设置,在声音部分的下面单击"设置"按钮。音频不会占用与视频同样多的空间,但是它仍然能够影响 Web 电影的性能。

(7) 在"存储"窗口中选定所有选项后,单击"存储"按钮。

因为 QuickTime 变换是与处理器相关的,这就会使 Final Cut Pro 用几分钟的时间来结束输出视频。

可以使用 QuickTime 导出的文件格式类型简介如下。

使用"导出">"使用 QuickTime 变换"命令,几乎可以选择导出 QuickTime 支持的任何文件格式,以及每一种格式支持的各种编解码器和自定参数。因为存在这么多文件格式和具体设置,本节就不一一描述了。

思考与练习

1. 什么是自包含 QuickTime 影片？
2. 什么时候会使用"使用 QuickTime 变换"选项来输出一个序列？

6.2 关 于 编 码

学习目的

本小节通过学习最新视频压缩技术，了解 Apple ProRes 编解码器的特性以及专业格式和工作流程的概述，对编码的知识进行进一步的认识。

知识点

一、最新视频压缩技术介绍

视频压缩技术的发展使我们脱离了传统的媒介束缚，例如录像带、胶片，而使用光盘和网络来享受高质量的视听节目。这些压缩技术之所以能为全球不同语言和地域的人们所共同使用和分享，应当归功于国际标准化组织 ISO 和国际电信联盟 ITU，以及国际电子技术委员会 IEC。

比如已经非常熟悉的 MPEG 视频格式（应用于 VCD、DVD、MP3、MP4 等），其全名为"运动图像专家工作组"，于 1988 年成立，主要工作是研究运动图像和相关音频的编码标准，以适应数字存储媒体、分发和通信的需求。

新的视频压缩格式将更广泛的适合于多种存储和传播的需求，例如只需要生成一个标准格式就可以被有线电视、电话会议、远程监控、邮件、光盘、游戏机、视频点播系统等共同使用。

所有的视频压缩技术都是为了在能够接受的图像质量下获取较高的压缩能力，换句话说就是：既要保证图像的清晰程度，又要有较小的文件量。

随着数字技术和材料科学的不断进步，传统的磁带存储方式逐渐被存储卡和高速硬盘所取代，SONY 和 Panasonic JVC 等主流设备厂商都推出了新的数字存储媒介的摄像机和编辑、播出设备。存储卡和硬盘消除了传统设备的机械结构部件，完全避免了卡带、堵磁、结露等不能记录的状况，大大提高了拍摄时的稳定性，减少了功耗，工作时寂静无声。

1. H.264 技术介绍

ITU－T 的 H.264 标准和 ISO/IEC MPEG-4 第 10 部分（正式名称是 ISO/IEC 14496-10）在编解码技术上是相同的，这种编解码技术也被称为 AVC，即高级视频编码（Advanced Video Coding）。该标准第一版的最终草案已于 2003 年 5 月完成。H.264/AVC 包含了一系列新的特征，使得它比起以前的编解码器不但能够更有效地进行编码，还能在各种网络环境下的应用中使用。这些新技术的使用能让图像进一步减少锯齿、减

少运动带来的拖尾和模糊,并能以更快的速度被线路传输。

H.264 技术的应用如下。

- 光盘:HD DVD、蓝光 Blu-ray Disc
- 数字电视:欧洲的数字电视广播(DVB)标准组织,于 2004 年下半年通过了采用 H.264/MPEG-4 AVC 在欧洲地区进行数字电视广播,而法国总理让——皮埃尔·拉法兰于 2004 年宣布法国将会选用 H.264/MPEG-4 AVC 作为高清电视接收器和数字电视地面广播服务的付费电视频道的一项要求。美国和韩国正在考虑使用 H.264/MPEG-4 AVC,作为数字电视地面广播的视频编码规格。

日本所采用的 ISDB 数字电视广播制式,提供的 ISDB-T SB 移动地面电视广播服务,使用了 H.264/MPEG-4 AVC 编码,其中包括了以下的电视台。

- 日本放送协会(NHK);
- 东京放送(TBS);
- 日本电视台(NTV);
- 朝日电视台(TV Asahi);
- 富士电视台(Fuji TV);
- 东京电视台(TV Tokyo)。

在台湾,公共电视台(PTS)以 DVB-T 数字电视广播格式进行高清电视试播,采用 H.264/MPEG-4 AVC 作为视频编码格式。

而香港方面,无线电视与亚洲电视的高清频道与新增的标清频道,也使用 H.264/MPEG-4 AVC 作为编码制式。

南京电信在南京推广的 IPTV 业务由于受带宽限制,将原有 4M 左右码流的 MPEG-2 格式的卫星节目用 H.264 重新编码为码流略小于 3M 的节目播放。

国际电信联盟 ITU-T 标准组已经采纳 H.264/AVC 作为其 H.32x 系列的多媒体电话系统的系统规范的一部分。ITU-T 的采纳,使得 H264/AVC 已经被广泛的使用在视频会议系统中,并获得了视频电话主要的两家产品提供商(Polycom 和 Tandberg)的支持。实际上所有新的视频会议产品都支持 H.264/AVC。

H.264 被各种视频点播服务(Video-On-Demand,VOD)使用,用来在互联网上提供电影和电视节目直接到个人电脑的点播服务。

2. 松下 P2 技术介绍

Panasonic 于 2004 年 4 月正式发表了对下一代记录媒体技术的选择,即采用固态储存器(SD 卡)作为新一代的记录媒体。P2 系列产品的核心是 Panasonic 的新型即插即用 PC 卡类介质,称为 P2 卡("专业式可插拔"卡)。无需加电,就可以装入或取出 P2 卡(以往磁带或光盘必须在加电状态才能装载或取出介质,出现故障时,必须用工具取出,且可能受损)。

P2 设备都配有多个 P2 卡槽,比如 AJ-SPX900MC 摄录一体有 5 个 P2 卡槽,以使用 5 张 32G P2 卡来记录 DVCPRO 50M 信号为例,可以在不换卡的情况下,连续记录超过 5 小时的信号。(而目前磁带或光盘摄录一体机最多只能连续记录不超过 1 小时的信号)

AVC-Intra 采用了被称为 MPEG-4 Part10 或 H.264 的最新压缩技术,从而实现了

在 50Mbps 的条件下相当于 DVCPRO HD、在 100Mbps 的条件下相当于 HD-D5 的水平的质量。

二、Apple ProRes 编解码器的特性

每一种图像或视频编解码器都可以通过它在三个重要方面的表现加以描述：压缩、品质和复杂程度。压缩就是减少数据量，或者说对比原图像需要多少比特。对于图像序列或视频流而言，压缩意味着数据压缩率，用每秒传输的数据量或者每小时存储的数据量来表示。品质描述的是压缩后的图像与原文件有多接近。因此，"保真度"这个词更准确，但是"品质"用得更为广泛。复杂程度指的是在图像帧或图像序列压缩或者解压缩过程中，必须用到多少算数运算。在软件编解码过程中，操作越简单，在同一时间实时解码的视频流数目就越多，后期制作应用程序的性能就越好。

每一种图像或视频编解码器的设计都必须权衡这三个特性。因为不管编解码器应用于专业摄影机还是用于专业的视频编辑都必须保持较高的画质，此时就等于在数据压缩率与性能之间权衡较量。例如，AVCHD 摄影机可以以较低的数据压缩率和出色的图像品质生成 H.264 视频流。然而，H.264 编解码器非常复杂，结果导致实时编辑多重流和特效的性能较低。相比之下，Apple ProRes 422 具有较高的数据压缩率，而且性能也更出色，这是实时编辑视频所必不可少的。

Apple ProRes 家族所有成员融合了多轨道、实时剪辑功能，以及令人难忘的图像品质和大幅缩减的存储率。另外，全部 5 个版本的编解码器都可以全分辨率保存 SD、HD 和 2K 视频。

Apple ProRes 作为可变比特率（VBR）编码技术可为简单的画面分配较少的比特，这些简单部分在编码时不享受较高的数据压缩率。所有 Apple ProRes 编解码器独立于帧，或者说属于"帧内"编解码器，也就是说每一帧都是独立于其他帧进行编码和解码的。这项技术能带来超强的编辑性能和灵活性。

- Apple ProRes 4444

新版 Apple ProRes 4444 编解码器可保存源自 4：4：4 RGB 或 4：4：4 Y'CBCR 色彩空间的动态图像序列。Apple ProRes 4444 以远低于未压缩的 4：4：4HD 文件的数据压缩率支持 12 位像素深度，并可以选择无损的 Alpha 通道以真正实现 4：4：4：4 支持。Apple ProRes 4444 保存的画面品质可以媲美 Apple ProRes 422（HQ）保存的画面品质，但能传达更丰富色彩信息的 4：4：4 源视频。

Apple ProRes 4444 非常适合处理新一代视频和最原始的计算机图形，从而合成影院品质的视频。以前某些项目需要 Animation 编解码器，现在有了 Apple ProRes 4444——它可在 Final Cut Pro 中实时回放效果，Animation 编解码器便不再需要了。由于色彩信息已经保留下来了，所以用 Apple ProRes 4444 对 4：4：4 图像资源进行调色再合适不过了。

Apple ProRes 4444 编解码器为 4：4：4 源和涉及 Alpha 通道的工作流程提供最优的质量。它包括以下功能。

① 全分辨率、母带录制质量 4：4：4：4 RGBA 颜色（用来编辑和精密调整 4：4：4 素材的在线质量编解码器，如最初的 Sony HDCAM SR 或数码影院摄像机，如 RED

ONE、Thomson Viper Film Stream 和 Panavision Genesis 摄像机）。R、G 和 B 通道稍稍进行了压缩，主要目的是在视觉上与原始素材辨别开。

② 可实时回放的无损 Alpha 通道。

③ 储存和交换运动图形和复合视频的高质量解决方案。

④ 对于 4∶4∶4 源，其数据速率要比 Apple ProRes 422（HQ）的数据速率高约 50%。

⑤ 直接对 RGB 像素格式编码和解码。

⑥ 支持任何分辨率，包括 SD、HD、2K、4K 和其他分辨率。

⑦ 灰度系数校正设置位于编解码器的高级压缩设置面板上，使用户可以停用 1.8 到 2.2 的灰度系数调整。当灰度系数为 2.2 的 RGB 素材被误解为 1.8 时，就可以执行此操作。此设置还可用于 Apple ProRes 422 编解码器。

• Apple ProRes 422（HQ）

Apple ProRes 422（HQ）凭借提供可被单链接 HD-SDI 信号携带的视觉无损的专业化高品质 HD 视频，在整个视频后期制作行业名声大噪。该编解码器支持全画宽、10 位像素深度的 4∶2∶2 视频，在经历几轮解码和再编码过程后，仍能保持视觉无损的特性。

Apple ProRes 422（HQ）既可以用作中介编解码器来加速含有复杂的、被压缩的源视频的工作流程，也可作为未压缩的 4∶2∶2 视频的高效且实惠的替代方案。

• Apple ProRes 422

Apple ProRes 422 几乎具备了 Apple ProRes 422（HQ）的所有优点，但是数据压缩率却低很多。它与 Apple ProRes 422（HQ）一样为全画宽、10 位、4∶2∶2 视频序列提供视觉无损的编解码性能，并能提供更好的多轨道实时编辑性能。

• Apple ProRes 422（LT）

类似 Apple ProRes 422（HQ）和 Apple ProRes 422，新版 Apple ProRes 422（LT）编解码器支持全画宽、10 位、4∶2∶2 视频序列，但是它的目标数据压缩率甚至比其他家庭成员还要低。Apple ProRes 422（LT）根据特定的视频格式，数据压缩率可达到 100 Mbps或更少。它使用很小的文件来平衡难以置信的高质量画面，是存储容量和带宽优先的数字广播环境的理想选择。

Apple ProRes 422（LT）是现场直播和外景制作的理想之选，因为这时候往往有大量素材需要储存。Apple ProRes 422（LT）凭借其低数据压缩率，成为复杂视频转码，例如 AVCHD 的最佳选择。

• Apple ProRes 422（代理）

Apple ProRes 422（代理）是 Apple ProRes 家族的第三个新成员。这款编解码器的 HD 数据压缩率始终保持在 36 Mbps 之下，但是和其他的 Apple ProRes 422 成员一样，Apple ProRes 422（代理）也支持全画宽、10 位、4∶2∶2 视频。

Apple ProRes 422（代理）是专为要求低速率、全分辨率视频的草稿模式或预览模式而设计的。它也是借助 Final Cut Server 离线编辑工作流程时可以使用的最佳格式。传统的离线到在线工作流程借助 Final Cut Pro 并依靠 Offline RT 编解码器，但是现如今的 HD 工作流程要求离线视频格式支持原始帧大小和高宽比。Apple ProRes 422（代理）支

持全尺寸为 1920×1080 和 1280×720 的分辨率,在编辑过程中使用全高清分辨率,准确描述 FCP 的动画特效从创建到完成的全过程。

三、专业格式和工作流程概述

每年都会出现越来越多的视频格式。在后期制作工作流程中围绕 Final Cut Pro 进行,可以确保套件与最新的数码影院、高清晰度和广播格式兼容。

下图显示的是目前在 Final Cut Pro 中编辑的常见 SD、HD 和数码影院格式的相对帧大小,如图 6-10 所示。

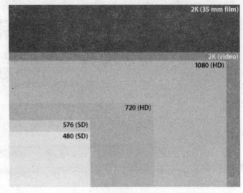

图　6-10

1. 关于标准清晰度格式

在彩色电视广播和视频技术应用的数十年中,视频媒体一般定义为:625 条扫描线,每秒 29.97 帧(fps),或 525 条扫描线,每秒 25 帧(fps)。随着新高清晰度(HD)视频格式的出现,符合这些旧广播标准的视频信号如今被称为标准清晰度(SD)视频格式。

2. 关于高清晰度视频格式

数码高清晰度(HD)格式是根据其垂直分辨率(行数)、扫描方式(隔行与逐行)以及帧速率或场速率定义的。例如,1080i60 格式表示每帧 1 080 行,使用隔行扫描方式(以 i 表示),每秒钟扫描 59.94 个场。HD 帧速率与 NTSC 视频、PAL 视频或电影兼容。

【备注】　*为了与 HD 格式形成比较,标准清晰度(SD)视频格式现在以相似的术语定义。例如,480i60 表示的格式为 480 行、隔行扫描和 59.94 场/秒(NTSC)。*

1)与 NTSC 兼容的 HD 格式

下表列出了与 NTSC 兼容的常用 HD 格式,如图 6-11 所示。

格式	描述
1080i60	具有较高分辨率帧,能够采集快动作,由于交错而降低了垂直分辨率。易于向下转换至NTSC
1080p30	具有高分辨率帧。移动不太平滑,但分辨率比移动区域的隔行格式较高
720p60	清晰地采集快动作。但是,静帧的分辨率低于1080行静帧的分辨率。是运动电视摄影和商业电视节目的理想选择。易于向下转换至NTSC
720p30	是具有较低帧速率的720p60的变体

图　6-11

2)与 PAL 兼容的 HD 格式

下表列出了与 PAL 兼容的常用 HD 格式,如图 6-12 所示。

3)与电影兼容的 HD 格式

下表列出了与电影兼容的常用 HD 格式,如图 6-13 所示。

格式	描述
1080i50	具有较高分辨率帧，能够采集快动作，由于交错而降低了垂直分辨率。 易于向下转换至PAL
1080p25	具有高分辨率帧。 移动不太平滑，但分辨率比移动区域的隔行格式较高
720p50	清晰地采集快动作。但是，静帧的分辨率低于1080行静帧的分辨率。 是运动电视摄影和商业电视节目的理想选择。 易于向下转换至PAL
720p25	是具有较低帧速率的720p50的变体。 可以减速至24fps用于电影传输，或向下转换至PAL

图　6-12

格式	描述
1080p24	具有最接近电影的分辨率、扫描方式、帧速率和宽高比
720p24	与1080p24相同，只是分辨率较低。 是获得"传输至视频的电影"效果的理想选择

图　6-13

3. 关于数码影院格式

最新专业视频类别为数码影院摄像机和格式。这些摄像机具有较大的图像芯片（16mm、35mm或更大），从而可以使用具有高质量图像和景深控制以及高图像分辨率、逐场图像捕捉以及高感光度的电影镜头。数码影院摄像机每帧至少录制1080行。大多数此类摄像机还以2K和4K分辨率录制，这就要求使用专有的RAW格式或DPX图像序列采集。数码影院摄像机可采集4∶4∶4 RGB颜色。

许多数码影院摄像机（如由RED Digital Cinema Camera Company生产的RED ONE摄像机）可录制它们自己专有的RAW格式。某些数码影院摄像机可以录制成其他格式。例如，Panavision Genesis摄像机通常配置为录制成Sony HDCAM SR走带设备。在这种情况下，媒体格式则与录制走带设备对应而不是与摄像机对应。另一方面，Thomson Viper FilmStream摄像机直接录制成DPX图像序列这一流程与数码媒介（DI）工作流程非常相似。

Final Cut Pro针对数码影院格式的工作流程包括摄取原生RAW摄像机媒体作为QuickTime文件，从Sony HDCAM SR视频走带设备摄取以及摄取DPX图像序列。（请参阅《Color User Manual》（Color使用手册），了解有关DPX图像序列工作流程的更多信息），如图6-14所示。

数字图像的技术特性对应图像质量的不同方面。例如，高分辨率的HD图像比低分辨率的SD图像携带的信息更多。10位图像对调色更精细，因此可以避免8位图像中出现的色带现象。

编解码器的任务是以较低的数据压缩率尽可能好地维系图像品质，同时以最快的速度进行编码和解码。Apple ProRes家族支持数字图像的三大关键特性——帧大小、色度

录制格式	描述	摄像机示例
RAW摄像机格式	当采集图像时，RAW图像文件含有来自像机图像感应器的未解析、位对位数码数据。除了图像中的像素，RAW文件还包含有关如拍摄图像的数据，如曝光设置以及摄像机和镜头造型。此信息又称为元数据。采用RAW格式，可以使用图像的最准确和最基本的4：4：4RGB据进行分级和休整	RED ONE Vision Research Phantom Silicon Imaging SI-2K
SonyHDCAM SR	Sony HDCAM SR 能以 10 位 4：2：2 或 4：4：4 RGB进行录制，在 SQ 模式下时视频数据速率为440 Mbps，而在 HQ 模式下为880 Mbps。多款数码影院摄影机将 Sony HD CAM SR用作它们的录制介质	Panavision Genesis ArriflexD-20
DPX图像序列	数码图片交换（DPX）是数码媒介和视觉效果工作的常见文件格式，属于ANSI/SMPTE标准（268M-2003）。可视信息被储存为一系列高分辨率的静止图像	Thomson Viper FilmStream Vision Research Phantom ArriflexD-20 （带有可选硬件）

图　6-14

抽样和色彩位深抽样——并以支持的数据压缩率提供业内领先的性能和品质。要总体领略 Apple ProRes 家族的长处，选出适用于各种后期制作工作流程的 Apple ProRes 版本，理解这些特性至关重要。

1）帧大小（全画宽 VS 部分宽度）

许多视频摄影机在 1080 行或 720 行的高清格式下只能以低于全高清宽度 1920 像素或 1280 像素尺寸下存储视频帧。当以这种格式展示时，它们的抽样将水平提升到全高清宽度，但是它们不能展示像全画宽 HD 格式所能提供的画面细节。

所有 Apple ProRes 成员都可以给全画宽 HD 视频源文件编码（有时候叫做"全画幅"视频源文件），以便最大限度地保存 HD 信号可以承载的信息。如果需要，Apple ProRes 编解码器还可以给部分宽度的 HD 源文件编码，因此要避免可能发生的由于编码前提升部分宽度和格式而造成的质量下降和性能退化。

2）色度抽样

色彩图像需要三条信息通道。在计算机图形中，像素的颜色通常由 R、G 和 B 值决定。在传统的数码视频中，像素则由 Y'、CB 和 CR 值表示。这里，Y'值是"亮度"或者"灰度"值，而 CB 和 CR 都包含"色度"或"色差"信息。由于人眼对色度的敏感度相对较弱，因此在非正式观看时就可以平均并编码较少的 CB 和 CR 样本而不会有太大的视觉效果损失。这种叫做色度二级抽样的技术已经广泛应用于降低视频信号数据压缩率。然而，过度的色度抽样可能会在颜色校正及其他图像处理过程中降低图像质量。Apple ProRes 家族按照如下方法处理当下流行的色彩格式：

• 4：4：4

是保留色度信息的最好格式。在 4：4：4 图像源中，不存在色度信息的二次抽样和平均化。每一个像素都有三个特定的抽样值 Y'、CB 和 CR 或 R、G 和 B。Apple ProRes 4444 完全支持 4：4：4 图像来源，不论是来自 RGB 还是 Y'CBCR 色彩空间。第四个"4"代表 Apple ProRes 4444 还为每个像素提供独一无二的 Alpha 通道样本。Apple

ProRes 4444 的宗旨就是支持 4：4：4：4 RGB＋Alpha 来自计算机图形应用程序的源文件，例如 Motion，以及来自高端设备的 4：4：4 视频来源，例如，双链接 HDCAM-SR。

　　• 4：2：2

　　高品质专业化视频格式，Y'CBCR 图像的色度值是平均分配的，也就是说一个 CB 和 CR 样本，或者一组"CB/CR"对应一个 Y'（亮度）样本。尽管使用 4：4：4 源文件获得的效果会更好，但是这个最低的色度次级取样历来被视作胜任高品质合成及颜色校正的最佳方法。4：2：2 源文件由众多更高端的视频摄像机生成，包括 DVCPRO HD、AVC-Intra/100 和 XDCAM HD422/50。Apple ProRes 422 家族所有成员都完全支持 4：2：2 视频格式固有的色度解析度。

　　• 4：2：0 和 4：1：1 的色度解析度是提到的几种格式中最低的，每 4 个亮度样本只有一个 CB/CR 色度信号对。这两种格式广泛应用于各类消费型摄影机和专业摄影机。根据摄影机图像系统的品质，4：2：0 和 4：1：1 格式可提供出色的观赏品质。然而，在合成工作流程中，合成部分周围明显的瑕疵将很难避免。HD 4：2：0 格式包括 HDV、XDCAM HD 和 AVC-Intra/50。4：1：1 用于 DV 中。所有的 Apple ProRes 422 格式在编码之前通过添加色度抽样过程都可以支持 4：2：0 或 4：1：1 源文件。

　　3）色彩位深抽样

　　用来代表每个 Y'、CB 或 CR（R、G 或 B）图像样本的位数决定了代表每个像素位置上可代表的颜色数目。色彩位深抽样还决定了细节颜色的细腻程度，例如夕阳西下的天空，没有明显的量化或"色带"现象。

　　传统意义上，数字图像已经限制在 8 位样本。近年来，支持 10 位乃至 12 位图像样本的专业设备和探测技术大大增加了。现在，10 位图像往往借助专业的数字输出端口（SDI、HD-SDI 或 HDMI），出现在视频信号源中。4：2：2 视频信号源很少超过 10 位，但是日渐增多的 4：4：4 图像源却需要 12 位解析度，尽管传感器产生的图像中最微不足道的一两个位数包含的噪音可能比信号还多。4：4：4 信号源包括高端底片扫描仪和拍电影的数码摄影机，还包括高端电脑图形。

　　Apple ProRes 4444 支持高达 12 位的图像来源并可以保留位深达 16 位的 Alpha 样本。所有 Apple ProRes 422 编解码器都支持高达 10 位的图像来源，尽管最出色的 10 位品质将由比特率更高的其他成员（Apple ProRes 422 和 Apple ProRes 422（HQ））保持。（注意：与 Apple ProRes 4444 类似，事实上所有 Apple ProRes 422 编解码器都能接收比 10 位量化更高的图像样本，尽管位深度如此高的样本在 4：2：2 或 4：2：0 视频信号源中很少见。）

反侵权盗版声明

电子工业出版社依法对本作品享有专有出版权。任何未经权利人书面许可，复制、销售或通过信息网络传播本作品的行为；歪曲、篡改、剽窃本作品的行为，均违反《中华人民共和国著作权法》，其行为人应承担相应的民事责任和行政责任，构成犯罪的，将被依法追究刑事责任。

为了维护市场秩序，保护权利人的合法权益，我社将依法查处和打击侵权盗版的单位和个人。欢迎社会各界人士积极举报侵权盗版行为，本社将奖励举报有功人员，并保证举报人的信息不被泄露。

举报电话：（010）88254396；（010）88258888

传　　真：（010）88254397

E-mail:　　dbqq@phei.com.cn

通信地址：北京市万寿路 173 信箱

　　　　　电子工业出版社总编办公室

邮　　编：100036